AF713608

La Semilla

Memorias

TOMO 2

Historia Crítica de la Cuba bajo Castro

© 2006 Copyright
Todos los derechos reservados.

Copyright Jorge Besada
I.S.B.N.: 978-0-9796-5911-9

Cubierta: Óleo de Margarita Vidal
Composición de texto: María Artola
Diseño Gráfico: Martha Castro

Impreso por Eagle Lithographers, Inc.
2727 N.W. 17th Ave., Miami, FL 33142
Estados Unidos de América
(305) 634-3052

JORGE BESADA

La Semilla

Memorias

TOMO 2

Historia Crítica de la Cuba bajo Castro

miami, florida

PRÓLOGO

He aquí el segundo tomo de La Semilla, según nos prometió el autor en la última parte de su introducción al primer tomo. Destaca inmediatamente el hecho de que estamos no solo frente al historiador acucioso y objetivo que es Jorge Besada, sino también frente al protagonista o participante de importantes hechos históricos, de los cuales tenemos conocimiento por primera vez. Y en todos los casos, impresiona siempre en la narración la sinceridad en la descripción de los hechos y el interés del autor de ofrecernos, antes que nada, la visión del historiador objetivo y veraz. Es notable la visión que nos deja del personaje que es Fidel Castro, tan diferente a la de cualquier otro dictador que estábamos acostumbrados a ver en América Latina. Sobre todo nos describe el autor los factores geográficos e históricos a los que con habilidad y astucia tuvo que hacer frente para lograr su objetivo de adquirir un poder a perpetuidad.

Por otra parte, el libro nos ofrece una visión de conjunto del desarrollo, evolución y tácticas de la llamada revolución cubana, hasta llegar a la total eliminación de todas las instituciones cívicas y republicanas, que, con todos sus defectos y limitaciones, existían con anterioridad al primero de Enero de 1959. El libro con su estilo fácil y ameno, lo leemos con verdadero interés y entusiasmo, al extremo de que no queremos abandonar su lectura, hasta terminarlo de una vez. Como el primer tomo, su lectura, por la cantidad de datos que contiene, presentados en un riguroso orden histórico, será sumamente útil para todo el que quiera ponerse al día en forma sucinta, de toda la historia de la Cuba Republicana y Socialista.

Sirvan estas líneas también, como un mensaje de sincera admiración al talento, dedicación y humanismo del colega y amigo Jorge Besada, que nos ha dado esta historia de Cuba, que por la cantidad de datos históricos que aporta, tendrá siempre un lugar importante en la historiografía de Cuba.

Aldo J. Busot.
Miami, junio de 2007

INTRODUCCIÓN

En el presente tomo 2 se narra el período que se inició cuando Castro tomó efectivamente las riendas del gobierno de Cuba, después de la fuga del Presidente-dictador Fulgencio Batista en la madrugada del primero de enero de 1959, hasta el presente.

Este período comienza por la consolidación del poder con relación a las otras fuerzas y movimientos revolucionarios que participaron en la lucha contra la dictadura de Batista, para pasar seguidamente a una traición a los ideales y la voluntad del pueblo cubano, que se ha visto privado desde entonces de un sistema de gobierno democrático.

En todo este período de tiempo se han producido muchos acontecimientos y el pueblo cubano ha pagado muy caro el camino por el que la mano dura de Castro lo ha conducido.

En el casi medio siglo de la despótica dictadura totalitaria de Fidel Castro, el pueblo de Cuba ha estado en una situación totalmente diferente de aquella en que se encontraba en enero de 1959 cuando Castro hizo su entrada triunfal en La Habana. Desde hace ya muchos años el pueblo cubano ha perdido totalmente la confianza en el Comandante en Jefe y en el comunismo, y sabe que está condenado a una miseria espiritual, que es todavía más insoportable que la miseria material a la que está sometido, al ver que lo poco que se construye y se produce se destina a ofrecérselo al turista, sin que nada, o si acaso muy poco, redunde en beneficio del pueblo.

Tiene que llegar un momento en que la comunidad internacional, empezando por los países latinoamericanos, se den cuenta que se está tratando de destruir al occidente, sobre todo a Estados Unidos y, de paso, a todo el hemisferio occidental. Países que hace muchos años contaban con los mejores matemáticos, astrónomos, médicos, geómetras, científicos, así como con todas las riquezas y recursos entonces existentes, tratan de destruir a la nación más poderosa del mundo, que es el mejor defensor del occidente y del hemisferio occidental, mientras que aquellos que tenían todas las riquezas volvieron las espaldas a sus pueblos miserables.

Por otra parte Estados Unidos de América debe tener presente que cuando se enfrentó a la Unión Soviética en la crisis de los misiles en octubre de 1962, Jrushchov tembló cuando la Organización de Estados Americanos votó por unanimidad a favor de las medidas de protección tomadas por Estados Unidos contra las bases de peligrosos misiles ofensivos instalados en Cuba. Estados Unidos no puede ponerse de pie para defender los valores que tanto interesan a la humanidad, si tiene a sus espaldas una América Latina corroída por la gangrena castrocomunista. Esa gangrena es una semilla sembrada por Castro contra el "imperialismo", pero, como verá el lector, para Castro el "imperialismo" está constituido por una sola nación: Estados Unidos de América.

El hecho de que Fidel Castro, debido a su actual estado de salud, muera de muerte natural dentro de un período mayor o menor de tiempo es uno de los acontecimientos más intrascendentes para la América Latina y, naturalmente, para Estados Unidos. En cambio, la medida en que la semilla de odio a Estados Unidos sembrada por Castro en América Latina es extirpada, sí es importante.

La Introducción del tomo 1 de esta obra comenzó por la siguiente oración: “La razón por la cual este libro lleva por título La Semilla – Memorias la comprenderá mejor el lector cuando termine su lectura”. Este segundo tomo enmarca el modesto esfuerzo del autor para explicar esa semilla, la fuerza que ya tiene, el gran peligro que representa en todos los órdenes, y la necesidad de extirparla.

Jorge Besada
Miami, junio de 2007

ÍNDICE

Tomo 2

Historia crítica de la Cuba bajo Castro

Triunfo de la Revolución en 1959

Entrada de Castro en La Habana

Una vez consolidada la situación en Santiago de Cuba, Fidel Castro emprendió la lenta y reposada marcha hacia La Habana, como se ha expuesto en el primer tomo de esta obra. Su entrada triunfal en esta ciudad se produjo el 8 de enero de 1959. La Habana estaba controlada por el Movimiento 26 de Julio, aunque el Directorio Revolucionario tenía ocupadas algunas posiciones importantes como el Palacio Presidencial y la Universidad de La Habana, donde se había hecho fuerte.

La población de La Habana hervía en el más expresivo regocijo. Todo el mundo quería ver al héroe que había puesto punto final a la odiada dictadura de Batista. El apoyo del pueblo cubano a la Revolución y a su máximo jefe fue tan masivo, que el Presidente de Estados Unidos, Dwight Eisenhower, ni siquiera esperó a que Fidel Castro llegara a La Habana, y el 7 de enero de 1959 reconoció al nuevo gobierno de Cuba. Estados Unidos fue el segundo país del mundo que así lo hiciera. El primero fue Venezuela.

En el Palacio Presidencial ya se encontraba el Presidente Urrutia, quien el 5 de enero había tratado de entrar en el mismo y no lo había logrado porque estaba ocupado por el Directorio Revolucionario. Dos días después sí pudo hacerlo, cuando el Comandante Faure Chomón se lo permitió ante la presión de los dirigentes del Movimiento 26 de Julio en La Habana. Fue ese mismo día, tras un largo desfile a través de una gran parte de La Habana, que culminó en un acto celebrado en la Ciudad Militar de Columbia, cuando

Fidel Castro pronunció su conocido discurso que se ha dado en llamar "¿Armas para qué?".

Desde su primer día en La Habana, cuando contaba con el apoyo de casi todo el pueblo cubano, Castro confirmó su control absoluto del país y su propósito de eliminar toda eventual oposición o resistencia pasiva por parte del Directorio Revolucionario, el Segundo Frente del Escambray, la Organización Auténtica, o cualquier otra organización o movimiento revolucionarios. El Directorio Revolucionario, encabezado por Faure Chomón Mediavilla y Rolando Cubela Secades, había tomado el cuartel de San Ambrosio y ocupado allí una gran cantidad de armas, y se había hecho fuerte en la Universidad de La Habana. En un momento oportuno de su discurso, Fidel Castro, asumiendo un tono que reflejaba una gran preocupación, expresó que había llegado a su conocimiento un hecho sumamente grave: después del triunfo de la Revolución, ciertos individuos se habían apoderado de cantidades considerables de armas y las habían almacenado en distintos lugares. Entonces, en una actitud teatral, pero impresionante por el apoyo popular de que gozaba, sobre todo en aquellas circunstancias, preguntó repetidamente al pueblo: "¿armas para qué?" Cada vez que hacía la pregunta, la acompañaba de una interrogación complementaria diferente, por ejemplo, "¿armas para qué?, ¿para luchar contra el pueblo?"; "¿armas para qué?, ¿para intimidar al gobierno?"; "¿armas para qué?, ¿para hacer chantajes?". Cada pregunta "¿armas para qué?" con su interrogación complementaria iba seguida de una pausa en la cual el pueblo, enardecido, protestaba, y hasta sugería las acciones más violentas contra quienes se habían apoderado de esas armas.

Ese fue el discurso en el que Castro hizo una pausa, se volvió hacia Camilo Cienfuegos y le preguntó "¿Voy bien, Camilo?", a lo que éste, sorprendido, pero sin dejar de sonreír, le contestó que sí, que iba muy bien, y que siguiera así. Otra cosa que ocurrió en ese discurso fue que, en un momento dado, aparecieron dos palomas que interrumpieron su vuelo y se posaron sobre un hombro de Fidel. Esto produjo un efecto pacificador, pues el pueblo asoció este hecho con el conocido símbolo de *la paloma de la paz.* Durante mucho tiempo se discutió en Cuba si las palomas se posaron sobre el hombro de Fidel de manera natural o porque habían sido previamente adiestradas para ello por algún experto. Esta cuestión parece haber quedado sin respuesta.

Primer gobierno tras el triunfo de la Revolución

El primer gobierno de Cuba (al que se hizo entonces referencia como "el gabinete de la dignidad") fue constituido por Fidel Castro en Santiago de Cuba antes de iniciar su marcha hacia La Habana. Sin embargo, en el orden formal, los ministros de ese primer gobierno fueron nombrados por el Presidente Manuel Urrutia Lleó. Sobre este primer Gobierno Revolucionario puede hacerse una observación inicial: en el mismo no figuran más que tres compañeros de Fidel Castro que tenían altas posiciones en el Ejército Rebelde y en el Movimiento 26 de Julio: el Comandante Faustino Pérez Hernández, a quien se confió un ministerio de nuevo tipo, el Ministerio de Recuperación de Bienes Malversados; el Comandante Augusto Martínez Sánchez[1], nombrado inicialmente Ministro de Defensa y posteriormente Ministro de Trabajo, y el Comandante Humberto Sorí Marín, nombrado Ministro de

1 Augusto Martínez Sánchez estudió derecho y recibió el grado de Doctor en Derecho Civil en 1947. No estudió la carrera por el sistema establecido para los alumnos ordinarios, sino por el plan de "estudio por la libre", según el cual el alumno no estaba obligado a asistir a clases y pasar los exámenes parciales, sino que debía pasar un examen final en cada asignatura, para lo cual tenía dos oportunidades, una en junio, y la otra en septiembre. Yo me gradué también en 1947. En uno de los últimos años de la carrera, Augusto y yo nos conocimos en la Universidad. En otra ocasión, lo encontré en Santa Clara, en enero de 1959, donde desempeñó durante breves días el cargo de Gobernador Provincial.

Agricultura. Como Primer Ministro fue nombrado el Dr. José Miró Cardona, profesor de la Universidad de La Habana, hombre que, aparte de su competencia profesional, estaba respaldado por una limpia ejecutoria en la vida pública y había sido Secretario de la Sociedad de Amigos de la República. Como Ministro de Relaciones Exteriores se nombró al Dr. Roberto Agramonte Pichardo, eminente profesor de la Universidad de La Habana, de la cual había sido Vicerrector. Como ya se ha relatado en el primer tomo de esta obra, en las elecciones generales de 1948 había acompañado a Eduardo Chibás como candidato a la Vicepresidencia de la República y, tras la muerte de Chibás, era el candidato a la Presidencia de la República por el Partido Ortodoxo en las elecciones señaladas para 1952. El Ministerio de Hacienda se confió inicialmente a Raúl Chibás, quien poco tiempo después fue reemplazado por el notable economista Rufo López Fresquet, que había ampliado sus estudios en Estados Unidos. Como Ministro de Comercio se nombró al conocido economista Raúl Cepero Bonilla. Como Ministro de Justicia se nombró al Dr. Ángel Fernández, un conocido abogado, amigo de Urrutia. Como Ministro de Gobernación se designó a Luis Orlando Rodríguez, antiguo miembro del Partido Ortodoxo y destacado revolucionario desde la época de Machado. Como Ministro de Trabajo se designó a Manuel Fernández, un antiguo miembro de la organización revolucionaria La Joven Cuba, fundada por Guiteras y, posteriormente, del Movimiento Nacional Revolucionario (MNR) de García Bárcena. Como Ministro de Obras Públicas se nombró al ingeniero Manuel Ray Rivero, quien fue un destacado dirigente del Movimiento 26 de Julio en la lucha clandestina, *en el llano*, y no ocultaba sus principios anticomunistas. Como Ministro de Educación se nombró al Dr. Armando Hart Dávalos, quien, antes de convertirse en uno de los fundadores del Movimiento 26 de Julio, había iniciado sus actividades conspirativas como miembro del MNR de Rafael García Bárcena. Al frente de otro ministerio de nuevo tipo, el Ministerio de Las Leyes, se situó al Dr. Osvaldo Dorticós Torrado, un distinguido abogado de la ciudad de Cienfuegos, provincia de Las Villas. Era un hombre con ideas de izquierda, de las cuales se había impregnado desde sus días de estudiante universitario. No obstante, después de haberse graduado de Doctor en Derecho y establecido como abogado en Cienfuegos, había logrado atenuar tales ideas, por lo menos lo suficientemente para lograr hacerse de una excelente clientela. Tuvo el mérito de haber sido elegido por sus colegas para el cargo de Decano del Colegio Nacional de Abogados, el cual generalmente era ocupado por influyentes abogados de La Habana.

Siguiendo la pauta que hemos adoptado en esta obra de insertar informaciones de tipo anecdótico, me permito citar aquí los siguientes datos relacionados con el Dr. Osvaldo Dorticós Torrado. Osvaldo Dorticós y yo nos conocíamos y habíamos llegado a trabar una buena amistad. Por razones profesionales habíamos intervenido en dos procedimientos judiciales. El primero fue una demanda de daños y perjuicios por despido ilegal que interpuse a nombre de un obrero de apellido Boza contra su patrón, un comerciante de Cienfuegos, que fue representado por Osvaldo Dorticós. La demanda fue declarada sin lugar en el Juzgado de Primera Instancia de Cienfuegos, pero ganamos el recurso de apelación ante la Sala de lo Civil de la Audiencia de Santa Clara. Como se trataba de un juicio de *menor cuantía*, para los que no existía recurso de casación, la litis terminó allí. El otro procedimiento judicial en que intervinimos fue un juicio abintestato que se siguió en el Juzgado de Primera Instancia de Cienfuegos tras el fallecimiento de un rico comerciante y hombre de negocios de Aguada de Pasajeros cuya herencia ascendía a varios millones de pesos[2]. Había tres partes interesadas:

2 En aquella época, el valor del peso cubano siempre fue prácticamente equivalente al del dólar de Estados Unidos.

1) la viuda, que tenía derecho a la mitad de los bienes gananciales y al usufructo sobre un tanto por ciento del caudal hereditario,

2) los hermanos del difunto, que eran españoles, y

3) los hijos extramatrimoniales que el difunto había tenido con una señora que no era su esposa legítima. Los derechos hereditarios de los hermanos del difunto y los de los hijos de éste eran excluyentes: si los hijos del difunto eran declarados herederos, los hermanos del difunto quedaban excluidos de la herencia; en cambio, si los hermanos del difunto eran declarados herederos, los hijos del difunto quedaban excluidos de la herencia y sólo tendrían *derecho a alimentos.*

El artículo 44 de la Constitución de 1940 había concedido a los hijos extramatrimoniales los mismos derechos que a los nacidos de matrimonio, pero su redacción era muy confusa y tenía una parte que decía "... salvo lo que la Ley prescribe en cuanto a la herencia". En el Código Civil de 1889, los hijos nacidos de personas que no podían contraer matrimonio entre sí sólo tenían *derecho a alimentos.* La jurisprudencia sobre este punto era muy escasa y tampoco estaba clara. Además, no se había dictado la ley complementaria del artículo 44 de la Constitución.

La viuda estaba representada por el Dr. Juan Silva, conocido abogado de Cienfuegos, quien, para el tratamiento de este importante caso, había obtenido la cooperación del Dr. Manuel Dorta Duque. Éste no sólo era un eminente profesor de Legislación Hipotecaria de la Universidad de La Habana[3] y un notable espe-

3 El Dr. Manuel Dorta Duque fue profesor mío de la asignatura Legislación Hipotecaria en el cuarto año de la carrera, en 1945-46. Sin embargo, su Auxiliar, el Dr. Agustín Aguirre Torrado, fue quien se encargó principalmente de nuestro curso. El Dr. Agustín Aguirre (que era oriundo de Trinidad y había sido amigo de mi padre) y su encantadora esposa, Dalia, vivían en el edificio de L y 15 en el Vedado, en un apartamento del segundo piso, situado exactamente debajo de aquél en el que vivíamos mi madre, mi hermano y yo, ¡Cuántas veces Mamá no nos llamó la atención, a mi hermano Benito y a mí, para que no hiciéramos ruidos inadmisibles (como el de rebotar una bola de baloncesto contra el suelo) que pudieran molestar a los Aguirre!

cialista en Derecho Civil, sino que en aquel entonces ocupaba un escaño de senador y su fuerza electoral se basaba principalmente en el apoyo que le ofrecía la Iglesia Católica.

En este juicio abintestato, en el punto esencial, Dorticós y yo éramos adversarios: si uno ganaba, el otro perdía. En cambio, frente a la viuda, quien, por el hecho de gozar de la administración judicial de la totalidad de los bienes, no tenía interés en que el juicio terminara pronto, éramos aliados. En este procedimiento, Dorticós y yo acordamos que, en la primera oportunidad que tuviéramos, le plantearíamos un incidente de rendición de cuentas al administrador judicial, que era la viuda, del cual se encargaría Dorticós. Por mi parte, independientemente, yo había interpuesto un juicio ejecutivo por 50 000 pesos más los intereses impagados, basado en unos bonos hipotecarios al portador que eran propiedad de mi cliente, la madre de los hijos del difunto. Los bonos habían sido emitidos por una sociedad anónima constituida por el difunto, a la cual se habían aportado, como capital, bienes valiosos. Dichos bonos al portador fueron reconocidos judicialmente por el presidente de la compañía anónima, que era uno de los hermanos del difunto. Este juicio ejecutivo lo gané, y la compañía anónima demandada fue condenada a pagar los 50 000 pesos reclamados como principal, los intereses impagados y las costas del juicio[4]. Por su parte, Osvaldo Dorticós condujo brillantemente el incidente de rendición de cuentas y esto, unido a algunas deficiencias técnicas en la oposición de la viuda, en su carácter de administrador judicial, dio por resultado que fuera condenada a rembolsar una suma considerablemente alta. Ante estos dos fracasos, en el juicio

4 En este juicio ejecutivo, el abogado de la compañía contra la que se dirigía la ejecución y por lo tanto del actor en el incidente de nulidad del juicio ejecutivo fue mi profesor de Legislación Hipotecaria en la Universidad de La Habana, eminente jurisconsulto y conocido congresista, Dr. Manuel Dorta Duque. El día de la vista del incidente de nulidad, el Juzgado de Primera Instancia de Cienfuegos estaba repleto de público, que quería ver actuar al distinguido senador y eminente profesor universitario. Unos días después, Raúl García Mayo, el procurador público que representaba a mi cliente en Cienfuegos, me llamó por teléfono a Santa Clara para darme la buena noticia: habíamos ganado.

ejecutivo y en el incidente de rendición de cuentas, la viuda se atemorizó y dio órdenes al Dr. Juan Silva para que aceptara una transacción que Dorticós y yo le habíamos propuesto y a la que ella oponía inicialmente. Así terminó este procedimiento judicial, que tuvo una gran resonancia en toda la zona cercana al Término Municipal de Aguada de Pasajeros, Partido Judicial de Cienfuegos, Provincia de Las Villas. Esa zona comprende lugares cuyos nombres, como Playa Girón, Bahía de Cochinos, Playa Larga, San Blas, Yaguaramas, pocos años después, aparecieron en los medios de difusión del mundo entero, como veremos más adelante.

Otro dato de tipo anecdótico se refiere a la salida de Cuba de Osvaldo Dorticós en la época de la dictadura de Batista. Dorticós, quien en aquella época era Decano del Colegio Nacional de Abogados, fue detenido por realizar actividades conspirativas, conducido a Santa Clara y puesto a disposición del entonces Coronel Alberto del Río Chaviano, jefe del Distrito Militar de Santa Clara. Dorticós era muy amigo de José Álvarez Castellón[5], abogado de Santa Clara, quien desde hacía ya varios años era auditor del distrito militar de Santa Clara, y llegó a alcanzar el grado de comandante. Ambos se conocían desde que estudiaban en la Universidad de La Habana. Álvarez Castellón se enteró de que unos agentes de Esteban Ventura Novo, Coronel de la Policía de La Habana, hombre muy temido en Cuba, a quien se le imputaban numerosos crímenes y actos de violencia sobre los detenidos, habían venido de La Habana con instrucciones de llevarse preso a Osvaldo Dorticós para interrogarlo en el marco de una investigación que estaba realizando el mencionado coronel Ventura. Inmediatamente que Álvarez Castellón se enteró de eso, se entrevistó con el Coronel Río Chaviano para advertirle del peligro que se corría si se dejaba que los agentes de Ventura se llevaran a Dorticós. Éste podría ser

5 En el primer tomo de esta obra ya se ha hecho referencia al Dr. José Álvarez Castellón.

torturado, o asesinado, y entre los responsables de ese crimen podría ser incluido el propio Río Chaviano, que era el jefe del distrito militar de Santa Clara, pues constaba oficialmente que allí había estado detenido Dorticós. El Coronel Río Chaviano, que tenía plena confianza en su subordinado y amigo, Álvarez Castellón, le confió personalmente la custodia del detenido, con facultades ilimitadas para tomar disposiciones sobre el mismo, inclusive la de ponerlo en libertad.

Ni tardo ni perezoso, Álvarez Castellón fue al calabozo del distrito militar, sacó a Osvaldo Dorticós, lo montó en su automóvil, lo llevó directamente al aeropuerto de Varadero (a unos doscientos kilómetros de Santa Clara), y lo introdujo en el primer avión que salía para Miami, no sin antes meterle mil pesos en el bolsillo, para que su amigo y antiguo compañero de la universidad hiciera frente a sus gastos iniciales en el exilio[6].

El gobierno oculto

El primer gobierno revolucionario cubano, bajo la Presidencia del Dr. Manuel Urrutia Lleó, cuyo Primer Ministro era José Miró Cardona, no gobernaba efectivamente en Cuba. El gobierno efectivo del país lo ejercía únicamente Fidel Castro. Naturalmente, Urrutia y Miró Cardona firmaban y aplicaban todas las disposiciones revolucionarias, pero no regían verdaderamente el país. El pueblo sabía que Cuba era gobernada exclusivamente por el Comandante en Jefe y, en su gran mayoría, lo apoyaba. Cuando se sabía que algo no estaba funcionando bien, se solía oír decir: "¡Deja que Fidel se entere de esto; ya verás qué rápido lo va a arreglar!". Lo que no sabía

6 Osvaldo Dorticós regresó a Cuba a raíz del triunfo de la Revolución. Fue nombrado Ministro de las Leyes en el primer gobierno revolucionario, es decir, en el gabinete del Primer Ministro Miró Cardona bajo la Presidencia del Dr. Manuel Urrutia. En julio de ese mismo año 1959 fue nombrado Presidente de la República. En julio de 1976 entregó la Presidencia a Castro, después de lo cual ocupó otros cargos relativamente importantes. En 1983 se suicidó disparándose un tiro en la cabeza.

el pueblo era que Fidel Castro contaba con un "equipo gobernante clandestino", con el cual estaba preparando una dictadura comunista que sería ejercida por una sola persona, que no podía ser otra que él.

Muchos historiadores, algunos de ellos muy minuciosos, estudiosos, sinceros y hasta verdaderos patriotas, opinan que Fidel Castro tenía, desde muy joven, ideas marxistas-leninistas bien definidas. Conocí muy bien a Fidel Castro, tanto en los años en que fuimos compañeros en la Universidad de La Habana[7], como en la época en que éramos miembros del Partido Ortodoxo, luchábamos por el adecentamiento del país guiados por la gran figura de Eduardo Chibás, aspirábamos a Representante a la Cámara en las elecciones señaladas para junio de 1952 (Fidel Castro por la provincia de La Habana y yo por la de Las Villas), y teníamos espacios radiales consecutivos (él a las doce menos cuarto en la emisora La Voz del Aire, en La Habana, y yo a las doce del día en la emisora CMHW, en Santa Clara. En muchas ocasiones conversamos largamente sobre el futuro de nuestra patria. Ideas nacionalistas y una acentuada inclinación antiamericana sí las tenía. Ideas marxistas-leninistas nunca me las expresó ni me las dejó entrever en aquellos tiempos.

Desde la época de la Universidad, éramos muchos los que veíamos en Fidel Castro un joven que tenía un gran potencial y, sobre todo, un vivo entusiasmo para emprender grandes tareas en beneficio de nuestro país, y en el que se podía confiar. Es verdad que solía exponer sus ideas con vehemencia, pero también era cierto que, al menos en sus primeros años en la Universidad, y dentro del grupo de amigos con los que acostumbraba a reunirse, no era

---

7 Fidel Castro y yo fuimos compañeros en la Escuela de Derecho, pero no compañeros de curso. Yo estudié de 1942 a 1947. Mi hermano Benito y Castro sí fueron compañeros de curso; ambos comenzaron a estudiar en el curso de 1945-1946 y se graduaron en el de 1949-1950).

autoritario, sino bastante "consultivo"[8], en el sentido de que le gustaba discutir sus ideas con sus compañeros. Además, cuando era necesario realizar algunas tareas, se ofrecía para hacerse cargo de las más trabajosas, difíciles o que tomaban más tiempo. Había una cosa que sí se percibía en él. Una gran fuerza de voluntad y capacidad de trabajo. Era atento, correcto y de finos modales en su trato con las personas mayores. Cuando nos visitaba en casa, en el apartamento de L y 15 en el Vedado, y se dirigía a mi madre, no la llamaba *Señora Gloria*, como todo el mundo, sino que empleaba el respetuoso giro de *Doña Gloria.*

Muchos veíamos en Fidel a un joven valioso, trabajador, activo, inteligente y capaz de realizar grandes acciones. Desde su primer año en la Escuela de Derecho se hizo de muchos amigos en la Universidad. Yo era uno de ellos. Otros, como mi hermano Benito, Rafael Díaz Balart, "el Chino" Esquivel, Baudilio ("Bilito") Castellanos y Walterio Carbonell, eran, además, sus compañeros de curso.

Desde los primeros días de la Revolución, y muy probablemente desde antes, Fidel Castro tenía concebido el plan de introducir un gobierno dictatorial, que posiblemente sería marxista, pero en tal caso esos marxistas tendrían que ser marxistas suyos, que respondieran a él, y en ningún caso los viejos, conocidos y desacreditados dirigentes del Partido Comunista, que en la época de la dictadura de Batista adoptó el nombre de Partido Socialista Popular (PSP). Fidel Castro comenzó por crear un gobierno de tipo formal. Había un Presidente, un Primer Ministro y un gabinete que gobernaban aparentemente, pero en realidad existía el gobierno oculto, clandestino, que estaba preparando las llamadas leyes

8 El significado con el que se ha utilizado este término no aparece en los diccionarios, pero solía emplearse en la jerga universitaria para calificar a un dirigente estudiantil que tenía la buena costumbre de plantear sus propuestas y discutirlas previamente con sus compañeros, y no presentarlas *a posteriori* como un *fait accompli* (hecho consumado). Con el transcurso del tiempo, esta cualidad de Fidel Castro en sus primeros años universitarios se fue disipando.

revolucionarias, y al cual ya nos hemos referido. Ese gobierno clandestino no se reunía en el Palacio Presidencial, ni en la Oficina del Primer Ministro, sino que generalmente lo hacía en una casa en Cojímar, a unos cincuenta kilómetros al oeste de La Habana, que había pertenecido al antiguo Senador ortodoxo Agustín Cruz. Otras veces, algunas de esas reuniones destinadas a impartir instrucciones a ese gobierno clandestino, Fidel las celebraba en el *penthouse* del hotel Habana Hilton, al que ya se le llamaba Habana Libre, o en una casa que le habían asignado al Che Guevara en la playa de Tarará, un poco más allá de Cojímar. Todos los integrantes de ese gobierno oculto que preparaban las leyes revolucionarias fundamentales eran incondicionales, de la plena confianza, de Castro. Es cierto que Castro mantenía conversaciones, y muy buenas relaciones, con miembros del Partido Comunista, sobre todo con Blas Roca, que era el presidente del PSP desde 1934, y con Carlos Rafael Rodríguez, quien lo había acompañado en la Sierra Maestra durante cierto tiempo, hasta el triunfo de la Revolución, pero ninguno de estos comunistas de la vieja guardia figuraba en el mencionado gobierno oculto que estaba elaborando las leyes de la nueva Cuba.

Fidel Castro preparaba astutamente su alta traición a los ideales del pueblo cubano. Se decidió a introducir el comunismo porque consideró que, en esa situación, el comunismo era el medio más adecuado para establecer un gobierno unipersonal duradero. Fidel Castro no quería un comunismo que no fuera encabezado por él: ¿comunismo cubano dirigido por los comunistas tradicionales del Partido Socialista Popular? ¡No! ¡Ni lo piensen! ¡Jamás en la vida! Cuba tendría que ser una dictadura castrista, esencialmente castrista. Por conveniencia para Fidel Castro, pero no necesariamente por fuerza, sería comunista. ¿Y por qué comunista? Por la sencilla razón de que la Unión Soviética estaba en un período de manifiesto y agresivo expansionismo. En aquellos momentos tenía el ejército más grande del mundo. Había desarrollado en sumo grado su arsenal de armas nucleares y, en cuanto al dominio del espacio, estaba desarrollando un programa de creación de satélites artificiales de la Tierra, que sorprendió a la comunidad científica occidental cuando, el 5 de octubre de 1957, lanzó, desde el cosmodromo de Baikonur, en Kazakstán, el primero de una serie de satélites artificiales, el *Sputnik 1*, que orbitó alrededor de la Tierra aproximadamente dos semanas, al que siguió el 3 de noviembre de ese mismo año el *Sputnik 2*, tripulado por *Laika*, la célebre perra rusa, que, con los sensores y dispositivos insertados en su cuerpo, captó y transmitió valores de parámetros de extraordinaria importancia para la tecnología espacial de aquellos años, antes de desintegrarse al reentrar en la atmósfera de la Tierra, junto con el pequeño vehículo espacial en el que viajaba. En 1961 la Unión Soviética colocaría en el espacio al primer hombre, Yuri Gagarin, quien, dentro de la cápsula *Vostok 1*, daría una vuelta completa a nuestro planeta.

Maniobras iniciales para la introducción del comunismo

Fidel Castro había tomado el poder en Cuba y, ante los ojos del pueblo cubano, era una figura a la que no se le podía discutir la primera posición en el gobierno del país. Sin embargo, para convertir esa primera posición en la de un dictador autoritario, a espaldas del pueblo, traicionando los ideales de libertad y democracia que parecían estar tan bien arraigados, había que obrar con pericia, pero, sobre todo, con una gran precisión en cuanto al momento en que se iba a producir cada cambio, la forma en que se iba a pasar de una fase a otra y las modalidades que estarían presentes. Había que tener en cuenta que llegaría un momento en que las relaciones diplomáticas con Estados Unidos terminarían y se establecerían relaciones diplomáticas con la Unión Soviética y los demás países del bloque soviético. Castro tuvo que tener en cuenta también que, cuando se apartara de la esfera de influencia de Estados Unidos, se crearía en la Unión Soviética un interés muy natural en ejercer, sobre los asuntos relacionados con Cuba, un grado de control lo suficientemente estrecho para que esta nueva "conexión soviética" no se desarticulara y terminara siendo contraproducente. Si esto debiera suceder dentro de su zona de influencia, la Unión Soviética tenía medios expeditivos, como los empleados en Hungría en 1956[9]. Tales medios no serían fáciles de aplicar en un país lejano, situado a sólo 150 km de Estados Unidos. Por lo tanto, para la Unión Soviética era indispensable que el gobierno de Cuba fuera un "buen títere". El problema era que, aunque los soviéticos, en su propaganda, habían hecho de Fidel Castro un héroe mundial, ellos mismos no estaban seguros de que tuviera las cualidades y condiciones necesarias para ser un "buen títere", y ya tenían candidatos para esa posición, que eran "buenos" y "seguros", y que estaban probados porque pertenecían, desde hacía muchos años, al Partido Comunista cubano tradicional.

Fidel Castro tenía que hacer muchas cosas en un período de tiempo relativamente corto. En primer lugar tenía que mantener engañado al pueblo para que creyera que la Revolución tenía por finalidad restablecer la Constitución de 1940 y no prestara oídos a quienes le dijeran que se iba a introducir el comunismo. Tenía también que mantener entretenido a Estados Unidos para que no se produjera una situación tan grave que a ese país no le quedara más

---

9 En octubre-noviembre de 1956, el Primer Ministro de Hungría, Imre Nagi, inició la desestalinización del país y solicitó la separación de Hungría del Pacto de Varsovia. Esto condujo a una insurrección popular. La sublevación del pueblo húngaro triunfó hasta el punto de que las fuerzas armadas húngaras llegaron a sumarse a la revolución. El Secretario General del Partido Comunista húngaro, Janos Kadar, pidió ayuda a la Unión Soviética. Los tanques soviéticos entraron en Budapest e instauraron un nuevo régimen dirigido por Janos Kadar. Imre Nagy fue juzgado, condenado a muerte y ejecutado (ahorcado) en 1958.

remedio que enviar sus infantes de marina. Por otra parte tenía que cuidarse mucho de sus nuevos amigos, los comunistas del PSP. Los comunistas "de la vieja guardia" mantenían excelentes relaciones con los dirigentes de la Unión Soviética y, con el tiempo, alguno o algunos de ellos podrían desplazarlo o reemplazarlo. Pronto la Unión Soviética exigiría el establecimiento de relaciones diplomáticas y se aparecería en La Habana un alto e influyente diplomático soviético como Anastas Mikoyan, con ese fin. Para entonces Castro tendría que disponer ya de comunistas suyos propios, pues en la Sierra Maestra no había creado escuelas dedicadas abierta y manifiestamente al adoctrinamiento marxista[10], y nunca había hecho una declaración sobre la introducción del comunismo en Cuba. En las fotografías de la época se ve a muchos soldados rebeldes, barbudos, con crucifijos colgados del cuello, mientras que un buen comunista tiene que ser, por lo menos aparentemente, ateo.

Desde los primeros días de la Revolución, Castro creó las Escuelas de Instrucción Revolucionaria (EIR) dentro de las fuerzas armadas. Estas escuelas comenzaron a prodigar el adoctrinamiento marxista en forma encubierta, dentro del contexto de los conocimientos que debían tener los oficiales para la gestión de las diversas instituciones y la conducción de las distintas actividades que se realizarían en el marco de la Revolución. Al principio, estas Escuelas de Instrucción Revolucionaria vieron la luz exclusivamente dentro de las Fuerzas Armadas, cuyo Comandante en Jefe era Fidel Castro. A fines de 1960, dichas escuelas se propagaron y se introdujeron en todos los niveles y organismos del país. A su frente se nombró a Lionel Soto, dirigente estudiantil de ideas marxistas en la Universidad de La Habana en los años 1950 y amigo desde entonces de Fidel y Raúl Castro. En las Escuelas de Instrucción

10 En cambio, su hermano Raúl sí había creado algunas escuelas de adoctrinamiento marxista-leninista en la Sierra de Cristal en 1958.

Revolucionaria, muchos profesores eran reclutados de las filas del partido comunista, pero Fidel Castro, y sobre todo su hermano Raúl, vigilaban cuidadosamente que los graduados de esas escuelas fueran en primer lugar castristas, y sólo en segundo lugar marxistas.

Los dos primeros viajes de Castro al extranjero

Viaje a Venezuela

A fines de enero de 1959 Fidel Castro aprovechó la circunstancia de que en Venezuela se celebraba el primer aniversario de la deposición del dictador Marcos Pérez Jiménez por el almirante Wolfgang Larrazábal, para visitar ese país. En esa época el presidente de Venezuela era Rómulo Betancourt. Más que estar presente en la celebración de ese glorioso aniversario, Castro quería aprovechar esa oportunidad para mantener vivas sus relaciones con el Almirante Larrazábal, a quien estaba agradecido por el valioso cargamento de armas que le suministró cuando estaba en la Sierra Maestra. En efecto, cuando, a fines de 1958, Urrutia regresó clandestinamente a Cuba, desde Venezuela, donde estaba asilado, en el avión que voló desde Caracas a un lugar cercano a las estribaciones de la Sierra Maestra, el Almirante Larrazábal incluyó un importante alijo de armas. Castro tenía un gran interés en mostrar personalmente su agradecimiento a tan influyente figura venezolana. Además, Venezuela había sido el primer país que reconoció al nuevo gobierno cubano.

En Venezuela, Castro pronunció una serie de discursos. Uno de ellos, el pronunciado ante el Congreso, fue tan largo, que parecía no tener para cuándo acabar. Ese discurso de Fidel Castro, en el que abundaban virulentos ataques a Estados Unidos, disgustó sobremanera a Rómulo Betancourt, quien no llevaba mucho tiempo en el ejercicio de la Presidencia de la República.

Cuando tocó a su fin la visita de Fidel Castro a Venezuela y llegó el momento de tomar el avión para regresar a La Habana, se produjo un desgraciado y rarísimo accidente. El Comandante Francisco (Paco) Cabrera, jefe de la escolta personal de Castro, probablemente cumpliendo alguna consigna de seguridad, se situó sobre el macadán del aeropuerto y cometió la imprudencia de aproximarse al avión (que era de tipo *Bristol Britannia*). En los instantes en que el avión se acercaba lentamente al lugar en que debía detenerse se produjo la tragedia: la hélice del avión alcanzó al Comandante Paco Cabrera y lo decapitó.[11]

Viaje a Estados Unidos

El segundo viaje de Castro al extranjero sorprendió a todo el mundo, empezando por el Presidente de Estados Unidos, Dwight Eisenhower. Con el pretexto de que había sido invitado por la *American Society of Newspaper Editors* y algunas otras organizaciones privadas, Fidel Castro obtuvo una simple visa de visitante y el 15 de abril de 1959 se apareció en Estados Unidos como una persona particular. Esta visita de Castro, provisto de una visa de visitante, a Estados Unidos, era tanto más intrigante cuanto que, desde mediados de febrero, tras una especie de *jueguito* entre el Primer Ministro, Miró Cardona, el Presidente Manuel Urrutia y el

11 El comandante Paco Cabrera era uno de aquellos jóvenes campesinos que Celia Sánchez tenía preparados para que se incorporaran a los expedicionarios cuando éstos desembarcaran en la costa occidental de la provincia de Oriente el 30 de noviembre de 1956.

Comandante en Jefe de las Fuerzas Armadas, Fidel Castro, se había producido el primer cambio importante en el primer gobierno revolucionario. Oficialmente ocurrió lo siguiente: Miró Cardona, al darse cuenta de que el papel que desempeñaba en el primer gobierno revolucionario era tan decorativo como el del Presidente Urrutia, le presentó su renuncia. Urrutia consultó con Castro y éste le dijo que no se la aceptara. Después, Castro cambió de opinión y le hizo saber a Urrutia que, en realidad, la renuncia debió haber sido aceptada. Poco después, Miró Cardona volvió a presentar su renuncia, esta vez, según expresó, con carácter definitivo. En base a lo que Fidel Castro le había expresado últimamente, Urrutia aceptó la renuncia de su Primer Ministro y nombró a Castro para dicho cargo. En un primer momento, Fidel Castro no aceptó el cargo de Primer Ministro, pero unos días después lo aceptó. Ese era su cargo oficial en Cuba cuando llegó a Estados Unidos con una simple visa de visitante.

En ese viaje de doce días Castro trató de hacer muchas cosas. Su objetivo principal era ser recibido por el Presidente de Estados Unidos en la Casa Blanca. Esto no lo pudo conseguir, pero sí logró plantearle a Dwight Eisenhower un difícil problema de etiqueta: un Primer Ministro que tiene los poderes del Presidente, pero que no lo es oficialmente, pretende entrar en Estados Unidos con una visa de visitante y ser recibido por el Presidente. Ese señor no ha sido invitado por Estados Unidos para eso, ni para nada. ¿Cómo se resuelve ese problema? Eisenhower optó por no recibir personalmente a ese curioso personaje, pero sí invitarlo a la Casa Blanca, donde sería recibido, no por él, sino por el Vicepresidente Richard Nixon. Eisenhower aprovechó esa oportunidad para tomarse un día libre y pasar unas horas jugando golf con sus amigos.

Por su parte, Castro aprovechó la breve estancia en Estados Unidos para celebrar entrevistas con importantes personalidades y miembros de la prensa.

Vida del autor en los primeros tiempos de la Revolución

En los primeros momentos tras el triunfo de la Revolución, en el mes de enero, me encomendaron la gestión administrativa de la Audiencia de Las Villas. Para que el lector pueda formarse un juicio que refleje aproximadamente la realidad de la situación existente en aquellos días, es conveniente aclarar algunas cuestiones de tipo general. Cuando digo que me hicieron cargo de la gestión administrativa de la Audiencia debo aclarar que en aquellos momentos las designaciones se hacían verbalmente. Yo nunca tuve en mis manos un nombramiento, ni mucho menos una descripción de las atribuciones de ese cargo que, por otra parte, no existía, y que nunca existió de una manera formal. De hecho, quien llevaba la voz cantante en la Audiencia de Las Villas era el Dr. Humberto Jorge, un amigo y compañero abogado, de extracción humilde, que se había alzado en el Escambray contra la dictadura de Batista y que, por lo tanto, era muy respetado, especialmente en todo lo relacionado con el poder judicial[12].

Mis funciones estaban limitadas a las cuestiones administrativas de la Audiencia. Una de estas funciones consistía en la custodia de las armas que estaban depositadas como piezas de convicción relacionadas con las diversas causas criminales de las que estaba conociendo la Sala de Criminal de la Audiencia, o el Tribunal de

12 Humberto Jorge actuó como Fiscal en un buen número de juicios revolucionarios celebrados en la Audiencia de Las Villas.

Urgencia. Recuerdo que en esos primeros días de la Revolución recibí en el bufete la grata visita de un amigo, Orlando Bosch, quien acababa de llegar de Miami (Florida), donde se encontraba asilado. Se había enterado de que yo tenía la custodia de las armas que estaban depositadas en la Audiencia y me preguntó si podía suministrarle una pistola. Inmediatamente fuimos a la Audiencia y le facilité una pistola Parabellum de 9 mm. Yo estaba autorizado para disponer de estas armas. Para ello se firmaba un acta en que constaba que se confiaban con carácter provisional y para uso en un servicio de urgencia útil para la Revolución.

Aparte de mi familia, también tenía que atender el bufete y la cátedra de Principios de Derecho Penal que desempeñaba en la Universidad de Santa Clara.

Esos primeros tiempos de la Revolución fueron de mucho trabajo, pero también de gran alegría, regocijo y hasta de euforia para la gran mayoría del pueblo. En todas partes abundaban las fiestas y celebraciones. Es cierto que pronto empezaron a celebrarse los juicios revolucionarios, pero el pueblo de Cuba estaba fanatizado con el Máximo Líder y, salvo un reducidísimo porcentaje de la población que había sido, o temía ser, afectado sustancialmente por las futuras leyes revolucionarias que ya se anunciaban, apoyaba a Castro y la Revolución. Muchos creíamos que el bienestar del pueblo y la situación económica de Cuba iban a avanzar a pasos agigantados con el futuro gobierno, y que Cuba se iba a convertir en el país más rico y próspero de América Latina.

Es conveniente que el lector comprenda o, al menos, se explique el microcosmo que, como parte integrante de ese macrocosmo que fue la revolución cubana, interactuaba con el autor de esta obra y con todos los que participamos en ese gran acontecimiento que fue el triunfo de la Revolución, sobre todo en aquellos primeros meses.

En la esfera de las nuevas proyecciones que se abrían al país, nos sentíamos muy felices y contentos. Nunca antes un gobernante había llegado al poder en Cuba con un apoyo tan amplio y masivo de la población, y todo parecía indicar que Fidel Castro conduciría el país por el mejor camino, como lo demostraba la calidad de las personas que habían sido nombradas inicialmente para los cargos de Presidente de la República y Ministros. En el aspecto estrictamente personal de mis conexiones con el nuevo gobierno, estaba especialmente contento: Fidel Castro, el Jefe de la Revolución y héroe nacional, era un gran amigo mío y compañero de curso de mi hermano Benito; el Ministro de Relaciones Exteriores era el eminente profesor de la Universidad de la Habana Dr. Roberto Agramonte Pichardo[13], antiguo candidato a la Presidencia de la República y jefe del Partido Ortodoxo, como heredero político de Eduardo Chibás; el Ministro de Defensa era Augusto Martínez Sánchez[14], compañero de curso de la Universidad y graduado en el mismo año que yo, en 1947; el Ministro de Gobernación era Luis Orlando Rodríguez, quien había sido el dirigente que representaba al Dr. Roberto Agramonte en el Partido Ortodoxo, en la provincia de Las Villas, y mi amigo y jefe político en las elecciones generales de 1952, que fueron interrumpidas por el golpe militar de Batista; el Ministro de las Leyes era el amigo y compañero, abogado de Cienfuegos, Osvaldo Dorticós Torrado, a quien ya nos hemos referido, y el Ministro de Comunicaciones era Enrique Oltuski, que había sido el Coordinador del Movimiento 26 de Julio en la provincia de Las Villas. Además, a este primer gabinete pertenecía también el Embajador de Cuba en Estados Unidos, Dr. Ernesto Dihigo López-Trigo, que fue uno de mis profesores de Derecho Romano de la Escuela de Derecho.

13 Roberto Agramonte Pichardo era primo de mi padre (Jorge Besada Pichardo).

14 Augusto Martínez Sánchez fue Ministro de Defensa durante un tiempo relativamente corto. Poco después fue designado Ministro de Trabajo.

A mediados de enero de 1959 fui a La Habana con el fin de hablar con Fidel Castro. En esos días Fidel tenía establecida su residencia usual en el antiguo Hotel Hilton, cuyo nombre fue reemplazado por el de Habana Libre, y allí me dirigí. Cuando entré al hotel me encontré con Fernando Flores Ibarra, que había acudido allí por la misma razón que yo, es decir, con el fin de hablar con Fidel Castro. Fernando estaba vestido con un flamante uniforme de comandante del Directorio Estudiantil Revolucionario (DER), organización a la que pertenecía, y yo estaba vestido con el uniforme normal de miliciano que usábamos en muchas ocasiones los que pertenecíamos al Movimiento 26 de Julio.

El antiguo hotel Hilton era uno de los más grandes de Cuba. Fernando y yo tratamos de averiguar en qué parte del mismo estaba Fidel en ese momento. Ya habíamos hecho varios intentos infructuosos de localizarlo, cuando, en uno de los pisos intermedios, oprimimos el botón de uno de los ascensores para continuar la búsqueda en otro piso. El ascensor se detuvo en nuestro piso. Al disponernos a entrar en el mismo, con gran sorpresa vimos que, justamente en ese momento, Fidel Castro salía del ascensor. Cuando nos vio se detuvo, lo que aprovechamos para saludarlo e intercambiar algunas palabras con él. En el curso de esta corta conversación, Fidel se quedó mirando para Fernando, se acercó un poco más a él y tomó suavemente con sus dedos índice y pulgar una parte de la tela del uniforme de Fernando. Mientras desplazaba lentamente sus dedos como si estuviese comprobando la textura y calidad de la tela, sonriendo en una forma que podía atribuirse a una sensación real de asombro, a un sincero halago a un amigo, o a una simple broma, le dijo: "¡Fernando, qué uniforme más bonito tienes! ¿Es americano?". La conversación continuó sólo durante breves instantes, pues convinimos con Fidel en conversar nuevamente con él cuando terminara de hablar con algunas personas que lo esperaban en un salón del hotel. Cuando Fidel se alejó, Fernando, con una cara muy seria que reflejaba preocupación, me preguntó: "¿Oíste lo que me dijo?". Realmente, yo había oído toda la conversación, pero nada me había llamado especialmente la atención. "No, nada de particular; ¿por qué me lo preguntas?", le respondí". Fernando replicó: ¿Pero no te fijaste en lo que me dijo, que si el uniforme era americano? Parece que no se le ha olvidado lo de la bronca".

En efecto, cuando eran estudiantes, Fidel y Fernando habían tenido una pelea a puñetazos en una asamblea que se celebraba en una de las aulas de la Universidad. Fidel se había subido a una mesa y estaba hablando. Fernando, que en aquella época era un firme opositor de Fidel, se levantó de su asiento y se dirigió a la mesa sobre la que estaba encaramado Fidel, con el propósito de impedir que continuara hablando. Cuando se acercó a la mesa, Fidel le tiró una patada para alejarlo, pero Fernando, hábilmente, logró agarrarle la pierna y tirar de ella. Fidel perdió el equilibrio y tuvo que saltar de la mesa al suelo. Ambos se enfrascaron en un rudo combate a puñetazos, que fue bastante corto, pero muy intenso, y que terminó cuando varios compañeros lograron apartarlos. El motivo fundamental de esa pelea no era meramente estudiantil, sino también político. Fernando Flores era muy amigo de Rolando Masferrer y Fidel Castro era enemigo de Rolando Masferrer[15].

Naturalmente, le dije a Fernando que eso no había sido más que una broma de Fidel para resaltar lo bonito y flamante de nuevo que estaba su uniforme de comandante del Directorio, en comparación con el suyo propio que era un simple uniforme de campaña, no nuevo, sino usado, y el mío, que era el común y corriente de simple

15 En aquella época, eso era un motivo más que suficiente para fajarse a puñetazos en una asamblea de estudiantes universitarios. En esa época, ya yo me había graduado y me encontraba ejerciendo como abogado en Santa Clara. Si hubiera estado presente ese día en la Universidad de La Habana no hubiera permitido que esos dos estudiantes y buenos amigos míos pelearan a puñetazos en mi presencia.

miliciano. Poco rato después volvimos a conversar con Fidel. Fernando quería que Fidel lo recomendara para un puesto de abogado de oficio del Tribunal Supremo. Cuando habló con Fidel, éste tomó una hoja de papel, escribió algo sobre ella y se la entregó a Fernando al que también le dio algunas indicaciones[16]. Por mi parte, cuando hablé con Fidel, no le pedí ninguna posición específica, sino que me ofrecí para que me utilizara en cualquier puesto en que pudiera serle útil a la Revolución. Fidel me dijo que yo podía ser útil ayudando al Che Guevara. Me dio un papel con el nombre de Duque Estrada, que era el Jefe de la Auditoría en la Cabaña, para que hablara con él si el Che no estuviera allí cuando fuera a verlo.

Fidel y yo conversamos aún durante unos minutos. Le dije lo contento que estaba por el triunfo de la Revolución, sobre todo por la oportunidad que se nos ofrecía para servir a Cuba y promover su desarrollo y progreso. Poco antes de despedirnos me dijo una cosa que la recuerdo como si la estuviera oyendo en este momento: "Jorge, yo no sé cuánto tiempo vamos a durar, pero sí te puedo asegurar una cosa: la semilla que vamos a sembrar aquí va a costar mucho trabajo desarraigarla". Ya han transcurrido muchos años desde que oí esas palabras. Encontré raro eso de "no sé cuánto tiempo vamos a durar". No era posible que una persona como Fidel, que mostraba siempre un entusiasmo y un optimismo desbordantes, me dijera esas palabras que me parecieron hasta desalentadoras, pesimistas y totalmente inesperadas de su parte. Muchas veces he reflexionado sobre esa semilla que Fidel me anunció que tenía la intención de sembrar y que efectivamente ha sembrado en Cuba, y fuera de Cuba. Esas reflexiones, en la medida

16 En esa gestión, Fernando Flores no consiguió un puesto de abogado de oficio, sino que fue nombrado abogado fiscal del Tribunal Supremo. Con esa posición, actuó como fiscal en numerosas causas criminales, una de las más importantes de las cuales fue aquélla en que resultó condenado a muerte el comandante William Morgan, ex infante de marina americano y dirigente del Segundo Frente del Escambray.

que pueda lograr darles cuerpo, son plasmadas esta obra, que por eso la he titulado así: "La Semilla".

Al día siguiente fui a la fortaleza de San Carlos de la Cabaña para hablar con el Comandante Ernesto Guevara, a quien Fidel me había remitido. El Che no se encontraba allí en ese momento, por lo que pasé al despacho de Duque Estrada en la Auditoría. Duque Estrada era un abogado graduado en un curso posterior al mío. Me atendió con una gran naturalidad y franqueza. Después de conversar sobre temas de carácter general, pasamos a las cuestiones concretas relativas a las funciones que tendría que desempeñar en la Auditoría. Me dijo que en esos momentos lo que necesitaba era alguien que se ocupara de las infracciones cometidas por los miembros de lo que hasta el día del triunfo de la Revolución era el Ejército Rebelde, es decir, los "barbudos". Seguidamente, me asignó un despacho, me trajo algunos libros y documentos, entre los cuales estaba el Código Penal Militar, las Leyes de la Sierra y el Código de Defensa Social, me indicó donde se encontraban otros libros y documentos importantes y me dio las informaciones pertinentes al ejercicio de mis nuevas funciones.

Ese día y el día siguiente los pasé sin hacer nada en particular y los dediqué a familiarizarme con mi nuevo *centro de trabajo* y a hojear algunos de los documentos y libros que tenía a mi alcance. El segundo, día por la tarde, Duque Estrada me encomendó una misión que realmente no me esperaba. Me explicó que, para que los nuevos miembros de las Fuerzas Armadas, que en su mayoría eran jóvenes "barbudos", antiguos campesinos, por lo general procedentes de la provincia de Oriente, fueran conociendo la ciudad de La Habana, casi todas las noches se elegía a un pequeño grupo de ellos y se sacaban a pasear por distintos lugares de la ciudad. Me dijo que, si no tenía otra cosa que hacer, podría encargarme de llevar a un grupo de unos diez o doce de esos jóvenes soldados al Tropicana.

El cabaré Tropicana era, antes de la Revolución, uno de los más grandes y famosos del mundo; en sus espléndidos *shows* actuaban artistas, muchos de los cuales eran mundialmente conocidos. Naturalmente, acepté gustosamente. Para eso tuve que aprender rápidamente una cosa que no sabía hacer: dar órdenes a soldados, como por ejemplo ponerlos en atención, mandarlos a desplazarse, a detenerse, etc. Me enseñaron lo que tenía que decirles y cómo darles órdenes. Desde que me hice cargo de ellos me quedé sorprendido de lo sencillos, disciplinados y respetuosos que eran esos jóvenes. No tuve ninguna dificultad para cumplir esa misión. Conduje al grupo de jóvenes "barbudos", todos con sus correspondientes rifles al hombro, al cabaré Tropicana, y pasé unas horas disfrutando del gran espectáculo ofrecido por magníficos artistas, al mismo tiempo que observaba también, con gran curiosidad y satisfacción, de cuando en cuando, los rostros y los gestos de los jóvenes que me habían confiado, que presenciaban aquel espectáculo cuya calidad y grandiosidad se han perdido, al menos hasta el presente.

Al día siguiente se me presentó el primer caso (que, como se verá más adelante, fue también el último) de una infracción cometida por un miembro de las Fuerzas Armadas. Tocaron a la puerta de mi despacho en la Auditoría de La Cabaña. Cuando invité a pasar, entró un joven barbudo, de mediana estatura y corpulencia, quien preguntó si yo era el Auditor. Le respondí que sí y le pregunté cuál era el objeto de su vista. Su respuesta me dejó anonadado. Me dijo que había sido condenado a una semana de calabozo a pan y agua y le habían dicho que debía presentarse en la Auditoría para cumplir la condena. Lo primero que se me ocurrió fue preguntarle cuándo le habían celebrado el juicio, a lo que me respondió que a él no le habían celebrado juicio. Yo había estudiado Derecho, había ejercido la profesión de abogado durante doce años, era profesor de Principios de Derecho Penal en una universidad cubana, y no podía concebir que alguien me viniera a ver para que le hiciera cumplir una condena y que al mismo tiempo me dijera que nunca se le había celebrado juicio.

Tras una profunda inspiración que llenó de aire mis pulmones y marcó el instante en que mi mente pasó de la fase de simple asombro a la de la más absoluta estupefacción, no me quedó más remedio que pedirle que me explicara lo que le había ocurrido. Me contó que él había sido un campesino de la Sierra Maestra, que se había incorporado al Ejército Rebelde y que su unidad había estado al mando del Che Guevara. Tenía familiares en el pequeño pueblo de El Cotorro, cercano a La Habana. Sus familiares de El Cotorro lo habían invitado a visitarlos. Había solicitado un permiso para ello. Su solicitud fue aceptada por el jefe de La Cabaña, el Comandante Che Guevara, quien le dio un permiso de 24 horas para ausentarse de su puesto en La Cabaña. Al día siguiente, bien temprano, viajó a El Cotorro mediante *autostop*, medio de transporte cuyo éxito estaba prácticamente garantizado por su condición de "barbudo". Tenía el propósito de regresar a La Cabaña esa misma noche, pero sus familiares insistieron en que se quedara a dormir, descansara y que regresara al día siguiente, bien temprano. Así lo hizo y, al día siguiente, después del desayuno, se despidió de sus familiares y salió a la Carretera Central para hacer de nuevo *autostop*, esta vez en sentido opuesto, de regreso a La Habana. Cuando miró a lo lejos, en la Carretera Central, se puso de lo más contento, pues vio que se acercaba un *jeep* del ejército. ¡Qué suerte había tenido! Era hasta posible que sus compañeros en el *jeep*, si les hacía camino, lo llevaran directamente a La Cabaña. Cuando el *jeep* se detuvo oyó una voz que lo saludó por su nombre. Cuando fijó la vista, todo su entusiasmo y alegría desapareció súbitamente. El saludo que acababa de oír provenía del Che Guevara, que viajaba en ese vehículo. Tras el debido saludo al Comandante Guevara, éste le dijo escuetamente: "Yo te di permiso por 24 horas. Las 24 horas han pasado ya. Tu puesto está en La Cabaña. Tú no estás en tu puesto. Preséntate al Auditor de la Cabaña y dile que estás condenado a una semana de calabozo a pan y agua. Después de que hayas cumplido tu condena, reporta a tu unidad".

El joven barbudo y yo nos miramos. Sabíamos que no se podía hacer nada. Después de algunas palabras de ánimo y consolación de mi parte, y de resignación y conformidad de parte del barbudo, llamé a uno de los auxiliares de la Auditoría y le di las instrucciones pertinentes para que se cumpliera la *condena.*

Poco después fui a la cocina y le hice el cuento completo al cocinero. Éste, al igual que yo, comprendía que había que mantener la disciplina, pero, en el caso de un joven, sacado de la Sierra Maestra, que ha estado peleando casi dos años, y que, por insistencia de sus familiares, ha prolongado por unas pocas horas el permiso recibido, una semana a pan y agua era una condena demasiado dura. El cocinero, haciendo una pequeña mueca, que parecía aprobatoria, me dijo: "Váyase tranquilo. Es posible que ese compañero encuentre algo con qué acompañar el pan".

Dos o tres días después recibí un telegrama de la Universidad Central de Santa Clara donde se me convocaba para que me reintegrara a mi cátedra de Principios de Derecho Penal, pues se iban a reanudar las clases. Como vi que en la Auditoría de la Cabaña no estaba haciendo gran cosa, decidí retornar a la Universidad. Traté de hablar con el Che, pero no pude verlo personalmente. Entonces consulté el caso con Duque Estrada, quien me dijo que me fuera tranquilamente para Santa Clara, y que él buscaría a alguien que me reemplazara y le explicaría la situación al Che, para lo cual me pidió que le dejara el telegrama de la Universidad. Regresé a Santa Clara. Dos días después recibí un telegrama del Che convocándome urgentemente a su despacho en la Cabaña.

Inmediatamente me di cuenta de que había cometido una infracción muy parecida a la cometida por el joven barbudo al que el Che condenó a una semana a pan y agua. Sin pérdida de tiempo tomé mi automóvil y unas cinco horas después llegué a la Cabaña. Yo estaba bastante asustado, pues temía que me impusiera una sanción parecida a la impuesta al joven barbudo. Por suerte, el Che me trató bien, quizás porque había sido recomendado por Fidel. Después de señalarme que yo había cometido una falta por no haberle pedido la baja del servicio a él personalmente, me dio de baja en ese mismo momento y nos despedimos. Esa fue la única vez en la vida que hablé con el Che Guevara. Ese mismo día regresé a Santa Clara.

Dos semanas después hice otro viaje a La Habana, esta vez para ver al Ministro de Relaciones Exteriores, Roberto Agramonte Pichardo. Agramonte y yo nos tratábamos de tú (a petición expresa de él), no sólo porque él era primo de mi difunto padre, sino también porque yo pertenecía al Partido Ortodoxo y aspiraba a Representante a la Cámara por la provincia de Las Villas en las elecciones de 1952, en las cuales él era el candidato a la Presidencia de la República por el Partido Ortodoxo. Exploré con él las posibilidades que tenía de ser nombrado embajador en algún país. Me respondió que era lástima que no hubiera ido a verlo la semana anterior, pues tenía libre la Embajada en Dinamarca. Me dijo que, en cambio, tenía libre un puesto que me convendría especialmente porque había disfrutado de una beca de estudios en la *London School of Economics*: Agregado Cultural de la Embajada en Londres. Le agradecí a Roberto Agramonte su ofrecimiento, pero le expliqué que, si no podía obtener un cargo de Embajador, tenía el propósito de aceptar una beca de estudios de posgrado que, desde hacía ya algún tiempo, me había ofrecido el Embajador de Alemania Occidental, Dr. Henry P. Jordan. Había conocido al Embajador de la RFA con ocasión de las gestiones que había hecho en representación de la Universidad Central Marta Abreu de las Villas para el nombramiento de un profesor de idioma alemán para la Escuela de Idiomas Modernos. Le expliqué a Agramonte que necesitaba un descanso y que si no era posible obtener un puesto de embajador tenía el propósito de aceptar la beca de estudios de posgrado que me ofrecía el Embajador de República Federal de Alemania, Dr. Jordan. Agramonte y yo nos despedimos afectuosamente. Esa fue la última vez que vi a este querido y eminente primo.

Poco después le comuniqué al Embajador Dr. Jordan que aceptaba la beca de estudios de posgrado que me ofrecía. Se trataba de una beca otorgada por la Fundación Alexander von Humboldt (*Alexander von Humboldt-Stiftung*) para realizar estudios de posgrado en materia de Derecho en la Universidad Libre de Berlín (*Freie Universität Berlin*). Después de felicitarme y expresarme su satisfacción, me dio cita para el día siguiente en la Embajada. Ese día firmé los documentos pertinentes, que ya estaban preparados. El Embajador Dr. Jordan me invitó entonces a almorzar. A la salida de la Embajada estaba esperándolo su automóvil de servicio, un bello Mercedes-Benz del último modelo, de color negro. Su chofer nos condujo a uno de los restaurantes predilectos del embajador. El almuerzo fue magnífico. A la salida del restaurante, como uno de los puntos que habíamos tratado en nuestra conversación era el de la calidad de los automóviles, antes de despedirnos me dijo. "Señor Besada, quiero que oiga esto". Abrió una de las puertas traseras del auto y le dio un ligerísimo impulso con el que inició el recorrido de cierre de la puerta. Cuando ésta llegó a la posición final de enclavamiento, se sintió un sonido corto, seco: "trac" y la puerta, pese a la escasa velocidad a la que se desplazaba, quedó perfectamente cerrada. Realmente quedé impresionado. Cuando le hice la observación de que no esperaba que la puerta cerrara perfectamente con un impulso tan ligero, el Dr. Jordan me respondió. "Eso se lo debemos a la *Feinmechanik* (mecánica de precisión). En ese campo, los alemanes siempre hemos sido bastante buenos".

Divorcio

El 29 de mayo de 1959 el Juzgado de Primera Instancia de Santa Clara dictó una sentencia por la cual se declaró disuelto el matrimonio celebrado entre el señor Jorge Leonardo Besada Ramos y la señora Dulce Rizzeria Angulo Díaz-Canel, por la causal de incompatibilidad de caracteres.

Este fue un divorcio por común acuerdo entre Rizzeria y yo, el cual se efectuó por iniciativa exclusivamente mía. Después de la Revolución se apoderó de mí un sentimiento de liberación que se extendía hasta la relación matrimonial misma. Quería desvincularme de todo, liberarme de todo, estar libre. He tratado de hallar una palabra de nuestro idioma que exprese tal estado de ánimo, pero no la he encontrado. Lo más cercano que he encontrado, como descripción, es un impulso proveniente de lo más íntimo del cuerpo, o del alma, casi instintivo. En la búsqueda en otros idiomas de esa palabra (no de una frase descriptiva) que mejor refleje ese estado de ánimo, lo más cercano que he encontrado es la palabra alemana "*Trieb*", que en los diccionarios aparece traducida como impulso, impulsión, instinto, pero que es una combinación de todo eso y que proviene de muy dentro.

Cuando le traté a Rizzeria el asunto del divorcio, ella sufrió un choque emocional grande. A esto contribuía la falsa idea de que yo quería abandonarla porque estaba enamorado de otra mujer. Cuando ella comprendió, y se convenció, de que lo que yo le estaba diciendo, aunque nada edificante, era absolutamente cierto y, sobre todo, de que yo no la dejaba a ella por estar enamorado de otra mujer, lo cual era absolutamente cierto, dio su consentimiento. En cuanto al aspecto pecuniario del divorcio, todo se solucionó a satisfacción de ambos, pues tanto ella como yo teníamos, por encima de todo, el deber de asegurar el bienestar y el futuro de nuestros hijos. Rizzeria y nuestros hijos se quedaron en la casa de Luis Estévez Nº 68 esquina a Martí. Yo me fui a vivir primeramente a casa de mi madre, en la calle Luis Estévez Nº 319, frente al parque de los Mártires y la estación de ferrocarril y, después de que regresé de la República Federal de Alemania, viví en la casa de "La Finquita" (también propiedad de mi madre) en la Carretera Central, a tres o cuatro kilómetros del centro de Santa Clara.

Primeros fusilamientos y juicios revolucionarios

En cuanto a las venganzas personales generalizadas que suelen cometerse en otras revoluciones, y que especialmente se produjeron en Cuba después de la revolución de 1933 contra la dictadura de Machado, puede decirse que la Revolución de 1959 no se caracterizó por este tipo de actos de violencia realizados por turbas desenfrenadas. Salvo la ejecución ordenada por Raúl Castro de un gran número de oficiales y soldados del régimen de Batista en Santiago de Cuba pocos días después del triunfo de la Revolución, el fusilamiento de unos miembros del SIM (Servicio de Inteligencia Militar) ordenado por el Che Guevara en Santa Clara, y la "cacería" de algunos miembros de los llamados "tigres de Masferrer" (una verdadera unidad paramilitar comandada por el entonces Senador Rolando Masferrer) en la ciudad de La Habana, el Ejército Rebelde cumplió la orden impartida por Fidel Castro de impedir y abstenerse de venganzas personales, y someter a todos los acusados a juicios revolucionarios ante los tribunales revolucionarios que se iban a crear. Eso hubiera sido una medida admisible si en esos tribunales se hubieran seguido los procedimientos establecidos por la ley para la investigación, la prueba y la sanción de los delitos que se imputaban a los acusados. Pero eso no ocurrió así. También fue exagerada la duración del período en que se celebraron esos juicios, que se estuvieron transmitiendo por radio durante meses y meses. Los juicios revolucionarios fueron utilizados por el gobierno revolucionario como un medio para intimidar a la población. Cuando Castro consideró que este efecto ya se había conseguido, que ya no quedaba casi nadie por fusilar, o sin condenar a una larga pena de prisión, y para apaciguar algunas protestas de la opinión pública mundial por las atrocidades que se estaban cometiendo, dispuso que tales juicios revolucionarios fueran suspendidos. Nunca ha ordenado que sean suprimidos definitivamente.

En esta exposición nos limitaremos a tratar tres de esos procesos, que dejaron una profunda impresión en el pueblo de Cuba.

Juicio del Comandante Jesús Sosa Blanco

El 23 de enero de 1959 se celebró en el Palacio de los Deportes, en la ciudad de La Habana, un colosal juicio-espectáculo en el que figuraba como principal acusado el Comandante Jesús Sosa Blanco, así como otros altos oficiales del ejército de Batista. Este juicio tuvo una gran resonancia en Cuba, pues se le quiso dar una publicidad extraordinaria. Se celebró en el Palacio de los Deportes de La Habana en presencia de las cámaras de televisión y de unos trescientos periodistas cubanos y extranjeros. Los integrantes del Tribunal Revolucionario fueron tres figuras destacadas de la Revolución. Como Presidente del Tribunal actuó el Dr. Humberto

Sorí Marín, Ministro de Agricultura, quien, junto con Fidel Castro, fue figura principal en la confección de las llamadas Leyes de la Sierra, sobre todo de la Ley de la Reforma Agraria. Los otros dos miembros del tribunal fueron Universo Sánchez, uno de los más antiguos y fieles seguidores de Castro, al que acompañó en el ataque al Cuartel Moncada en julio de 1953 y en la expedición invasora que desembarcó en Cuba en diciembre de 1956, y fue superviviente, junto con Castro, de la desastrosa derrota sufrida en el combate de Alegría de Pío. El otro miembro del tribunal fue el Dr. Raúl Chibás, que había sido tesorero del Movimiento 26 de Julio y, después del triunfo de la Revolución, aunque sólo por breve tiempo, Ministro de Hacienda del primer gabinete revolucionario, bajo la presidencia de Urrutia. Los Fiscales fueron José ("Papito") Serguera y el Teniente Dr. Luis Pérez Perdomo. El abogado defensor fue el antiguo Capitán Auditor Dr. Arístides D'Acosta Calheiro.

El juicio comenzó a las seis de la tarde de ese día y terminó a las seis de la mañana del día siguiente. En ese juicio, el acusado Jesús Sosa Blanco pronunció una frase que fue recogida por casi todas las agencias de prensa del mundo. "Esto es un circo romano". Los acusados fueron condenados a la pena de muerte. Para llenar la forma, un tribunal militar reunido en una sala confirmó la sentencia, que fue ejecutada unos días después.

Juicio de los pilotos

Después del triunfo de la Revolución fueron arrestados más de sesenta aviadores, artilleros e incluso mecánicos, a los que se acusó de los delitos de crimen de guerra y genocidio. En el mes de febrero de 1959 fueron juzgados en Santiago de Cuba unos cuarenta de ellos. Fidel Castro insinuó insistentemente, por no decir exigió, que la mayoría de los acusados fueran fusilados. El tribunal fue integrado por oficiales del Ejército Rebelde: Capitán Félix Pena, joven abogado, perteneciente a las tropas que habían estado al mando de Raúl Castro, como presidente, el Comandante Antonio Michel Yabor Jústiz, que era piloto y había sido Jefe de la Aviación cuando estaba alzado en la Sierra Maestra, y el Teniente Adalberto Paruas Toll, Auditor, abogado criminalista de Santiago de Cuba. Se celebró el juicio y el tribunal absolvió a los acusados de los graves delitos de crimen de guerra y genocidio y condenó a algunos de ellos a leves penas de prisión. Cuando Castro fue informado de la sentencia del tribunal, se enfureció y acusó al tribunal públicamente, en la televisión y la radio, de haber tenido una conducta contrarrevolucionaria; dispuso que se practicara una investigación minuciosa sobre tal conducta del tribunal y que los acusados fueran sometidos a un nuevo juicio. En efecto, se constituyó un nuevo tribunal ante el cual se llevó a cabo un segundo procedimiento penal sobre los mismos hechos. A esto no fue óbice que este nuevo procedimiento violara el principio jurídico de la cosa juzgada, que es respetado en todos los países que son estados de derecho, con tanta más razón en materia penal, donde algunos juristas llegan hasta a referirse a este principio como *la santidad de la cosa juzgada*. El Comandante Antonio Michel Yabor Jústiz, pese a ser un oficial del Ejército Rebelde de la absoluta confianza de Raúl Castro, fue presa de un temor tan grande, que partió rápidamente hacia el exilio. El Capitán Félix Pena se sintió tan vejado, avergonzado y desilusionado, que, poco tiempo después, tomó una decisión más trágica: se suicidó de un disparo. En la sentencia dictada por el segundo tribunal se condenó a los acusados a largas penas de prisión, algunas de las cuales fueron de treinta años. Afortunadamente, ninguno fue condenado a muerte. Los demás pilotos, artilleros y mecánicos fueron juzgados posteriormente por el mismo delito en La Habana, Santa Clara y Camagüey, y condenados a penas de prisión similares.

Juicio del Coronel Cornelio Rojas

Este juicio se celebró en Santa Clara pocos días después del triunfo de la Revolución. Cornelio Rojas era un hombre enérgico, pero no se le conocía que hubiera matado a nadie. Como ya se ha dicho en el primer tomo de esta obra, Cornelio Rojas era muy amigo de mi concuño Pancho Martínez, cuya casa en el cercano poblado de Miller visitaba con frecuencia[17]. A Cornelio Rojas lo acusaban de la muerte de un detenido. Cornelio se defendió con energía y en la misma forma proclamó que a él nadie podía acusarlo haber matado a nadie. El Fiscal, que era el Capitán Dr. Humberto Jorge, al cual nos hemos referido antes, le contestó enérgicamente: "Los coroneles no matan, mandan a matar". Con la misma energía, Cornelio Rojas respondió negando también esta insinuación. El Coronel Cornelio Rojas fue ejecutado pocas horas después del juicio.

Una de las fotografías tomadas con ocasión de la ejecución del Coronel Cornelio Rojas fue muy difundida en todo el mundo, pues captó un fenómeno físico muy raro. Cuando el Coronel Rojas recibió la descarga mortal, su sombrero salió impulsado hacia arriba, casi verticalmente. En dicha fotografía se ve el sombrero en el aire, elevado a una altura bastante grande sobre su cabeza.

---

17 Como ya se ha dicho en otra parte de esta obra, Cornelio Rojas había participado activamente en la lucha contra la dictadura de Machado. Era Capitán de la Policía cuando fue jubilado forzosamente por Batista tras el golpe del 10 de marzo de 1952. Cornelio Rojas era tío de Rolando Masferrer Rojas y cuando éste se asoció a Batista y apoyó el golpe de 1952, persuadió a su tío para que se reincorporara a la Policía, esta vez con el grado de Comandante.

Estado de la administración de justicia en general

Poco tiempo después del triunfo de la Revolución se comenzó a ejercer una gran presión sobre todas las personas que poseían empresas o negocios importantes. Tuve oportunidad de constatar esta situación cuando uno de mis clientes y amigos, Plácido García, dueño y gerente de la Casa García, una de las ferreterías más importantes de Santa Clara, fue acusado de haber vendido, él mismo, personalmente, una linterna o farol de los que funcionan quemando querosén (o luz brillante, como se dice usualmente en Cuba) a un precio excesivamente alto. Esta acción delictiva (que en realidad no había existido) no era grave en tiempos normales. Sin embargo, en aquellos momentos, aunque se trataba de un delito del que conocía el Juez Correccional y no la Sala de lo Criminal de la Audiencia, esa acusación era peligrosa, en primer lugar porque el acusado podía ser condenado a una pena de privación de libertad de hasta seis meses contra la cual no había recurso y, en segundo lugar, por las consecuencias que podría acarrear ese género de delito en el que un comerciante rico se aprovechaba de la situación de necesidad en que se encontraba una persona pobre para exigirle un precio abusivo.

Aparte de ser una excelente persona y un buen cliente, Plácido García había sido un gran amigo de mi padre. Desde que comencé a estudiar la carrera de Derecho tras la muerte de mi padre, siempre que me veía me decía que estaba esperando a que me graduara para que fuera el abogado de la Casa García, como lo había sido mi padre. Efectivamente, me esperó y, desde que, título en mano, regresé a Santa Clara, me contrató como abogado de la Casa García.

Yo sabía que en ese tipo de juicio era poco lo que podía hacer el abogado y que lo fundamental era la integridad moral del Juez. Afortunadamente, el Juez que conoció del asunto fue el Dr. Juan

Cárdenas, hombre de color, de extracción humilde como su hermano el Dr. Roberto Cárdenas, abogado muy estimado por sus compañeros y gran amigo mío. El Juez Correccional se dio cuenta de que la acusación había sido montada para obtener la condenación de un comerciante rico por un delito infamante, y lo absolvió. Nunca consideré esto como un triunfo profesional, sino como una prueba de la calidad de un digno funcionario del poder judicial.

Los juicios revolucionarios en la Audiencia de Santa Clara

Al igual que hicimos en el primer tomo de esta obra, cuando se trata un tema como el de los juicios revolucionarios, sobre el cual tanto se ha escrito y se sigue escribiendo aún, prefiero narrar hechos que ocurrieron en Santa Clara o de los que tuve un conocimiento directo o a través de una fuente cercana. Algunos dirigentes provinciales del Movimiento 26 de Julio que me conocían me propusieron que formara parte de los tribunales revolucionarios que funcionarían en la Audiencia de Las Villas. Yo me negué a ello, pero no porque considerara que aquellos que asesinaron a prisioneros para defender una dictadura corrompida, que tuvo innumerables oportunidades para subsanar el grave error y crimen político que cometió cuando produjo el golpe militar del 10 de marzo de 1952, no debían ser juzgados por un tribunal revolucionario, sino porque estimaba que para actuar como fiscal o formar parte de tal tribunal que debía conocer de un delito en que se podría pedir o imponer la pena de muerte, era necesario que esos miembros del tribunal y ese fiscal hubiesen endurecido su espíritu luchando materialmente contra las fuerzas armadas de la dictadura durante un largo período de tiempo. Yo había cooperado con la revolución. Los riesgos que había corrido eran minúsculos en comparación con los que habían corrido otros. Otros compañeros habían combatido, habían tenido que vivir en el monte, desplazarse en el campo, sufrir prisión, arriesgar sus vidas, o sacrificarlas. Este fue el motivo por el cual no formé parte de los tribunales revolucionarios.

La misma propuesta que me hicieron mí se la hicieron a mi hermano Benito y éste dio la misma respuesta que yo. No consideraba que reunía las condiciones necesarias para desempeñar uno de esos cargos. Entonces le propusieron que actuara como abogado de oficio del tribunal revolucionario. El Dr. Humberto Jorge, compañero abogado y amigo de mi hermano Benito y mío, que estuvo largo tiempo alzado en el Escambray y posteriormente actuó como fiscal en muchos de los primeros juicios revolucionarios que se celebraron en la Audiencia de Las Villas, le dijo: "Benito, debes tener en cuenta una cosa. Estos juicios son juicios revolucionarios. Muchas veces no dispondremos de pruebas que permitan determinar de una manera irrefutable la comisión de un vil asesinato y tendremos que juzgar por convicción. Lo más probable es que ese acusado haya cometido ese crimen, y si no lo ha cometido, que haya cometido otro u otros todavía peores. Pero nosotros no somos asesinos. Nosotros no queremos matar a un inocente. Por eso, el servicio que tú puedes prestarle a la Revolución y a nosotros es inmenso, porque estamos seguros de que si tú piensas, en lo íntimo de tu conciencia, que un acusado no ha cometido el crimen que se le imputa, tú vas a hacer todo lo posible por salvarle la vida. Yo sé que tú eres capaz, en ese caso, hasta de saltar sobre nosotros y hacernos ver la verdad. Eso no sólo redunda en tranquilidad para nuestro espíritu, sino que es una garantía para la Revolución".

Mi hermano Benito aceptó la posición de abogado de oficio del tribunal revolucionario que funcionó en la Audiencia de Las Villas. Beni trabajó muy duro en el ejercicio de ese cargo. Cumplió con su deber y con su conciencia. En muchos casos logró evitar el fusilamiento. En otros no. Al cabo de unos meses dejó de ser abogado de oficio de ese tribunal revolucionario. Pasó al Ministerio de Relaciones Exteriores.

Deposición del Presidente Urrutia

Entre los días 13 y 27 de julio se produjo una pantomima, magistralmente concebida, coordinada, cronometrada y orquestada. En este corto período se produjo la secuencia de actos que ahora nos limitamos a enumerar en orden cronológico y que a continuación describiremos con más detalle:

1) el Presidente Urrutia aparece ante las cámaras de televisión para defender a Cuba de la calumnia de que en este país se estaba introduciendo el comunismo;

2) se convoca un Consejo de Ministros en el Palacio Presidencial;

3) Fidel Castro aparece ante las cámaras de televisión y tras una larga y típica perorata presenta solemnemente ante el pueblo la renuncia a su relativamente reciente cargo de Primer Ministro y acusa al Presidente Urrutia y, en general, al gobierno de éste, de frenar la aplicación de las leyes revolucionarias;

4) en el Consejo de Ministros que se había convocado, Urrutia no aparece por ninguna parte;

5) el Presidente Urrutia es declarado traidor a la Revolución y reemplazado en su cargo por el Ministro de las Leyes, Osvaldo Dorticós Torrado;
6) se celebra el acto del Sexto Aniversario del Asalto al Cuartel Moncada el 26 de Julio de 1953 con la presencia de varios millares de campesinos que fueron traídos expresamente a La Habana y alojados en las casas de los habaneros;
7) solemnemente, Fidel Castro acepta ante el pueblo reintegrarse en el ejercicio de su cargo de Primer Ministro.

El 29 de junio se había producido un hecho que había tenido consecuencias notables. El jefe de la Fuerza Aérea Revolucionaria, Comandante Pedro Luis Díaz Lanz, había convocado a varios periodistas y enviado al Presidente Urrutia una carta que contenía la renuncia a su cargo. Su renuncia se fundaba en que la Revolución estaba siendo peligrosamente arrastrada hacia el comunismo[18]. Al enterarse de este hecho, Fidel Castro ordenó la detención de Díaz Lanz, pero éste, en compañía de su esposa y un hermano, logró tomar una pequeña embarcación y arribar a Estados Unidos, donde fue muy bien acogido. La súbita renuncia de Díaz Lanz cayó en las manos de Urrutia como una *papa caliente*. ¿Qué hacer con esa carta y esa renuncia? Lo primero que hizo fue optar por no hacer nada. Cuando Urrutia se enteró de que Díaz Lanz, que había sido mandado a detener por Fidel Castro, había logrado ponerse a buen recaudo en Estados Unidos, se presentó ante las cámaras de televisión y lo acusó de traidor, al mismo tiempo que calificó de falsa la aseveración de Díaz Lanz, en su renuncia, de que Cuba estaba en camino de abrazar la ideología comunista. Entretanto, el campanazo de alarma de Díaz Lanz logró llegar al Congreso de Estados Unidos, ante el cual, a mediados de julio de 1959, Díaz Lanz declaró como

18 Ese mismo día 29 de junio, Urrutia había aceptado la renuncia de Roberto Agramonte como Ministro del Relaciones Exteriores y había nombrado para dicho cargo al Dr. Raúl Roa García.

testigo y ratificó su denuncia sobre la infiltración del comunismo en Cuba.

Urrutia apareció de nuevo ante las cámaras de televisión para rechazar el ataque proveniente del Congreso norteamericano y ratificar la acusación de traidor contra Díaz Lanz; al mismo tiempo vuelve a la carga sobre el tema de que en Cuba no hay comunismo. El propio Urrutia había convocado para el 17 de julio un Consejo de Ministros con objeto de responder a las acusaciones del Congreso estadounidense. En la noche del jueves 16 de julio fue Fidel Castro quien se presentó ante las cámaras de televisión y los micrófonos de las estaciones de radio y lanzó una andanada que, desde ese momento, marcó la terminación de la Presidencia de Urrutia. Comenzó informando al pueblo que había presentado su renuncia de su cargo de Primer Ministro al Presidente de la República y pasó a explicar los motivos de la misma y la situación en la que él se encontraba[19]. Acusó al Presidente Urrutia y, en general, a su gobierno, de frenar la aplicación de las leyes revolucionarias creadas en beneficio del pueblo, de obstaculizar la Revolución y, por lo tanto, de impedir que el pueblo recogiera los frutos de su sacrificio. En el mismo tono peripatético que ya tenía bien ensayado desde su discurso de "¿armas para qué?" pronunciado en La Habana el 8 de enero, continuó la pantomima y pasó a explicar al pueblo la situación en que se encontraba, más o menos con estas palabras: "He renunciado al cargo de Primer Ministro porque, como tal, estaba obligado a prestar obediencia al Presidente de la República. Ahora, como ciudadano, al igual que cada uno de ustedes, tengo, no sólo el derecho, sino la obligación, de determinar lo que debemos hacer para que, después de tantos sacrificios, de tantos compañeros caídos durante la lucha, nos vengan, primero a frenar, y después a despojar de los frutos que nos ofrece la Revolución. Ahora tenemos que

19 Fidel Castro presentó su renuncia solamente a su cargo de Primer Ministro, pero no al de Comandante en Jefe de las Fuerzas Armadas.

determinar lo que debemos hacer". Y así continuó su largo discurso explicando detalladamente cómo las leyes y las iniciativas de la Revolución eran sistemáticamente bloqueadas por el Presidente Urrutia y su gobierno. Castro no había terminado de hablar, y ya Urrutia estaba negociando su asilo en una Embajada.

Al día siguiente, viernes 17 de julio, todos los Ministros del gabinete de Urrutia estaban reunidos en el Palacio Presidencial. Algo muy raro estaba ocurriendo en esa reunión. El que se estaba encargando de su organización, en ausencia del Presidente y del Primer Ministro, era el Ministro de Defensa, Augusto Martínez Sánchez. El Consejo de Ministros acordó separar al Dr. Urrutia del cargo de Presidente de la República por "motivos cercanos a la traición" y sustituirlo por el Dr. Osvaldo Dorticós Torrado. Pocos días después, en el acto de la celebración del Sexto Aniversario del Asalto al Cuartel Moncada el 26 de Julio de 1953, y en presencia de una enorme multitud que incluía a los miles de campesinos que fueron traídos expresamente a La Habana, Fidel Castro aceptó ante el pueblo retirar su renuncia y reintegrarse a su cargo de Primer Ministro, confirmando así su posición de jefe único e incontrovertible del gobierno de Cuba. La pantomima había terminado.

Beca de estudios en Berlín Occidental

Esa era la situación de Cuba cuando llegó la fecha de mi viaje a la República Federal de Alemania para comenzar a disfrutar de la beca de estudios de posgrado que me había ofrecido el Embajador de la República Federal de Alemania, Dr. Henry P. Jordan. Volé de La Habana a Nueva York, donde me embarqué en el trasatlántico *United States*, que me condujo a Southampton (Inglaterra), desde donde continué el viaje hasta Bonn, la capital de la República

Federal de Alemania. En la sede de la Fundación Alejandro de Humboldt (*Alexander von Humboldt-Stiftung*), en Bad Godesberg, ciudad vecina de Bonn, fui recibido por el Secretario General de dicha Fundación, Dr. Heinrich Pfeiffer. Tras una animada y agradable conversación, me hizo pasar a una oficina donde me dieron las informaciones pertinentes y me proporcionaron los documentos necesarios para el disfrute de la beca de posgrado en la Facultad de Derecho de la Universidad Libre de Berlín (*Freie Universität Berlin*).

Llegué a Berlín aproximadamente una semana antes del día señalado para el comienzo del curso. Alquilé una habitación con entrada independiente en una casa particular y empecé a conocer la ciudad. En aquella época Berlín, sobre todo Berlín Occidental, era una de las ciudades más interesantes del mundo. Estaba enclavado, como una especie de isla, dentro de la República Democrática Alemana. *Grosso modo*, por el este tenía una frontera con Berlín Oriental. En el resto de su contorno, es decir, por el norte, el oeste y el sur, tenía una frontera con la República Democrática Alemana. Además, considerando Berlín como el conjunto formado por Berlín Occidental y Berlín Oriental (o sea, abstracción hecha de la frontera entre Berlín Occidental y Berlín Oriental), este conjunto tenía dos tipos de fronteras: por una parte, la frontera de Berlín Occidental con la República Democrática Alemana , a la que ya nos hemos referido, que era una frontera internacional y, por otra parte, la frontera entre Berlín Oriental y la República Democrática Alemana, que a los efectos de la República Democrática Alemana funcionaba como una frontera interior y tenía menos importancia.

En aquella época no existía el después famoso Muro de Berlín, que se construyó en 1961 y fue derribado en 1989. Unos años antes de mi llegada a Berlín, los habitantes de esta ciudad podían pasar libremente de un sector a otro, lo que hacían generalmente mediante el tren metropolitano o subterráneo (*U-Bahn*) y el tren rápido (*S-Bahn*). En la época en que llegué a dicha ciudad, para pasar de un sector al otro de la misma había que pasar por un punto de control situado en la Puerta de Brandeburgo (*Brandenburger Tor*), un majestuoso edificio que se atravesaba a pie. Por la puerta de Brandeburgo transitaban mayormente turistas y muy pocos alemanes, pues, en general, éstos temían ser objeto de malos tratos, vejaciones o provocaciones.

Como ciudades, entre Berlín Occidental y Berlín Oriental había una diferencia enorme. Berlín Occidental era una ciudad moderna, totalmente reconstruida, con una arquitectura bella y variada, fina, mientras que Berlín Oriental mostraba todavía, en muchas de sus partes, la devastación que había sufrido durante la guerra. Las partes de Berlín Oriental que habían sido reconstruidas presentaban una arquitectura primitiva, uniforme, de mal gusto. Para resumir el aspecto de las dos ciudades con dos monosílabos franceses, Berlín Occidental era *chic*; Berlín Oriental era *moche*.

En la Universidad asistía a las conferencias y seminarios que se ofrecían en la Facultad de Derecho y formaban parte de las asignaturas comprendidas en la beca. En general se trataba de Principios Generales de Derecho en la primera parte del curso, y de temas seleccionados de Derecho Civil, Derecho Penal y Derecho Laboral en la segunda (y última) parte del curso.

Como iba a pasarme casi un año en Berlín, decidí comprarme un automóvil pequeño y comencé a buscar uno que fuera lo más barato y económico posible. Después de examinar diferentes automóviles pequeños, me decidí por el más barato de todos los que encontré: un Fiat 500. Este era un modelo muy pequeño. Tenía un motor de sólo dos cilindros. Consumía muy poca gasolina. Con diez marcos de Alemania Federal (en aquella época un dólar de Estados Unidos equivalía a unos 4,20 marcos de la RFA) le llenaba el tanque de gasolina. Era ideal para una ciudad como Berlín occidental, donde las distancias no eran grandes, por estar enclavada dentro de la República Democrática Alemana. Además, en la carretera se comportaba bastante bien. Aunque su indicador de velocidad marcaba un máximo de 100 km/hora, nunca conduje a más de 90 km/hora, incluso en las autopistas, cuando viajé por ellas en las vacaciones de navidades y año nuevo y en el verano de 1960.

La beca de estudios de posgrado estaba relativamente bien dotada. Además de los gastos de viaje La Habana-Berlín ida y retorno y los gastos de instalación, percibiría seiscientos marcos mensuales, es decir, aproximadamente el sueldo de un empleado de categoría media de una empresa. Además, mi madre me giraría ciento cincuenta dólares mensuales.

En cuanto al futuro político, yo estaba entusiasmado con la Revolución. Sabía que los comunistas iban a tratar de infiltrarse en el gobierno revolucionario, pero estaba seguro de que Fidel nunca lo permitiría, pues lo conocía muy bien como amigo de la universidad y compañero en el Partido Ortodoxo. En múltiples ocasiones, después del triunfo de la Revolución, Fidel había anunciado el curso que mantendría la Revolución, en frases como aquella de que el color de ésta no era rojo, sino verde como el de las palmas. En aquella época circulaba entre los estudiantes de la Universidad de la Habana una anécdota de la cual no puedo dar fe por no haberla presenciado, pero muchos la aceptaban como cierta. Se trataba de una de esas acostumbradas, ligeras, pero animadas conversaciones de estudiantes en torno a una de las mesas en la cafetería de la Escuela de Derecho de la Universidad de La Habana. Un día estaban allí reunidos varios estudiantes, entre ellos Fidel Castro y uno de sus compañeros, Walterio Carbonell. Este era un estudiante de la raza negra, tres o cuatro años mayor que sus compañeros, delgado, de relativamente baja estatura, y de un temperamento muy despierto, pero bastante provocador. Le gustaba mucho "discutir" y, aunque era medularmente indisciplinado, no dejaba de ser un personaje sumamente pintoresco, a quien todos conocíamos y apreciábamos en la Escuela de Derecho, aunque, en ocasiones, a expensas de tener que soportarle sus consustanciales majaderías.

Según la versión más difundida de esta anécdota, un día, estando reunido ese grupo de estudiantes en la cafetería de la Escuela de Derecho, a fines del decenio de los 1940 (en esa época, yo ya me había graduado y vivía en Santa Clara), Walterio Carbonell, que a la sazón era miembro del Partido Comunista, dibujando en su rostro una sonrisa que encerraba cierta sorna (que él manejaba con suma maestría y desenvoltura), dijo a su amigo: "Fidel, tú eres el hombre ideal que el Partido Comunista siempre ha estado buscando y nunca ha encontrado. Tú eres joven, alto, fuerte, inteligente. Tienes madera de líder. Todos te conocen. Tienes dinero. ¡Lo tienes todo! Tú reúnes las condiciones necesarias para encabezar el Partido Comunista y llegar a ser Presidente de Cuba". Fidel le respondió: "Yo nunca podré pertenecer a un partido que niega la libertad". Walterio, poniendo en juego su ágil espíritu polémico, ampliando su sonrisa como si hubiera estado esperando precisamente esa respuesta de Fidel, le replicó prontamente: "Ven acá Fidel, ¿de qué libertad tú me estás hablando?; ¿de la libertad que tiene un millonario para darse todos los gustos que se le ocurran, de acostarse con todas las mujeres que quiera?; ¿de la libertad que tiene un senador para caerle a bastonazos a un policía?[20] ¿Es esa la libertad a que tú te refieres? Esa no es la verdadera libertad. La verdadera libertad es la que tiene el pueblo de la Unión Soviética, donde todos los ciudadanos son iguales. Esa sí es la libertad. La verdadera libertad. ¡En todo el mundo no hay una

20 En aquél tiempo, un senador había atacado a bastonazos a un policía que pretendía ponerle una multa a su chofer por una infracción del tráfico.

libertad como esa!" Fidel, tomándose su tiempo, le respondió: Walterio, en esto último que me dices tienes razón. Es cierto que la libertad más grande del mundo está en la Unión Soviética. Lo malo es que toda esa libertad la tiene una sola persona: Stalin".

Aparte de la confianza que tenía en que Fidel Castro nunca permitiría la entrada del comunismo en Cuba, había también otros signos en ese sentido. Fidel Castro nunca había declarado que Cuba sería un país socialista, ni mucho menos marxista. Todavía no se había dictado la ley de la Reforma Urbana. La Reforma Agraria sólo era aplicable a las fincas de más de treinta caballerías de tierra (1 caballería equivale a 13 hectáreas, 42 áreas, 2 centiáreas, o sea 134 202 metros cuadrados). Existían relaciones diplomáticas entre Estados Unidos y Cuba. Un peso cubano valía prácticamente lo mismo que un dólar, y todo cubano podía solicitar un pasaporte y entrar y salir de su país sin que tuviera que cumplir otro requisito que el de proveerse de una visa del país al que deseara entrar, si éste la exigiera.

Sin embargo, en ese período de tiempo ocurrieron en Cuba sucesos muy preocupantes, que pasaremos a narrar.

Sucesos ocurridos entre septiembre de 1959 y septiembre de 1960

Nombramiento de Raúl Castro como Ministro de Defensa

El 15 de octubre de 1959 Raúl Castro fue nombrado Ministro de Defensa, cargo que hasta entonces había ejercido Augusto Martínez Sánchez, quien fue nombrado Ministro de Trabajo. Parece que a

Raúl no le gustaba mucho el nombre de ese Ministerio, pues poco después se le cambió el nombre por el de Ministerio de las Fuerzas Armadas Revolucionarias (MINFAR).

Renuncia de Húber Matos

El 19 de octubre de 1959 comenzó el grave y famoso incidente que en la historia de Cuba se ha llamado la renuncia de Húber Matos. Matos era oriundo de Manzanillo, provincia de Oriente. Había sido maestro y agricultor. Había ganado el grado de comandante y la especial estimación de Fidel Castro cuando, procedente de Costa Rica, donde estaba asilado, aterrizó en la Sierra Maestra con un cargamento de armas que le enviaba el Presidente de ese país, José Figueres. Además, ya siendo comandante, se había destacado como un activo combatiente. Cuando triunfó la Revolución, fue nombrado Gobernador Militar de la provincia de Camagüey.

Desde mediados de julio, con ocasión del reemplazo del Presidente Urrutia por Dorticós, descontento por la influencia creciente de los elementos comunistas en el gobierno, Matos le había enviado a Castro una carta por la que renunciaba a su cargo de Gobernador Militar de la provincia de Camagüey. Castro lo llamó, conversó con él, admitió que su hermano Raúl y el Che Guevara eran marxistas, pero le aseguró que él nunca traicionaría la Revolución. Le dijo que no podía aceptarle la renuncia en esos momentos porque podría ser mal interpretada por los enemigos de la Revolución, pero que ese era su derecho y siempre podría pedirla posteriormente si así lo deseaba.

Cuando el 20 de octubre, después de recibida una segunda carta de Matos con su renuncia, Castro se enteró de que una veintena de oficiales en Camagüey estaban dispuestos a apoyar a Matos, envió urgentemente a Camagüey a Camilo Cienfuegos con la orden de detener a Matos y traerlo a La Habana arrestado. Sea porque Cienfuegos y Matos tenían el mismo grado, sea porque Cienfuegos no se sintió con fuerzas suficientes para arrestar a Matos, lo cierto fue que el arresto de Matos ordenado por Castro no se llevó a efecto. Ese mismo día Castro se trasladó rápidamente a Camagüey. Al día siguiente, reunió una multitud considerable que lo acompañó a la jefatura militar de Camagüey, donde consolidó la posición. Matos fue arrestado y trasladado a La Habana.

Húber Matos tuvo la mala suerte de que, ese mismo día, Pedro Luis Díaz Lanz, el antiguo jefe de las Fuerzas Aéreas Revolucionarias, exilado en Estados Unidos, voló sobre La Habana y dejó caer unos panfletos en los que se hacía un llamamiento al pueblo para que se rebelara contra el nuevo dictador. Castro aprovechó esta circunstancia para celebrar, el 26 de octubre, un gigantesco acto en el que acusó a Húber Matos de formar parte de una conspiración basada en el extranjero y pedir que se restableciera la pena de muerte, que había sido suspendida provisionalmente. La multitud allí reunida apoyó estruendosamente las palabras del Máximo Líder con reiterados gritos de "¡Paredón! ¡Paredón!"

En diciembre de 1959 se celebró el juicio de Húber Matos. Fue condenado a veinte años de prisión, pena que fue cumplida íntegramente.

Muerte de Camilo Cienfuegos

Cuando el 28 de octubre de 1959 Camilo Cienfuegos, acompañado solamente por su piloto y un soldado, emprendió el viaje de regreso hacia La Habana, su rastro en la historia de Cuba desapareció por completo. Nunca se supo lo que le sucedió. Según la versión oficial del gobierno cubano, estando ya en vuelo, Cienfuegos y su piloto recibieron noticias de la presencia de una perturbación meteorológica en esa zona y decidieron alejarse de la misma, para lo cual tuvieron necesidad de cambiar el rumbo y volar sobre el mar; en esta situación, el avión Cesna 310 que los transportaba sufrió una avería y cayó al mar. Los restos del avión y sus ocupantes nunca fueron encontrados.

La versión oficial de la desaparición de Camilo Cienfuegos no ha sido jamás aceptada por la mayoría del pueblo cubano. Camagüey está situada sobre el eje geográfico de la isla en la dirección aproximada este-oeste y La Habana se encuentra en la costa norte. Un avión que siga la trayectoria normal de un vuelo de Camagüey a La Habana vuela sobre tierra y no sobre el mar. El pueblo de Cuba *no se tragó la píldora* de la fantasmagórica perturbación meteorológica que no produjo otro efecto que el de obligar a Camilo a volar sobre el mar.

Como era de esperar, a la desaparición de Camilo siguieron numerosos actos de homenaje a su memoria por parte del gobierno. Miles de niños acudieron a orillas del mar, hacia cuyas aguas lanzaron grandes cantidades de flores. Por otra parte, comenzaron a circular diferentes versiones que explicaban la desaparición del popular héroe nacional. En todas ellas, Camilo Cienfuegos había sido eliminado por orden de Fidel Castro. Estas versiones eran de lo más diversas. En unas, Camilo y acompañantes habían sido ejecutados en Camagüey. En otras, el avión había llegado a aterrizar en La Habana. Algunas de estas versiones eran tan increíbles como la versión oficial. Para que el lector tenga una idea del grado de diversidad de estas versiones sobre la desaparición de Camilo, narraremos una de las más inverosímiles. Según esta versión, a la llegada de Camilo a La Habana, Raúl Castro, que lo estaba esperando en el aeropuerto, se enfrentó con él y lo increpó duramente lanzándole los insultos más soeces, acompañados, en gran profusión, de las palabras más groseras e injuriantes. Tanto Camilo como Raúl empuñaron sus pistolas. En ese momento se oyó un disparo. Camilo se desplomó sin vida. ¿Quién había disparado? ¡El disparo lo había hecho nada menos que Vilma Espín, la esposa de Raúl Castro desde enero de 1959 y alta dirigente revolucionaria, quien, según esta versión, también estaba presente ese día en el aeropuerto!

Explosión del buque La Coubre

El buque de carga francés La Coubre había arribado al puerto de La Habana. Venía del puerto de Amberes (Bélgica), uno de los más importantes de Europa. Transportaba un cargamento de unas setenta toneladas de armas ligeras y municiones, adquiridas por el gobierno cubano. El día 4 de marzo de 1960, como a las cinco de la tarde, se produjo en el interior de dicho buque una primera explosión que causó un gran número de víctimas entre los miembros de la tripulación y trabajadores de los muelles. Aproximadamente una hora después se produjo una segunda explosión que también causó muchas víctimas, esta vez, sobre todo, entre los soldados, milicianos y bomberos que allí habían acudido. En total, ochenta y una personas perdieron la vida como consecuencia de la voladura de La Coubre.

El gobierno cubano y principalmente Fidel Castro acusaron a Estados Unidos y sus agentes de ser los autores de esa acción criminal, aunque no pudieron aportar pruebas de que las explosiones se debieran a actos de sabotaje. El gobierno estadounidense rechazó vigorosamente esas acusaciones. Señaló que los reglamentos internacionales prohíben que los barcos con cargamentos peligrosos sean descargados junto a los muelles, y prescriben que su descarga se efectúe en lugares alejados de aquellos en los que suele haber personas. Agregó que, por lo tanto, el gobierno cubano era el único responsable de la magnitud del desastre en cuanto al elevado número de víctimas.

En lo que respecta a la determinación del autor o autores de la voladura de La Coubre, existen diferentes versiones, pero ninguna de ellas puede aceptarse como históricamente cierta. Algunos sostienen que fue el propio Fidel Castro, o miembros del partido comunista cubano los que prepararon el atentado para acelerar el apoyo de la Unión Soviética. Otros sostienen que el atentado fue perpetrado por exilados cubanos que, con ello, pretendían crear una situación similar a la ocurrida cuando se produjo la voladura del acorazado norteamericano Maine el 15 de febrero de 1898, a lo cual ya nos hemos referido en el primer tomo de esta obra. Algunos, también sin aportar la más mínima prueba, han llegado a atribuirle la voladura de La Coubre a Rolando Masferrer.

Cualquiera o cualesquiera que hayan sido los autores de la voladura de La Coubre, este hecho, la acusación lanzada por Fidel Castro y el gobierno cubano contra el gobierno americano y sus agentes, y la reacción del gobierno americano al rechazar enérgicamente tal acusación, tuvieron una gran influencia en la forma en la que procedieron estos dos gobiernos a raíz de este hecho y en los meses que siguieron. Al analizar tales conductas no se debe perder de vista que 1960 era un año de elecciones presidenciales en Estados Unidos, en las que habrían de enfrentarse el entonces Vicepresidente de Estados Unidos Richard Nixon y el joven senador por Massachussets John F. Kennedy. Nixon conocía personalmente a Fidel Castro, pues, como ya se ha dicho, lo había recibido en la Casa Blanca en aquel viaje informal que éste hizo a Estados Unidos poco tiempo después del triunfo de la Revolución. Si bien es cierto que ni

Eisenhower, ni Nixon, ni las principales figuras del Partido Republicano nunca tuvieron una buena opinión de Fidel Castro, su comportamiento con respecto a éste, antes y después del triunfo de la Revolución, siempre había sido moderado.

En cambio, el Partido Demócrata, empezando por su candidato a la presidencia, John F. Kennedy, censuraba acremente al Partido Republicano y al Presidente Eisenhower, al que acusaban de blandengue por haber tolerado que un enemigo de Estados Unidos se adueñara de Cuba. En la historia de Estados Unidos se ha considerado generalmente que el Partido Republicano es el partido más *duro* y que el Demócrata es el más *blando*. En aquella época, especialmente en lo tocante a las campañas electorales con vistas a las elecciones presidenciales, ocurría todo lo contrario. Este escenario no puede perderse de vista, pues, como veremos, influyó considerablemente en todo lo concerniente a las relaciones diplomáticas entre Estados Unidos y Cuba, las relaciones diplomáticas entre la Unión Soviética y Cuba, la invasión de Bahía de Cochinos y la crisis de los misiles.

Relaciones diplomáticas entre la Unión Soviética y Cuba

Con respecto a las relaciones diplomáticas entre la Unión Soviética y Cuba ocurrió algo muy curioso. En los primeros tiempos tras el triunfo de la Revolución, ninguno de los dos países mostró un gran interés en establecer rápidamente relaciones diplomáticas con el otro. Ambos optaron por no apresurarse en establecerlas, sino dar tiempo a que, como decían frecuentemente en aquella época los versados en la fraseología marxista, *se crearan las condiciones*. También era curioso que, en aquellos primeros meses, los propios comunistas tradicionales aconsejaran a los altos dirigentes soviéticos que no se apresuraran mucho en el establecimiento de las relaciones diplomáticas con Cuba, pues era conveniente dar cierto tiempo, para que aquéllos pudieran consolidar sus posiciones en el nuevo gobierno de Cuba.

Con miras a preparar el establecimiento de las relaciones diplomáticas entre la Unión Soviética y Cuba llegó a La Habana el 6 de febrero de 1960 el experimentado estadista soviético de origen armenio Anastas Mikoyan, Vice Primer Ministro de la Unión Soviética. Su cometido oficial era preparar el establecimiento de un acuerdo comercial en virtud del cual la Unión Soviética compraría a Cuba cinco millones de toneladas de azúcar en un período de cinco años. Además, le suministraría petróleo crudo, así como productos de petróleo, hierro, maquinaria, productos agrícolas y fertilizantes, para lo cual le abriría una línea de crédito de 100 millones de dólares a un interés del 2,5 por ciento.

Brusco empeoramiento de las relaciones entre Cuba y Estados Unidos. Nacionalización de las compañías petroleras

En esta época se produjo una rápida deterioración de las relaciones diplomáticas, políticas y comerciales entre Cuba y Estados Unidos. Esto se tradujo en una gran presión sobre el Presidente Eisenhower, no sólo por el peligro que representaba tener un país enemigo a sólo 150 km de la costa, sino por los constantes ataques que le estaban dirigiendo, tanto a él personalmente, como al Partido Republicano, las principales figuras del Partido Demócrata. Las elecciones presidenciales ya se acercaban; estaban señaladas para el martes 8 de noviembre. En esas elecciones, cuatro senadores aspiraban a la postulación como candidato a la Presidencia de la

República por el Partido Demócrata y los ataques más virulentos provenían del más joven de ellos: John Fitzgerald Kennedy[21]. El 17 de marzo de 1960 el Presidente Eisenhower se decidió a tomar medidas contra el régimen de Castro. La primera ya estaba tomada y bastaba con seguir aplicándola. Consistía en mantener la suspensión del envío de armas al gobierno de Cuba, que había sido decretada por el propio Eisenhower el 14 de marzo de 1958, cuando en Cuba gobernaba Fulgencio Batista. Otras medidas consistían en no comprar más azúcar ni suministrar más petróleo a Cuba. Todo esto debía ir acompañado de una vigorosa campaña publicitaria e inclusive de la organización de una fuerza expedicionaria constituida por exilados cubanos, que invadiría la isla.

A mediados de abril de 1960 llegó a La Habana un barco soviético con el primer cargamento de petróleo crudo. Fue en ese clima de tensión entre Estados Unidos y Cuba que, el 8 de mayo, los gobiernos de la Unión Soviética y Cuba establecieron relaciones diplomáticas.

A mediados de mayo, la Agencia Central de Inteligencia (*Central Intelligence Agency*, CIA) de Estados Unidos estableció una estación de radio en unas pequeñas islas (con una superficie total de 8 km^2), situadas a unos 160 km al norte Honduras, antes llamadas Islas del Cisne, o Islas Santanilla, pero que son más comúnmente conocidas como Islas Swan. Dicha estación estaba subvencionada por la CIA y sus emisiones se oían claramente en Cuba. Además, emitía también señales secretas que podían ser utilizadas por miembros del personal de ese órgano.

A principios de junio, las refinerías de las compañías Shell, Esso, y Texaco establecidas en Cuba se negaron a refinar el petróleo

21 Los otros tres aspirantes a la candidatura eran los senadores Hubert Humphrey, Lyndon Johnson y Adlai Stevenson.

soviético, alegando que era de una calidad inferior, que tenía una constitución diferente de la del petróleo que ellas acostumbraban a tratar, y que sus instalaciones no estaban construidas para el refinado de un petróleo de ese tipo. Esta negativa a refinar el petróleo soviético no iba acompañada de una eventual oferta de las compañías americanas que permitiera a Cuba comprar petróleo bruto americano.

A esto contestó Fidel Castro nacionalizando las instalaciones de las mencionadas compañías. Comenzó por las de la Texaco el 29 de junio, y lo mismo hizo con las instalaciones de la Esso y la Shell el primero de julio.

Como reacción a la incautación de estos bienes, el Congreso de Estados Unidos aprobó la denominada Ley del Azúcar (*Sugar Act*), por la cual se eliminó una cuota que Cuba conservaba todavía. Esta cuota se fijaba proporcionalmente al consumo de azúcar de Estados Unidos, y este país la repartía entre países fabricantes de ese producto.

La reacción de Cuba a la *Sugar Act* y a la mencionada supresión de la cuota correspondiente a Cuba no se hizo esperar. El 5 de julio Castro nacionalizó todos los negocios y propiedades pertenecientes a empresas o comerciantes estadounidenses, con excepción de los bancos, que sólo duraron dos meses más, al cabo de los cuales fueron también nacionalizados. Al día siguiente el Presidente Eisenhower suprimió las últimas 700 000 toneladas que le quedaban a Cuba por concepto de la cuota azucarera y que correspondían al año 1960.

La Unión Soviética salió entonces a la palestra en defensa de su nuevo protegido y el 8 de julio anunció su intención de comprar esas mismas 700 000 toneladas de azúcar que Estados Unidos había dejado de comprar a Cuba. China reaccionó de manera similar y el 23 de julio suscribió un tratado comercial con Cuba por el que se comprometía a comprarle 500 000 toneladas de azúcar cada año, durante cinco años. Ese fue el primer tratado comercial que firmaron estos dos países.

Regreso a Cuba

La beca de estudios en la República Federal de Alemania tocaba a su fin. Se había desenvuelto normalmente. Las conferencias y seminarios a los que asistí contribuyeron, no sólo a ampliar mis horizontes en materia de derecho, sino también a reforzar mi conocimiento del alemán, idioma que llegó a fascinarme por su riqueza, así como por su precisión y estructura casi matemáticas. ¡Quién me iba a decir en aquel entonces que iba llegar un día en el que tendría que ganarme la vida ejerciendo la profesión de traductor y que mis primeras traducciones serían de documentos escritos en alemán!

Las noticias que recibía de Cuba eran pocas y prácticamente se limitaban a las que ocasionalmente se publicaban en los periódicos alemanes. La primera noticia que me hizo pensar que algo no andaba bien por allá fue una carta de mi madre, recibida probablemente en marzo de 1960, en la que me informaba que ya no me podría seguir enviando los 150 dólares que me giraba todos los meses, porque el Banco Nacional de Cuba había prohibido la transferencia de divisas al extranjero. Eso no era muy grave para mí, pues con los 600 marcos mensuales cubría perfectamente mis necesidades. La vida era barata en aquella época; por ejemplo, una cerveza a presión en un bar de mediana categoría costaba 50 *pfennig* (céntimos de marco) y por unos tres marcos se comía muy bien en un restaurante de categoría media. Además, ya no faltaba mucho para que finalizara la beca.

Otra noticia que recibí, pero en forma muy concisa y sin que me dieran detalles de lo que verdaderamente estaba ocurriendo en el fondo, fue la de que la Universidad Central Marta Abreu de Las Villas había sido reestructurada. Habían nombrado Rector al Dr. Pedro Oliver Labra. Se habían creado los cargos de Vicerrector Docente y Vicerrector Administrativo. Me habían nombrado Vicerrector Docente y, como Vicerrector Administrativo, habían nombrado al profesor Felipe Lastra. De los motivos de esta reestructuración me enteré solamente cuando regresé a Cuba a fines de septiembre, como se relatará más adelante.

En las postrimerías del período de la beca de estudios, la Fundación Alejandro de Humboldt, como todos los años, invitó a sus becarios a una reunión de despedida, que se celebró en los primeros días de junio de 1960 en la ciudad de Colonia. Esta reunión fue organizada y dirigida principalmente por su Secretario General, Dr. Heinrich Pfeiffer. El Dr. Pfeiffer, aparte de su extraordinaria capacidad, era un hombre sumamente atento y cortés. En esta reunión, una vez se acercó al grupo de becarios del que yo formaba parte y comenzó a hablar con nosotros. Quedé gratamente sorprendido cuando observé que se dirigía a cada uno de nosotros individualmente, por nuestros respectivos apellidos, y su conversación era tan llana, natural y franca, que teníamos la impresión de estar hablando con una persona a la que conocíamos desde hacía tiempo. Cuando se despidió de nuestro grupo, se acercó a mí y me dijo: "Dentro de un rato vengo a buscarlo. Tenemos que conversar sobre un asunto importante". Se apartó de nuestro grupo y pasó a conversar con otros grupos de los numerosos becarios que allí se encontraban. Media hora más tarde, el Dr. Pfeiffer se acercó a mí de nuevo y me invitó a acompañarlo a su despacho. Tras un corto diálogo sobre temas generales relacionados con el desenvolvimiento de mi beca en Berlín, el Dr. Pfeiffer, asumiendo un tono más grave en la conversación, me dijo: "Besada, quiero que sepa que el caso suyo lo consideramos muy delicado y lo hemos discutido muy a fondo. Somos conscientes de las dificultades con que usted va a tropezar cuando regrese a Cuba. Las cosas han cambiado mucho desde que usted salió de su país. Castro está imponiendo un régimen comunista extremadamente represivo y agresivo. Eso entraña serios riesgos". Le respondí que las medidas que se habían tomado eran solamente provisionales y que no tenían otro objeto que el de asegurar una mayor libertad de acción con respecto al gobierno de Estados Unidos. Añadí que Fidel Castro, a diferencia de su hermano Raúl y de Ernesto Guevara, no era comunista, y que yo estaba convencido de que el peligro de la introducción del comunismo en Cuba se disiparía en un futuro cercano. En aquel momento no podía comprender hasta qué punto las palabras del Dr. Pfeiffer eran absolutamente ciertas y exactamente proféticas. Mi interlocutor era un hombre de una gran capacidad, inteligencia y experiencia, que estaba previendo los problemas que se le iban a plantear a otro hombre, más joven, de mucha menos experiencia, e ilusionado con una revolución que estaba siendo desviada, traicionada y torcida hacia una ideología que siempre había sido ajena al pueblo de Cuba.

El Dr. Pfeiffer se dio cuenta de que yo estaba convencido de las razones que le estaba exponiendo y de que sus intentos para hacerme comprender lo que después resultó evidente eran infructuosos, y continuó con las siguientes palabras: "Besada, yo comprendo sus convicciones, y las respeto, pero estimo que detrás de todas esas razones que me expone hay cosas que usted, a mi juicio, no ha percibido con suficiente claridad. Yo lo que pretendo es que usted sepa y comprenda bien esto: nosotros no podemos, simplemente, dejar que usted retorne a su país sin advertirle de los problemas y los riesgos que se le pueden presentar. La Fundación Alejandro de Humboldt se considera obligada, no sólo a informarle de esos graves problemas y prevenirle de los riesgos que corre al regresar a su país, sino a evitar que a usted puedan presentársele situaciones desagradables, que son previsibles. Evidentemente, si usted desea regresar a su país, está en plena libertad de hacerlo. Todavía tiene algún tiempo para analizar su situación. Por lo menos estará unos tres meses más con nosotros antes de retornar a su país. Permítame comunicarle el ofrecimiento que le íbamos a hacer y que mantenemos hasta el momento mismo en que usted decida emprender el viaje de regreso. Nosotros veíamos en usted a un futuro y distinguido profesor de Derecho Internacional Comparado de una universidad alemana. El plan nuestro era y, le repito, lo mantenemos, ofrecerle una nueva beca mejor dotada que ésta de la que usted disfruta actualmente, e invitarlo a que revalidara su título de Doctor en Derecho, lo cual usted podría hacer fácilmente en un plazo de dos años. Desde el momento mismo en que usted revalidara su título, sería nombrado profesor asistente de Derecho Internacional Comparado de una Universidad, posiblemente de una que fuera de su agrado y, en un plazo de dos años, se le nombraría profesor auxiliar. Para entonces, usted sería ciudadano de la República Federal de Alemania. De ahí en adelante, todo dependería de usted, y sólo de usted. Sus horizontes serían tan vastos como los de cualquier colega suyo, alemán, en la misma situación. Y quiero que sepa una cosa: a mi juicio, usted estaría en una posición ventajosa con respecto a la mayoría de sus colegas. Al examinar su expediente hemos observado que usted, además de los estudios realizados en su país, ha realizado estudios de Derecho en un país, como Inglaterra, cuyo sistema jurídico se basa en el *common law.* No muchos de sus futuros colegas profesores de Derecho Internacional Comparado, alemanes, tendrían esa ventaja".

Con motivo de la reunión de la Fundación Alejandro de Humboldt en Colonia, los becados de ese curso, acompañados por el Dr. Pfeiffer, asistimos a una recepción que nos ofreció el honorable Señor Presidente de la República Federal de Alemania, Heinrich Lübke. Como recuerdo conservo esta fotografía.

El Dr. Jorge Besada conversa con Heinrich Lübke, Presidente de la República Federal de Alemania. Al centro, el Dr. Heinrich Pfeiffer, Secretario General de la Fundación Alejandro de Humboldt.

Después de la reunión ofrecida a sus becarios por la Fundación Alejandro de Humboldt nunca volví a ver al Dr. Pfeiffer, pero nuestra conversación sobre el peligro que se cernía sobre Cuba y la forma tan atenta y caballerosa en que me trató quedaron grabadas indeleblemente en mi memoria. Hizo todo lo humanamente posible por ayudarme.

Regresé a Berlín. Pronto terminó el curso y me dispuse a pasar parte de las vacaciones de verano recorriendo un poco Europa. En las vacaciones de diciembre ya había viajado a París en mi pequeño automóvil Fiat 500, no sin antes visitar Amsterdam. Mi plan general era viajar mucho, ver mucho y gastar poco. Esto último se había hecho esencial, pues, como ya se ha dicho antes, desde aproximadamente marzo, había dejado de recibir los 150 dólares suplementarios que mi madre me giraba todos los meses. Iba equipado con una pequeña tienda de campaña, pues tenía el propósito de pasar la mayor parte de las noches en *camping*, y sólo en algunas ciudades grandes dormir en un hotel. Introduje una pequeña modificación en mis planes. Como iba a visitar el sur de Francia, decidí tomar un curso de francés para principiantes. En los periódicos encontré anuncios de cursos de verano. Uno me gustó más que los demás: un curso de verano ofrecido por la Universidad de Lausana (Suiza) del 11 al 30 de julio de 1960. Me inscribí en ese curso.

Llegadas las vacaciones, partí de Berlín en mi pequeño automóvil, atravesé la parte de la República Democrática Alemana que separaba Berlín Occidental de la República Federal de Alemania y continué mi viaje a través de la RFA, hacia el sur, con rumbo a Lausana (Suiza). Allí la Universidad me alojó en la casa de una familia de habla francesa; aproveché bien el tiempo y aprendí todo lo que pude en esas tres semanas. Continué mi viaje hacia el sur de Francia, y la Costa Azul. En Saint Tropez estacioné mi pequeño vehículo en un *camping*, donde establecí mi tienda de campaña y dormí dos noches. Visité algunas de sus playas y continué mi viaje por toda la costa, siempre desplazándome hacia el este y siguiendo el plan que me había trazado. En los pequeños pueblos de playa paraba en un *camping*, y si visitaba alguna ciudad, como hice cuando pasé por Niza y Monte Carlo (Mónaco), me alojaba en un hotel económico. Según mi plan inicial, es decir, antes de haberme decidido a tomar el curso de verano en Lausana, tras recorrer la Riviera francesa, entraría en Italia y llegaría hasta Roma, donde tenía previsto asistir a alguno de los eventos deportivos de los Juegos Olímpicos que se celebrarían en esa ciudad en el mes de agosto. Sin embargo, cambié de plan. En lugar de visitar Roma, opté por atravesar el norte de Italia, visitar Venecia y, si me quedaba tiempo, penetrar en Yugoslavia hasta donde lo permitieran el tiempo y el dinero disponibles.

Así lo hice, continué recorriendo la Riviera francesa. Atravesé Menton y entré en Italia. Continué por la Riviera italiana. Pasé un día en San Remo. De allí en adelante viajé continuamente, con las paradas necesarias para descansar, hasta Venecia, siguiendo el trayecto que pasa por Génova y Milán. En la bella ciudad de Venecia pasé dos días.

Continué el viaje en mi pequeño auto, que tan bien se portó en este largo recorrido. Continué viajando en dirección este, hacia la última ciudad de Italia en esa vía, Trieste. A poca distancia de Trieste apareció la frontera con Yugoslavia; después de pasarla continué bordeando el mar Adriático, en dirección sur, con rumbo a una ciudad llamada Pula, la cual fijé entonces como estación final de mi viaje. Me llamó la atención que la gran mayoría de los turistas en esa zona eran alemanes. Cuando se entraba en un café o en un restaurante, el empleado del bar y el camarero solían dirigirse a los clientes en alemán.

El viaje de regreso duró mucho menos, pues sólo paraba el tiempo necesario para descansar. También fue más fácil, pues lo único que requería era cierta atención para leer bien los letreros de las carreteras y autopistas. Así continué hasta entrar de nuevo en la República Federal de Alemania. Me acerqué a las ciudades de Hannover y Braunschweig y tomé la autopista que funcionaba como un corredor a través de la República Democrática Alemana hacia Berlín Occidental.

Cuando regresé a Berlín Occidental me encontré con una gran sorpresa: una carta con fecha 2 de agosto de la agencia de viajes Hapag-Lloyd de Bonn por la que me comunicaba que mi reservación para el viaje de regreso en un buque de la *Hamburg-Amerika Linie*, que me transportaría de Hamburgo a La Habana, había quedado sin efecto porque dicha compañía naviera había cancelado su escala en La Habana. Dicha agencia de viajes me proponía cambiar mi viaje de regreso en barco por un viaje en avión. Inmediatamente llamé por teléfono a la agencia de viajes y le pedí que tratara por todos los medios de conseguirme un viaje de regreso en algún barco de carga que aceptara pasajeros. A los pocos días, la Hapag-Lloyd me comunicó que me había conseguido una reservación para el buque de carga "Illstein", que partiría del puerto de Rotterdam (Países Bajos) el 13 de septiembre y llegaría a La Habana el 30 del mismo mes. Poco después me aclararon que el barco no atracaría en La Habana, sino en Pastelillo, un pequeño puerto en la costa norte de la provincia de Camagüey, muy próximo a la ciudad de Nuevitas. Acepté la reservación y le pedí que la confirmara. Todo quedó resuelto así. La travesía en el Illstein duraría 17 días. No dejé de observar que el día de la partida era un martes 13. Inevitablemente vino a mi mente el conocido proverbio de la *metafísica criolla*: "Martes 13: ni te cases ni te embarques". Nunca he creído en este tipo de sabiduría popular. No obstante, por simple curiosidad, repasé mentalmente las consecuencias que podía tener el cambio operado en mi viaje de regreso. Sólo encontré una: puesto que llegaría a Cuba varios días después de lo previsto, escribí a la Universidad para que se me prolongara la licencia, en consecuencia.

El viaje fue muy agradable, a pesar de que el número de pasajeros era sumamente pequeño: ¡éramos sólo dos! El otro pasajero era un joven alemán llamado Dieter Winkelmann. Su padre poseía una importante fábrica de miel y caramelos en Visselhövede, pequeña ciudad enclavada casi al centro de un triángulo definido por las tres grandes ciudades alemanas de Hamburgo, Bremen y Hannover, muy cerca de la bella y extensa planicie de Lüneburger Heide. Dieter era un joven de unos veinte años, simpático, inteligente y en sumo grado *débrouillard*, adjetivo francés que combina las características de listo, desenvuelvo y despabilado. Su padre lo enviaba a México para que "trabajara" en la fábrica similar a la suya, perteneciente a un amigo que se había establecido en México. Quería que su hijo Dieter trabajara en una fábrica de miel y caramelos como un trabajador de verdad, y no como un trabajador que fuera, casualmente, el hijo del dueño de la fábrica.

Desde el día que subimos a bordo fuimos presentados al capitán. Era un hombre de unos cuarenta y cinco o cincuenta años, constitución fuerte y modales corteses. Nos dio la bienvenida y nos explicó brevemente las reglas que deberíamos observar durante el viaje. En el barco podríamos ir a todos los lugares donde no lo impidiera una puerta cerrada con llave. Podíamos hablar con todo el mundo y pedir todo lo que quisiéramos. En cuanto a nuestros puestos en el comedor, nos dijo que estaban en la misma mesa suya. Nos indicó el horario para el desayuno, el almuerzo y la comida.

En la mesa solíamos conversar sobre los temas más diversos. Normalmente Dieter y yo le hacíamos preguntas sobre temas que nos interesaban, a las que el capitán respondía y nos contaba con lujo de detalle muchas de sus interesantes experiencias. A los pocos días habíamos trabado una gran amistad con él. Por su parte, el capitán se interesaba en nosotros. Me preguntaba mucho sobre lugares y cosas de Cuba. Me llamó la atención que el capitán conocía bastante bien Cuba y La Habana; sus preguntas eran muy precisas. El capitán se dio cuenta de mi entusiasmo por la Revolución, que había triunfado el año anterior en ese país.

Uno de esos días discutimos sobre el tema de Cuba con más amplitud que de costumbre y, como ya nos tratábamos con más confianza, expuse mis ideas con más apasionamiento que en anteriores ocasiones. Ya habíamos terminado de almorzar, y nos encontrábamos en una animada sobremesa. Las explicaciones, argumentos y razonamientos, estimulados por ocasionales sorbos del excelente vino que nos ofrecía el capitán, pululaban de parte y parte. Dado el tema que estábamos tratando ese día, esas dos partes éramos el capitán y yo, pues el joven Dieter, filosóficamente, le había cedido enteramente la palestra a *la gente vieja*. La conversación se prolongó hasta que el capitán se puso de pie y, mirando hacia su reloj de pulsera, me dijo: "Besada, todo eso que me dice es muy interesante. Por la tarde continuaremos la conversación. ¡Para que usted llegue a Cuba yo tengo que ocuparme un poco del barco!" Y, como de costumbre, se dirigió al puesto de mando.

Esa tarde, Dieter y yo esperábamos al capitán, sentados a su mesa. Generalmente, éste se demoraba unos minutos, pues prefería que sus pasajeros llegaran primero. Por fin llegó el capitán. En su mano izquierda tenía un pequeño pedazo de papel, doblado, que sujetaba con sus dedos como si dentro hubiera algo envuelto. En una forma que al principio me pareció misteriosa pero que después la consideré como el preludio de una broma, el capitán desenvolvió el pedazo de papel, extrajo el misterioso pequeño objeto, lo mostró de manera que lo viéramos bien, y me preguntó si yo sabía lo que era eso. Ya menos intrigado porque sabía (o creía) que se trataba de una broma del capitán, le contesté indiferentemente "*Das weiß jeder: eine Rasierklinge* (Eso lo sabe todo el mundo: una cuchilla de afeitar)". Y se inició la conversación que, a mi juicio, seguramente era una broma del capitán para entretener a sus pasajeros. En esa misma forma me preguntó que si en Cuba existían muchos de esos objetos y si eran muy caros. Cuando le respondí que suponía que se contaban por millares y que no estaba muy lejos de la verdad si le decía que no costaban nada, me replicó con una sonrisa que fue acompañada de otra más ligera de Dieter: "Ahora sí. Eso es cierto en este momento. Pero oiga bien esto que le voy a decir. Yo sé que usted no me va a creer, pero se lo digo muy en serio: dentro de muy poco tiempo usted va a ver a decenas, quizás centenas, de cubanos corriendo detrás de un pequeño objeto como éste, que, como usted dice, no vale nada". Cuando oí esas palabras, no pude contener la risa. Una fuerte carcajada se me escapó y fue a dar a la cara misma del capitán. Nunca en mi vida me había reído de nadie en esa forma. Inmediatamente me di cuenta de que ese gesto mío era una grosera falta de respeto. El capitán no me dio tiempo a disculparme. Sin atenuar en lo más mínimo su afable sonrisa, más bien acentuándola tal vez algo más, aprovechando un momento en que tuve que recuperar el aliento para reponerme de tan profundo brote de risa y empezaba a avergonzarme de mi inapropiada conducta, el capitán me ayudó a salir de tal situación diciéndome: "Besada, no tenga pena de reírse. Su reacción ha sido exactamente la que esperaba. Una buena carcajada es la mejor respuesta a una pregunta tonta. Quiero que sepa que mi más ferviente deseo es que, en efecto, mi pregunta haya sido tonta, que me haya equivocado, y que esto no haya sido más que una broma. Pero temo que no lo haya sido. A mi modo de ver, las cosas en Cuba van por muy mal camino. Enderezar ese camino va a ser muy difícil".

Mi amigo el capitán del Illstein nunca habrá podido imaginarse las veces que lo recordé cuando, antes de emigrar, asentaba cotidianamente mi cuchilla de afeitar *occidental*, deslizándola sobre la pared interior de un vaso de cristal, pues la alternativa que tenía, afeitarme con una cuchilla rusa, aunque fuera nueva, era mucho peor.

Ya nos acercábamos a Cuba y podían oírse claramente las estaciones de radio cubanas y sus noticieros. Eran muy frecuentes las noticias relacionadas con las confiscaciones de las refinerías extranjeras que se habían realizado a fines de julio y que se pregonaban como un triunfo de la Revolución. Escuchando en el barco esas transmisiones radiales comencé a darme cuenta de que las cosas en Cuba habían cambiado. No estaban como las había dejado en septiembre de 1959.

Cuando el Illstein arribó a Pastelillo, allí estaban Rizzeria y nuestros hijos. Sentí una gran alegría al verla con los muchachos. El capitán no sólo tuvo la cortesía de dejarlos subir a bordo, sino que obsequió a mi hija Gloria, que entonces tenía 10 años, con un magnífico regalo: un gracioso muñeco en un bello uniforme de marinero. A Gloria le gustó tanto, que no lo soltó en todo el día.

Inmediatamente después de regresar a Cuba me reintegré al trabajo en la Universidad, de la que ahora era Vicerrector Docente, pues, como ya se ha narrado, había sido nombrado para ese cargo mientras me encontraba en la República Federal de Alemania disfrutando de la beca de estudios de posgrado. En cuanto al bufete de abogado, la situación había cambiado mucho. Mi hermano Benito era ahora un alto funcionario del Ministerio de Relaciones Exteriores. La notaría, en la que había sido sustituido temporalmente por mi compañero, el Dr. Rodolfo Díaz del Pozo, tenía muy poco trabajo. Además, se decía que las notarías iban a ser suprimidas.

En la Universidad, como Vicerrector Docente, se me confió la tarea de colaborar en un plan de estudio con miras a producir un gran número de graduados, de la mejor calidad posible, en carreras científicas y técnicas, aunque para ello hubiera que sacrificar hasta cierto punto lo que se conoce por la cultura general del alumno. La Revolución necesitaba que las Universidades produjeran un gran número de ingenieros agrónomos, químicos, eléctricos, electrónicos y mecánicos, médicos, doctores en ciencias, capaces de reemplazar con creces a los que emigraban. Inmediatamente, junto con el nuevo Rector Pedro Oliver Labra y otros profesores, me puse a trabajar en esta tarea. Comencé por informarme de lo que ya se había hecho en nuestra universidad y en las otras dos universidades nacionales, y estudiar los distintos proyectos, propuestas e ideas al respecto, al mismo tiempo que atendía la Cátedra de Principios de Derecho Penal (cátedra N) de la Facultad de Ciencias Comerciales. Apenas habían transcurrido unos pocos días (¡podían contarse con los dedos de una sola mano!) desde mi regreso a Cuba y el comienzo del ejercicio de mi cargo de Vicerrector Docente, cuando se produjeron los acontecimientos que dieron lugar a lo que se conoce por la causa número 829 de 1960.

Causa número 829 de 1960

La situación en la que había dejado a Cuba cuando inicié mi viaje a la República Federal de Alemania en septiembre de 1959 había cambiado. Una cantidad considerable de cubanos se habían dado cuenta de que el nuevo gobierno estaba conduciendo el país hacia el comunismo y empezaron a surgir movimientos revolucionarios clandestinos, de los cuales uno de los primeros y mejor organizados fue el llamado Movimiento de Recuperación Revolucionaria (MRR).

Por otra parte, varios grupos de cubanos, muchos de los cuales habían pertenecido al Ejército Rebelde y combatido activamente contra la dictadura de Batista, desilusionados con el viraje hacia la extrema izquierda que estaba dando la Revolución, habían tomado las armas y se habían alzado, sobre todo en el macizo montañoso del Escambray, en la provincia de Las Villas. Desde que aparecieron en el Escambray los primeros alzados y se produjeron los primeros combates, Castro ordenó una gigantesca movilización para perseguir y exterminar el fuerte brote revolucionario.

En los primeros días del mes de octubre, como resultado de la intensa y masiva movilización realizada por el gobierno, fueron hechos prisioneros en el Escambray numerosos alzados, contra los cuales se incoó la causa número 829 de 1960 ante el Tribunal Revolucionario de las Villas. El 10 de octubre, el Fiscal formuló las conclusiones provisionales y solicitó la apertura del juicio oral, que se celebró el 12 de octubre en el teatro Libertad del regimiento de la provincia de Las Villas, en Santa Clara. El Tribunal Revolucionario estaba presidido por el Teniente Dr. Claudio López Cardet. Como miembros del tribunal actuaban José Galván Ríos, José Ferrer y Brito, Ibrahim Machado y Leonel Torres y, como fiscal el Capitán Juan Escalona Reguera.

Como testigos designados por el Fiscal en sus conclusiones provisionales declararon en el juicio oral los comandantes del Ejército Rebelde Manuel ("Piti") Fajardo y Félix Torres González, el Teniente Enio Leyva, Aníbal Velaz Suárez, Jefe del Servicio de Inteligencia (G2) en la provincia de las Villas, Manuel Torres Morales, agente del G-2, así como Miguel López Morales, Elio Horschek González y Rigoberto Pérez Yera.

El juicio contra los 152 acusados duró casi todo el día 12 de octubre. Se les imputaba la realización de actividades contrarrevolucionarias previstas en determinados artículos del Código de Defensa Social, tal como fue modificado por la Ley 425 de 1959.

Fueron condenados a muerte y fusilados poco antes de la medianoche ese mismo día, en La Campana[22], los acusados Plinio Prieto Ruiz, Sinesio Walsh Ríos, Porfirio Ramírez Ruiz, José A. Palomino Colón y Ángel Rodríguez del Sol. Plinio Prieto era maestro. Se había ganado una elevada posición en los medios conspirativos, había viajado clandestinamente a Estados Unidos para obtener armas y otros recursos, y se había hecho experto en comunicaciones. Era sobrino del Dr. Eduardo ("Lalo") Ruiz, distinguido ginecólogo de Santa Clara[23]. Sinesio Walsh era un hombre de campo, gran conocedor de la zona y uno de los primeros que se alzó contra Castro en el Escambray. Porfirio Ramírez era un joven alto, fuerte, que se había graduado de la Escuela de Comercio de Santa Clara, había ingresado en la Escuela de Ciencias Comerciales de la Universidad Central Marta Abreu de Las Villas y había sido presidente de federación estudiantil de dicha universidad hasta el día en que se alzó. Yo conocía bien a Porfirio Ramírez. En el segundo año de su carrera, fui su profesor de Principios de Derecho Penal. José A. Palomino Colón era un antiguo militar del Ejército Nacional en la época de Batista. Ángel Rodríguez del Sol era un amigo y colaborador del antiguo Representante a la Cámara por el Partido Ortodoxo, en la provincia de Las Villas, Aurelio Nazario Sargén, desde la época de la lucha contra la dictadura de Batista.

La mayor parte de los acusados, que fueron capturados en lo que la Fiscalía, tanto en sus conclusiones provisionales como en el juicio oral, llamó la zona de operaciones, fueron condenados a treinta años de prisión. Otra gran parte de los acusados, capturados en otros

22 La finca La Campana era una bella propiedad rústica del ganadero español residente en Santa Clara Ángel Álvarez, antiguo amigo y cliente de mi padre. Ángel Álvarez tenía tres hijos: Olga, Carlos y Luis. Carlos y Luis tenían aproximadamente la misma edad que el autor de esta obra y su hermano Benito, respectivamente. Cuando éramos niños, solíamos reunirnos para jugar al béisbol. La finca La Campana había sido intervenida y en ella se efectuaron numerosas ejecuciones.

23 Lalo Ruiz fue el ginecólogo que trató a mi primera esposa Rizzeria Angulo en 1954 cuando estaba encinta de nuestro tercer hijo, Joaquín.

lugares no comprendidos en la zona de operaciones, fueron condenados a veinte años de prisión. Una decena de ellos, así como dos mujeres, fueron condenados a 15 años de prisión, y sólo un reducido número de los acusados, entre ellos algunos guajiros muy jóvenes, adolescentes, fueron absueltos.

Gestiones del Rector Oliver Labra para salvar la vida de Porfirio Ramírez

La noticia del juicio revolucionario contra los acusados en la causa 829 se propagó rápidamente por toda Cuba. En la Universidad Central Marta Abreu de Las Villas su efecto no se hizo esperar. Porfirio Ramírez, el ex Presidente de la Federación Estudiantil Universitaria, era un joven querido y apreciado por todos sus compañeros, así como por los profesores, funcionarios y empleados de la universidad. Muchos de sus compañeros se dieron a la tarea de recoger firmas para una carta al gobierno de Cuba en la que se pedía que se respetara la vida de Porfirio Ramírez. También se dirigieron, por cable, a las asociaciones de alumnos de las universidades latinoamericanas, pidiéndoles que, con toda urgencia, se movilizaran y solicitaran del gobierno cubano que se respetara la vida de Porfirio Ramírez, en atención a su condición de Presidente de la Federación de Estudiantes de dicha universidad.

En aquellos momentos, los principales funcionarios de la Universidad Central, sobre todo el Rector Dr. Pedro Oliver Labra, así como el Vicerrector Administrativo, profesor Felipe Lastra, el Vicerrector Docente (autor de esta obra), y los miembros de la Junta Superior de Gobierno, nos encontrábamos en una situación extremamente delicada. Teníamos que hacer todo lo posible por salvar la vida de un alumno de la Universidad, que había sido el

Presidente de la Federación de Estudiantes hasta que fue destituido, después de que se alzó en el anterior mes de septiembre. Al igual que muchos otros profesores de la Universidad, yo era amigo de ese joven estudiante y lo estimaba. Porfirio Ramírez había sido alumno mío. Yo había regresado a Cuba y tomado posesión del cargo de Vicerrector Docente apenas una semana antes de su captura.

El Rector Oliver Labra, considerando el grave e inminente peligro en que se encontraba la vida de Porfirio Ramírez, partió rápidamente hacia La Habana con el fin de hablar con Fidel Castro. Según me contó el propio Oliver Labra años después en Miami Beach[24], logró hablar con Fidel Castro y le explicó las razones por las cuales le pedía, a nombre de los profesores y alumnos de la Universidad Central Marta Abreu de Las Villas, que no se condenara a muerte al joven Porfirio Ramírez. Le explicó que había recibido una gran cantidad de mensajes, en ese sentido, de asociaciones de alumnos de universidades latinoamericanas, y que el fusilamiento de Ramírez tendría una repercusión negativa para la Revolución en la opinión pública, especialmente en América Latina. El ex Rector Oliver también me contó que Fidel Castro le aseguró que Ramírez no sería fusilado. Al recibir esa promesa de Fidel Castro, Oliver regresó rápidamente a Santa Clara y habló con el capitán José Galván Ríos, que en aquella época solía presidir el Tribunal Revolucionario que sesionaba en la Audiencia de las Villas, y que probablemente formaría parte del Tribunal Revolucionario que conocería de la causa 829 de 1960[25]. Cuando Oliver le comunicó a Galván el desarrollo de la entrevista con Fidel Castro y las palabras

24 Ya en el exilio, Pedro Oliver Labra y yo nos reunimos un día, en Miami Beach (Florida), en la casa de un amigo común, natural de Sagua La Grande, Gustavo Tápanes, quien nos invitó, pues tanto Oliver como yo solíamos visitar Miami Beach en los meses de verano, pero nunca nos habíamos encontrado.

25 En aquella época, las dos personas de más influencia en el tribunal revolucionario que sesionaba en Santa Clara eran el Fiscal de la Audiencia, Capitán Dr. Humberto Jorge, y el Capitán José Galván Ríos. En el juicio de la causa 829 de 1960, que se celebró el 12 de octubre, Galván no actuó como presidente, sino como miembro del tribunal.

de éste por las que aseguraba que no se condenaría a Porfirio Ramírez a la pena de muerte, la reacción de Galván fue violenta, brutal y tajante. Le respondió: "Usted no es nadie para indicarle a un tribunal revolucionario los conductos que debe utilizar para recibir las orientaciones del Comandante en Jefe y Máximo Líder de la Revolución. Nosotros tenemos esos conductos, sabemos cómo utilizarlos, y los utilizamos. De eso, usted puede estar seguro. Ahora, como una advertencia, y espero que le sea útil, le digo que eso que usted ha hecho, y está haciendo en este momento, es muy peligroso. Si usted no modifica radicalmente su actitud, es posible que la próxima vez que nos veamos usted esté sentado en el banquillo de los acusados".

Fuga del Rector, el Vicerrector Administrativo y el Decano de la Facultad de Ingeniería Química de la Universidad Central Marta Abreu de Las Villas

Podían existir las Siete Maravillas del Mundo, pero los sagüeros (adjetivo gentilicio sustantivado por el que se designa a los habitantes de Sagua La Grande) tenían a once kilómetros al noroeste de Isabela de Sagua la "octava maravilla", el cayo Esquivel, y no la cambiaban por ninguna de las otras siete. Aunque el mes de noviembre no caía dentro del período de playa, el cayo Esquivel siempre era visitado por personas que deseaban salir de pesquería, pasear o, simplemente, descansar en un lugar agradable. Como en todos los cayos de Cuba, el estado del tiempo y los partes meteorológicos eran muy importantes. Precisamente ese año, menos de dos meses antes, la cayería al norte de Sagua La Grande había sido azotada por dos ciclones: Donna, en la madrugada del 10 de septiembre y Florence en la madrugada del 21 del mismo mes.

El jueves 10 de noviembre de 1960, o sea, menos de dos meses después del fusilamiento de Porfirio Ramírez, el doctor Pedro Oliver Labra, Rector de la Universidad Central, el profesor Felipe Lastra, Vicerrector Administrativo, y el ingeniero Vicente Hernández, Decano de la Facultad de Ingeniería Química se dirigieron a Cayo Esquivel. Los esperaba un señor de apellido Prieto, con su embarcación. Aparentemente se trataba de un grupo de visitantes que iban de pesquería. Ese mismo día partieron de Esquivel y, después de haber sido ayudados por un submarino americano, llegaron el 12 de noviembre a Estados Unidos, donde solicitaron asilo político.

Años después, ya en el exilio, analizando la dramática y espectacular fuga Pedro Oliver, Felipe Lastra y Vicente Hernández, muchas veces me he hecho la pregunta: Si Pedro Oliver era Rector y Felipe Lastra era Vicerrector Administrativo, y yo Vicerrector Docente, ¿por qué Oliver no me avisó, o por lo menos no exploró mi posible participación en la fuga? La conclusión a que he llegado en mis reflexiones sobre este asunto ha sido que, como a Porfirio Ramírez lo hicieron prisionero apenas una semana después de que yo regresara de la República Federal de Alemania, ellos no sabían con seguridad cuál era mi posición en cuanto a la Revolución, y no quisieron correr riesgos adicionales. En eso tenían razón. Aunque el fusilamiento de Porfirio Ramírez fue un golpe muy doloroso para mí, en aquella época una gran mayoría de los cubanos, que muchos calculan en un ochenta por ciento, apoyaba la Revolución, y yo pensaba entonces como esa mayoría. Como se lo había expresado al Secretario General de la Fundación Alejandro de Humboldt, Dr. Pfeiffer, en nuestra conversación en la reunión anual de despedida y al capitán del Illstein en mi viaje de regreso a Cuba, estaba completamente convencido de que Fidel Castro, en definitiva, tomaría las medidas adecuadas para reencaminar a Cuba por la vía democrática. Tenía confianza en Fidel Castro. Pronto los hechos me demostrarían que me había equivocado.

Repercusión de la fuga del Rector Oliver Labra

El viernes 11 de noviembre de 1960, a eso de las seis de la mañana, estaba durmiendo en la casa de La Finquita; todavía no había sonado el despertador. Sentí unos gritos y voces que provenían de la portada, a unos treinta metros de la casa. Aún no completamente despierto, me di cuenta de que se trataba de personas que venían a visitarme y querían que les abriera la portada. Me asomé a la ventana y en el grupo de personas junto a la portada distinguí al profesor Gaspar Jorge García Galló[26] y me di cuenta de que sus acompañantes, entre los cuales se encontraba el Dr. Silvio de la Torre, eran profesores y funcionarios, empleados o alumnos de la Universidad. Rápidamente me vestí, fui a la portada y la abrí. Galló me puso al corriente de los últimos acontecimientos: Pedro Oliver, Felipe Lastra y Vicente Hernández habían escapado en un barco y se habían refugiado en Estados Unidos. La Universidad estaba acéfala. "En este momento tú eres el funcionario de más alto nivel en la Universidad. Tienes que ir ahora mismo al Rectorado y hacerte cargo de la Universidad. Juanito Mier[27] nos está esperando en el Ministerio de Educación para ayudarnos a resolver el problema. ¡Ve ahora mismo para el Rectorado, ocúpate de todo lo que se presente, y espéranos hasta que regresemos con la solución!".

26 El profesor Gaspar Jorge García Galló era miembro del Partido Comunista y una persona conocida en Santa Clara.

27 Juan Mier Febles era profesor de la Universidad Central Marta Abreu de Las Villas, pero en esa época estaba realizando funciones de alto nivel en La Habana. Ocupó cargos importantes, entre ellos, el de Rector de la Universidad de La Habana.

Galló, Silvio de la Torre y algunos de sus acompañantes partieron hacia La Habana. Yo me dirigí a la Universidad, me instalé en el Rectorado y actué como Rector durante ese día. Por la tarde, Galló me llamó al Rectorado. El problema había sido solucionado. El nuevo Rector era el Dr. Silvio de la Torre. Con motivo de los hechos, que tuvieron su origen en el juicio y fusilamiento de Porfirio Ramírez y culminaron en la fuga de Pedro Oliver, Felipe Lastra y Vicente Hernández, se realizó en la Universidad una serie de depuraciones, sobre lo cual volveremos más adelante.

Situación en Estados Unidos y Cuba

En 1960 se celebrarían elecciones presidenciales. Se preveía una lucha muy reñida entre los candidatos de los partidos Republicano y Demócrata. El 11 de julio los Demócratas se habían reunido en Los Angeles para postular sus candidatos a la Presidencia y Vicepresidencia. En estas elecciones primarias, el senador por Massachusetts John F. Kennedy ganó la postulación en la primera votación, derrotando a su principal adversario, Hubert Humphrey, senador por Minnesota, y se designó candidato a la Vicepresidencia al senador por Texas Lyndon B. Johnson, quien a la sazón era líder de la mayoría senatorial. En estas elecciones primarias, Kennedy, que era católico, también demostró que era bien capaz de luchar en los estados en que predominaban los electores protestantes, pues derrotó a Humphrey en las primarias celebradas en los estados de Wisconsin y West Virginia. Por su parte, los Republicanos habían celebrado el 25 de julio, en Chicago, su convención para la postulación de sus respectivos candidatos a la Presidencia y Vicepresidencia. Como candidato a la Presidencia se designó a Richard M. Nixon, también en la primera votación, pero por un margen no tan grande como el que había obtenido Kennedy. Como candidato a la Vicepresidencia se designó a Henry Cabot Lodge, antiguo senador por Massachussets y, a la sazón, Representante principal de Estados Unidos ante las Naciones Unidas.

Las elecciones presidenciales de Estados Unidos en 1960 se caracterizaron porque, por primera vez, los candidatos a la Presidencia de la República se presentaron ante las cámaras de televisión y se pronunciaron, en forma de un debate público, sobre diversos temas de interés para la nación, y las elecciones se celebraban en cincuenta estados, pues Alaska y Hawaii habían sido incorporados a la Unión en 1959 y, por segunda vez, uno de los candidatos a la Presidencia era católico.

La televisión ya se conocía en Estados Unidos desde hacía unos años. Por ejemplo, un sondeo realizado en la primavera de 1952 reveló que el programa *I love Lucy*, protagonizado por el americano cubano Desi Arnaz y su esposa, la americana Lucille Ball, era recibido por receptores de televisión en más de diez millones de hogares de Estados Unidos. Esta era la primera vez que los dos actores principales en un programa de televisión eran dos candidatos a la Presidencia de la República. En cambio, la contienda por la Presidencia de la República entre un protestante y un católico no era la primera que se producía en Estados Unidos, sino la segunda. En las elecciones presidenciales de 1928, Herbert Hoover, que provenía de una familia de confesión religiosa protestante y que había comenzado su vida en una granja de Iowa, estudiado ingeniería de minas y logrado hacerse de una fortuna desde mediados del decenio de 1910, fue postulado candidato a la Presidencia de la República por el Partido Republicano. Era inteligente, serio, austero, pero en ocasiones se tornaba en mordaz y utilizaba la ironía con una acritud que podía llegar a ser maligna, pero no menos ingeniosa. El candidato postulado por el Partido Demócrata, Alfred Smith, sólo se parecía a él en una cosa: había alcanzado tal posición a base de su trabajo personal. En casi todo lo demás era diferente. Procedía de una familia irlandesa, era católico y había pasado su niñez en Nueva York, donde, en su juventud, trabajó en un mercado de pescado. En la campaña presidencial, el tema de la religión fue el factor decisivo. En aquella ocasión se habló y escribió mucho en Estados Unidos sobre "la cuestión religiosa" (*the religious issue*). La lucha fue muy cruda. Las elecciones se celebraron el 6 de noviembre de 1928. Hoover barrió con un 58 contra un 41 por ciento de los votos individuales[28]. En cuanto al número de votos estatales, el margen fue aún mayor, pues Hoover triunfó por 444 contra 87 votos estatales. En esta elección, la cuestión religiosa tuvo una gran influencia en el resultado de la elección. Durante la campaña presidencial hubo predicadores protestantes que llegaron a pregonar que Alfred Smith era el representante del Papa, que votar por Smith equivalía a votar por el Papa, que votar por el Papa era peor que votar por el diablo, y que los que votaran por Smith quedaban automáticamente excomulgados. En realidad, la derrota de Alfred Smith no se debió únicamente a la "cuestión religiosa". Influyeron en ella también otras causas, las más importantes de las cuales fueron las conexiones que mantenía con el Tammany Hall, organización en la ciudad de Nueva York, en forma de sociedad, que ya estaba muy desacreditada.

---

28 En el sistema electoral estadounidense se designa por "voto popular" ("*popular vote*") el voto que emite un ciudadano que participa en una elección, y también el conjunto de esos votos, y se designa por "voto electoral" ("*electoral vote*") cada uno de los votos que se atribuye a cada estado en función de su importancia (número de senadores y representantes de cada estado), y también el conjunto de tales votos. En esta obra hemos preferido traducir esos términos por "voto individual" y "voto estatal", respectivamente.

Elecciones presidenciales de Estados Unidos en 1960

En las elecciones presidenciales de 1960 la cuestión religiosa desempeñó un papel importante, pero sin comparación alguna con el que desempeñó en las elecciones de 1928. Aunque desde fines de julio y durante todo el mes de agosto estuvo candente el asunto de las nacionalizaciones de las refinerías extranjeras, y después el de la intervención y confiscación de muchas propiedades norteamericanas en Cuba, el problema de la hostilidad del gobierno de Castro en Cuba no tuvo una gran influencia en el resultado de las elecciones. Pese a los ataques que Kennedy dirigía contra la política de Eisenhower por haber permitido que surgiera un régimen enemigo a sólo 150 km de distancia, los Republicanos ganaron el estado de la Florida. Además, en 1960, los nuevos exilados cubanos no podían votar. Todavía no habían adquirido la ciudadanía americana.

En cambio, un hecho que, según algunos comentaristas, tuvo una influencia considerable en la votación del electorado de color y, por ende, en el resultado de las elecciones, se produjo cuando dos días antes del último debate ante las cámaras de televisión entre los dos candidatos, señalado para el 21 de octubre, el Reverendo Martin Luther King, hijo, acompañado de un grupo de activistas, entró en un restaurante de Atlanta en el que se aplicaban prácticas segregacionistas, fue arrestado, y condenado a cuatro meses de prisión. Ante este caso, mientras John F. Kennedy inmediatamente se ponía en contacto por teléfono con la esposa de Martin Luther King, hijo, y su hermano Robert hablaba con el juez y lograba obtener que lo pusieran en libertad bajo fianza, Nixon, después de consultar con el *Attorney-General* de la administración de Eisenhower, se abstuvo de intervenir, considerando que se debía dejar que la justicia actuara libremente.

John Fitzgerald Kennedy y el Partido Demócrata sacaron buen provecho del incidente del restaurante de Atlanta y sus secuelas, ya que en las elecciones celebradas el martes 8 de noviembre, Kennedy obtuvo 34 227 096 votos individuales, o sea, el 49,7 por ciento, en tanto que Nixon obtuvo 34 107 646 votos individuales, o sea, el 49,5 por ciento. En votos estatales, Kennedy ganó por una mayoría más amplia, 303 contra 219.

La situación en Cuba

Aunque la popularidad de Fidel Castro en el pueblo en general no parecía disminuir y la propaganda política del gobierno se hacía cada vez más intensa, el número de personas descontentas con el régimen había aumentado.

A mediados de 1960 Castro viajó a la ciudad de Nueva York para dirigirse a la Asamblea General de las Naciones Unidas, lo que fue acompañado de posturas teatrales y ataques abiertos a Estados Unidos. A fines de septiembre de ese mismo año, cuatro embarcaciones con veintisiete hombres al mando de Rolando Masferrer salieron oculta y misteriosamente hacia Cuba. Por razones que no se han aclarado suficientemente, sólo una de las cuatro embarcaciones tocó tierra. Sus ocupantes desembarcaron y fueron perseguidos por fuerzas de Castro. Tres americanos, Anthony Zarba, Allan Thompson, y Robert Fuller fueron capturados y fusilados.

El 13 de octubre de 1960 (para que el lector tenga un punto de referencia más preciso, un día después del fusilamiento de Porfirio Ramírez) se promulgó la ley de la Reforma Urbana, que fue seguida de una serie de nacionalizaciones de bancos y grandes industrias, así como de numerosos centrales azucareros. El 19 del mismo mes,

Estados Unidos respondió decretando un bloqueo económico parcial sobre Cuba.

El año 1961 Fidel Castro lo proclamó Año de la Educación, porque para dicho año se anunciaba una gran campaña de alfabetización en todo el país, con énfasis en la Sierra Maestra, la que empezaría el mismo día de Año Nuevo. Castro comenzó el año 1961 a todo tren. El 2 de enero acusó a Estados Unidos, ante el Consejo de Seguridad de las Naciones Unidas, de estar preparando una invasión contra Cuba, al mismo tiempo que en un impresionante desfile por las calles de La Habana se exhibían las primeras armas que le enviaba la Unión Soviética, entre las cuales estaban piezas de artillería de campaña tiradas por camiones, cañones antitanques y lanzadores de cohetes.

En su discurso de celebración del nuevo año 1961, Fidel Castro anunció que la Embajada de Estados Unidos en La Habana no podría tener más de diez y ocho funcionarios acreditados como diplomáticos, pues esa era la cantidad de diplomáticos de la Embajada de Cuba en Washington acreditados como tales. Dwight Eisenhower aprovechó este último eslabón de una larga cadena de vejaciones infligidas, tanto a la Embajada, como al Embajador de Estados Unidos, para, el 3 de enero, con la velocidad del relámpago y como regalo de despedida antes de entregar el poder al nuevo presidente electo, decretar la ruptura de las relaciones diplomáticas con Cuba.

Fusilamiento de William Morgan

En la madrugada del 11 de marzo de 1961, William Alexander Morgan, y Jesús Carreras, comandantes del Segundo Frente Nacional del Escambray, fueron fusilados en la fortaleza de La

Cabaña, en La Habana. William Morgan era un americano nacido en Toledo (Ohio), que había pertenecido al ejército estadounidense, del que había sido licenciado deshonrosamente en 1950 por motivos disciplinarios.

A través de un amigo norteamericano traficante de armas (y quizás también de drogas), Morgan hizo contacto con Eloy Gutiérrez Menoyo, comandante y jefe del Segundo Frente Nacional del Escambray, y se incorporó a esta organización con el grado de comandante.

Cuando triunfó la Revolución en enero de 1959, los partidarios del depuesto presidente-dictador Batista comenzaron a organizar una conspiración con Rafael Leónidas Trujillo, el dictador de República Dominicana, la que se conoce por "la conspiración de Trujillo". Los organizadores de esta conspiración buscaron encarecidamente colaboradores en Cuba capaces de provocar un alzamiento. Se sabía que el Directorio Revolucionario, pero también el Segundo Frente Nacional del Escambray, habían tenido serias desavenencias con el Che Guevara cuando éste, enviado por Fidel Castro, llegó a la provincia de las Villas, así como con Félix Torres, un alzado del Escambray quien, al amparo del Che Guevara y Camilo Cienfuegos, se autoproclamó comandante. Por esta razón, en marzo de 1959 los organizadores de la conspiración establecieron contacto con Gutiérrez Menoyo y Morgan para planear un levantamiento en el Escambray. Morgan fue a Miami. Como precio de la cooperación, Morgan y Menoyo percibirían la suma de un millón de dólares, de la cual se les entregó la mitad y el resto quedó depositado en un banco de Miami.

Una vez percibido el medio millón de dólares, Morgan y Menoyo hicieron una segunda evaluación de la situación. Se dieron cuenta de que, como habían hecho algunos cortos viajes a Miami, habían despertado sospechas en los órganos de seguridad de Castro. Esto los llevó a pensar que quizás, ... pudiera ser, ... tal vez, ... se presentaran aún nuevas oportunidades de salvar a Cuba del comunismo, o de que el propio Fidel Castro tomara medidas contra los comunistas, que le estaban infiltrando y escamoteando "su revolución". También se dieron cuenta de que estaban cometiendo un delito de alta traición y, si Castro los descubría, su presencia entre un piquete de fusilamiento y el correspondiente paredón sería tan inevitable como imprescindible. Entonces, se les ocurrió una idea que les pareció más saludable: contárselo todo a Fidel Castro y desempeñar el papel de héroes nacionales.

Gutiérrez Menoyo viajó de nuevo a Miami y regresó con un cargamento de armas, que fue inspeccionado por agentes de seguridad de Castro. Al parecer, la conspiración de Trujillo iba viento en popa. El antiguo Senador Arturo Hernández Tellaheche sería el nuevo Presidente de Cuba, y el Dr. Armando Caíñas Milanés el Vicepresidente; el Primer Ministro sería Ramón Mestre y el Ministro de Gobernación Rolando Masferrer.

Siguiendo instrucciones de Fidel Castro, Gutiérrez Menoyo y William Morgan informaron a Trujillo que el levantamiento del Segundo Frente Nacional del Escambray se había producido, que se extendía rápidamente en el Escambray y que pronto atacarían la zona de Trinidad y tomarían la propia ciudad de Trinidad. El 12 de agosto le comunicaron que la ciudad de Trinidad había caído y que ya podía enviar sus hombres. Tropas del ejército rebelde provistas de potentes receptores estaban escondidas en una arboleda cercana al aeropuerto de Trinidad y escuchaban las transmisiones entre los *sublevados* y Ciudad Trujillo. Unas horas después aterrizó un primer avión. Las fuerzas de Castro observaron que del avión no descendieron pasajeros, sino que sólo se bajaron unas cajas con armas y municiones. El avión no fue apresado y emprendió libremente el viaje de regreso. En la madrugada del 13 de agosto se oyó el zumbido de un segundo avión que se acercaba y aterrizó. Este avión lo pilotaba el Teniente Coronel Antonio Soto Rodríguez, que era el piloto que había conducido el avión en el que Batista se fugó de Cuba el primero de enero de 1959. Su copiloto era Carlos Vals. El representante de Trujillo y jefe del grupo de conspiradores que viajaban en el avión era Luis del Pozo, hijo de Justo Luis del Pozo, un viejo político tradicional caracterizado, cosa rara, por su austeridad y honradez, y que había sido designado Alcalde de La Habana por Batista. Al descender del avión, Luis del Pozo reconoció a Eloy Gutiérrez Menoyo, con quien tenía relaciones de amistad. Éste se adelantó para *darle la bienvenida* y ambos hasta se abrazaron. Entre los pasajeros venía Roberto Martín Pérez, hijo de un conocido miembro de la Policía de Batista, quien desde años antes había trabado relaciones de amistad con Rolando Masferrer. Cuando los pasajeros se dirigían hacia las instalaciones del aeropuerto, fueron arrestados por las tropas de Castro.

En un discurso transmitido por televisión el sábado 15 de agosto de 1959, Castro presentó a William Morgan, y se refirió a él no como a un americano, sino como a un héroe cubano[29].

Poco tiempo después, las actividades de Eloy Gutiérrez Menoyo y William Morgan se fueron separando. El 17 de octubre, apenas dos meses después de haber sido presentado ante las pantallas de televisión como un héroe nacional, el propio Fidel Castro ordenó su

29 En cuanto al punto concreto de no referirse a William Morgan como a un americano, Fidel Castro tenía razón, probablemente sin saberlo. Muy poco tiempo después del triunfo de la Revolución, Eisenhower le había retirado la nacionalidad estadounidense por haber servido en las fuerzas armadas de un país extranjero: Cuba.

detención por los delitos de conspiración contra los poderes del estado y traición.

El 25 de enero de 1960 el Comandante Eloy Gutiérrez Menoyo y un grupo de miembros del Segundo Frente Nacional del Escambray llegaron a Cayo Hueso (Florida) en tres botes de pesca y se refugiaron en Estados Unidos. Pese a que Gutiérrez Menoyo no era bien visto por la gran mayoría de los exilados cubanos, quienes lo consideraban un cambiacasaca, las autoridades americanas le permitieron la entrada al país.

Por otro lado, los Comandantes William Morgan y Jesús Carreras Zayas fueron condenados a muerte por el delito de traición y ejecutados en la Fortaleza de la Cabaña el 11 de marzo de 1960.

William Morgan se había casado con Olga, una joven que vivía en Santa Clara y había estado alzada en el Escambray. En 1961 Olga fue condenada a doce años de prisión, pena que cumplió íntegramente. Olga fue una de las famosas e irreductibles presas "plantadas". William Morgan y Olga tuvieron dos hijas, que, tras la condena de su madre, fueron acogidas por sus abuelos maternos, que vivían en Santa Clara, en una calle o callejón que comienza en la calle Juan Bruno Zayas Norte y termina en un río al oeste de la ciudad. Las dos niñas (pero sobre todo la mayor) eran tan irreductibles como su madre y constituyeron un verdadero problema para sus maestros y maestras en Santa Clara, pues públicamente *hablaban mal* de Fidel Castro, del comunismo, y de todo lo que oliera a eso. Los padres de William Morgan, que vivían en Estados Unidos, trataron de obtener la custodia de sus dos nietas, pero, como la madre estaba presa, los abuelos maternos se negaron a dar el permiso de salida, a menos que las niñas fueran acompañadas por alguien de la familia materna, de manera que mantuvieran el contacto con su madre mientras estuviera guardando prisión. Los abuelos paternos no aceptaron reclamar a otra u otras personas que no fueran sus nietas, y la situación continuó así. Algunos años después de haber cumplido íntegramente la mencionada condena de doce años, Olga pudo acogerse a un programa de asistencia que le permitió salir de Cuba con sus hijas y trasladarse a Estados Unidos.

Invasión de Playa Girón

En Cuba se habían creado nuevas organizaciones y movimientos revolucionarios que estaban conspirando y realizando acciones de sabotaje con el fin de debilitar al gobierno de Castro, y provocar una situación en la que podría ser derribado. Por otra parte, se habían producido alzamientos en distintos lugares del país, sobre todo en el Escambray, los cuales habían sido intensamente combatidos y fuertemente reprimidos. Esas organizaciones y movimientos revolucionarios eran conscientes de que no tenían la fuerza suficiente para provocar una lucha armada frontal contra el ejército y las milicias de Castro.

En cambio, después de que Estados Unidos rompió las relaciones diplomáticas con Cuba el 3 de enero de 1961, los cubanos que conspiraban contra Castro en Cuba y en el exilio, sobre todo estos últimos, consideraron que se acercaba el momento de entablar una lucha frontal que terminaría con Castro y sus secuaces. La Agencia Central de Inteligencia (CIA) de Estados Unidos recibió la orden de acelerar e intensificar la creación de un cuerpo expedicionario formado por exilados cubanos. Las actividades conspirativas en Estados Unidos habían seguido un curso muy natural. Los primeros exilados que llegaron a Estados Unidos fueron, casi sin excepción, personas pertenecientes al gobierno del depuesto presidente-dictador Batista, sus beneficiarios, seguidores y partidarios, muchos de los cuales establecieron buenas relaciones con miembros del gobierno y políticos estadounidenses. Algunos de esos cubanos, entre los que se encontraba Rafael Díaz-Balart, ex cuñado de Fidel Castro y compañero de curso suyo en sus días universitarios, constituyeron una conocida (sobre todo en los primeros tiempos) organización de ese tipo, que se llamaba La Rosa Blanca, nombre tomado de una frase de una bellísima poesía del *apóstol* de la independencia de Cuba, José Martí.

Después de esa primera fase, la mayoría de los exilados que iban arribando a Estados Unidos y otros países no eran antiguos partidarios y seguidores de Batista, sino personas que habían ayudado a la Revolución, inclusive combatido por ella con las armas, o luchado, colaborado, o al menos simpatizado con ella. Los funcionarios de la CIA tuvieron que obrar con mucho tacto para evitar fricciones entre estas dos clases de futuros miembros del cuerpo expedicionario: en general, preferían la colaboración de los asilados que no habían pertenecido al gobierno de Batista.

Un caso especial era el de Rolando Masferrer. La CIA tenía la misión de controlar la preparación de la invasión de Cuba y Masferrer era un individuo completamente incontrolable, a quien le gustaba concebir y seguir sus propios planes. Como se ha dicho anteriormente, en septiembre de 1960 había partido hacia Cuba con cuatro embarcaciones, una de las cuales desembarcó, y tres expedicionarios americanos fueron apresados y fusilados.

El 8 de abril de 1961, agentes de inmigración, siguiendo instrucciones del Departamento de Estado, arrestaron a Rolando Masferrer, quien tres días después fue procesado en Miami por su mencionada tentativa de invadir a Cuba, lo que constituía una violación de la Ley de Neutralidad (*Neutrality Act*)[30].

30 En noviembre de ese mismo año, después de haber fracasado la invasión de Bahía de Cochinos, la causa criminal federal en la que Rolando Masferrer estaba procesado por el delito de violación de la Ley de Neutralidad fue sobreseída.

Desde el comienzo del año 1961 no era un secreto que la CIA estaba preparando una invasión de Cuba. Castro denunciaba insistentemente que se estaba preparando una invasión, y había instalado equipo antiaéreo en puntos estratégicos del malecón de La Habana, y cañones en lomas cercanas a esta ciudad. Con frecuencia se realizaban mítines en el malecón, frente al mar, y se acusaba a Estados Unidos de estar preparando una invasión. Los actos de este tipo eran tan frecuentes, que ya la gente en Cuba apenas les hacía caso.

En esa época apareció en la primera plana de la edición del 10 de enero de 1961 del *New York Times* un artículo a tres columnas en el que se describían detalladamente los preparativos que se estaban haciendo en Guatemala con miras al envío de una fuerza expedicionaria a Cuba. Los primeros párrafos de ese largo artículo decían lo siguiente:

"**Estados Unidos ayuda a entrenar una fuerza anticastrista en una base secreta en Guatemala. Se teme choque con Cuba. Se construyen instalaciones con ayuda americana.** POR PAUL P. KENNEDY – Especial para el New York Times.

RETALHULEU, Guatemala, 9 de enero. Esta área es el foco de los preparativos militares de Guatemala para lo que los guatemaltecos consideran que será un choque casi inevitable con Cuba.

Diariamente se está llevando a cabo aquí un intenso entrenamiento en un campamento parcialmente oculto. Al pie de la Cordillera, a unos cuantos kilómetros del Pacífico, un personal extranjero, procedente en su mayoría de Estados Unidos, está entrenando fuerzas de tipo comando en tácticas de la guerra de guerrilla.

Estados Unidos ayuda a la realización de estas actividades aportando, no sólo personal, sino también material, y asistiendo en la construcción de dispositivos terrestres y aéreos.

Las autoridades guatemaltecas, comenzando por el Presidente José Miguel Ydígoras Fuentes, insisten en que la actividad militar tiene por finalidad hacer frente a un ataque, que se espera ocurra cualquiera de estos días, procedente de Cuba.

Los opositores de la administración Ydígoras han insistido en que los preparativos están destinados a una ofensiva contra el régimen cubano del Primer Ministro Fidel Castro y que están siendo planificados y dirigidos, y en gran parte financiados, por Estados Unidos. ..."

Situación en el Escambray

Tras el duro golpe sufrido por los combatientes que se habían alzado y luchaban con las armas contra el régimen de Castro en el Escambray, cuando, como se ha referido anteriormente, en octubre de 1960, fueron condenados a muerte y fusilados los acusados en la causa 829 Plinio Prieto Ruiz, Sinesio Walsh Ríos, Porfirio Ramírez Ruiz, José A. Palomino Colón y Ángel Rodríguez del Sol, y condenados a largas penas de prisión un gran número de cubanos, los grupos de alzados en esa zona montañosa del centro de Cuba fueron reconstituyéndose. La lucha en el Escambray en esta época fue muy cruenta. Por una parte, Castro puso en práctica lo que llamó el plan de Lucha Contra Bandidos (LCB) y al que se hacía referencia como "la limpia del Escambray". Se trataba de exterminar a todos los que estuvieran alzados contra el gobierno, especialmente en el Escambray. Los casos de extrema crueldad y de combatientes anticastristas fusilados en esta fase de la lucha fueron muy numerosos. Por otra parte, los cubanos alzados contra el régimen de Castro, endurecidos por esa lucha desigual, cometieron, en algunas ocasiones, crímenes y desafueros no menos atroces y reprensibles que los perpetrados por las huestes castristas. En el libro Mis Memorias, de Evelio Duque Miyar, uno de los pocos jefes guerrilleros del Escambray que salió con vida, se narra con gran sinceridad un gran número de episodios de la lucha en esa época. Como ejemplos de casos que fueron muy dolorosos, por haberse perpetrado contra personas que no combatían por ninguno de los dos bandos y que se encontraban realizando una tarea beneficiosa para la colectividad, nos limitamos a narrar los dos siguientes: uno cometido antes de la invasión de Playa Girón y otro con posterioridad a ésta.

Muerte de Conrado Benítez

Conrado Benítez García, joven de la raza negra, de extracción humilde, nacido en la provincia de Matanzas, tenía 18 años de edad cuando se incorporó a la campaña de alfabetización. Para eso tuvo previamente que formarse como maestro voluntario alfabetizador. Como muchos otros jóvenes de ambos sexos, siguió un curso especial en la Escuela de Capacitación Pedagógica que se estableció en Minas de Frío, un caserío situado en la Sierra Maestra. Una vez obtenido el título de maestro voluntario alfabetizador en dicha escuela de capacitación, Conrado Benítez fue enviado a la Sierra del Escambray con la misión de alfabetizar en una zona cercana, que comprendía la finca San Ambrosio. El 5 de enero de 1961 este joven alfabetizador fue apresado por un grupo de alzados, quienes le dieron muerte, así como a cuatro campesinos. Instantáneamente

Conrado Benítez se convirtió en un mártir de la Revolución. Castro le dio una enorme publicidad al asesinato del joven alfabetizador.

Muerte de Luis Ruiz Salvador y otros cartógrafos

En junio de 1962 un hombre joven de Santa Clara, Luis Ruiz Salvador[31], agrimensor y topógrafo, estaba al frente de una comisión de estudio, frase por la que suele designarse en Cuba un equipo de agrimensores, topógrafos y ayudantes que realizan trabajos sobre el terreno. Esta comisión de estudio estaba trabajando en una zona cercana al río Zaza, y tenía por misión efectuar mediciones topográficas y levantar planos con miras a un proyecto de construcción de una represa en dicho río. Generalmente se desplazaba en un *jeep*.

Un día, la comisión de estudio, integrada por ocho agrimensores y ayudantes, así como el *jeep* en que solía desplazarse, desaparecieron sin dejar rastro. Pocos días después, dos de sus miembros fueron encontrados en malas condiciones. Declararon a las autoridades que habían sido secuestrados por un grupo de alzados y que habían logrado burlar la vigilancia de sus captores y escapar. Tres meses después aparecieron en esa zona cuatro cadáveres y, pocos días después, dos cadáveres más. Las autoridades procedieron a su identificación. Una de las personas llamadas para que ayudaran a identificar los cadáveres fue el joven villaclareño Héctor Salvador Gallardo[32], primo hermano de Luis Ruiz Salvador.

---

31 Luis Ruiz era muy conocido y querido en Santa Clara. No tenía nada de militar. En esos días estaba en una zona rural cercana al río Zaza, realizando una operación propia de su profesión, que redundaba en beneficio de la población. Luis Ruiz no era un simpatizante de Castro. Varios miembros de su familia, como sus hermanos "Reno" y "Keko" ya habían emigrado y residían en Estados Unidos.

32 Héctor Salvador se graduó de Ingeniero Electrónico en la Universidad Central Marta Abreu de Las Villas y se dio a conocer cuando, después de graduado, trabajando como profesor en el Laboratorio de dicha universidad, construyó, con los escasos medios de que se disponía, una máquina para producir sueño artificial, tarea que le había sugerido el Dr. Allán Rosell Anido, profesor de Psicología de dicha universidad, pese a que la consideraba imposible dados los medios existentes en Cuba. En el exilio, Héctor Salvador fue un distinguido ingeniero electrónico del famoso y universalmente conocido *Jet Propulsion Laboratory (JPL)* en Estados Unidos. Actualmente reside en Miami.

La muerte de Luis Ruiz Salvador fue profundamente lamentada en Santa Clara, tanto por los partidarios de la Revolución, como por quienes no lo eran. En este caso, y también en los de los otros miembros de la comisión de estudio, se había asesinado a un inocente.

Preparativos de la invasión

Desde septiembre u octubre de 1960 la Agencia Central de Inteligencia (CIA) estaba dando entrenamiento militar a un grupo de cubanos, en su mayoría jóvenes estudiantes. Con el transcurso del tiempo, esta fuerza expedicionaria fue aumentando y, a fines de marzo, casi mil cubanos recibían instrucción militar, principalmente en dos campamentos establecidos en Guatemala. Eran adiestrados por expertos instructores norteamericanos, veteranos de la Guerra Mundial o de la guerra de Corea. Tenía por nombre: "Brigada 2506". Se eligió este nombre porque ese era el número correspondiente a la inscripción de Carlos Rafael Santana, un joven estudiante, muy querido y apreciado por todos sus compañeros, así como por sus instructores, quien, el 7 de septiembre de 1960, mientras participaba en una sesión de entrenamiento, tuvo la desgracia de despeñarse por un barranco y encontrar así la muerte.

La Brigada 2506 tenía un jefe militar, José ("Pepe") San Román, y un jefe civil, Manuel Artime. El día 10 de abril, el jefe militar de la Brigada 2506 recibió la orden de preparar la fuerza expedicionaria para ser trasladada inmediatamente a Puerto Cabeza, en la costa norte de Nicaragua. Esta orden fue impartida por el Presidente de Estados Unidos, John F. Kennedy, personalmente. José San Román dio las instrucciones pertinentes a los oficiales de la Brigada. En las dos últimas semanas, el número de integrantes de la Brigada había aumentado notablemente y en ese momento había más de 3000 expedicionarios listos para embarcar. Este aumento brusco del número de integrantes de la Brigada se debió a que, al principio, muchos militares y civiles que habían pertenecido al gobierno de Batista eran sistemáticamente rechazados. Cuando se acercó el día de la partida, se permitió que estos cubanos, los cuales, en su mayoría, tenían instrucción militar, formaran también parte de la Brigada 2506.

El 13 de abril de 1961 la Brigada 2506 partió hacia Puerto Cabeza (Nicaragua) en varios buques de carga. Un día, en una práctica de tiro que se realizaba en uno de los barcos, se produjo un accidente cuando el dispositivo que servía de soporte a una ametralladora se rompió y ésta continuó disparando durante la caída. El resultado de este accidente fue un muerto y dos heridos.

Se había previsto realizar acciones de diversión en algunas partes de la costa a fin de que las tropas castristas acudieran a esos lugares, lo que facilitaría el desembarco en la playa de Girón y la bahía de Cochinos. Esta misión se encomendó a Higinio ("Nino") Díaz Arrúe, ex teniente del Ejercito Rebelde en la Sierra Maestra, quien, a bordo del barco *Santa Ana*, llegó hasta frente a la zona de Imías, provincia de Oriente, a unos 70 kilómetros de Guantánamo. El grupo que los iba a recibir no se presentó, y se pospuso el desembarco. En la noche del 15 al 16 de abril tampoco pudieron desembarcar. Al día siguiente enviaron algunos hombres a tierra y se enteraron de que había una gran movilización de tropas castristas en la zona. Decidieron entonces trasladarse a la playa de Girón, pero cuando se acercaron a esa zona pudieron percatarse de que la invasión había fracasado.

Infiltración de Sorí Marín y otros conspiradores

El Dr. Humberto Sorí Marín, uno de los principales colaboradores de Fidel Castro en la Sierra Maestra (donde había alcanzado el grado de comandante), quien, como ya se ha dicho, había sido Ministro de Agricultura en el primer gabinete del gobierno revolucionario, se había desencantado con el curso que había tomado la Revolución y había comenzado a hacer contactos con otros cubanos que estaban conspirando. Castro, a quien el propio Sorí Marín le había comunicado su disgusto con el rumbo que estaba tomando la Revolución, ordenó su detención. Se le celebró juicio, se le privó de su grado y sus cargos, y fue sometido a arresto domiciliario. En tal situación, Sorí Marín se fugó y se asiló en Estados Unidos.

En Miami, Humberto Sorí Marín hizo contacto con la CIA. El 3 de marzo de 1961, acompañado de otros cubanos, entre los cuales, por motivos de orden sentimental, sólo menciono a uno, Manuel Lorenzo Puig Miyar[33], se infiltró clandestinamente en Cuba, operación en el curso de la cual introdujo una cantidad considerable de armas, municiones y sustancias explosivas e inflamables. El 18 de marzo por la tarde, los conspiradores se reunieron en una casa situada en el reparto Alturas del Biltmore, en La Habana, donde fueron rodeados y capturados por la policía. Todos ellos fueron fusilados en La Cabaña el 20 de abril de 1961, es decir, el día en que la invasión de Playa Girón quedó definitivamente aplastada.

33 Manuel Puig Miyar (el "Ñongo" Puig) fue un gran amigo y compañero mío en el equipo de fútbol americano de la Universidad de La Habana en nuestros días de estudiantes. Tenía una fortaleza física extraordinaria, de la cual nos percatábamos diariamente sus compañeros en las prácticas. Además, fue uno de los mejores remeros de Cuba. Ganó numerosas regatas remando por el Havana Biltmore Yacht and Country Club. El Ñongo se destacaba por su carácter afable, amistoso, franco y sincero. Cuando me enteré de su muerte, y de la forma en que ocurrió, sufrí un rudo choque emocional, que todavía perdura en mi corazón.

Reunión del 4 de abril en la Secretaría de Estado

El martes 4 de abril de 1961 se celebró en la Secretaría de Estado una reunión convocada por el Presidente Kennedy con el objeto de establecer definitivamente el plan que se iba a seguir en la Operación Pluto, nombre por el que se designaba la proyectada invasión de Bahía de Cochinos. Entre los participantes en la reunión figuraban el Secretario de Estado, Dean Rusk; el Secretario del Tesoro, Douglas Dillon; el influyente senador por Arkansas, James William Fulbright, presidente de la Comisión de Relaciones Exteriores del Senado; el General Lyman Lemnitzer, Jefe del *Joint Chiefs of Staff* (que muchos historiadores de lengua española suelen traducir por Estado Mayor Conjunto); el Almirante Arleigh Burke, Jefe de Operaciones Navales; Allen Dulles, Jefe de la Agencia Central de Inteligencia (CIA); el General Charles P. Cabel, Subdirector de la CIA; Paul Nitze, Subsecretario de Defensa; Thomas Mann, Subsecretario de Estado para Asuntos Latinoamericanos; McGeorge Bundy, Arthur Schlesinger hijo y Richard Goodwin, Ayudantes de la Presidencia; Adolf Berle, Consultor de la Presidencia; y Richard Bissell, funcionario de la CIA encargado de la supervisión de la Operación Pluto. En dicha reunión, el encargado de la supervisión de la Operación Pluto, Richard Bissell, hizo una exposición detallada del plan, que se basaba en una previa y total destrucción de la aviación castrista mediante tres ataques aéreos, que se llevarían a cabo por la escuadrilla aérea de la Brigada, la cual tenía su base cerca de la costa norte de Nicaragua. Bissell aclaró que el número de tres ataques era un mínimo y que podría realizarse un mayor número de ataques si fuera necesario. La detallada y minuciosa exposición de Bissell fue aceptada por todos los presentes salvo uno: el Senador Fulbright, quien señaló que ese ataque era inmoral. La oposición del Senador Fulbright a la Operación Pluto no sorprendió a nadie, y mucho menos al Presidente Kennedy, quien el 30 de marzo había recibido un memorándum del Senador Fulbright en el que desaconsejaba todo tipo de intervención militar en Cuba. En dicho memorándum se recomendaba que Estados Unidos se limitara a aplicar medidas de contención contra la amenaza comunista y terminaba señalando a la atención del Presidente que "... Castro es una espina en la piel, pero no una *daga en el corazón*"[34].

El desembarco en tres playas en la zona de la Bahía de Cochinos, tal como fue expuesto por Bissell en la reunión del 4 de abril, sería precedido, como se ha dicho, por un mínimo de tres bombardeos, que serían realizados por la escuadrilla aérea de la Brigada los días 15, 16 y 17 de abril, la cual disponía de 16 aviones. La CIA reemplazaría los aviones que se perdieran o resultaran averiados. Esto suponía que se realizarían, al menos, 48 bombardeos, con lo que se aseguraría la completa destrucción de la aviación de Castro.

El Presidente Kennedy examinó este punto del plan de ataque y consideró que 48 bombardeos causarían un número excesivamente grande de víctimas, con el consiguiente impacto en la opinión pública mundial. Aproximadamente el 10 de abril, anuló el segundo bombardeo y determinó que cada bombardeo fuera realizado por 8 aviones y no por los 16 de que disponía la escuadrilla.

En esta decisión tuvo una gran influencia una persona que no intervino en la reunión del 4 de abril, pero con quien el Presidente Kennedy estaba en estrecho contacto: Adlai Stevenson. Stevenson había sido el candidato presidencial del Partido Demócrata en las

---

34 La frase que hemos escrito en cursiva fue utilizada por el Dr. Mario Lazo como título de su conocido libro "Daga en el Corazón". Mario Lazo era primo de Enrique Guiral, que fue uno de los primeros presos políticos del régimen de Castro y murió en prisión en mayo de 1961. Enrique Guiral fue el primer esposo de mi tía Tomasita Ramos. Guiral y mi tío, Antonio Ramos, estaban asociados como abogados y tenían su bufete en la ciudad de La Habana, en la calle de Amargura. En ese bufete trabajé durante unos meses en 1947, como pasante, cuando cursaba el quinto y último año de la carrera de Derecho.

elecciones de 1952 y 1956, en las cuales el candidato del Partido Republicano Dwight Eisenhower había triunfado por un amplísimo margen. En las elecciones primarias del Partido Demócrata para las elecciones presidenciales de 1960, Stevenson había ayudado a John F. Kennedy a ganar la postulación a la presidencia. Como recompensa, Kennedy lo había nombrado Representante de Estados Unidos ante las Naciones Unidas, si bien el cargo a que aspiraba Stevenson era el de Secretario de Estado, para el cual Kennedy prefirió a Dean Rusk. Stevenson fue siempre un ferviente partidario de la no-intervención de Estados Unidos en Cuba.

Indudablemente, el Presidente Kennedy no era el candidato J. F. Kennedy que luchaba contra Richard Nixon por la Presidencia de Estados Unidos y acusaba al Partido Republicano de haber permitido el establecimiento de un régimen enemigo a 150 km de la costa de ese país.

Otro hecho influyó también en cierta medida en el cambio de actitud del Presidente Kennedy. El Secretario de Estado Rusk había participado en la Segunda Guerra Mundial como capitán de la Reserva, así como en la campaña de Birmania, donde había alcanzado el grado de coronel, antes de abandonar la carrera militar y abrazar la carrera diplomática, arrastrado, sobre todo, por el General Marshall, cuando éste fue nombrado Secretario de Estado en la época de Truman. Pues bien, a fines de marzo, Dean Rusk tuvo que ausentarse de Washington para asistir a una conferencia de la Organización del Tratado de Asia del Sudeste (OTASE[35]) y como Secretario de Estado interino actuó Chester Bowles, que era un decidido partidario de la más absoluta no-intervención de Estados Unidos en Cuba. Bowles aprovechó esos días para redactar un memorándum que presentó a Rusk a su regreso. Bowles llegó hasta

35 También suele usarse la abreviatura inglesa SEATO (*South-East Asia Treaty Organization*).

a pedirle permiso a Rusk para hacer llegar el memorándum al Presidente. Para calmar a su subordinado, Rusk tuvo que decirle que probablemente la expedición se reduciría a la introducción de una guerrilla.

Bombardeo de las bases aéreas de Castro

En la madrugada del sábado 15 de abril de 1961, ocho aviones B26 de la escuadrilla aérea de la Brigada partieron de su base aérea cerca de Puerto Cabeza en la costa norte de Nicaragua. Tres aviones tenían por misión bombardear el aeropuerto militar de Ciudad Libertad (antiguo Campamento de Columbia), otros tres aviones atacarían la base aérea de San Antonio de los Baños, y los dos restantes bombardearían el aeropuerto militar Antonio Maceo de Santiago de Cuba. Los ataques se realizaron en la forma prevista. La fuerza aérea cubana fue destruida en algo menos del 50 por ciento. En esta operación, la escuadrilla aérea de la Brigada perdió tres aviones: uno fue derribado por el fuego antiaéreo durante el ataque y cayó en el mar, otro se estrelló al llegar a la isla de Gran Caimán, y otro se despedazó cuando trató de aterrizar en una pista próxima a Cayo Hueso.

Los bombardeos fueron acompañados de una maniobra publicitaria que formaba parte del plan. De la base aérea en Nicaragua partió un avión que aterrizó en Miami. Este avión había sido preparado con todos los detalles e inscripciones de los aviones cubanos. El piloto declaró que los bombardeos a los aeropuertos cubanos habían sido realizados por pilotos del gobierno de Castro. Cuando Cuba formuló la correspondiente acusación en las Naciones Unidas, el Representante de Estados Unidos, Adlai Stevenson, la rechazó alegando que los bombardeos habían sido realizados por pilotos cubanos que se habían rebelado. Fue muy fácil para el Ministro de Relaciones Exteriores cubano, Raúl Roa García, demostrar que el avión B26 que había aterrizado en Miami no provenía de Cuba, porque los aviones B26 cubanos pertenecían a un lote que había sido adquirido en la época de Batista, y esos aviones tenían una característica específica: su casquete de proa, la "nariz" como suele decirse en la jerga aeronáutica, era de plexiglás, mientras que el casquete de proa del avión que había aterrizado en Miami era de metal. Adlai Stevenson resultó totalmente ridiculizado en el debate ante las Naciones Unidas. El ridículo fue tan grande, que Stevenson presentó inmediatamente su renuncia al Presidente Kennedy. Esta renuncia no fue aceptada y terminó por ser retirada. Sólo la profunda relación de amistad, mutuo aprecio y reconocimiento entre estos dos hombres impidió que la renuncia se hiciera definitiva.

Otra consecuencia que tuvieron estos bombardeos fue la de hacer creer, a los responsables de la organización y ejecución de la invasión, que la aviación de Castro había sido totalmente destruida, lo cual no sucedió.

El domingo 16 de abril Fidel Castro apareció ante las cámaras de televisión en La Habana y acusó a Estados Unidos de planear una invasión inminente de Cuba. Ese mismo día John F. Kennedy, quien se encontraba temporalmente en su retiro de Middleburg (Virginia), llamó por teléfono a la Oficina Principal de la CIA en Washington para comunicar dos decisiones importantes:

La confirmación de que el día de la invasión sería el lunes 17 de abril (la designación de este día estaba todavía pendiente de confirmación por el Presidente).

La anulación del tercer bombardeo de la aviación de Castro, prevista para realizarse el mismo día de la invasión.

Invasión de Bahía de Cochinos

La invasión comenzó a realizarse de acuerdo con el plan establecido. El día 16 de abril, los buques de carga que transportaban a los expedicionarios salieron de Puerto Cabeza, al norte de Nicaragua, y navegaron hacia la costa sur de Cuba, escoltados por una escuadra norteamericana que comprendía destructores, portaaviones y otros barcos. Cuando estaban a unos ocho kilómetros de la costa, la marina americana entregó a la Brigada 2506 varias lanchas de desembarco, tanto del tipo destinado al desembarco de equipo pesado consistente en tanques y soldados, como del tipo destinado al desembarco de soldados solamente, así como también lanchas ligeras con motor fuera de borda.

Los barcos con los expedicionarios de la Brigada 2506 prosiguieron su viaje hacia la costa sur de Cuba. De acuerdo con el plan establecido, el desembarco se efectuaría en tres lugares designados por los nombres de código Playa Roja, Playa Azul y Playa Verde, que correspondían respectivamente a Playa Larga, Playa Girón y Caleta Verde. Cuando se acercaron a la costa y pasaron por las proximidades de Cayo Guano[36], el operador del faro en ese cayo, que, como todos los fareros y puestos de información estaban específicamente alertados por la Marina cubana, informó a ésta el paso de barcos sospechosos. Castro sabía que la expedición había salido de Puerto Cabeza, pues sus agentes en Nicaragua y la KGB[37]

---

36 Cayo Guano, o Cayo Guano del Este, es un islote de exiguas dimensiones, apenas un kilómetro de largo por 200 metros de ancho, situado casi en el mismo meridiano de Playa Larga, en la Bahía de Cochinos, algo más al este.

37 Sigla españolizada de Комитет Государственной Безопастности (transliteración: *Komitet Gosudarstvennoy Bezopasnosti*; traducción: Comité de Seguridad del Estado).

soviética se lo habían comunicado. Con la información del farero pudo formarse una idea más precisa.

El primer barco de la Brigada que entró en la Bahía de Cochinos fue el *Houston*, pues Playa Girón, aunque muy próxima a la Bahía de Cochinos, no está dentro de la misma. Este barco de carga fue escoltado por destructores americanos, a cierta distancia, durante una buena parte de su recorrido. Cuando los brigadistas se aprestaban a desembarcar, a eso de la una de la mañana del 17 de abril, unos milicianos que patrullaban dicha playa comenzaron a disparar con ametralladoras y rifles automáticos, pero fueron silenciados por fuego nutrido proveniente de la barcaza de desembarco *Blagar*, que era el barco insignia de la flotilla de la Brigada. Comenzó el desembarco de los brigadistas y, sobre todo, de los tanques y el equipo pesado. El Jefe de la Brigada 2506, José San Román, desembarcó en Playa Girón. También hubo intercambio de disparos en el desembarco en Playa Larga, pues unos milicianos que se encontraban en la cooperativa pesquera Buenavista abrieron fuego, pero tuvieron que retirarse. En esa zona no había teléfono y estos milicianos no tenían equipo de radio. Por lo tanto, para informar sobre el desembarco tuvieron que enviar un *jeep* en dirección norte, al pueblo de Jagüey Grande, y llamar desde allí, lo cual les tomó más de una hora.

A las 6 de la mañana del lunes 17 de abril, la Brigada 2506 tenía controlada la zona comprendida entre Playa Girón y Playa Larga. Los cinco tanques terminaron de ser desembarcados después de las siete de la mañana.

Poco después de las seis de la mañana apareció en el cielo de Playa Girón el primer avión castrista, un B26. El piloto se dio cuenta de que los barcos, aunque no tenían antiaéreas, estaban equipados con ametralladoras calibre cincuenta, por lo que no atacó los barcos, sino las lanchas pequeñas. El avión terminó por ser ahuyentado. Al poco rato se apareció un segundo avión castrista. Este era un *Sea Fury*, que estaba equipado con cohetes. El avión no disparó sus cohetes, pero sí varias ráfagas de ametralladora y desapareció.

En el lapso comprendido entre las seis y media y las diez de la mañana llegaron, de la base en Nicaragua, numerosos paracaidistas, que ocuparon rápidamente, y sin encontrar gran resistencia, posiciones estratégicas, sobre todo en los entronques de las escasas y modestas carreteras en esa zona, y otros puntos importantes. No obstante, fue en ese período cuando se produjeron los primeros grandes desastres de la invasión. En el cielo aparecían, con una frecuencia infernal, especialmente si se considera que no eran más que cuatro aviones: dos *Sea Fury*[38] y dos T33[39]. Los aviones *Sea Fury* son conocidos y poderosos aviones de caza equipados con cohetes. Los T33 no están artillados, pero los que aparecieron ese día en el cielo de la península de Zapata sí lo estaban. Los escritores y comentaristas que escriben para elogiar a Fidel Castro dicen que la idea de artillar los T33 se le ocurrió a Fidel Castro. Que la idea de artillar los aviones T33 fuera de Fidel Castro está muy lejos de estar probado, pero lo cierto es que los dos T33 de marras sí lo estaban.

En el mencionado intervalo de tiempo, los aviones *Sea Fury* y T33 castristas hundieron el buque *Río Escondido*, y averiaron el *Houston*, a tal extremo que su capitán ordenó encallarlo en los arrecifes, a unos 5 km de Playa Larga. El ataque al *Houston* causó un número considerable de víctimas, entre muertos y heridos. Un avión

---

38 El *Sea Fury* es un avión inglés que fue perfeccionado después de la Segunda Guerra Mundial y muy utilizado en la Guerra de Corea. Los aviones de caza *Sea Fury* están artillados con 12 cohetes de 3 pulgadas.

39 El T33 de la *Lockheed* era en aquella época, y probablemente lo siga siendo, el avión de propulsión a chorro para entrenamiento más utilizado en el mundo. Es muy apreciado por su gran velocidad, su capacidad de maniobra y las facilidades que ofrece para el aprendizaje y el entrenamiento.

B26 de la Brigada fue alcanzado, y derribado, por un proyectil disparado desde un T33. Sus ocupantes murieron. Durante el resto de la mañana y la tarde del día 17, los dos aviones T33 y los dos *Sea Fury* del régimen continuaron atacando los barcos y aviones B26 de la Brigada 2506. Alrededor de las once de la mañana, los buques de la Brigada se alejaron de la costa para no ser ametrallados por la aviación castrista. Una gran cantidad de bazucas, morteros, obuses y municiones se perdió cuando fue hundido el buque *Río Escondido* y hubo que encallar el *Houston*. Los valientes aviadores de la Brigada 2506 pudieron lanzar en paracaídas algunas municiones a sus compañeros, pero en número insuficiente.

Así terminó el primer día de la Operación Pluto. Los combates duraron tres días más, pero fueron disminuyendo en intensidad. La Brigada 2506 se quedó prácticamente sin municiones. Después de ese primer día, virtualmente, la Operación Pluto pertenecía ya al pasado.

Desde las primeras horas del día 18 de abril, las fuerzas del régimen comenzaron a disparar sus baterías de cañones y morteros, contra los puntos ocupados por la Brigada y avanzaban hacia la zona de Playa Larga, la que fue evacuada por la Brigada, y finalmente tomada por las fuerzas castristas a las 11 de la mañana.

El día 19 de abril las fuerzas castristas iniciaron la ofensiva final, sobre todo en la zona de San Blas. En este lugar, un avión B26 de la Brigada logró bombardear eficazmente una concentración de milicianos, entre los que causó un gran número de muertos y heridos. Otro avión de la Brigada aterrizó en el aeropuerto de Playa Girón y rescató al piloto de un B26 que había sido derribado, y cuyo copiloto había muerto.

La situación de la Brigada era, más que crítica, totalmente insostenible. Ocupaba una superficie de apenas 40 000 metros cuadrados, es decir, si acaso unos mil metros a lo largo de la playa por unos cuarenta metros de ancho. Estaba sometida a un fuego intenso. No tenía escape. Los brigadistas no podían escapar dirigiéndose hacia el oeste, pues la zona de Playa Larga ya había sido tomada por los fuerzas de Castro. Tampoco podían escapar dirigiéndose hacia el este, porque desde allí, sobre todo desde San Blas, numerosos brigadistas se replegaban hacia Girón empujados por el fuego y el avance enemigos. Las otras dos posibilidades de escape eran el mar, y ellos no tenían barcos, o tratar de atravesar los extensos e inhóspitos pantanos de la ciénaga de Zapata, con las consiguientes exiguas probabilidades de subsistencia pues, en la ciénaga, el "comandante en jefe" es el cocodrilo.

Alrededor de la una de la tarde, José San Román se comunicó por radiotelégrafo con el grupo de militares, agentes de la CIA y funcionarios americanos encargados de la supervisión de la Operación Pluto y les informó de la situación, al mismo tiempo que le pidió armas y municiones para continuar el combate. Poco después, ante la alternativa de rendirse a las fuerzas castristas o dar libertad a sus hombres para que tratasen de salvarse como pudieran, optó por esto último. De ahí en adelante, la historia de la Brigada 2506 se cerró y comenzaron muchas historias individuales, las de cada brigadista. Unos trataron de procurarse una embarcación para hacerse a la mar; otros se internaron en la ciénaga tratando de encontrar su salvación por esa vía. La mayor parte de ellos fueron cayendo prisioneros, tanto ese tercer día de la Operación Pluto, 19 de abril, como el día siguiente, el jueves 20 de abril. Hubo otros que no fueron hechos prisioneros y nunca volvieron. Se les dio por muertos.[40]

---

40 Uno de los patriotas cubanos que formó parte de la gloriosa Brigada 2506 y desapareció en la invasión de Bahía de Cochinos fue el Dr. José Feijoo Fabregat, estimado y distinguido abogado y notario público de Santa Clara. Su desaparición afligió a la ciudad de Santa Clara. Sus familiares y amigos movieron cielo y tierra buscándolo. Nunca apareció, ni entre los vivos, ni entre los muertos.

La gran redada

Una de las medidas más radicales y, al mismo tiempo, más eficaces que tomó Fidel Castro en la mañana misma del 17 de abril fue la de ordenar la detención de todas las personas de las cuales se sospechaba que podían estar implicadas en la invasión. Estas detenciones se efectuaron a todo lo largo y ancho de la Isla y fueron muy numerosas. Seguramente en muchos casos se procedió con ligereza en la determinación de los sospechosos. En cuanto al número total de detenidos es difícil evaluarlo. En algunas fuentes se indican para este número cantidades de cien mil y hasta de ciento cincuenta mil detenidos. Considero que el número de detenidos en toda Cuba debe haber oscilado en torno a unos sesenta mil.

Con relación a este tema lo mejor que puedo hacer es contar mi experiencia personal en aquellos días, en los cuales desempeñaba la función de Vicerrector Docente de la Universidad Central Marta Abreu de Las Villas. El lunes 17 de abril, en horas muy tempranas de la mañana, recibí una llamada del Rector de la Universidad, Dr. Silvio de la Torre, quien comenzó por darme la noticia de la invasión. Después de informarme de la situación, me dijo que estaba en la Universidad tomando las disposiciones pertinentes para hacer frente a la invasión. Me dijo también que había una importante reunión de dirigentes provinciales y municipales en el Club Deportivo, en la Carretera Central, muy cerca de donde yo vivía, y que él iría para allá cuando terminara los preparativos que se estaban haciendo en la Universidad. Me sugirió que, en lugar de ir a la Universidad, fuera directamente al Deportivo, y allí nos veríamos. El Club Deportivo era un local de recreo perteneciente a la sociedad Colonia Española, donde se solían ofrecer grandes bailes en diversas ocasiones y, los domingos, se bailaba en horas de la tarde. También se podía hacer algunos deportes, pasear, o conversar en los salones o en el bar. En esta ocasión, el programa en el Deportivo era diferente.

Ese día estaban allí presentes muchos dirigentes de las Organizaciones Revolucionarias Integradas (ORI) y del Movimiento 26 de Julio. El militar de más alta jerarquía presente allí esa mañana era el "Chino" Choy, capitán del Ejército Rebelde. Frente a la entrada principal del edificio del Deportivo estaban estacionados varios camiones. En uno de los salones había varias cajas de fusiles FAL (fusil ametrallador ligero) belgas, nuevos de paquete; algunas de esas cajas estaban abiertas y unos milicianos, conocedores del mantenimiento y manejo de esas armas, estaban sacándolas, limpiándolas (pues estaban recubiertas de un aceite muy fino) y preparándolas para ser distribuidas. Estaban también presentes milicianos de diversas edades, pero en su mayoría jóvenes, en espera de que se les suministrara su rifle para montar en los camiones que partirían hacia la zona de combate. Conviene señalar que todos los que nos encontrábamos en el Deportivo aquella mañana estábamos vestidos de miliciano y dispuestos a montarnos en los camiones e ir a defender nuestra patria, que estaba siendo atacada por una invasión organizada en el extranjero. En aquella época, la Revolución cubana era apoyada por aproximadamente el ochenta por ciento de la población.

A eso de las nueve de las nueve de la mañana, yo estaba montado en uno de los camiones, con mi rifle FAL, aunque sin balas pues se nos dijo que éstas se repartirían cuando estuviésemos en un campamento próximo a la zona de combate. Me encontraba en esa situación de espera, cuando, al dirigir la mirada hacia el edificio del Deportivo, vi que al camión se acercaban tres personas vestidas de miliciano, dos de cierta edad y uno joven, que no portaban rifles y a quienes yo conocía bien: el Dr. Silvio de la Torre, Rector de la Universidad Central de Las Villas, el Dr. Gaspar Jorge García Galló, profesor de la Universidad y conocido miembro de Partido Comunista en Santa Clara, y Eugenio Urdambidelus, un dirigente estudiantil de la Universidad Central que estudiaba Ciencias

Comerciales y había sido alumno mío. Cuando se acercaron al camión, Silvio de la Torre y García Galló me llamaron y me pidieron que me bajara un momento, pues querían conversar conmigo.

La conversación fue muy breve. Galló y Silvio me dijeron que no podía irme de Santa Clara y que hacía falta que estuviera en la Universidad. Me explicaron que, con motivo de la invasión, se había dado la orden de arrestar a todos los elementos sospechosos de estar conspirando contra la Revolución, o en contacto con conspiradores. Me dijeron que la cantidad de personas que podrían ser arrestadas en Santa Clara sería grande, y que se había acordado reunirlas y custodiarlas en el edificio del estadio universitario, que era suficientemente grande para albergar a muchos detenidos. Me dijeron también que la custodia de los detenidos se iba a confiar a dos equipos: uno que se encargaría del turno de día, de las ocho de la mañana a las ocho de la noche, que estaría al mando de Eugenio Urdambidelus, y el otro que se encargaría del turno de noche, de las ocho de la noche a las ocho de la mañana, y que para ese turno habían pensado en mí, por ser una persona que conocía a mucha gente en Santa Clara y eso era muy importante en aquellos momentos. Acepté la propuesta, o la orden que me dieron. Devolví el rifle FAL que había recibido. Eugenio Urdambidelus y yo fuimos inmediatamente a la Universidad para acondicionar el local que se iba a convertir en la prisión de los detenidos que nos trajeran y preparar el personal de que íbamos a disponer para los turnos de día y de noche, respectivamente. Como segundo jefe de mi equipo designé a Héctor Artze, un estudiante de ingeniería mecánica, quien reunía las cualidades de seriedad, inteligencia, responsabilidad y trato con las personas que requería esta misión.

Desde la mañana misma del 17 de abril empezaron a llegar detenidos; por la tarde continuaron llegando en cantidades más grandes. Como habíamos acordado, Eugenio Urdambidelus, que era el jefe del turno de día, estableció una lista con los nombres y apellidos de los detenidos que le entregaron, a la que se iban agregando los nuevos detenidos que llegaban. Los detenidos eran custodiados en el local principal del estadio, donde estaba el tabloncillo del baloncesto. Este era un local muy grande que comprendía, además del espacio con las dimensiones oficiales para los juegos de baloncesto, otras áreas separadas del espacio principal, destinadas a prácticas de tiro a la canasta. En cuanto a la cantidad de detenidos que llegó a haber en el estadio de la Universidad, no puedo decirla con exactitud porque no la recuerdo. Eran muchos. Puede haber habido más de dos mil. Es posible que algunos días haya habido unos tres mil.

Con respecto a las condiciones de detención de los detenidos se ha escrito mucho, y en muchas ocasiones se ha acusado a sus custodios de abusos, malos tratos, suministro de poca comida, y otras faltas, inclusive de otras mucho más graves como la de haber simulado con ellos ejecuciones con balas de salva. No puedo asegurar que tales bajezas no se hayan producido en otros lugares. Lo que sí puedo asegurar es que los detenidos custodiados en el estadio de la Universidad Central Marta Abreu de Las Villas fueron tratados humanitariamente. No estuvieron a la intemperie, sino siempre bajo techo; es cierto que dormían sobre el suelo, pero éste era el tabloncillo sobre el que se jugaba baloncesto. En cuanto a una canallada como la de simular una ejecución, ni Eugenio Urdambidelus, ni el autor de esta obra, eran capaces de realizar tal acto, ni de permitir que cualquiera de los hombres a nuestro mando lo hiciera. En lo que respecta a la comida que se daba a los detenidos, se preparaba en la cocina del restaurante universitario, y era la misma que comíamos sus custodios.

Otra cosa que debe aclararse es que nosotros no teníamos por función detener a los "sospechosos", ni estábamos autorizados para ponerlos en libertad. Cuando nos llegaban detenidos, los recibíamos, los inscribíamos en la lista y los custodiábamos. Cuando recibíamos una orden de poner en libertad a un detenido, la cumplíamos inmediatamente y lo dábamos de baja en la lista. La custodia de detenidos en el estadio de la Universidad de Santa Clara no duró más de una semana.

No debo terminar la narración de "la gran redada" sin recordar un suceso que pudo haber tenido graves consecuencias. Una noche, como a la una de la madrugada, sentí una detonación, como la producida por un arma de gran calibre. Provenía del local en que estaban los detenidos. Las luces, que, a esa hora, estaban por lo general apagadas para facilitar el sueño de los detenidos, fueron encendidas rápidamente. Inmediatamente corrí hacia el lugar donde se había producido la detonación. Un miliciano había disparado involuntariamente una ametralladora Thompson calibre 30 que estaba emplazada sobre el suelo, cerca de una esquina de la sala principal, en la que, a esa hora, dormían, afortunadamente acostados sobre el suelo, los detenidos. Yo conocía bien a este miliciano. Era un joven estudiante de la Universidad, alto, rubio, de apellido Bravo, que estudiaba una carrera técnica y pertenecía al equipo de baloncesto. Éramos amigos porque, en épocas normales, por la tarde, yo solía ir al estadio a hacer ejercicio y, en muchas ocasiones, el instructor de baloncesto me incluía en el equipo que se enfrentaba al primer equipo en los juegos de práctica. La ametralladora estaba instalada sobre el suelo, sostenida por un trípode de patas cortas. El cañón formaba un ángulo bastante pequeño con respecto al plano horizontal, por lo que la bala había partido de una altura de unos 15 centímetros con respecto al suelo, atravesado la sala siguiendo una trayectoria ligeramente ascendente, traspasado una pared interior, y salido del edificio después de traspasar una pared exterior bastante gruesa. Afortunadamente, en la trayectoria de la bala no se encontraba, de pie, ningún detenido.

Cuando llegué a donde se encontraba el miliciano Bravo (o, como le decíamos, "el Bravo"), estaba completamente pálido. Los nervios apenas le permitían articular palabra. Cuando, haciendo abstracción de la amistad que me unía a ese joven estudiante, le ordené enérgicamente que me informara de lo que había pasado, me dijo, hablando con gran dificultad, que pocos instantes antes había relevado en ese puesto a un compañero; que, cuando se sentó junto a la ametralladora, observó que el carro de ésta estaba retirado hacia atrás; que creyó que, para mayor seguridad, debía llevar el carro hacia delante; que, al tratar de hacer eso, el carro se le escapó de la mano, salió impulsado hacia delante, recogió una bala del peine, y se produjo el disparo. Inmediatamente ordené su detención. Como castigo le impuse tres viajes de ida y vuelta, a pie, de la Universidad a la Escuela Tecnológica, que estaba a una distancia de unos seis kilómetros y que, cuando terminara, hiciera seis horas de guardia junto a una ametralladora que teníamos emplazada sobre el techo de la Universidad; como parte del castigo, esta guardia debía hacerla en su uniforme normal de miliciano, es decir, sin suéter, de manera que tuviera que soportar el frío de aquella madrugada de abril. Pese a lo riguroso del castigo, no creo que, en mi vida, una persona me haya jamás mostrado tanto su agradecimiento como "el Bravo" aquella madrugada. En esa época yo tenía treinta y cinco años y "el Bravo" quizás unos veinte.

Observaciones

Un tema que ha sido objeto de largos debates y comentarios, en los que han intervenido patriotas miembros de la Brigada 2506, es el relativo a los motivos por los cuales fracasó la invasión de Playa Girón. Muchos escritores y comentaristas atribuyen ese fracaso a la manera incorrecta de aplicar el plan de la invasión. Distinguen entre la concepción y la aplicación del plan. Hacen hincapié en que, en el plan inicial, estaba previsto realizar, como mínimo, tres bombardeos aéreos, con dieciséis aviones, sobre las bases y aeropuertos cubanos, para garantizar que, cuando se efectuara la invasión, en el cielo de Cuba no hubiera otros aviones que los de la escuadrilla aérea de la Brigada. Esto había quedado definido en el plan inicial, tal como lo había expuesto Richard Bissell en la reunión del 4 de abril de 1961, a la cual hemos hecho referencia. Bissell había subrayado inclusive que, si fuera necesario, podrían realizarse más bombardeos.

En muchos artículos y publicaciones se señala que, desde el punto de vista estrictamente militar, el plan inicial era perfecto, y que si se hubiera aplicado tal como fue concebido y aceptado en la reunión del 4 de abril, la invasión hubiera triunfado y Castro habría sido depuesto o, en el mejor de los casos para él, hubiera tenido que retornar a la Sierra Maestra. Partiendo de esta premisa, quienes así opinan atribuyen el fracaso de la invasión a las modificaciones que el Presidente Kennedy introdujo en el plan inicial. Estas modificaciones se introdujeron desde el primer ataque, previsto para el día 15 de abril y se comenzó por reducir a ocho el número de aviones que debían participar en cada bombardeo. El segundo ataque, previsto para el día 16, se suprimió por completo y, para sorpresa del Estado Mayor Conjunto, también se suprimió el ataque previsto para el 17 de abril, lo que dejó sin protección la operación de desembarco. Además, en una conferencia de prensa ofrecida previamente, el 12 de abril, en Washington, con el fin de dar seguridades a la opinión pública, el Presidente Kennedy había declarado enfáticamente que las Fuerzas Armadas de Estados Unidos no intervendrían en Cuba.

La declaración de Kennedy en esta conferencia de prensa fue muy útil y alentadora para Castro, no porque le indicaba a las claras la inminencia del ataque, pues eso ya lo sabía por las múltiples informaciones que constantemente recibía de sus agentes en Nicaragua, y de la KGB, sino porque le permitía tener la esperanza de obtener una victoria militar contra "el imperialismo" en un enfrentamiento en el que no tendría que vérselas con infantes de marina americanos, sino con expedicionarios cubanos que, aunque relativamente bien entrenados, estaban muy lejos de constituir un cuerpo expedicionario de alto nivel.

No soy de los que opinan que la invasión de Playa Girón habría triunfado si el plan militar expuesto por Richard Bissell en la reunión del 4 de abril se hubiera seguido al pie de la letra, es decir, sin las modificaciones introducidas por el Presidente Kennedy. Inclusive si en los bombardeos hubieran sido destruidos todos los aviones de Castro y los expedicionarios hubieran podido desembarcar cómodamente con todo su equipo, el armamento del régimen era muy superior al de la Brigada 2506. Los miembros de la Brigada no llegaban a 4000, mientras que el ejército del régimen castrista contaba con 25 000 soldados y unos 200 000 milicianos, gran parte de los cuales ya tenían entrenamiento en la guerra de guerrillas porque habían luchado contra las tropas de Batista o habían participado en la "limpia del Escambray". La proporción en que se encontraban las dos fuerzas era enorme, aproximadamente de 50 a 1. En cuanto al material bélico, la ventaja del equipo del régimen castrista era notable. Castro había recibido de la Unión Soviética unos cien tanques rusos de tipo T34-85, de los cuales trasladó treinta y cinco a la zona de operaciones, mientras que la mayor parte de ellos quedaron en reserva para lanzarlos contra un posible ataque de fuerzas armadas americanas que intentaran una rápida y fulminante toma de La Habana. Estos tanques rusos de tipo T34-85 habían sido construidos después de la Segunda Guerra Mundial, mientras que los cinco tanques de la Brigada eran de tipo M41, que, si bien habían sido muy eficaces en la Segunda Guerra Mundial, habían sido retirados del ejército estadounidense y sólo se utilizaban para el entrenamiento de la Guardia Nacional. Tanta o más diferencia había en otras armas, como, por ejemplo, los morteros, tan útiles e impresionantes en terreno montañoso. Los morteros de la Brigada tenían un calibre de 60 mm; en cambio, los morteros rusos con los que estaban equipadas las fuerzas del régimen, no sólo tenían el doble de calibre (120 mm), sino también más alcance. En cuanto a las armas ligeras, prácticamente no había diferencia.

Una circunstancia de la invasión de Bahía de Cochinos que muchos atribuyen a una decisión unilateral de John F. Kennedy y consideran que fue funesta en lo que respecta al resultado de la operación, fue la del cambio del lugar de desembarco, que según el plan inicial se realizaría en las proximidades de La Boca de Casilda, un pueblo situado en la costa sur de Cuba a unos cuatro kilómetros de Trinidad. En diversos artículos y publicaciones aparece que Kennedy tomó esa decisión porque temía que un desembarco en un punto cercano a Trinidad tendría una repercusión en la opinión pública mundial mucho mayor que la que tendría si se efectuara en un lugar más apartado, como es la Bahía de Cochinos, y que Kennedy actuó bajo la influencia de los elementos *liberales* [41] en su entorno, sobre todo de Arthur Schlesinger, Ayudante Especial del

41 En esta parte de la exposición, el término "liberal", tanto cuando se emplea en forma de epíteto, en forma de atributo, o en forma sustantivada, hace referencia a la palabra de la misma grafía "*liberal*" del idioma inglés y, especialmente, al significado con el que se utiliza en Estados Unidos.

Presidente, y de Adlai Stevenson, Representante de Estados Unidos ante las Naciones Unidas.

Un análisis de la influencia que pudo haber tenido en el resultado de la operación la modificación del lugar elegido para el desembarco debe tener en cuenta un aspecto sumamente importante. Si la decisión de cambiar el lugar del desembarco se compara con la decisión de reducir de 16 a 8 el número de aviones que participaría en cada ataque aéreo y con las de anular el segundo y el tercer ataques, se debe tener en cuenta lo siguiente. Las decisiones de reducir el número de aviones de 16 a 8 y las de anular el segundo y el tercer ataques aéreos son de naturaleza *cuantitativa*, y existía la posibilidad de aumentar el número y la intensidad de los ataques aéreos, por lo que podría aceptarse que se hayan debido exclusivamente a la voluntad del Presidente Kennedy. En cambio, la modificación del lugar del desembarco, es una cuestión de naturaleza *cualitativa*, estrechamente asociada a la concepción de la operación militar, que fue preparada única y exclusivamente por técnicos militares. No creo probable que un aspecto tan importante como el lugar de desembarco, que, a diferencia de la cantidad de aviones que debía intervenir en cada uno de los bombardeos, y del número de bombardeos, no puede corregirse a posteriori y es prácticamente irreversible, haya tenido su origen únicamente en la voluntad del Presidente Kennedy, inclusive aguijoneado por los elementos liberales. Es más lógico pensar que en el Estado Mayor Conjunto se haya discutido la elección del lugar del desembarco, que haya habido miembros que consideraran que un desembarco realizado en las proximidades de Trinidad tenía más probabilidades de éxito que uno realizado en la Bahía de Cochinos, pero que en el Estado Mayor Conjunto prevaleció la opinión de desembarcar en la bahía de Cochinos y en la playa de Girón. No me parece lógico que el Estado Mayor Conjunto haya tomado el acuerdo de desembarcar por la Boca de Casilda, cerca de Trinidad, y que la idea de cambiar el lugar de desembarco haya salido única y exclusivamente de la cabeza de John F. Kennedy.

Por otra parte, se debe tener en cuenta que, aun suponiendo que todos los aviones de Castro hubieran sido destruidos y que la Brigada 2506 hubiera desembarcado exitosamente cerca de La Boca de Casilda y hasta tomado la ciudad de Trinidad, cuando las fuerzas castristas hubieran atacado a los brigadistas en Trinidad, éstos habrían tenido que abandonar esta ciudad e internarse en el Escambray, y allí habría sido más difícil continuar con el plan de constituir un gobierno de Cuba en armas que fuera reconocido por Estados Unidos. Por el contrario, si la Brigada hubiera desembarcado en Bahía de Cochinos y Playa Girón en estas mismas condiciones ideales, habría podido hacerse fuerte en una zona inaccesible o, al menos, de muy difícil acceso para el ejército del régimen, y constituir un gobierno de Cuba en armas, que podría haber sido reconocido y respaldado eficazmente por Estados Unidos. Naturalmente, en esta variante, una retirada hacia el Escambray estaba excluida, como fue el caso en la realidad.

Es evidente que, ante esta alternativa, para el éxito, tanto del desembarco cerca de Trinidad, como en la bahía de Cochinos, se partió del error de dar por sentado que un desembarco exitoso iría seguido de un levantamiento masivo de la población, pues, en aquella época, en la que Castro todavía no había declarado públicamente (como lo hizo inmediatamente después de su victoria en Playa Girón) que Cuba era un país marxista-leninista, el ochenta por ciento del pueblo de Cuba apoyaba la Revolución.

Por estas razones considero que, con un desembarco exitoso, tanto por Trinidad como por Bahía de Cochinos, el número de muertos y heridos por cada bando hubiera sido mucho mayor, pero, a menos que se hubiera producido una intervención militar abierta de Estados Unidos, con el desembarco de soldados americanos, el resultado habría sido el mismo.

El grave error de Kennedy y de los organizadores de la operación fue suponer que un desembarco exitoso iría seguido ineluctablemente de una sublevación popular contra el gobierno de Castro. Eso, en abril de 1961, no era posible.

Regreso de mi tío Antonio Ramos

Siguiendo la acostumbrada pauta de completar la exposición con anécdotas personales o de miembros de mi familia o amigos, relataremos la siguiente, que fue protagonizada por mi tío "Petit", de quien ya hemos hablado en esta obra.

Mi tío Antonio Ramos era abogado, especialista en Derecho Laboral. En la época anterior a la Revolución había creado una asociación que se llamaba "Bolsa de Confecciones", a la que pertenecían muchos fabricantes de ropa en Cuba, que eran sus clientes potenciales. También era Fiscal de un Partido Judicial de la provincia de La Habana. Mi tío Petit era aficionado al deporte de tiro de pistola y, como tal, participaba en competencias de ese deporte, con buenos resultados para su condición de aficionado.

Tras el triunfo de la Revolución, participó en la organización de lo que se llamó "la conspiración de Trujillo", que, como sabemos, terminó en un fracaso. Como se hizo sospechoso por los numerosos viajes que había hecho a la República Dominicana, tuvo que asilarse y se trasladó a Miami. Cuando se comenzó a preparar la brigada de cubanos que participaría en la invasión de Cuba, Petit no se incorporó a la misma de primera intención, sobre todo porque creía que la invasión de Cuba no se produciría en definitiva. No obstante, se mantenía al corriente del estado de la operación y, como era un tirador experto, siempre aseguró que si la Brigada partía hacia Cuba, él se uniría previamente a ella. Cuando le confirmaron que la Brigada estaba próxima a partir, tomó un avión hacia Guatemala, se apareció en el campamento de Retalhuleu, y se incorporó a la Brigada.

Pocos días después del fracaso de la invasión de Playa Girón, mi madre recibió una llamada telefónica de Miami. Era de su hermana Clara. Estaba extremadamente angustiada. Le contó que no había tenido noticias de Petit desde que se había ido para Guatemala y le pedía que averiguara en las listas oficiales del gobierno cubano si Petit aparecía entre los prisioneros. La angustia y la desesperación de Clara invadieron instantáneamente a mi madre. En esa época, mi hermano Benito trabajaba en el Ministerio de Relaciones Exteriores. Mamá se comunicó con él inmediatamente. Beni se ocupó personalmente de leer las listas oficiales de los muertos, los heridos y los prisioneros. Nuestro tío Petit no estaba en ninguna de ellas. Clara llamaba todos los días. La angustia duró casi una semana. Un día Clara nos dio la buena noticia: Petit había aparecido. Petit y otros combatientes de la brigada habían encontrado un bote y habían tratado de escapar por el mar. Al entrar en el Golfo de México se perdieron. Se les acabó la poca comida que llevaban en el bote. Hubo escenas trágicas. Algunos de sus compañeros, enloquecidos, se lanzaron al mar y perecieron. Por fin, unos pocos sobrevivientes fueron rescatados. Petit fue uno de ellos.

Crisis de los misiles

Tras la fracasada invasión de Bahía de Cochinos, el Presidente Kennedy fue extensamente acusado de la mala conducción de la operación, hasta el extremo de que no tuvo más remedio que aceptar la plena responsabilidad del fracaso de la misma. Para apaciguar los diversos sectores que lo atacaban, una de las medidas que tomó fue la de nombrar Director de la Agencia Central de Inteligencia a John A. McCone, que no era Demócrata, sino Republicano. John A. McCone era muy amigo del Senador Kenneth Barnard Keating, quien en aquella época gozaba de un gran predicamento en la opinión pública. Cuando era un jovenzuelo, Keating sirvió en el ejército durante la Primera Guerra Mundial y en 1948 alcanzó el grado de general de brigada. Posteriormente se graduó de Derecho en la Universidad de Harvard y ejerció la carrera de abogado. En 1958 fue elegido senador por el estado de Nueva York, por el Partido Republicano.

Keating era un hombre muy activo que seguía muy de cerca todo lo relacionado con el poderío militar de los países y, como es natural, el de la Unión Soviética. En esta materia tenía sus propias fuentes de información. En uno de los últimos días del período de sesiones de 1962, el senador republicano Keating se apareció en el Senado de Estados Unidos, presentó un informe y dijo: "De acuerdo con mis fuentes de información particulares, que considero absolutamente fidedignas, los rumores que circulan, de que en Cuba se está instalando rampas de lanzamiento de misiles, capaces de ser utilizadas para el lanzamiento de misiles balísticos de alcance intermedio (IRBM)[42] están confirmados. Este es un asunto de extrema gravedad. Emplazo al gobierno del Presidente Kennedy a que confirme o desmienta el contenido del presente informe."

Aquello cayó como una verdadera bomba sobre la opinión pública americana. Una de las personas con quien Keating habló para prevenirlo sobre esta situación fue su viejo amigo John A. McCone, el nuevo director de la CIA, quien, por cierto, desde hacía tiempo tenía muy profundamente arraigada esa sospecha. McCone siempre pensó que, tarde o temprano, la Unión Soviética permitiría que Cuba tuviera instalaciones capaces de lanzar cohetes, y se las proporcionaría. Sin embargo, no tenía la menor prueba de que esto hubiera ocurrido o estuviera ocurriendo. Ahora su viejo amigo Keating venía a confirmar la verosimilitud de lo que sospechaba. Su sospecha se convirtió en obsesión. No obstante, mientras no existieran pruebas irrefutables no podía hacer otra cosa que buscarlas. Además, no debía olvidar que el Presidente y el Gobierno eran Demócratas y que él era Republicano.

McCone se había reunido con el Presidente Kennedy para discutir esas cuestiones. Se sabía que entre el 26 de julio y el 8 de agosto habían salido de puertos del bloque soviético ocho buques con destino a Cuba. Se sabía también que transportaban una gran cantidad de equipo electrónico, que era posible que transportaran misiles de tipo superficie a aire (*surface to air missiles*, SAM), que se consideraban armamento defensivo; la Unión Soviética ya los había facilitado a Irak e Indonesia.

---

42 Los misiles balísticos de alcance medio (*Medium Range Ballistic Missiles*, MRBM) alcanzan 1600 km.

John A. McCone era viudo y tenía intenciones de contraer matrimonio con la señora Theiline McGhee Pigott, también viuda, y aprovechó su entrevista con el Presidente para comunicarle que, aunque pasaría la luna de miel en la Riviera francesa, en Cap Ferrat, más precisamente, no dejaría de ocuparse de la tarea que constituía su obsesión: probar la existencia de misiles peligrosos en Cuba. Antes de partir en su viaje de luna de miel, McCone trató de sondear a varios miembros del gobierno y figuras prominentes con relación a sus sospechas de que la Unión Soviética podría estar instalando misiles peligrosos en Cuba. Siempre obtenía la misma respuesta, acompañada de una sonrisa cordial, de cortesía, que, al menos, demostraba la buena voluntad: "Mira, John, vamos a ser realistas. ¿Cuántos países satélites tiene la Unión Soviética? Muchos, ¿no es verdad? ¿En cuántos ha instalado cohetes? En ninguno, ¿no es verdad también? ¿Tú crees que Jrushchov va a ser tan imbécil, o tan tonto, que nos vaya a poner aquí, a 150 km de nuestra costa, una base de cohetes, que él no puede defender? Además, ¡no olvides que Jrushchov no se ha cansado de vociferar que con sus misiles intercontinentales, todas nuestras ciudades están a su alcance y que no necesita emplazar bases en las narices de nadie!", le decían. Y aquí aparecía siempre la consabida y afable sonrisa de cortesía en el rostro de su interlocutor.

En esos días habían llegado a Estados Unidos, sobre todo al estado de la Florida, cientos de refugiados cubanos, y la Oficina de Inmigración establecida Opa-Locka estaba sumamente atareada examinándolos y tomándoles declaración. Algunos refugiados dijeron que habían observado caravanas de camiones, muchos de los cuales transportaban grandes tubos de forma cilíndrica, cubiertos por lonas a veces no suficientemente grandes, y que el cargamento estaba constituido por "*cohetes*". Los funcionarios competentes de la CIA estudiaron concienzudamente estas declaraciones. En sus análisis prevalecieron los tres razonamientos siguientes.

1) Las declaraciones de los refugiados cubanos son declaraciones "motivadas". Los refugiados tienen tendencia a exagerar todo lo que represente un peligro para Estados Unidos, pues consideran que un peligro grave podría dar lugar a un conflicto armado entre Estados Unidos y Cuba, cuyo resultado podría acelerar notablemente la fecha del retorno a su país.
2) Los refugiados cubanos hablan de "cohetes", pero es que, en Cuba, la palabra "cohete" no sólo es el objeto constituido por un pequeño cuerpo cilíndrico que contiene generalmente pólvora, al que está fijada una varilla ligera, y que es propulsado por la energía producida por la combustión de la pólvora, sino que significa también un objeto que permanece estático y explota en el mismo lugar en que se encuentra.
3) Aunque tales objetos transportados fueran misiles, podría tratarse de misiles de tipo superficie a aire (SAM), los cuales no constituyen un peligro para Estados Unidos como país, aunque sí, desde luego, para sus pilotos y aeronaves.

La CIA mantenía un plan de vuelos de reconocimiento mediante aviones U-2. Primeramente no hacían más que dos vuelos por mes, pero, cuando se observó que se estaban instalando misiles SAM, la frecuencia de los vuelos de reconocimiento sobre Cuba fue aumentando hasta el punto de que entre el 29 de agosto y el 7 de octubre de 1962 para estos vuelos se habían asignado siete aviones U-2. Las fotografías revelaron que ya existían instalaciones para el lanzamiento de misiles de tipo superficie a aire (SAM).

Muchos de estos vuelos más frecuentes fueron realizados, no por pilotos de la CIA, sino por pilotos pertenecientes a la Fuerza Aérea de Estados Unidos, contratados por la CIA como si fuesen pilotos civiles. Dichos vuelos proporcionaron datos más numerosos, pero no más interesantes. Las instalaciones para el lanzamiento de misiles SAM eran mucho más numerosas que las previstas. Además, se habían observado aviones MIG de caza y barcos torpederos equipados con cohetes de corto alcance. A pesar de que estos datos fueron presentados en una reunión secreta, los periódicos se enteraron y la reacción de la opinión pública provocó que la administración del Presidente Kennedy tratara de evitar por todos los medios que se repitiera el caso del piloto americano Gary Francis Powers, que fue derribado por los soviéticos mientras realizaba un vuelo de reconocimiento sobre la Unión de Repúblicas socialistas Soviéticas (URSS) el primero de mayo de 1960, lo que causó un impacto terrible en la opinión pública americana.

Pues bien, así estaban las cosas cuando John A. McCone regresó de su viaje de luna de miel a Cap Ferrat. Aunque él, desde Cap Ferrat, había seguido asiduamente el resultado de los vuelos de reconocimiento, inmediatamente que llegó a su despacho se lanzó ávidamente sobre los datos recogidos. Observó que todos los vuelos de reconocimiento, salvo uno, se habían realizado sobre la parte de Cuba al este de La Habana. Además, ya desde sus días en Cap Ferrat había encontrado el punto débil de aquel argumento que sus amigos utilizaban para convencerlo de que los soviéticos no instalarían misiles en Cuba porque nunca los habían instalado en ninguno de sus países satélites. ¡Claro! No los habían instalado[43] porque si, en un país del bloque soviético que tuviera instalaciones para el lanzamiento de misiles de alcance intermedio (3500 km) se

43 La Unión Soviética no los había instalado en ese momento, pero sí los instaló años después.

produjera una revolución, como ocurrió en Hungría en 1956, o ese país fuera ocupado mediante una operación militar relámpago, dichos misiles podrían ser utilizados inmediata y eficazmente para destruir todas las ciudades importantes de la parte europea de la Unión Soviética, después de lo cual, ésta quedaría totalmente indefensa. Inclusive, en tal caso se podría alegar que los misiles fueron disparados por el ejército del país satélite para destruir y vengarse del país que lo oprimía. Por otra parte, en la CIA había surgido una idea que, aunque nunca correspondió con la realidad, tenía cierto sentido: era posible que la Unión Soviética instalara misiles de alcance medio o intermedio para utilizarlos como moneda de cambio, con el fin de volver a plantear el problema de Berlín desde una posición de fuerza[44]. En una reunión especial que se celebró el 4 de octubre, McCone propuso que los próximos vuelos de reconocimiento se concentraran en la parte de Cuba al oeste de La Habana, pues el último vuelo de reconocimiento efectuado sobre esta parte databa del 5 de septiembre.

El Comandante John Ralph Wright, hijo, perteneciente al servicio de información de la Secretaría de Defensa hizo un estudio minucioso de las fotografías tomadas hasta ese momento. Algunas de ellas, tomadas en las proximidades de la ciudad de San Cristóbal, le llamaron la atención por su semejanza con otras que ya conocía. En efecto, el Comandante Wright, al igual que el mencionado piloto Gary Powers, había prestado servicios en vuelos de reconocimiento con aviones U2 sobre la Unión Soviética, y el emplazamiento, en forma trapezoidal, de los misiles de tipo superficie a aire (SAM), observado en las fotografías tomadas cerca de San Cristóbal, era idéntico al que ya conocía desde sus vuelos sobre la Unión Soviética.

---

44 En mayo de 1948 la Unión Soviética sometió Berlín Occidental a un bloqueo por el que quedaron totalmente cortadas todas las vías de comunicación. Estados Unidos respondió con el famoso y gigantesco puente aéreo que abasteció Berlín durante todo ese proceso y duró casi un año.

Eso significaba una cosa: esos emplazamientos de misiles SAM, dispuestos en esa forma eran una "marca de fábrica" soviética de que en las proximidades existía o se proyectaba construir una rampa para misiles de un alcance peligroso y, por lo tanto, ofensivos. El Comandante Wright se dirigió inmediatamente a su jefe, el General Joseph Carroll, quien planteó el asunto a McGeorge Bundy, el principal Ayudante de la Presidencia. Surgió entonces aquí una cuestión de competencia, pues el Secretario de Defensa McNamara le había propuesto a McCone que estos vuelos fueran realizados por pilotos de la Fuerzas Aérea, lo cual opinaba también McGeorge Bundy, mientras que la CIA insistía en realizarlos con sus propios aviones. La Casa Blanca decidió este asunto aceptando la propuesta de McNamara.

El próximo vuelo de reconocimiento sobre la parte oeste de Cuba, más precisamente, la parte de Cuba al oeste de La Habana, se confió a dos Comandantes de la Fuerza Aérea: Rudolf Anderson, hijo, y Richard Heyser; ambos habían servido en el Lejano Oriente, Anderson en Corea y Heyser en Japón. Este vuelo, que ya había sufrido demoras por motivos de organización, sufrió una demora adicional de dos días, porque una densa capa nubosa cubrió esa parte de Cuba. Era importante obtener fotografías de la mejor calidad desde el primer vuelo. Los misiles SAM cubanos estaban listos para ser disparados. Un segundo vuelo sobre el mismo lugar, realizado porque la cobertura nubosa hubiese afectado la calidad de las fotografías de un vuelo anterior, habría sido sumamente peligroso. La pérdida de un piloto debía evitarse a toda costa. Así transcurrieron los últimos días antes de la crisis de octubre de 1962. Después transcurrieron otros catorce días. Nunca antes estuvo el mundo tan cerca de una catástrofe tan grande generada por el hombre, como en el curso de estos catorce días, que pasamos a describir.

Domingo 14 de octubre: se toman las fotografías

El domingo 14 de octubre de 1962, la cobertura nubosa sobre Cuba se había disipado. Los dos aviadores estadounidenses designados para este vuelo subieron a sus respectivos aparatos y partieron. La operación se realizó sin el menor incidente: penetraron en el espacio aéreo cubano, volaron sobre Cuba, realizaron los reconocimientos previstos en el plan de vuelo y regresaron. Las películas se extrajeron rápidamente de las cámaras y se transfirieron a un avión especial que las transportó inmediatamente a Washington.

Lunes 15 de octubre: se revelan las fotografías

Las películas fueron reveladas, tratadas y analizadas. Fotografías detalladas indicaban que en Cuba existían esquemas de emplazamiento de misiles superficie a aire idénticos a los que se habían observado en la Unión Soviética para la defensa de los emplazamientos de misiles ofensivos. En la zona cercana a la ciudad de San Cristóbal se habían observado esas peligrosas configuraciones. Ese material fotográfico estaba en el Pentágono, a la disposición del General Carroll, que era el Director del Servicio de Información de la Secretaría de Defensa.

Ese día, a eso de las siete de la tarde, el Vicesecretario de Defensa, Roswell Gilpatric estaba en su apartamento, preparándose para asistir a una reunión, combinada con una cena, en la que participarían personas importantes. En ese momento sonó el teléfono conectado a la "línea caliente", que era el término utilizado para designar la línea especial establecida permanentemente para las comunicaciones con el Pentágono. En el otro extremo de la línea estaba el General Carroll, quien lo puso al corriente de la situación y le pidió que no saliera en esos momentos de su apartamento, pues dos especialistas en evaluación fotográfica habían partido urgentemente hacia allá con copias del material más importante. Pocos minutos después llegaron al apartamento de Gilpatric los dos especialistas con el material fotográfico y los análisis. Gilpatric examinó este material y comprendió inmediatamente la gravedad de la situación. Por pura coincidencia, ese mismo día McNamara había estado de visita en el Pentágono, pero esto había sucedido antes de que las evaluaciones fotográficas hubiesen sido terminadas y pasadas al General Carroll. Gilpatric sabía que su jefe tenía esa noche una reunión con personas pertenecientes al círculo íntimo en torno al Presidente, y que esa reunión se celebraría en la casa de Robert y Ethel Kennedy, en McLean, que, aunque se encuentra en el estado de Virginia, funciona como un distinguidísimo suburbio de Washington D.C. Gilpatric, por su parte, llamó por teléfono al General Carroll y le sugirió, por no decir le ordenó, como representante del Secretario de Defensa, que en las primeras horas de la mañana del día siguiente rindiera un informe completo al Secretario de Defensa y le aportara todo el material fotográfico y los análisis.

Gilpatric se dirigió, por fin, a la antes mencionada reunión, que se celebraba nada menos que en la casa del General Maxwell Taylor[45], quien, después del fracaso de Playa Girón, había sido nombrado por el Presidente Kennedy presidente del Estado Mayor Conjunto. A esa reunión asistieron también el General Carter, que estaba asignado al servicio de la CIA, y el General Carroll. Se esperaba que también asistiera el Director de la CIA, John A.

45 El General Maxwell Taylor gozaba de gran reputación en las fuerzas armadas de Estados Unidos. Fue un héroe de la Segunda Guerra Mundial. Fue, asimismo, el primer general que pisó tierra francesa durante la invasión de Normandía en junio de 1944.

McCone, pero éste había tenido que ausentarse de Washington en cumplimiento de una trágica misión de índole familiar: Paul J. Pigott, el hijo de su esposa, con la que había contraído matrimonio recientemente, había perdido la vida en un accidente automovilístico en California. McCone debía trasladarse a Los Angeles y encargarse de llevar los restos mortales a Seattle.

En esa reunión se habló de la situación internacional, pero también de la situación nacional. Mil novecientos sesenta y dos era lo que en Estados Unidos, a efectos electorales, se llama "un año par". En ese país, tradicionalmente, las elecciones presidenciales se celebran todos los años pares que son divisibles por cuatro. En los restantes años pares, o sea, los que no son divisibles por cuatro, como el año 1962 entonces en curso, se celebran elecciones de Senadores y Representantes a la Cámara. Estas elecciones son muy importantes ya que, como resultado de las mismas, el partido político del Presidente, o el de sus adversarios, puede obtener, conservar, o perder, la mayoría en el Senado o en la Cámara de Representantes. Una mala maniobra en el tratamiento de una cuestión internacional repercutiría en el resultado de las próximas elecciones legislativas, señaladas para el 6 de noviembre de 1962. En lo que respecta a las campañas electorales de los Partidos Demócrata y Republicano, el Senador Republicano Kenneth Keating había vuelto a la carga el 10 de octubre asegurando que tenía pruebas irrefutables de que en Cuba existían misiles ofensivos. En realidad, poco antes de los descubrimientos hechos en zonas cercanas a San Cristóbal, los únicos misiles que habían podido identificarse eran de tipo superficie a aire (SAM) que son armas de carácter defensivo. Más que eso no podía probarse.

En el verano de 1962 se habían identificado dos buques de carga soviéticos, el *Poltava* y el *Omsk,* que habían salido de puertos soviéticos y habían descargado material bélico en Cuba. Sobre estos barcos se habían realizado observaciones sumamente interesantes. Era muy curioso que las escotillas de carga estaban selladas de tal manera que el espacio destinado a recibir la carga no podía verse desde fuera. Dichas escotillas eran mucho más anchas de lo normal. Aviones de reconocimiento habían observado esos barcos y habían notado que navegaban con la línea de flotación bien visible, o mejor dicho, demasiado bien visible, pues entre ésta y el nivel del mar se observaba una franja bastante más ancha que la normalmente visible en buques que transportan carga del puerto de origen al puerto de destino, o sea, sin haber efectuado una descarga parcial con ocasión de una escala en un puerto intermedio. La CIA había investigado lo referente al gran tamaño de las escotillas de carga y había encontrado una explicación. Las escotillas de carga eran más anchas de lo normal porque esos eran unos barcos viejos que inicialmente estaban destinados al transporte de madera en gruesos troncos. Después los dedicaron al transporte de mercancías a granel, para lo cual las escotillas de carga anchas facilitaban las operaciones de carga y descarga.

Fue sólo después de que se descubrieron los cohetes de alcance intermedio, de veinte metros de longitud, en las proximidades de la ciudad de San Cristóbal, que se vino a comprender por qué la línea de flotación del *Poltava* y del *Omsk,* estaban tan visibles. En el espacio de carga no se transportaban líquidos, ni ninguna carga a granel, sino una carga formada por tubos. Los líquidos y las cargas a granel no dejan espacio para el aire, por lo que la carga está constituida por una masa compacta, dentro de la cual no hay espacios de aire. Los tubos dejan libres espacios de carga que son ocupados por aire. Por lo tanto, era muy probable que, en los mencionados viajes a Cuba de estos buques, los espacios de carga estuviesen ocupados por una carga en forma de tubos y no por una carga a granel. Por eso la línea de flotación de esos buques estaba tan visible sobre el nivel del mar.

Martes 16 de octubre:
Kennedy crea el Comité Ejecutivo

Mientras el Presidente Kennedy dormía en la Casa Blanca, los especialistas del servicio secreto trabajaron durante toda la noche para interpretar las fotografías aéreas tomadas sobre la zona de San Cristóbal. A las siete y media de la mañana el General Carroll llegaba a la Secretaría de Defensa con el fin de presentar al Secretario de Defensa Robert S. McNamara un informe completo sobre el último vuelo de reconocimiento realizado. A pesar de que en las fotografías aparecía el esquema de cuatro surcos que era típico de las observaciones de instalaciones de misiles ofensivos efectuadas sobre la URSS, McNamara estimó que el material obtenido, en el que no aparecían los misiles ofensivos propiamente dichos, no era lo suficientemente convincente como para alarmar al Presidente.

En cambio, McGeorge Bundy, Ayudante de la Presidencia y encargado especial de los asuntos relativos a la seguridad, reaccionó de otra manera. A las ocho de la mañana se reunió en su despacho, situado en el sótano de la Casa Blanca, con especialistas en evaluación fotográfica, escuchó sus evaluaciones e interpretaciones y leyó los correspondientes informes. Cuando se dio cuenta de la gravedad de la situación se decidió a informar inmediatamente al Presidente. Acto seguido tomó el ascensor y unos instantes después estaba informando del resultado del último vuelo de reconocimiento a un Presidente Kennedy en pijama.

Kennedy leyó los informes y examinó las fotografías con gran interés, tras lo cual ordenó a McGeorge Bundy que convocara, para las doce menos cuarto de esa misma mañana, una reunión extraordinaria de sus consejeros, la cual no debía ser muy amplia, sino limitarse a las personas que le indicaría, entre las cuales incluyó al Vicepresidente Lyndon Johnson, el Secretario de Estado Dean Rusk, el Secretario de Defensa Robert McNamara, el Secretario de Justicia Robert Kennedy, el Secretario del Tesoro Douglas Dillon[46], el General Maxwell Taylor y el General Carter. Entre los consejeros que formaban este grupo debe mencionarse a Dean Acheson, antiguo Secretario de Estado en la época de Truman, que seguramente era, entre los consejeros, el que tenía una mayor experiencia en el tratamiento de los asuntos internacionales difíciles, como los que se produjeron durante la Guerra Fría, y en Vietnam desde la época en que los franceses estaban en Indochina (posteriormente, la acrecentó durante la Presidencia de Lyndon Johnson). También formaban parte del Comité Ejecutivo Theodore ("Ted") Sorensen y Kenneth O'Donnell, Ayudantes Especiales del Presidente Kennedy, así como el propio McGeorge Bundy. El Presidente impartió a este último una segunda orden: todo lo referente a la instalación de misiles en Cuba debía mantenerse en el más absoluto secreto, por lo cual la vida en la Casa Blanca debía seguir su curso normal, como si en esa isla no estuviera sucediendo nada anormal. Así, a las nueve y media de la mañana, el Presidente Kennedy recibiría al astronauta Walter Schirra, su esposa e hijos, como estaba previsto en el calendario de trabajo de la Casa Blanca. Ese mismo día por la mañana llegaría a Nueva York el entonces Príncipe Heredero de Libia y, como estaba previsto, los correspondientes funcionarios del gobierno fueron al aeropuerto para recibirlo. Kennedy lo había dispuesto así: aparentemente, los asuntos en la Casa Blanca seguirían su curso normal.

46 Clarence Douglas Dillon no era Demócrata, sino Republicano. Era un buen ejemplo, aunque algo atípico, de descendiente de inmigrantes. Era hijo de un inmigrante polaco, pobre, de apellido Lapowski y su madre era de origen escocés. Era un inmigrante de la primera generación; no nació en Estados Unidos, sino en Ginebra (Suiza). Hablaba perfectamente varios idiomas extranjeros.

A las 11:45 de la mañana se reunió el grupo de consejeros convocados por McGeorge Bundy. Con relación a ese grupo de consejeros (que llegó a tener una importancia tal, que hubo días en los que celebró hasta tres sesiones), cabe señalar algo muy curioso: no tuvo una existencia y un nombre oficiales hasta el 22 de octubre. Se conocía por "ExComm" que era una denominación abreviada de "*Executive Committee of the National Security Council*" (Comité Ejecutivo del Consejo Nacional de Seguridad).

En esta primera reunión del Comité Ejecutivo se discutieron extensamente los motivos que había tenido Jrushchov para tomar una decisión tan importante como la de instalar cohetes ofensivos en Cuba. ¿Cuál era su actitud en cuanto a esas instalaciones? ¿Estaba dispuesto a defenderlas? En caso de respuesta positiva, ¿hasta qué punto? ¿Pretendía obtener alguna ventaja de otro tipo? En tal caso, ¿cuál? Kennedy y Jrushchov se habían encontrado recientemente en Viena y éste, muy cortésmente, había prometido a aquél que no tomaría ninguna iniciativa que le pudiera causar dificultades en las elecciones legislativas previstas para el 6 de noviembre. ¿No sería que Jrushchov lo que quería era terminar completamente la instalación de los misiles ofensivos en Cuba, para, después de las elecciones legislativas, pedir la cesión de Berlín Occidental a la República Democrática Alemana, como ya había tratado de hacerlo Stalin en 1948? O, lo que quizás fuera más probable, ¿no estaría planeando dirigirse al Consejo de Seguridad de las Naciones Unidas, después de las elecciones legislativas de noviembre y, simplemente, pedir el desmantelamiento de los misiles Júpiter instalados en Turquía e Italia, a cambio del desmantelamiento de los instalados en Cuba? Esto sería un gran éxito soviético desde el punto de vista publicitario, y tendría gran repercusión en el plano mundial. En cambio, no lo sería tanto desde el punto de vista militar, pues los cohetes Júpiter eran obsoletos y Estados Unidos no los había retirado unilateralmente porque Turquía se oponía. Y, ¿sabe el lector por qué Turquía se oponía? La razón no era tanto el miedo a un ataque o a una invasión por la Unión Soviética, sino la pérdida de una serie de ingresos que tenían algunas empresas turcas que suministraban servicios, materiales y ciertos equipos a la unidad americana encargada de la operación y mantenimiento de dichos cohetes. Otro aspecto que tenía gran importancia en aquella época, cuando se trataba de evaluar el efecto que, en la opinión pública mundial, tenía la instalación de cohetes ofensivos en Cuba, era el siguiente. Muchos consideraban que esa instalación secreta, clandestina, subrepticia de los cohetes ofensivos soviéticos en Cuba era un acto reprensible, de mala fe. Sin embargo, en el caso de que Estados Unidos tomara medidas para eliminar esos cohetes, una gran parte de la opinión pública mundial podría considerar que tales medidas estarían fuera de lugar, pues Estados Unidos ya hacía muchos años que había instalado misiles ofensivos Júpiter en las fronteras mismas de la Unión Soviética y ésta no había tomado ninguna medida violenta para eliminar dichos cohetes.

La primera reunión del Comité Ejecutivo tuvo también por finalidad permitir que sus miembros se conocieran mejor, no sólo personalmente, sino también en cuanto a sus actitudes personales, sus preferencias. Una cosa saltaba a la vista: esta vez el Presidente Kennedy estaba dispuesto a actuar. Desde los primeros momentos decidió aumentar de dos a veinte vuelos por semana el número de los vuelos de reconocimiento por los aviones U-2. El desembarco en Bahía de Cochinos había sido un gran fracaso del cual había asumido la entera responsabilidad. La situación era ahora incomparablemente más grave. El Presidente de Estados Unidos no podía volver a fracasar.

Miércoles 17 de octubre: ¿bloqueo, bombardeo, invasión?

El cuarto día de la crisis se caracterizó por el hecho de que el Presidente Kennedy no asistió a la reunión del Comité Ejecutivo. Ese día Kennedy tenía prometido a un buen amigo, Abraham Ribicoff, de origen judío, ayudarlo en su campaña para las elecciones legislativas, en las que aspiraba a senador por el estado de Connecticut. Kennedy tenía una deuda política con Ribicoff. Cuando éste era gobernador del estado de Connecticut y Kennedy aspiraba a ganar la postulación en las primarias del Partido Demócrata, Ribicoff fue uno de los primeros políticos Demócratas importantes que lo apoyó. Cuando Kennedy fue elegido Presidente, nombró a Ribicoff Secretario de Salud, Educación y Asistencia Social. Éste había sido durante muchos años congresista del estado de Connecticut y, cuando se acercaron las elecciones legislativas, renunció a dicho cargo de Secretario de Salud y aspiró al cargo de Senador de los Estados Unidos de América. Kennedy le había prometido ayudarlo.

En todo lo relacionado con la estructura y funcionamiento de los principales organismos de la Unión Soviética, así como con sus figuras principales (la *nomenklatura*), Kennedy tenía una gran confianza en Charles E. Bohlen, hombre de una gran experiencia, que había sido Embajador en Moscú durante muchos, y últimamente había sido nombrado Embajador en París. Kennedy había conversado con él y con su señora la noche anterior en casa de un conocido columnista en Washington. Además, había discutido con el Secretario de Estado Dean Rusk la conveniencia, inclusive la necesidad, de posponer el viaje de Bohlen a Paris, a lo que Rusk había opuesto la objeción de que tal posposición despertaría sospechas entre numerosos periodistas, tanto en Estados Unidos como en Francia, y el secreto del tratamiento de los misiles que se estaban instalando en Cuba sería muy difícil de mantener.

Ese miércoles Bohlen y su esposa volarían de Washington a Nueva York, donde se embarcarían en el trasatlántico *United States.* Esa mañana Kennedy logró comunicarse con Bohlen en el aeropuerto y trató, en un intento final, de convencerlo de que debía anular su viaje a París y continuar asistiendo a las reuniones del Comité Ejecutivo, pero dejó esto a su discreción. Por fin aceptó una propuesta de Bohlen: éste escribiría en ese mismo momento un memorándum, dirigido al Comité Ejecutivo, en el que expondría su opinión. Así lo hizo, y dicho memorándum fue leído en la sesión del Comité Ejecutivo celebrada ese mismo día. Kennedy voló a Connecticut y acompañó a Ribicoff en una serie de actos y recorridos. Regresó a Washington tarde en la noche[47].

La reunión del miércoles 17 del Comité Ejecutivo fue muy importante por dos razones: en esa reunión se aportaron fotografías aéreas e informes sobre los últimos vuelos de reconocimiento, que mostraban el progreso de los trabajos de instalación y el Comité Ejecutivo esbozó las distintas acciones que podían realizarse para eliminar las instalaciones de misiles ofensivos en Cuba.

En esta reunión del Comité Ejecutivo, el órgano encargado de la información sobre los vuelos de reconocimiento presentó su primer informe sobre la situación. En las zonas de San Cristóbal y Guanajay se habían observado en el último vuelo unas treinta instalaciones de rampas de lanzamiento móviles, que se encontraban en diversas fases de la construcción. Los expertos que habían estudiado estas fotografías consideraban que dichas rampas estaban destinadas al

47 El apoyó de Kennedy fue eficaz, pues Ribicoff fue elegido senador por un escaso margen (51 por ciento).

lanzamiento de misiles balísticos de alcance medio (1600 km), ya que para el lanzamiento de los misiles de alcance intermedio (3500 km) había que emplear rampas fijas. Los expertos consideraron también que esas rampas no tenían la consistencia necesaria para resistir ataques y que serían destruidas desde el primer bombardeo, por lo que debían estar destinadas al uso en un primer y probablemente único ataque por sorpresa. Los expertos consideraban también que, una vez construidas las rampas fijas, desde Cuba podrían ser lanzadas cuarenta bombas atómicas, capaces de alcanzar las principales ciudades de Estados Unidos, incluidas las situadas en un estado tan lejano con respecto a Cuba como Montana. Los expertos precisaron que podían confirmar la existencia de tales misiles. También expresaron que no habían podido confirmar la existencia de ojivas nucleares, pero no tendría sentido que los soviéticos hubieran introducido cohetes en Cuba, estuvieran construyendo rampas de lanzamiento y hubieran dejado en casa las correspondientes ojivas nucleares.

Esta reunión fue también muy interesante porque permitió resolver la cuestión de quién debería presidir la reunión en este caso de ausencia momentánea del Presidente de la República. Algunos consideraban que tal función debería recaer sobre el Secretario de Estado, Dean Rusk; otros opinaban que, dada la naturaleza del objeto de la reunión, el más indicado para presidirla era el Secretario de Defensa, Robert McNamara. Otros señalaban que esa función debía corresponder al Vicepresidente, Lyndon Johnson. Ninguno de estos tres miembros del Comité Ejecutivo hizo el menor intento de ejercer esta función provisional, la cual recayó, por un común acuerdo, más bien mecánico, sobre Robert ("Bobby") Kennedy, el Secretario de Justicia. Se discutieron dos líneas principales de acción: la diplomática y la militar. Dentro de cada una de esas líneas de acción se consideraron varias acciones posibles, que se designaron por "variantes".

La variante 1 no requería una acción especial, sino que la realizaría el propio Presidente Kennedy en la reunión que celebraría con el Ministro de Relaciones Exteriores de la URSS Andrej Gromyko, la cual, precisamente, estaba fijada para el día siguiente. El Presidente Kennedy estaría provisto del material fotográfico y toda la documentación necesaria y exigiría de la Unión Soviética que desmantelara todas sus bases e instalaciones militares en Cuba y retirara de dicho país todas las armas y medios ofensivos. La mayoría del Comité Ejecutivo se opuso a esta variante porque con ella no se conseguía otra cosa que informar a los soviéticos de que ya se habían descubierto sus instalaciones ofensivas y concederles un plazo, pues Gromyko seguramente respondería que nada sabía sobre este asunto, que la solución del mismo estaba fuera de sus atribuciones, y que informaría inmediatamente a Nikita Jrushchov.

La variante 2 consistía en tratar directamente con Jrushchov mediante el envío a Moscú de un Embajador Especial. Esta variante fue también rechazada por la mayoría del Comité Ejecutivo.

La variante 3 consistía en acusar abiertamente a la Unión Soviética y a Cuba ante el Consejo de Seguridad de las Naciones Unidas del establecimiento de las mencionadas instalaciones ofensivas. Las probabilidades de éxito de esta variante eran insignificantes, por no decir inexistentes, y ello por dos razones fundamentales: en primer lugar, la Unión Soviética, mediante el uso del veto, habría dejado sin efecto cualquier acuerdo condenatorio; en segundo lugar, porque, ese mismo mes, la presidencia del Consejo de Seguridad de las Naciones Unidas pasaría a Valerian Sorin, el Representante de la Unión Soviética ante el Consejo de Seguridad. Esta variante también fue rechazada por el Comité Ejecutivo.

Se discutieron también otras variantes, de las cuales sólo trataremos las tres más importantes, en las que se proponían acciones militares.

La variante 4, a la que se hacía referencia como "la variante lenta", consistía en un bloqueo de Cuba que se impondría con la finalidad de impedir que entrara en ese país cualquier tipo de equipos o recursos miliares. La aplicación efectiva del bloqueo la realizaría una flota especialmente destinada a dicha operación. Esta variante entrañaba un enfrentamiento directo con la Unión Soviética, pues los barcos serían interceptados, detenidos y, eventualmente abordados, en aguas internacionales, antes de que entraran en aguas cubanas. Esta variante, basada en un bloqueo, tenía la ventaja de ser flexible. En un primer momento podría aplicarse a los barcos que transportaran armas ofensivas o material bélico y, cuando las circunstancias lo exigieran, o fuera conveniente, podría ampliarse de modo que comprendiera cargas, materiales, productos o recursos estratégicos, por ejemplo petróleo. Además, la disposición de la fuerza naval estadounidense que se encargaría de llevar a cabo la operación en los lugares designados para ello no presentaría grandes dificultades, ya que las unidades que la integrarían habrían sido escogidas de antemano por la Marina de Guerra americana. Esta variante tenía un inconveniente: la interceptación en aguas internacionales de un buque que navega al amparo de un pabellón nacional constituye, de acuerdo con los principios del Derecho Internacional, un acto de piratería, o de guerra, donde, desde su comienzo, los papeles del agresor y del agredido, están claramente identificados. Además, algunos días antes, el influyente Senador Republicano Keating, al cual nos hemos referido anteriormente en varias ocasiones, había instado públicamente al Presidente Kennedy a que decretara el bloqueo de la isla de Cuba, y el Vicepresidente Lyndon Johnson había salido a la palestra para responderle que se oponía a esa propuesta porque ese acto violaba los principios del Derecho Internacional. Desde luego, los partidarios de esta variante lamentaban que Lyndon Johnson, para oponerse a la propuesta del Senador Republicano Keating, hubiera utilizado un argumento de tanto peso. Sin embargo, en aquel momento lo importante era encontrar el medio más adecuado para suprimir los misiles soviéticos en Cuba.

La variante 5, a la que se hacía referencia como "la variante rápida", consistía en llevar a cabo un bombardeo de tipo convencional por los modernos aviones de propulsión a chorro de la Fuerza Aérea de Estados Unidos, con el fin de destruir totalmente las rampas de lanzamiento, los cohetes y las ojivas nucleares, aunque los partidarios de esta variante insistían en que los ejecutantes del bombardeo debían esmerarse para que éste fuera lo más *quirúrgico* posible, de manera que el número de víctimas fuera el menor posible. Los partidarios de esta solución aducían que, de acuerdo con los informes de los expertos, en un plazo de una semana, entre quince y treinta posiciones ofensivas enemigas estarían listas para funcionar. Los opositores a esta variante alegaban dos razones principales:

- el grado en el que esos bombardeos resultarían *quirúrgicos* no podía garantizarse y, si se producía un gran número de víctimas, Estados Unidos sufriría un golpe muy desfavorable ante la opinión pública y,

- si en el bombardeo no se destruían todas las unidades operacionales, era posible que las subsistentes se utilizaran para lanzar una o más bombas atómicas contra ciudades de Estados Unidos. En tal caso, una guerra nuclear entre Estados Unidos y la Unión Soviética sería inevitable, y el ganador de la misma era fácil de adivinar: China.

La variante 6, que consistía simplemente en la invasión de Cuba, fue también mencionada, aunque no como una acción de ejecución inmediata, pues requería una mayor preparación. Se consideró que podría ser una consecuencia de la aplicación de las variantes 4 o 5.

En esta sesión del Comité Ejecutivo se produjo un debate entre el antiguo Secretario de Estado Dean Acheson y Robert Kennedy, cuando éste intervino para apoyar al Subsecretario de Estado, George Ball, que se oponía a la "variante rápida" basada en la destrucción inmediata de las instalaciones ofensivas en Cuba mediante el bombardeo, y comparó tal bombardeo sin previo aviso al ataque de la base naval de Pearl Harbor el 7 de diciembre de 1941. A esta intervención del Secretario de Justicia Robert Kennedy respondió Dean Acheson con una contundencia y energía que no era de esperar de un hombre que estaba a punto de cumplir los setenta años de edad. Acheson rechazó la posición sostenida por Robert Kennedy señalando a los participantes los siguientes cuatro puntos esenciales:

a) que el ataque a Pearl Harbor no era comparable a un bombardeo de las instalaciones de misiles con cargas nucleares que los rusos estaban construyendo subrepticiamente en Cuba;

b) que si esas instalaciones no eran completamente eliminadas, la Doctrina de Monroe, que Estados Unidos había enunciado, anunciado, pregonado y defendido durante más de un siglo quedaría mundialmente invalidada;

c) que el Presidente de la República, por comunicaciones del 4 y 13 de septiembre, había advertido a la Unión Soviética que Estados Unidos no toleraría el establecimiento de bases militares extranjeras en Cuba, y

d) que por una resolución emanada del Congreso, con fecha 3 de octubre, el Presidente de la República había sido autorizado para impedir el establecimiento de bases militares extranjeras en Cuba, utilizando para ello todos los medios disponibles, inclusive militares.

Este debate entre Bobby Kennedy y Dean Acheson, que seguramente no se habría producido si esta sesión del Comité Ejecutivo hubiera sido presidida por John F. Kennedy, tuvo la virtud de considerar la conveniencia de acusar públicamente a la Unión Soviética de estar construyendo una base militar en Cuba capaz de emplear armas nucleares y, en atención a ello, recabar el apoyo de los países latinoamericanos, pues esa base entrañaba un enorme peligro, no sólo para Estados Unidos y la propia Cuba, sino también para toda la América Latina.

Tarde en la noche regresó John F. Kennedy de Connecticut. En el aeropuerto lo esperaban su hermano Bobby y Ted Sorensen, quienes le informaron de todo lo ocurrido ese día en el Comité Ejecutivo.

Jueves 18 de octubre: ¿qué hacer y cómo?

¡Fue un día tremendo! Esa impresión la hubiera tenido cualquiera que leyera la página correspondiente a ese día en el calendario de trabajo de John Fitzgerald. Kennedy. Al primer golpe de vista saltarían tres indicaciones:

a) 11 de la mañana - Sesión del Comité Ejecutivo
b) 5 de la tarde - Recepción del Ministro de Relaciones Exteriores Andrej Gromyko
c) 10 de la noche - Sesión del Comité Ejecutivo.

La sesión del Comité Ejecutivo señalada para la mañana de ese día se celebró en la sala de conferencias del Departamento de Estado, con la asistencia del Presidente. En dicha sesión había dos campos bastante bien definidos: los partidarios de la *variante rápida* y los partidarios de la *variante lenta*, pero también se discutieron diversas modalidades de las dos variantes. Una de ellas era la de si la operación debería circunscribirse a la eliminación de las instalaciones ofensivas rusas en Cuba, o si debería aprovecharse esta oportunidad para resolver, ya de una vez, el problema de Castro, quien, desde diciembre de 1961, había declarado que Cuba era un país marxista-leninista y que ese país era gobernado únicamente por el Partido Comunista. Dean Acheson esgrimió un argumento muy importante para contrarrestar a los partidarios de la *variante lenta*, quienes temían que Jrushchov respondiera al bombardeo con una declaración de guerra. Acheson aclaró que, aunque Castro se había declarado marxista-leninista, Cuba no formaba parte de los países signatarios del Pacto de Varsovia y que era sumamente improbable que un bombardeo efectuado en Cuba acarreara una declaración de guerra por parte de la Unión Soviética, lo cual sí habría que considerar en el caso de que Estados Unidos bombardeara un país signatario de dicho pacto.

Los partidarios de la *variante rápida* tenían un argumento muy sólido: tan acto de guerra era un bombardeo como la detención de un buque que navegaba en aguas internacionales bajo un pabellón nacional. El Subsecretario de Estado, George Ball, expresó que la "fachada" de ambos actos era diferente. George Ball había pedido ayuda a la Consultoría Jurídica del Departamento de Estado, a cargo de Abram Chayes, que era un conocido profesor de Derecho Internacional. Además, tenía una gran experiencia, pues había sido Consejero del Gobierno de Estados Unidos durante el bloqueo de Berlín en 1948-1949. En esos días Chayes no se encontraba en Washington, sino en París, donde participaba en una serie de importantes conferencias internacionales. La petición de ayuda de George Ball fue atendida entonces por Leonard Meeker, el sustituto de Chayes. Estudiando los antecedentes, Meeker encontró un discurso pronunciado por Franklin Delano Roosevelt el 5 de octubre de 1937, titulado *Quarantine the Aggressor* (*Poner en cuarentena al agresor*)[48] y sugirió que, en caso de adoptarse la

48 En uno de los párrafos del memorable discurso de F. D. Roosevelt se leía: "Desgraciadamente, parece ser cierto que la ausencia del respeto a la ley en el mundo se está extendiendo. Cuando una epidemia de una enfermedad física comienza a expandirse, la comunidad se une e impone una cuarentena con el fin de proteger la salud de la comunidad contra la expansión de la enfermedad."

variante lenta, la palabra "bloqueo", que tiene una fea connotación guerrera, fuera sustituida por "cuarentena", que tiene una connotación profiláctica y que ya había sido empleada por Franklin D. Roosevelt en su célebre discurso de 1937.

A las 5 de la tarde el Presidente Kennedy debía recibir la visita de Andrej Gromyko, Ministro de Relaciones Exteriores de la Unión Soviética, y previamente había citado al Secretario de Estado Dean Rusk y al Embajador Especial Llewellyn ("Tommy") Thompson, quien también formaba parte del Comité Ejecutivo, para conversar con ellos y precisar algunas ideas antes de recibir a Gromyko. Una de las personas a quien Kennedy prestaba más atención en todo lo relacionado con la Unión Soviética era Llewellyn Thompson. Éste era un gran conocedor de la Unión Soviética, no sólo porque había sido Embajador en ese país de 1959 a 1962, sino también por lo siguiente. En el año 1941, cuando Thompson era un modesto Segundo Secretario de la Embajada americana en Moscú, Hitler invadió la Unión Soviética y se acercó peligrosamente a Moscú. La Embajada americana tuvo que abandonar esta capital y trasladarse a Kuybyshev. En esa ciudad y en aquella época, Llewellyn Thompson conoció a un funcionario soviético llamado Nikita Sergueievich Jrushchov, con el que trabó excelentes relaciones de amistad, hasta el punto de que, durante un corto lapso de tiempo, vivió en la misma casa que su amigo Nikita Sergueievich y la esposa de éste. En la situación en que se encontraban ahora las relaciones entre Estados Unidos y la Unión Soviética, los consejos de un hombre como Llewellyn Thompson sobre la forma de pensar y actuar de Jrushchov, como persona y como máximo dirigente de la Unión Soviética, eran de un valor inestimable para el Presidente Kennedy.

Kennedy era muy consciente de que se acercaba la hora en que habrían de tomarse decisiones trascendentales y esta vez no quería sufrir un fracaso como en el caso de la invasión de Bahía de Cochinos. Sabía que podría encontrarse en una situación en que fuera necesario tomar medidas cuyas consecuencias serían incalculables. Contaba con dos personas de este tipo, en las cuales tenía gran confianza. Uno era Dean Acheson, a quien ya nos hemos referido. El otro era John McCloy, hombre enérgico que, durante la Segunda Guerra Mundial, había ocupado el cargo de Ayudante del Secretario de la Guerra, Henry L. Stimson. Ahora quería contar también con la colaboración de Robert Lovett, quien, durante la Segunda Guerra Mundial, fue también Ayudante del Secretario de la Guerra. Estos tres hombres figuraron entre las personas con quienes Truman discutió más a fondo la posibilidad de emplear el arma nuclear contra Japón. Antes de recibir la visita de Gromyko, Kennedy llamó por teléfono a Lovett y habló largamente con él. Después dio instrucciones a McGeorge Bundy para que pusiera a Lovett completamente al corriente de la situación.

La visita de Gromyko se desarrolló en una forma muy cercana a la prevista. Dos días antes, el recientemente nombrado Embajador americano en Moscú, Foy David Kohler, se había entrevistado con Jrushchov; la conversación entre Kennedy y Gromyko fue prácticamente una continuación de esa entrevista celebrada en Moscú. En un tono extremadamente cortés Gromyko "garantizó" al Presidente Kennedy que podía dedicarse enteramente a la campaña para las elecciones legislativas que se celebrarían el martes 6 de noviembre, pues Jrushchov no tomaría ninguna iniciativa antes de esa fecha, pero agregó que, después de las elecciones legislativas, su país debía plantear a Estados Unidos un nuevo examen de la situación de Berlín Occidental. Insistió en que la Unión Soviética tenía la inaplazable necesidad de firmar un tratado de paz con la República Federal de Alemania, a fin de normalizar la situación de Berlín Occidental. Dijo que, como consecuencia de dicho tratado de paz, Berlín Occidental tendría el estatuto de "Ciudad Libre", que sería garantizado por la Unión Soviética, pero que, naturalmente, como consecuencia de ello, toda fuerza militar estacionada en Berlín Occidental tendría que ser retirada. A esto agregó, en tono menos conciliador: en el caso de que no se llegara a un acuerdo sobre el tratado de paz con la República Federal de Alemania, la Unión Soviética se vería obligada a firmar un tratado de paz por separado con la República Democrática Alemana, con todas las consecuencias que esto podría tener. Gromyko, que tenía fama de hablar *corto y claro*, expresó como colofón: "Señor Presidente, yo sé que Usted aprecia que se le hable francamente, y no quiero ser menos franco que Jrushchov en Viena. Eso de que la OTAN[49] tenga una base en Berlín nadie puede tomarlo en serio. Por lo tanto, esa ciudad no perdería nada si dejara de ser protegida por la OTAN". Kennedy le respondió que Estados Unidos siempre estaba dispuesto a conversar sobre Berlín, pero que la presencia de tropas occidentales era indispensable para garantizar la supervivencia y la libertad de esa ciudad. Agregó que si Berlín Occidental pasara bajo el control de Alemania Oriental, nadie creería en las garantías ofrecidas por Estados Unidos. Tras un gesto de desaprobación de Gromyko y una alusión a una posible conferencia entre Jrushchov y Kennedy, éste replicó que estaba dispuesto conversar con Jrushchov, pero no sobre Berlín, porque en cualquier conferencia sobre Berlín tendrían que intervenir también otras naciones interesadas.

Viernes 19 de octubre: bloqueo, con alternativas

Este viernes comenzó como había comenzado el miércoles pasado. El secreto del descubrimiento de las instalaciones ofensivas

49 Organización del Tratado del Atlántico del Norte.

en Cuba se mantenía y el Presidente Kennedy debía hacer en Cleveland lo mismo que había hecho el miércoles en Connecticut: prestar su concurso a la campaña para las elecciones legislativas. Esta vez estaba más preocupado. Dejó un mensaje a su hermano Bobby para decirle que, si fuera necesario, le avisara para interrumpir su viaje de la campaña electoral y retornar a Washington inmediatamente. El secreto se había mantenido, aunque en algunos lugares habían llamado la atención ciertos movimientos de tropas y equipos. Otra cosa también llamó la atención: en previsión de que fuera necesario o conveniente hacer público el plan de defensa de Estados Unidos y solicitar el apoyo de los países latinoamericanos, se formó un grupo de estaciones de radio que, en lugar de transmitir sus programas comerciales habituales, transmitirían la emisión en idioma español de "La Voz de América" (*The Voice of America*), pero sin hacer referencia a lo que estaba ocurriendo en Cuba, ni a las medidas defensivas que se aplicarían.

En las sesiones del Comité Ejecutivo celebradas este día se observó que la *variante lenta*, la del bloqueo, comenzaba a ganar fuerza, pero también se tomaba en consideración la posibilidad de que el bloqueo, por sí solo, no fuera suficiente para eliminar el peligro de los cohetes, y que hubiera que recurrir al bombardeo. Otro aspecto del problema que se debatía intensamente era el de prever cuál sería la reacción de Jrushchov cuando se comenzara a aplicar el plan americano, tanto en el caso del bloqueo como en el del bombardeo. La mayor parte de los consejeros, entre ellos uno como Llewellyn Thompson, tan ducho en las cuestiones relacionadas con el comportamiento de la Unión Soviética y del propio Jrushchov, opinaban que éste optaría por un nuevo planteamiento de las exigencias formuladas en cuanto a Berlín Occidental. Otros consideraban más probable que ordenara el bombardeo de las instalaciones de los misiles Júpiter en Turquía. Aun otros estimaban que no debía perderse de vista que los soviéticos podrían aprovechar esta oportunidad para lanzar un ataque de tipo convencional contra Irán, gobernado a la sazón por el Cha Mohammad Reza Pahlevi, quien se había hecho muy impopular después de que, en 1953, con la colaboración de Inglaterra y Estados Unidos, depuso al Primer Ministro Mohammad Mosaddeq, quien había intentado nacionalizar los recursos petrolíferos de dicho país.

Se consideró asimismo que una Resolución de la Organización de Estados Americanos (OEA) facilitaría mucho cualquier operación que se realizara para eliminar los misiles ofensivos. Sin embargo, para adoptar tal Resolución era necesaria la existencia de una mayoría de las dos terceras partes de los países miembros de dicha organización, la cual no estaba asegurada.

En las sesiones celebradas por el Comité Ejecutivo ese día, los partidarios del bombardeo inicial para destruir completamente las instalaciones fueron perdiendo fuerza, mientras que los partidarios del bloqueo se fortalecían. Algunos consejeros cambiaban de opinión. Poco a poco fue prevaleciendo la idea de que se debía comenzar por el bloqueo, que era mucho más elástico, y no excluía que se recurriera al bombardeo si fuera necesario para eliminar totalmente el peligro. En cambio, el bombardeo era irreversible. Además, causaría víctimas rusas, quizás numerosos muertos y heridos. Por otra parte, la reacción de Jrushchov no podría preverse. El bloqueo le daba más tiempo para tomar una decisión conducente a una solución menos drástica. Ahora bien, si los rusos tenían el propósito de destruir a Estados Unidos utilizando las instalaciones que estaban a punto de ser operacionales y los aviones de propulsión a chorro Ilyushin Il-28 que habían transportado a Cuba en sus barcos y entregado a los cubanos, dichas instalaciones y aviones debían ser destruidos.

En esa sesión de la noche quedó prácticamente definido que el plan de acción comenzara con un bloqueo. Se sabía que el Ministro de Justicia, Robert Kennedy, había ido inclinándose cada vez más hacia esta variante, y se presentía que el Presidente Kennedy, que era el único sobre el que recaía la responsabilidad de tomar todas las decisiones pertinentes a la aplicación de dicho plan, decidiría comenzar por un bloqueo de Cuba. Se encomendó a Ted Sorensen la elaboración de un proyecto de declaración de bloqueo en el cual se haría una exposición de las circunstancias que lo originaban, se señalaría públicamente como responsable al gobierno de la Unión de Repúblicas Socialistas Soviéticas, se resaltaría el carácter defensivo del bloqueo y se conminaría a la Unión Soviética a retirar de Cuba todas las instalaciones y armas ofensivas. Además, debía dejarse abierta la puerta para la aplicación de todos los medios disponibles, incluso el uso de la fuerza, en caso de que dichas armas e instalaciones defensivas no fuesen inmediata, total y definitivamente retiradas.

Después de terminada la sesión de la noche, Ted Sorensen se dirigió a su despacho y comenzó a elaborar el mencionado proyecto de declaración de bloqueo, tarea que terminó a eso de las tres de la mañana. En esos momentos, mientras John F. Kennedy dormía en un hotel de Chicago, en otra parte del mundo los dos países de mayor población, China e India, libraban una encarnizada batalla a través de la Línea McMahon, que define la demarcación entre los territorios de ambos países. Esta batalla en las proximidades de la cresta del Himalaya se había iniciado el 20 de octubre de 1962, pero, debido a la diferencia de hora existente, de casi medio día, estos sucesos estaban ocurriendo al mismo tiempo[50].

50 La situación a lo largo de la Línea McMahon, en cuyo trazado se mezclan decisiones políticas y errores topográficos, siempre ha sido, y continúa siendo, muy complicada. No mucho después de esta batalla, el Reino Unido, Estados Unidos y la Unión Soviética se unieron para ofrecer ayuda a India, lo que contribuyó a apaciguar ese frente durante cierto tiempo.

Por su parte, Dean Acheson, que había sido un ferviente partidario del bombardeo como acción inicial, una vez terminada la sesión nocturna del Comité Ejecutivo, llegó a la conclusión de que, como él ya no formaba parte del gobierno de su país y consideraba que, de las dos soluciones que se discutían con más interés en el Comité Ejecutivo, la que prevalecería era aquella que él estimaba errónea, estaba obligado, no sólo a dejar de colaborar en la concepción de la operación, sino a no interferirla, y optó por pasar el fin de semana en su rancho en Sandy Spring (Maryland). Y así lo hizo.

Sábado 20 de octubre: planificación del bloqueo

Los consejeros miembros del Comité Ejecutivo se reunieron ese día desde muy temprano en la sala de conferencias del Departamento de Estado. Discutieron el proyecto de declaración de bloqueo elaborado por Sorensen y lo aprobaron provisionalmente, después de introducirle unas ligeras modificaciones. A las 10 de la mañana (hora de Washington) el Secretario de Justicia, Robert Kennedy, llamó por teléfono al Presidente, que se encontraba en Chicago, le informó sobre los últimos acontecimientos, sobre todo que las fotografías tomadas en el último vuelo de reconocimiento mostraban que las instalaciones de los misiles ofensivos y sus rampas de lanzamiento estaban a punto de ser terminadas, e inclusive algunas podrían estar en condiciones de funcionamiento, y que la mayoría del Comité Ejecutivo se inclinaba a comenzar por el bloqueo. Además, lo instó a regresar a Washington cuanto antes.

A las dos y media de la tarde el Presidente estaba reunido con el Comité Ejecutivo en el Despacho Oval de la Casa Blanca. En las sesiones del Comité Ejecutivo se había llegado a formar una mayoría partidaria de la *variante lenta* (el bloqueo), a lo que contribuyó la posición adoptada por Robert Kennedy, que coincidía con la opinión, no expresada, del Presidente. No obstante, siempre hubo un núcleo de "halcones" que eran vivos defensores de la *variante rápida* (el bombardeo) entre los que figuraban Dillon, Lovett, McCone y los representantes de los distintos cuerpos de las fuerzas armadas. A ese grupo pertenecía también Dean Acheson, si bien, como sabemos, el día anterior "se cansó" y decidió pasar el fin de semana en su rancho en Maryland.

Adlai Stevenson asumió el papel de defensor de la postura más blanda, o sea, lo que pudiera designarse por el bando de "las palomas". Llegó al extremo de proponer que Estados Unidos evacuara previamente la base naval de Guantánamo y que se declara dispuesto a desmantelar las bases equipadas con cohetes Júpiter en Turquía. Stevenson fue duramente atacado por Dillon, Lovett y McCone, quienes, en lo tocante a este punto, llegaron a ganarse a Bobby Kennedy. Éste, por su parte, sugirió a su hermano, el Presidente, que le "pusiera" a Stevenson un Ayudante que mostrara una conducta más dura. John F. Kennedy accedió y, para atenuar la blanda postura de Stevenson, le nombraron como Ayudante a un "halcón": John McCloy. En lo que respecta a evacuar la base de Guantánamo, Kennedy hizo todo lo contrario; pocas horas después volaba hacia la base de Guantánamo un nutrido contingente de infantes de marina, con todos los equipos y accesorios requeridos por las circunstancias.

Aunque el plan definitivo no había sido todavía aprobado por el Presidente, el Secretario de Defensa, Robert McNamara, ya se había puesto en comunicación con la Marina de Guerra y, ésta ya había dispuesto que varias escuadras se fueran acercando a las posiciones que probablemente deberían ocupar durante el bloqueo.

Una cosa que contrarió mucho al Presidente Kennedy fue la noticia de que un hombre clave, tan experimentado, reconocido y respetado en todo el mundo, como Dean Acheson, se había ido a "descansar" en su rancho en Maryland. Para informar al jefe de estado o jefe de gobierno[51]de una potencia o país amigo la declaración de un bloqueo en el que se interceptarían, en aguas internacionales, buques que podrían pertenecer a una potencia mundial, era necesario enviarle una personalidad seleccionada entre lo más elevado de la élite del país en cuestión. Para informar a De Gaulle que Estados Unidos iba a declarar tal bloqueo, John F. Kennedy tenía reservado su diplomático de mayor peso, Dean Acheson. Ese mismo día el Secretario de Estado Rusk llamó por teléfono a Dean Acheson para comunicarle la función que le encomendaba el Presidente.

Domingo 21 de octubre: actividad diplomática

El secreto del gran peligro que corría el mundo por la crisis del Caribe todavía había sido posible mantenerlo. Este día era domingo. El Presidente Kennedy tenía por costumbre asistir a la misa, acompañado de su esposa, y así tenía el propósito de hacerlo. No obstante, antes de asistir a la misa, se reunió con su hermano Bobby, McNamara, el General Maxwell Taylor y un grupo de oficiales de la Fuerza Aérea, pues quería tener toda la información disponible sobre los resultados de un eventual ataque aéreo a las instalaciones de misiles ofensivos y otros objetivos militares. El Presidente Kennedy preguntó al General Walter Sweeny, que estaba al mando

51 Salvo que se especifique otra cosa, cuando utilizamos el término "jefe de estado", nos estamos refiriendo al jefe de estado o al jefe de gobierno. Técnicamente, especialmente en Derecho Constitucional, "jefe de estado" y "jefe de gobierno" son dos conceptos diferentes.

de la fuerza aérea táctica designada para un eventual ataque aéreo, si podía asegurar que la totalidad de los cohetes soviéticos serían destruidos en el primer bombardeo. El General Sweeny le respondió que podía garantizar que el noventa por ciento de las instalaciones y cohetes rusos serían destruidos desde el primer ataque aéreo. Agregó, en este sentido, que una eficacia del cien por ciento nadie podría garantizarla, y le hizo observar que esto último era tanto menos viable, cuanto que, de acuerdo con las consignas impartidas, en atención a la presencia de una gran cantidad de personal ruso, los bombardeos debían ser lo más *quirúrgicos* posible.

Kennedy consideró asimismo que los bombardeos comprenderían las bases y aeropuertos en que se encontraban los aviones de Castro y que, en consecuencia, habrían de perecer, no sólo muchos rusos encargados de operar el equipo de lanzamiento de los misiles, sino también centenares o millares de cubanos. Además, si un diez por ciento de las instalaciones de cohetes rusos quedaba en estado de funcionamiento, era posible que Jrushchov diera la orden de disparar esos cohetes contra los principales objetivos militares o civiles en Estados Unidos. Ese sería el inicio de una gran guerra, que podría llegar a convertirse en la tercera guerra mundial. Fue en ese momento que Kennedy tomó definitivamente la decisión de comenzar la operación por un bloqueo y no por un bombardeo.

El Presidente Kennedy y su esposa asistieron a la misa, mientras que, minuto por minuto, era mayor el número de personas a quienes debía ponerse en conocimiento de la operación destinada a eliminar los misiles rusos. Por ejemplo, un hombre tan dinámico y perspicaz como Pierre Salinger, el americano-francés (de origen alemán), Jefe de Prensa de la Casa Blanca, aunque sospechaba que estaba sucediendo algo importante que se estaba tratando de ocultar, sólo vino a ser iniciado en el secreto de la operación cuando, ese mismo día por la mañana, recibió las instrucciones pertinentes, que debía ejecutar por razón de su cargo, las cuales, como se verá, comprendían extensas e intensas acciones de publicidad por todos los medios de difusión ordinarios y por muchos de los medios extraordinarios que se crearon en esta ocasión.

Kennedy decidió dirigirse al pueblo americano y a la opinión pública mundial a las siete de la tarde (hora de Washington) del día siguiente, lunes 22 de octubre. Dada la diferencia de ocho horas entre Washington y Moscú[52], las palabras del Presidente Kennedy serían escuchadas en Moscú a las tres de la mañana del día siguiente. Por lo tanto, era necesario despachar los Embajadores Especiales que se encargarían previamente de poner en conocimiento de la operación a los jefes de estado de los países aliados y, por otra parte, presidir la reunión del Consejo Nacional de Seguridad (*National Security Council*), convocada para las dos y media de la tarde de ese día, con el fin de impartir las últimas instrucciones y obtener la ratificación, por el Consejo Nacional de Seguridad, del plan para la imposición de la cuarentena, que fue el término recomendado por la Consultoría Jurídica del Departamento de Estado para reemplazar la palabra "bloqueo".

A esta reunión del Consejo Nacional de Seguridad asistió el Almirante George W. Anderson, hijo, Jefe de Operaciones Navales de Estados Unidos, quien hizo un esbozo del desarrollo del plan para la imposición de la cuarentena. El Consejo ratificó la resolución por la cual se imponía la cuarentena. Cuando el Presidente Kennedy se dirigió al Almirante Anderson y le dijo que había llegado el

52 Hora de Washington: hora de Greenwich – 5; hora de Moscú: hora de Greenwich + 3.

momento en que “le tocaba jugar a la Marina”, el Almirante Anderson respondió: “Señor Presidente, la Marina no lo dejará en la estacada”.

Este día fue uno de los de mayor actividad en el Departamento de Estado y el Pentágono. El Departamento de Estado debía encargarse de informar a todos los jefes de estado amigos y a todos los Embajadores de Estados Unidos sobre la nueva situación y las medidas que se iban a poner en práctica en los próximos días.

Jefes de estado de primer orden en importancia para Estados Unidos eran, en aquellos momentos, el Primer Ministro del Reino Unido, Harold Macmillan, el Presidente de Francia, Charles de Gaulle y el Canciller de la República Federal de Alemania, Konrad Adenauer. De informar a Macmillan se encargaría el Embajador americano en Londres, David Bruce. Dean Acheson informaría a Charles de Gaulle como Embajador Especial. Para tal cometido reemplazaría al Embajador titular Charles E. Bohlen, quien, como sabemos por lo anteriormente expuesto, se encontraba cruzando el Atlántico en el lujoso trasatlántico *United States*. El Embajador americano en Bonn, Walter C. Dowling se encargaría de informar a Adenauer. Era también sumamente importante informar a los jefes de estado de los dos países vecinos, Canadá y México. Para informar al Primer Ministro de Canadá, John G. Diefenbaker, se designó como Embajador Especial a Livingston Merchant, quien años antes había sido Embajador en Canadá. Informar al Presidente de México, Adolfo López Mateos, resultaría más difícil, pues éste se encontraba en una visita oficial en Filipinas, acompañado de su Ministro de Relaciones Exteriores. Para cumplimentar esta tarea en un país tan importante para Estados Unidos como su vecino México, el Secretario del Tesoro, Douglas Dillon, voló a Ciudad México en el avión especial del Presidente americano y puso al corriente de la situación al Embajador americano en ese país, Thomas Mann. El informe al Presidente López Mateo se hizo entonces a través del influyente Ministro de Hacienda Ortiz Mena.

El Departamento de Estado bullía. Había que informar a muchas otras personalidades. Uno de los más importantes en aquellos momentos no era más que el alcalde de una parte de una ciudad. Pero esa parte de una ciudad era Berlín Occidental y ese alcalde era Willy Brandt[53]. Si los rusos reaccionaban violentamente, uno de sus principales objetivos sería, seguramente, incorporar Berlín Occidental a la República Democrática Alemana. El Departamento de Estado transmitió a todas las Embajadas de Estados Unidos mensajes radiotelegráficos cifrados por medio de complejos sistemas de codificación.

Al otro lado del río Potomac, del Pentágono emanaba un intenso flujo de órdenes, instrucciones, disposiciones y consignas dirigidas esencialmente a las distintas unidades de la Marina, así como también a la Fuerza Aérea, a la base naval de Guantánamo (a la que se dieron instrucciones para la evacuación de mujeres y niños) y a los principales centros y puestos militares en el país.

Para que el lector tenga una percepción más concreta del ritmo a que estaban sucediendo las cosas en el mundo en aquellos días, basta con seguir a Dean Acheson en su viaje a París. Después de la puesta del sol, el avión que transportaba a Acheson aterrizó en el aeropuerto de Greenham Common, cerca de Newbury (Berkshire) al sur de Inglaterra, donde estaba esperándolo David Bruce, el Embajador americano en Londres. Bruce no sabía nada de lo que estaba pasando en el Caribe y al día siguiente debía informar al Primer Ministro Harold Macmillan de todo eso y de lo que podría

53 Willy Brandt fue posteriormente elegido Canciller de la República Federal de Alemania (1969-1974).

ocurrir en un futuro terriblemente cercano. Para que Bruce se enterara bien de todo, Acheson le entregó un juego completo de fotografías aéreas y dejó con él a un experto en evaluación de material fotográfico; además, para su protección personal, le dejó también un guardaespaldas. Como contraprestación, Bruce obsequió a Acheson con una bella botella de *whisky*. Acheson continuó su viaje a París. Su avión aterrizó en el aeropuerto de Evreux, donde estaban esperándolo el antiguo Encargado de Negocios, Cecil Lyon y el Embajador americano en la OTAN[54], Thomas Finnletter, quienes lo condujeron a su hotel en París. Extenuado por el viaje, Acheson se acostó a dormir. A las ocho y media de la noche (hora de Washington) de ese día, el Presidente Kennedy lo llamó por teléfono a su hotel en París. Por la diferencia de seis horas entre Washington y París, la llamada despertó a Acheson, quien no hacía mucho que se había acostado. En ese momento, en París, eran las dos y media de la mañana del día siguiente. "Cuando termine su entrevista con De Gaulle, vuele lo antes posible a Bonn y hable con Adenauer. Su visita contribuirá a reconfortarlo", escuchó a través del hilo telefónico un extenuado, casi septuagenario Dean Acheson, apenas medio despierto.

Lunes 22 de octubre: Kennedy habla al mundo

El lunes 22 de octubre, a las siete de la tarde, el Presidente de Estados Unidos se dirigiría a la nación y a la opinión pública mundial para anunciar la imposición de la cuarentena como primera medida del plan aprobado para la eliminación de los misiles instalados por la Unión Soviética en Cuba.

54 En aquella época, la sede de la OTAN estaba París.

El Primer Ministro del Reino Unido, Harold Macmillan, era uno de los jefes de gobierno que debían ser informados con mayor anticipación. Cuando el Embajador americano David Bruce fue recibido por Macmillan en la Casa del Almirantazgo en Londres, se encontró con un hombre muy sosegado, nada sorprendido por las informaciones y fotografías aéreas que le aportaba. Desde el viernes se había enterado de todo por una vía muy directa. Ese día, el Presidente Kennedy había tenido una larga conversación con el Embajador británico Ormsby-Gore y, no sólo le había contado todo lo referente a las instalaciones de los misiles soviéticos en Cuba, sino que le había pedido su opinión sobre el procedimiento más adecuado que debía emplearse como medida inicial: el procedimiento rápido (bombardeo) o el lento (bloqueo). Esto podría extrañar al lector, si no supiera que el Presidente Kennedy y el Embajador británico Ormsby-Gore eran ya muy buenos amigos desde que ambos eran jovenzuelos, o sea, desde la época en que Joseph P. Kennedy, el padre de John Fitzgerald, era el Embajador de Estados Unidos en Londres. Ormsby-Gore entraba y salía de la Casa Blanca y se paseaba por los distintos salones y dependencias de la mansión presidencial como la cosa más natural del mundo, pues no era considerado como un embajador, sino como un antiguo amigo de la familia Kennedy, completa, como también lo había sido su padre, un riquísimo terrateniente inglés, del viejo Joseph P. Kennedy. Por su parte, Ormsby-Gore le había contado todo al Primer Ministro británico.

Dean Acheson tenía fijada su entrevista con el Presidente de Francia Charles de Gaulle para las cinco de la tarde. La mañana la dedicó a informar de la situación a la Delegación americana ante la OTAN, que, como se sabe, en aquella época tenía su sede en París. Acheson fue recibido con extrema cortesía por el Presidente de

Francia. Desde el inicio mismo de la conversación, De Gaulle le dijo: "Su Presidente me honra en sumo grado, cuando me envía un emisario de tanta relevancia. Supongo que el motivo sea correspondientemente importante". Acheson le rindió un informe completo y detallado de la situación existente en el Caribe. De Gaulle examinó las fotografías aéreas con gran atención. Sus vivaces ojos de General las escudriñaban intensamente y penetraban en sus distintos detalles. Tanto le interesaron, que le preguntó a Acheson desde qué altura se habían tomado. Cuando éste le respondió que el avión de reconocimiento volaba a 22 km de altura, De Gaulle exclamó "*C'est formidable!*". Seguidamente se entretuvo en señalar los distintos tipos de aviones MIG que aparecían en las diversas fotografías, aunque confesó que no podía identificar con precisión que cada uno de ellos fuese un MIG 15, MIG 17, MIG 19 o el nuevo tipo MIG 21. Al comenzar la entrevista, De Gaulle había preguntado a Acheson si su misión consistía en informarle o consultarle, a lo que éste había respondido que su misión era exclusivamente informativa. No obstante, De Gaulle se entusiasmó tanto con la cuestión que, además de confirmar su apoyo al aliado americano, expresó su opinión sobre distintos puntos, como, por ejemplo, que no creía que Jrushchov reaccionara contra el bloqueo mediante un contragolpe a las instalaciones americanas en Turquía.

Ese mismo día, el Embajador Walter C. Dowling informó de la situación al Canciller de la República Federal de Alemania, Konrad Adenauer, en Bonn. Asimismo, el Embajador Livingston Merchant informó en Ottawa al Primer Ministro canadiense, John G. Diefenbaker, quien, pese a no estar totalmente de acuerdo con la motivación de Estados Unidos para tomar tales medidas, le manifestó su disposición a prohibir el aterrizaje en el aeropuerto de Gander (Newfoundland) a los aviones soviéticos y cubanos.

A partir de ese día 22 de octubre de 1962 se produjeron las más vastas operaciones de despliegue y preparación que jamás hayan sido observadas en nuestro planeta. En la base aérea de Offutt, cerca de Omaha (Nebraska), en el corazón mismo de Estados Unidos, más de ciento cincuenta misiles intercontinentales, con sus correspondientes ojivas montadas, fueron puestos en condiciones de ser lanzados. A las doce del día, el General Thomas S. Power, jefe de la Comandancia Estratégica de la Fuerza Aérea (*Strategic Air Command* [SAC]) de Estados Unidos, desde el puesto de mando subterráneo de dicha base, comenzó a distribuir sus bombarderos B-47 entre unos cuarenta aeropuertos civiles situados en diversas partes del país, con el fin de asegurar que un ataque soviético, sobre todo nuclear, proveniente de la Unión Soviética, o de Cuba, no pudiera destruir una gran parte de los bombarderos americanos. Cada bombardero había sido previamente cargado con sus misiles nucleares.

Para asegurar que el contragolpe americano fuese más rápido y seguro, el General Power dispuso que a partir de ese momento, y durante los treinta días siguientes, sus flamantes, poderosos y temidos bombarderos B-52 volaran constantemente. Esta ha sido la operación aérea más grande jamás realizada en todo el mundo. En esa época, la Fuerza Aérea de Estados Unidos tenía unos 600 bombarderos B-52 (*Stratofortress*), que habían sido concebidos en 1954 y se habían ido perfeccionando año tras año. El General Power dispuso que cierto número de estos bombarderos se mantuvieran constantemente en el aire, en cada momento, de tal manera que, antes de que cualquier avión tuviese que aterrizar para ser reaprovisionado de combustible y preparado para el vuelo siguiente, ya su sustituto estuviese ocupando su posición.

Cinco divisiones del ejército americano ya estaban listas para entrar en acción, y una división de tanques se dirigía hacia Fort Stewart (Georgia), el mayor campamento americano de fuerzas de infantería al este del río Mississippi. La movilización de la marina fue rápida y masiva. Ciento ochenta barcos, incluidos numerosos cruceros y destructores, se dirigían rápidamente a sus respectivas posiciones en el Caribe.

A las once y media de la mañana el Presidente Kennedy se reunió con el Comité Ejecutivo para que éste diera el visto bueno final y, desde luego, formal, al texto del discurso del Presidente, que fue objeto de dos modificaciones no indispensables, pero sí muy convenientes. El Jefe de la Consultoría del Departamento de Estado, Abram Chayes, que ya estaba de regreso en Washington, propuso que a dicho texto se le introdujera una pequeña modificación, de manera que en lugar de basarse exclusivamente en el artículo 51 de la Carta de las Naciones Unidas, que declara el derecho de todo país a defenderse en caso de una agresión armada, se expresara, como el motivo fundamental del plan de acción de Estados Unidos, el derecho de la Organización de Estados Americanos a defender la seguridad de todo el hemisferio occidental contra el grave peligro que representaban las armas nucleares introducidas subrepticiamente por la Unión Soviética en Cuba. Esta propuesta de modificación fue inmediatamente aceptada por el Presidente Kennedy y ratificada por el Comité Ejecutivo. Dicho texto fue también modificado, de modo que la palabra "bloqueo" fuera reemplazada por "cuarentena", de acuerdo con la propuesta del sustituto de Chayes, Leonard Meeker, a que se ha hecho referencia anteriormente.

Terminada la reunión con los miembros del Comité Ejecutivo, y después de una rápida zambullida en la piscina de la Casa Blanca y un no mucho menos apresurado almuerzo, John F. Kennedy presidió otra reunión, esta vez del Consejo Nacional de Seguridad, convocada para las tres de la tarde, con el objeto de efectuar los últimos ajustes del plan de acción, pero, sobre todo, para dar forma oficial al órgano que había estado reuniéndose bajo distintas denominaciones oficiosas, tales como "el gabinete de guerra", "los consejeros del Presidente para la guerra", "los consejeros del Presidente para la crisis" o, simplemente, "el grupo", aunque más corrientemente sesionaba como el "ExCom" (comité ejecutivo). Fue así como el Consejo Nacional de Seguridad acordó denominar, a posteriori, dicho órgano, "*Executive Committee of the National Security Council*" (Comité Ejecutivo del Consejo Nacional de Seguridad) para el tratamiento de las medidas de gobierno que habrían de tomarse en la presente crisis. Se dispuso que este Comité sería presidido por el Presidente de la República (John F. Kennedy) y estaría integrado por el Vicepresidente (Lyndon Johnson), el Secretario de Estado (Dean Rusk), el Secretario de Defensa (Robert McNamara), el Secretario de Justicia (Robert Kennedy), el Director de la Agencia Central de Inteligencia (John McCone), el Vicesecretario de Estado (George Ball), el Vicesecretario de Defensa (Roswell Gilpatric), el Presidente del Estado Mayor Conjunto (General Maxwell Taylor), el Embajador Especial (Llewellyn Thompson), el Consejero Especial del Presidente (Theodore Sorensen) y el Consejero para cuestiones de Seguridad Nacional (McGeorge Bundy). Salvo disposición contraria, el Comité Ejecutivo debía reunirse todos los días a la diez de la mañana en el salón del gabinete.

En aquellas horas que precedieron a la declaración pública de la cuarentena por el Presidente de la República, el apoyo de los países latinoamericanos era de un valor inestimable. Esa misma tarde se encontraba en Ciudad México el Secretario del Tesoro, Douglas Dillon, quien era recibido por el Ministro de Hacienda, Ortiz Mena, pues el Presidente Adolfo López Mateos se encontraba en su viaje de regreso de Filipinas. Dillon dejó en manos de Ortiz Mena una carta personal del Presidente Kennedy para el Presidente Díaz Mateos. El apoyo de México fue amplio, definitivo y manifiesto. Ortiz Mena expresó que la nación mexicana veía la cuestión del Caribe, no como un conflicto entre Estados Unidos y Castro, sino como un desafío de la Unión Soviética a todo el hemisferio occidental y que el gobierno mexicano comprendería y apoyaría la acción de Estados Unidos.

Este lunes 22 de octubre se caracterizó por una gran presión psicológica entre las personas que desempeñaban papeles importantes en la operación y por la cantidad de rumores falsos que circularon. Los iniciados en el secreto de la operación no estaban seguros de que los rusos creyeran todavía que los cohetes ofensivos y las rampas para su lanzamiento no habían sido descubiertos y el escenario era propicio para la difusión y circulación de tales infundios. Ese mismo día, por la tarde, el Ministro de Relaciones Exteriores de la URSS, Andrej Gromyko, emprendería su vuelo de regreso de Washington y había anunciado que haría importantes declaraciones, lo que suscitó una gran preocupación. Dichas declaraciones se limitaron a las usuales de un diplomático que retorna normalmente a su país tras una corta visita. Otra gran preocupación surgió cuando un avión de tipo Iljushin 18 proveniente de la Unión Soviética anunció su aterrizaje en La Habana. Se llegó a proponer que el Presidente no esperara a las siete de la tarde para dirigirse a toda la nación y a la opinión pública mundial, sino que adelantara la hora de la emisión. La gran preocupación del misterioso avión ruso que aterrizaría en La Habana se disipó cuando se supo que dicho avión continuaría su vuelo hacia Río de Janeiro, donde debía recoger el cadáver de un Embajador soviético que había encontrado la muerte allí, mientras se bañaba.

El Jefe de Prensa de la Casa Blanca, Pierre Salinger, empleando todo su dinamismo, había logrado reunir las principales emisoras norteamericanas de televisión y radio y muchas otras situadas estratégicamente, con miras a la difusión sobre la isla de Cuba, en una poderosa cadena que transmitiría el discurso del Presidente a todos los rincones del mundo.

Poco antes de las siete de la tarde, hora a la que el Presidente hablaría al mundo, el Secretario de Estado, Dean Rusk, y el Subsecretario de Estado, George Ball, informaron respectivamente de la declaración de la cuarentena al Embajador de la Unión Soviética en Washington, Anatoly Dobrynin, y a 46 Embajadores de países aliados ante las Naciones Unidas.

La entrevista entre Rusk y Dobrynin se celebró a la seis de la tarde en el despacho de aquél en el Departamento de Estado. Fue un modelo de conversación entre dos antiguos y experimentados diplomáticos. Después de saludarse cortésmente, Rusk, de una manera tan ceremoniosa como natural, entregó a Dobrynin una copia del discurso que habría de pronunciar el Presidente una hora más tarde. Con la misma naturalidad y profesionalismo, el Embajador soviético la recibió y comenzó a leerla. Su rostro no reflejó la más mínima expresión de una sensación cualquiera. Cuando hubo terminado, Rusk le pidió permiso para releer algunas líneas, a lo que Dobrynin accedió. En menos de una hora la entrevista había terminado.

La reunión de George Ball con los Embajadores de los países aliados en la sala de conferencias del Departamento de Estado fue aún más corta. Una vez terminada la reunión, algunos de los Embajadores se quejaron oficiosamente de que debieron haber sido informados con más antelación. Muchos de ellos se quedaron para presenciar la intervención del Presidente ante las cámaras de televisión.

A las 19:00 horas se comenzó a escuchar la voz del Presidente:

> "Buenas noches compatriotas. Como se había prometido, este Gobierno ha mantenido la más estrecha vigilancia sobre la fuerza militar soviética que se está creando en Cuba. En el curso de la pasada semana hemos obtenido pruebas irrefutables de que se está preparando una serie de instalaciones ofensivas en esa isla prisionera. La finalidad de estas bases no puede ser otra que la de proporcionar una capacidad de ataque nuclear contra el hemisferio occidental".

El Presidente expuso detalladamente que a partir del pasado martes había ordenado redoblar la vigilancia y que ahora estaba en posesión de todos los detalles. Había dos tipos de instalaciones ofensivas: uno era de misiles balísticos de alcance medio, capaces de transportar una ojiva nuclear a una distancia de más de mil millas náuticas, radio de acción que comprendía Washington, D. C., el Canal de Panamá, Cabo Cañaveral, Ciudad México, y toda otra ciudad en el sudeste de Estados Unidos, América Central o la zona del Caribe. Agregó que existían otros sitios destinados al lanzamiento de misiles balísticos de alcance intermedio, capaces de alcanzar el doble de la distancia antes mencionada, lo que comprendería lugares como la bahía de Hudson, Canadá y la ciudad de Lima en Perú. También se estaban descargando y montando en Cuba bombarderos de propulsión a chorro, capaces de transportar armas nucleares, mientras se preparaban las necesarias bases aéreas.

Declaró que esta vertiginosa transformación de Cuba en una base con armas de destrucción masiva constituía una amenaza para la paz y una violación flagrante del Pacto de Río de 1947. Declaró asimismo que tal acción era contraria a la tradicional conducta de Estados Unidos y del hemisferio occidental, a la Resolución conjunta del 87º Congreso de Estados Unidos, así como a la Carta de las Naciones Unidas y las advertencias públicas dirigidas por el propio Presidente Kennedy a la Unión Soviética los días 4 y 13 de septiembre pasados. Señaló también que esta acción era contraria a las repetidas seguridades ofrecidas pública y privadamente por voceros soviéticos en el sentido de que las armas que se introdujeran en Cuba tendrían un carácter exclusivamente defensivo, y también a las aseveraciones de que la Unión Soviética no tenía ni la necesidad ni el deseo de estacionar misiles estratégicos en el territorio de ninguna otra nación.

Cada vez que el Presidente Kennedy citaba una declaración soviética que no se ajustaba a la realidad, terminaba expresando, con un tono de voz que tenía la fuerza de un golpe de mandarria: "Esa declaración es falsa". Esto lo aplicó también para finalizar la cita de unas palabras del Ministro de Relaciones Exteriores soviético Andrej Gromyko.

Recordando el fracaso y los peligros de la política de apaciguamiento a toda costa, advirtió: "Los años 1930 nos proporcionan una clara lección: una conducta agresiva, si se permite que siga su curso sin ser frenada, conduce a la guerra. Nosotros cumplimos nuestras promesas. Por lo tanto, nuestro objetivo invariable tiene que ser impedir que estos misiles sean utilizados contra cualquier otro país, y asegurar que habrán de ser retirados o suprimidos del hemisferio occidental", y continuó con una enumeración y descripción de las medidas de seguridad que desde ese momento aplicaría su gobierno. El Presidente Kennedy expuso estas medidas de seguridad en los siete puntos que se reproducen sucintamente a continuación:

> *Primero:* Con el fin de detener la concentración de recursos militares ofensivos se decreta y aplica una estricta cuarentena sobre todos los recursos militares ofensivos que se dirijan hacia Cuba. Toda embarcación de cualquier clase, proveniente de cualquier país o puerto, que navegue con destino a Cuba, si se encuentra que su cargamento comprende armas ofensivas, será forzada a retroceder. Esta cuarentena se ampliará, si es necesario, a otros tipos de carga y medios de transporte. Con ello no se impide el transporte de cargas útiles para la subsistencia del ser humano, como trataron de hacer los soviéticos en su bloqueo de Berlín en 1948.
>
> *Segundo:* He decretado una continua, estricta y creciente vigilancia de Cuba y de los preparativos militares que allí se están realizando. Los Ministros de la Organización de Estados Americanos en su comunicado de 6 de octubre rechazaron todo tipo de secreto que se mantenga sobre esta cuestión en este hemisferio. Si tales

preparativos continúan y la amenaza para este hemisferio aumenta, ulteriores acciones estarán justificadas.

Tercero: Todo misil nuclear lanzado desde Cuba contra cualquier país del hemisferio occidental será considerado por Estados Unidos como una agresión realizada por la Unión Soviética contra Estados Unidos, la cual requerirá la correspondiente acción de represalia contra el agresor.

Cuarto: Como medida de precaución he reforzado la base de Guantánamo, evacuado los familiares del personal de dicha base, y dispuesto que unidades militares adicionales se mantengan de reserva en estado de alerta.

Quinto: Esta noche estamos convocando a una reunión inmediata del Órgano de Consulta de la Organización de Estados Americanos para que considere esta amenaza a la seguridad del hemisferio y el apoyo a toda acción necesaria de conformidad con los artículos 6 y 8 del Tratado de Río. La Carta de las Naciones Unidas permite concertar acuerdos de seguridad regionales, y las naciones de este hemisferio se pronunciaron hace ya mucho tiempo contra la presencia militar de potencias exteriores. Nuestros aliados en otras partes del mundo también han sido alertados.

Sexto: De conformidad con la Carta de las Naciones Unidas pedimos esta noche al Consejo de Seguridad de esta Organización que convoque inmediatamente una reunión con el objeto de tomar medidas contra esta última amenaza de la Unión Soviética a la paz mundial y adoptar una resolución por la que se requiera a la Unión Soviética para que desmantele y retire rápidamente todas las armas ofensivas en Cuba, bajo la supervisión de observadores de las Naciones Unidas, antes de que pueda levantarse la cuarentena.

Séptimo, y en último término: Pido al dirigente Jrushchov que ponga fin a esta clandestina, irresponsable y provocativa amenaza a la paz mundial y a las relaciones estables entre nuestras dos naciones. Le pido asimismo que abandone sus intentos de dominar el mundo y se una al histórico esfuerzo por terminar la peligrosa carrera armamentista y transformar la historia de la humanidad. Ahora tiene la oportunidad de sacar al mundo del abismo de la destrucción y respetar las propias palabras de su gobierno en el sentido de que no tenía necesidad de estacionar misiles fuera de su propio territorio, de retirar estas armas de Cuba (absteniéndose de toda acción que ensanche o profundice la presente crisis) y de participar entonces en la búsqueda de soluciones pacíficas y permanentes.

Esa misma tarde, a las siete y treinta minutos, el Representante de Estados Unidos ante las Naciones Unidas, Adlai Stevenson, presentó al Delegado soviético Valerian Sorin, en su carácter de

Presidente del Consejo de Seguridad durante el mes de octubre, la petición de Estados Unidos de la celebración de una reunión especial del Consejo con el objeto de tratar "una peligrosa amenaza a la paz y a la seguridad, causada por la construcción secreta de rampas de lanzamiento y la introducción, en Cuba, de misiles de largo alcance capaces de transportar ojivas nucleares a casi todas las partes de América del Norte y América del Sur". Stevenson complementó la petición con los cuatro puntos siguientes:

1. Exigir a la Unión Soviética que retire inmediatamente de Cuba sus cohetes y bombarderos.

2. Pedir a U Thant que envíe rápidamente a Cuba un grupo de observadores que deberán confirmar el desmantelamiento de las bases e informar a la organización mundial.

3. Ordenar la terminación de la cuarentena, tan pronto como los observadores confirmen la eliminación de los misiles.

4. Recomendar a Estados Unidos y la Unión Soviética que inicien inmediatamente negociaciones para eliminar toda amenaza subsistente.

Martes 23 de octubre: reacción soviética

La primera reacción del gobierno soviético se produjo cuando, a las tres de la tarde, hora de Moscú, la Agencia Telegráfica de la Unión Soviética (TASS) comenzó a transmitir una declaración del Gobierno, que se recibió en Washington a las ocho de la mañana, donde aún en esa fecha se estaba aplicando la hora de verano. En ese mismo momento, el Embajador americano en Moscú, Foy D. Kohler, recibía del Ministerio de Relaciones Exteriores una copia de dicha declaración, así como una carta del Ministro-presidente Jrushchov[55] para el Presidente Kennedy.

La declaración del gobierno soviético contenía una virulenta acusación contra Estados Unidos, a cuyo gobierno se imputaba la comisión de una inaudita violación del derecho internacional, aparte del delito de piratería y de toda una serie de actos provocativos que podrían culminar en el desencadenamiento de una guerra nuclear. Esto se combinaba con la expresión de fervientes deseos de paz, elogios a los motivos humanitarios y al derecho de defensa del pueblo cubano, y la más rotunda negación de que en Cuba existieran misiles destinados a fines ofensivos.

Sin embargo, en realidad, la reacción de Jrushchov y las eventuales acciones y respuestas de la Unión Soviética eran imprevisibles. Cuando el Secretario de Estado Dean Rusk llegó al Departamento de Estado a las ocho de la mañana de este día, y el Subsecretario, George Ball, que había dormido sobre un sofá en su despacho, lo puso al corriente de la situación, constató que, hasta el presente, no había ocurrido nada verdaderamente grave. Los rusos no habían bloqueado la autopista entre Berlín Occidental y Braunschweig en Alemania Occidental. Tampoco habían atacado las instalaciones de cohetes Júpiter en Turquía, ni habían intentado ejercer presión en la parte oriental del Mediterráneo cerrando el estrecho de los Dardanelos, como algunos habían vaticinado. Unos minutos después comenzó a recibirse la larga y elaborada transmisión de la agencia de prensa TASS a que se ha hecho

55 En esta obra se utiliza el término Ministro-presidente como una forma abreviada de Presidente del Consejo de Ministros.

referencia. No hacía alusión alguna a una posible reacción soviética. Se limitaba a reiterar su acostumbrada cantilena de que los cohetes soviéticos en Cuba tenían un carácter exclusivamente defensivo.

En esos momentos el Presidente Kennedy ya contaba con el apoyo de sus aliados occidentales. De Gaulle había apoyado decididamente la reacción americana, y así se lo había comunicado expresamente a Dean Acheson el día anterior. El Primer Ministro británico Harold Macmillan había llamado personalmente a Kennedy, desde Londres, para comunicarle que podía contar con su ayuda. El Canciller Konrad Adenauer, cuyo país, por su posición geográfica y los antecedentes históricos recientes, era el más expuesto a una reacción soviética, no había quedado muy satisfecho tras la conversación sostenida con el Embajador Dowling el día anterior. En cambio, después de la visita de su viejo amigo Dean Acheson, a quien apreciaba en sumo grado y consideraba "el gran combatiente de la Guerra Fría", el Canciller Adenauer quedó mucho más reconfortado y dispuesto a apoyar la acción de Estados Unidos. Tras su entrevista con Adenauer, antes de regresar a Washington, Acheson conversó también con el Ministro de Defensa, Franz Josef Strauß, quien, si bien en el curso de su actuación política tuvo convergencias y divergencias con el gobierno de Adenauer, era en aquel entonces, y continuó siéndolo durante muchos años, un importantísimo factor en la vida política de la República Federal de Alemania.

Después de las palabras del Presidente Kennedy por las que se plantea a la opinión pública la crisis del Caribe y se anuncia la imposición de la cuarentena, dos focos de interés cobran una enorme importancia: la opinión pública mundial, sobre todo en los países aliados de Estados Unidos, y la actitud de la Organización de Estados Americanos.

La opinión pública mundial estaba más dividida de lo que pudiera pensarse. En el Reino Unido, país aliado de Estados Unidos por excelencia, la reacción de los principales periódicos fue muy inquietante. El periódico *Daily Mail*, considerado como archiconservador, calificó el bloqueo como un "acto bélico". En su sección editorial se leía: "El mundo temerá que Kennedy se guíe más por sus emociones, que por los motivos propios de un hombre de estado. ... El peligroso curso que han tomado los acontecimientos hay que detenerlo, antes de que sea demasiado tarde".

El periódico *Daily Telegraph*, conservador, aunque no tanto como el *Daily Mail*, concedió que los británicos podrían comprender "que el Presidente Kennedy no tolere una concentración de recursos militares en su traspatio", pero que era asimismo lamentable que, "con su declaración, haya causado un sobresalto no sólo a sus enemigos". El *Guardian*, diario de tendencia liberal, se atrevió a predecir un contragolpe soviético sobre las bases de cohetes Júpiter en Turquía. Y agregó: "Es posible que los americanos lleguen a comprender que, finalmente, han prestado un mal servicio a su causa y a sus intereses".

La reacción de la prensa londinense alarmó en tal forma al Embajador americano David Bruce, que éste solicitó urgentemente de Washington permiso para llevar a los periódicos y estaciones de televisión las fotografías y el material de que se disponía, para que fuera publicado.

La reunión de la Organización de Estados Americanos para conocer de la petición formulada por el gobierno de Estados Unidos estaba convocada para las nueve de la mañana de ese mismo día, martes 23 de octubre. El Secretario de Estado, Dean Rusk, asumió personalmente la presidencia de la Delegación estadounidense a dicha Organización, la cual, en otro caso, hubiera recaído sobre el Secretario Asistente para Asuntos Interamericanos, Edward ("Ed") Martin, quien había realizado una intensa y eficaz labor en la preparación de esa reunión y el sondeo de los Delegados de los demás países participantes en la OEA.

La cuestión del apoyo de la cuarentena impuesta por Estados Unidos, por parte de la Organización de Estados Americanos (OEA), era importantísima porque, si esta organización apoyaba el bloqueo, como lo llamaban los rusos, o la cuarentena, como la llamaban los americanos, ésta no podía ser considerada un acto bélico o agresivo. El día anterior, ante las cámaras de televisión, el Presidente Kennedy había anunciado la cuarentena, pero todavía no la había decretado oficialmente. Para hacerlo, esperaba contar con el previo apoyo de la OEA. ¿Pero qué ocurría, en particular, con esta sesión de la OEA? Sencillamente, que los Delegados de los distintos países no sabían exactamente lo que estaba sucediendo y no tenían instrucciones precisas de sus gobiernos sobre la forma de votar, pues el Presidente Kennedy había anunciado la cuarentena después de las siete de la tarde del día anterior y esta reunión de la OEA había comenzado a las nueve de la mañana del día siguiente.

En realidad, el Departamento de Estado americano, y especialmente el Secretario Asistente para Asuntos Interamericanos, Ed Martin, habían sondeado la opinión de los gobiernos de los países latinoamericanos y podían contar con un acuerdo favorable, pero la proporción de votos favorables que se obtendrían era extremadamente importante. Asimismo, se consideraba que un acuerdo en apoyo de la cuarentena, tomado por unanimidad, caía dentro de los confines de la utopía.

Desde el inicio de la reunión los Delegados exigieron que se les facilitaran los medios para comunicarse telefónicamente con sus respectivos gobiernos. Ed Martin ya había previsto esto y había asegurado que se pusiera a su disposición una gran cantidad de líneas telefónicas, con este objeto. Sin embargo, las comunicaciones con algunos de los países latinoamericanos estaban ese día en pésimas condiciones.

Durante la reunión, los Delegados se mantuvieron constantemente yendo a las cabinas telefónicas y viniendo de ellas. Había dos delegados cuyos votos preocupaban a Dean Rusk y la Delegación americana. Uno era Emilio Oribe, el Delegado de Uruguay. El otro era Emilio Sarmiento Carruncho, el Delegado de Bolivia. Oribe era un médico, profesor eminente de la Universidad de Montevideo, que se había destacado tanto, o más aún, en el campo de las letras, donde era conocido como un distinguido y fecundo poeta. El Delegado de Bolivia, Emilio Sarmiento, había recibido instrucciones concretas de boicotear todas las sesiones de la Organización de Estados Americanos; la motivación de estas instrucciones había que buscarla en un incidente fronterizo que no tenía relación alguna con la crisis del Caribe.

Después de una larga espera, le avisaron a Emilio Sarmiento que se había logrado establecer comunicación con La Paz. Cuando le pasaron el teléfono y comenzó a hablar, se percató de la pésima calidad de la comunicación. Todo intento de conversación terminaba con una serie de chasquidos y en definitiva la línea quedaba muerta. La misma suerte corrieron los intentos de Emilio Oribe para comunicarse con su gobierno en Montevideo. Pocos minutos antes de las cinco de la tarde se pasó a la votación. El Delegado de Uruguay, Emilio Oribe, al no haber podido comunicarse con su gobierno, se abstuvo de votar, como había expresado oficiosamente. El Delegado de Bolivia, Emilio Sarmiento, a pesar de que no pudo comunicarse con su gobierno y de que previamente se le habían impartido instrucciones expresas de boicotear las sesiones de la OEA, votó "Sí". A las siete de la tarde se anunció el resultado de la votación: 19 votos en favor del apoyo a la acción americana, cero votos en contra, y una abstención. ¡La Organización de Estados Americanos *aprobaba por unanimidad*[56] una Resolución en apoyo de la cuarentena decretada por el Presidente Kennedy! ¡Dean Rusk lo estaba viendo con sus propios ojos, y apenas lo creía!

El discurso de Kennedy por el que se anunciaba la cuarentena fue como las advertencias de "¡En sus marcas!" y "¡Listos!" del juez principal en una carrera cien metros planos, pero este acuerdo por unanimidad de la OEA fue el disparo de ese juez para que los corredores partieran efectivamente. Como hora de comienzo de la aplicación de la cuarentena se fijó las diez de la mañana del día siguiente, miércoles 24 de octubre. Se informó inmediatamente al Representante de Estados Unidos ante las Naciones Unidas, Adlai Stevenson, de la susodicha aprobación por unanimidad. No se olvidó dar instrucciones al Embajador americano en La Paz para que, cuanto antes, expresara su agradecimiento al gobierno boliviano por la demostración de que estaba dispuesto a poner en un segundo plano cuestiones de índole nacional cuando la Organización de Estados Americanos actuaba en interés de la colectividad ante la amenaza de un peligro común para el hemisferio occidental. Con esto, Rusk destacó la encomiable actitud del Embajador Emilio Sarmiento.

56 El acuerdo debía tomarse por una mayoría de dos tercios. Pertenecían a la OEA en esa época 20 países, pues Cuba había sido excluida de dicha Organización el 31 de enero de 1962, por la Resolución VI tomada en la Octava Reunión de Consulta de Ministros de Relaciones Exteriores de la OEA, celebrada en Punta del Este (Uruguay).

Mientras esto ocurría en Washington, sucesos conexos se estaban produciendo en Nueva York, Moscú y La Habana. En Nueva York, el Consejo de Seguridad de las Naciones Unidas[57] estaba reunido para conocer de la petición formulada el día anterior por el Presidente Kennedy. Para el tratamiento de la cuestión planteada al Consejo de Seguridad se había previsto en el orden del día que el primer turno en el uso de la palabra correspondiera al miembro que había planteado la cuestión, Estados Unidos, y que el segundo turno correspondiera a la representación de Cuba, que era la nación contra la que se había decretado la cuarentena. Luego seguirían las intervenciones de los demás miembros que así lo solicitaran.

En La Habana había dos personas que seguían atentamente, minuto por minuto, el desarrollo de los debates en esta sesión del Consejo de Seguridad de las Naciones Unidas. Uno era Fidel Castro. El otro era el Ministro de Relaciones Exteriores Raúl Roa García. En esos mismos instantes, en la ciudad de Nueva York, en la sesión del Consejo de Seguridad, el Representante de Estados Unidos, Adlai Stevenson, comenzaba su intervención, en la que fustigaría implacablemente al gobierno de la Unión Soviética. A los pocos minutos, el Subsecretario americano para las Organizaciones Internacionales, Harlan Cleveland, discreta pero visiblemente, deslizó una nota sobre la mesa, sentado frente a la cual pronunciaba su discurso Adlai Stevenson. Éste hizo una pausa en su exposición. Tomó la nota. La leyó para sí y, seguidamente, la presentó a la sesión, leyéndola en alta voz, con el fin de que constara en el acta de la sesión. La nota contenía la Resolución que acababa de dictar la Organización de Estados Americanos, por unanimidad, en apoyo de la cuarentena anunciada por Estados Unidos.

57 De acuerdo con la Regla de Procedimiento número 18 para las sesiones del Consejo de Seguridad de las Naciones Unidas, la presidencia de este órgano es ejercida por los miembros del Consejo de Seguridad durante un mes calendario, en turno, según el orden alfabético de sus nombres en el idioma inglés. Durante el mes calendario octubre de 1962, el ejercicio de la presidencia correspondía a la Unión Soviética.

La intervención de Stevenson fue brillante y triunfal. La alusión a la flamante Resolución de la OEA produjo un gran efecto en la reunión. Pero veamos ahora lo que estaba sucediendo en La Habana, donde habíamos dejado a Fidel Castro y Raúl Roa García, quienes seguían la mencionada sesión y esperaban que continuara ahora con el discurso del Representante de Cuba ante el Consejo de Seguridad, Mario García Incháustegui.

Mario García Incháustegui, a quien ya tuvimos ocasión de referirnos en el primer tomo de esta obra, era compañero de curso de Fidel Castro y de mi hermano Benito en la Escuela de Derecho de la Universidad de La Habana. Los tres eran muy buenos amigos. La familia de Mario tenía una posición económica desahogada. Después de graduados los tres en 1950, Mario había obtenido, por oposición, una plaza de juez. Después del golpe de estado de Batista en 1952, Mario fue de los pocos funcionarios del poder judicial que se negaron a firmar los Estatutos Constitucionales dictados por Batista, y emigró a Venezuela. Allí se lo encontró Fidel Castro en su primer viaje al extranjero, en enero de 1959, lo convidó a regresar a Cuba y promovió su nombramiento como Embajador en Uruguay. Mario, al igual que mi hermano Benito, siempre tuvo ideas de izquierda, aunque nunca perteneció al antiguo Partido Comunista de Cuba. Siendo Embajador en Uruguay, Mario propició algunas manifestaciones y disturbios callejeros. No sé si llegaron a declararlo persona no grata, pero lo cierto fue que tuvo que abandonar su cargo. Poco después fue nombrado Representante de Cuba ante las Naciones Unidas.

Ahora, en La Habana, Fidel Castro esperaba el discurso de Mario García Incháustegui ante el Consejo de Seguridad de las Naciones Unidas en Nueva York. La sesión del Consejo de Seguridad continuó, pero cuál no sería la sorpresa de Castro, y de Roa, cuando oyeron que se concedía el uso de la palabra al Representante de la Unión Soviética, Valerian Sorin. Castro tenía un vivo interés, como veremos más adelante, en que el Representante de Cuba hablara antes que el Representante de la Unión Soviética, como estaba previsto en el orden del día de la reunión. Al no ocurrir esto, se hizo comunicar inmediatamente con Raúl Roa en el Ministerio de Relaciones Exteriores. Enfurecido, le preguntó a Roa por qué razón Mario García Incháustegui no había hablado en el turno que le correspondía, es decir, por qué no había sido el primero en responder a Stevenson, como estaba previsto en el orden del día, por ser el representante de la nación afectada por el bloqueo.

Para Fidel Castro, el hecho de que el Representante de la Unión Soviética respondiera a Stevenson antes que el Representante de Cuba equivalía a situar a la Unión Soviética como el país afectado principalmente por la cuarentena, cuando ésta había sido decretada contra Cuba. Eran los barcos que se dirigieran a Cuba, cualquiera que fuera su nacionalidad, los que serían interceptados. Para Castro, el bloqueo debía ser visto por el mundo como un conflicto entre Estados Unidos y Cuba, o mejor aún, si fuera posible, como un conflicto entre Estados Unidos y Fidel Castro, y para eso era esencial que el primer país que respondiera a la "agresión americana" fuera Cuba, no la Unión Soviética.

Además, existían otros dos poderosos motivos para que Fidel Castro estuviera entusiasmado y especialmente interesado en que fuera Mario García Incháustegui el primero que respondiera al Representante americano:

a) Cuando en las últimas horas de la tarde del lunes 22 octubre Stevenson presentó al Delegado soviético Valerian Sorin, en su carácter de Presidente del Consejo de Seguridad durante el mes de octubre, la petición de Estados Unidos de la celebración de una reunión especial del Consejo con el objeto de tratar "una peligrosa amenaza a la paz y a la seguridad, causada por la construcción secreta de rampas de lanzamiento y la introducción, en Cuba, de misiles de largo alcance capaces de transportar ojivas nucleares a casi todas las partes de América del Norte y América del Sur", había ampliado la petición con cuatro puntos, en el segundo de los cuales se leía: "Pedir a U Thant que envíe rápidamente a Cuba un grupo de observadores que debía confirmar el desmantelamiento de las bases e informar a la organización mundial". Castro estaba medularmente opuesto a todo tipo de desembarco de observadores de las Naciones Unidas en Cuba. Incluso su hermano Raúl en esos días llegó a decir: "Si los observadores de las Naciones Unidas quieren desembarcar en Cuba, que lo hagan con los cañones desenfundados".

b) El discurso de Mario García Incháustegui había sido preparado bajo la dirección de Roa y leído, releído, y cuidadosamente revisado por el propio Fidel Castro, quien quería dejar claramente expuesto que rechazaba totalmente el bloqueo, y se oponía resueltamente al desembarco de observadores de las Naciones Unidas en Cuba.

A la intempestiva indagación de Castro, Roa le respondió tan francamente como brusca había sido la pregunta: "Si Mario García Incháustegui no habló en el turno que le correspondía fue porque no le dio la gana. Anoche mismo hablé con él por teléfono y quedó convenido que él tenía que hablar en el segundo turno, antes que el ruso. No sé lo que puede haber pasado. Sospecho que el ruso le haya pedido que le cediera el turno para hablar primero, y ese *come******* se lo cedió. Todo esto se va aclarar muy bien. Esa es una falta muy grave". Fidel Castro, no lo dejo terminar de hablar. Le dijo que eso no era una falta grave, sino un delito de alta traición, y que, si eso era cierto, había que destituirlo inmediatamente, y traerlo para exigirle responsabilidad.

Lo que había pasado en el Consejo de Seguridad era exactamente eso. Durante su estancia en Nueva York, Mario García Incháustegui había trabado una gran amistad con Valerian Sorin. Más que amistad, Mario llegó a tener un profundo respeto, admiración, y hasta veneración, por este diplomático, a quien llegó a considerar como un modelo. Valerian Sorin era, en primer lugar, un cuarto de siglo más viejo que Mario (que apenas tenía 35 años), y era miembro del Partido Comunista de la Unión Soviética desde antes de que Mario naciera. En realidad, Mario, que acostumbraba a consultar y cambiar impresiones con Sorin, en una de sus conversaciones con éste se dejó convencer de la conveniencia de coordinar los discursos de ambos de manera que el Representante soviético hablara primero y él después. Y así sucedió.

García Incháustegui, sin consultar con Roa, cedió su turno a Sorin. Éste habló primero. Como era de esperar, negó la existencia de armas ofensivas en Cuba, expresó que la Unión Soviética no tenía nada que ocultar en Cuba y que estaba dispuesta a que observadores de las Naciones Unidas comprobaran tales instalaciones. Señaló que la conducta y las medidas tomadas por Estados Unidos violaban la Carta de las Naciones Unidas y presentó una propuesta de resolución en la que se pedía al Consejo de Seguridad que condenara dichas medidas de seguridad.

A la intervención de Sorin siguió la del Representante de Cuba, Mario García Incháustegui. Fue una acometida candente contra

Estados Unidos. Calificó la cuarentena de "acto criminal". En su vida particular Mario era un joven muy sencillo, de carácter tranquilo, pero cuando se emocionaba era sumamente expresivo y en muchas ocasiones sus emociones impedían que ejerciera un control adecuado sobre su propia persona. Esto ocurrió en su intervención ante el Consejo de Seguridad, sobre todo cuando aseguró, prometió y juró que Cuba nunca permitiría la presencia de observadores ni inspectores en su territorio. Esto último debilitó el anterior discurso de Sorin, quien había recalcado que la Unión Soviética no tenía nada que ocultar y permitía que sus instalaciones fueran inspeccionadas por observadores de las Naciones Unidas. Este era precisamente el punto que Fidel Castro quería que Mario expusiera, como Representante de Cuba, en primer término, es decir, *antes* de que hablara Sorin. La posición de Sorin quedó debilitada, pero la Unión Soviética hubiera salido aún en peor posición si Mario García Incháustegui hubiera hablado antes que Sorin. García Incháustegui fue destituido inmediatamente de su cargo.

Algunos historiadores, cuando analizan estos hechos y observan que Mario García Incháustegui fue destituido inmediatamente después de que produjo su fogoso ataque contra Estados Unidos, cometen el error de atribuir su destitución a la virulencia del ataque. Por ejemplo, Elie Abel, en su obra *The missile crisis*, uno de los libros más completos escritos sobre la crisis de los misiles, al referirse a este incidente escribe: "Evidentemente, (*García Incháustegui*) había ido demasiado lejos. Una semana después Castro lo hizo retornar a La Habana". En realidad, Mario García Incháustegui no fue destituido por haber atacado demasiado a Estados Unidos, sino por no haberlo atacado inmediatamente, como le correspondía, es decir, como segundo orador, en su carácter de representante de la nación afectada principalmente por la imposición de la cuarentena, y haberle cedido su turno, como segundo orador, al Embajador soviético.[58]

Miércoles 24 de octubre: la cuarentena en ejecución

En Washington se fijó las 10 de la mañana del miércoles 24 de octubre como el día y hora en que entraría en aplicación la cuarentena, pero ya desde antes del anuncio de ésta por el Presidente Kennedy frente a las cámaras de televisión, la Marina americana había recibido la orden de comenzar a acercar sus unidades a las posiciones que deberían ocupar cuando comenzara a aplicarse la cuarentena. En el momento del anuncio de la cuarentena por el Presidente Kennedy navegaban veinticinco buques con rumbo a Cuba.

En Moscú se había constituido un órgano (del cual se sabe muy poco) similar al Comité Ejecutivo que funcionó extraoficialmente en Washington. Jrushchov, sorprendido por la vigorosa reacción americana, después de su respuesta inicial en la que calificó el bloqueo americano de acto de piratería que violaba de la Carta de

---

58 En esa época yo estaba en Cuba y hablé con Mario en varias ocasiones. Me dijo que, hasta donde llegaban sus conocimientos, él era el único Embajador cubano que había sido destituido en el ejercicio de su cargo y había regresado a Cuba. Me contó que, en su conversación con Fidel Castro a su regreso, le dijo a éste algo así como lo siguiente: "Yo no nací comunista. Todo lo contrario. Pero sí te aseguro que moriré siendo comunista. Sé que cometí un grave error. Eso se debió a que no estaba bien formado como un verdadero comunista. Exijo que, después de que me castiguen, me metan en una Escuela de Instrucción Revolucionaria y, cuando consideren que esté bien formado me permitan trabajar por la Revolución. Así ocurrió. Mario asistió a una tal escuela durante cierto tiempo y volvió a ser designado para el ejercicio de altos cargos en los Ministerios de Comercio Exterior y Relaciones Exteriores. Mario estaba casado con Gladys Delgado, bella e inteligentísima estudiante de la Escuela de Filosofía y Letras de la Universidad de La Habana, hermana de Mario y "Kilo" Delgado, compañeros míos del equipo de fútbol americano de la Universidad. En los años 70, estando Mario ejerciendo de nuevo funciones internacionales para el gobierno de Castro, él y Gladys murieron en un accidente de aviación. El avión en que volaban cayó en el océano. Afortunadamente, sus hijos no viajaban con ellos ese día.

las Naciones Unidas, trató de ganar tiempo para coordinar su plan de acción. Con esta finalidad dio los tres pasos siguientes:

1. Respondió rápidamente a una carta que el filósofo inglés Bertrand Russell había enviado por cable, tanto al Presidente de Estados Unidos como al Ministro-presidente de la Unión Soviética, y que contenía un llamamiento a la paz. Jrushchov aprovechó su respuesta al conocido filósofo para introducir un aspecto conciliador, al proponer la celebración de una conferencia en la cumbre, donde se ventilaría el problema y se trataría de eliminar el peligro de una guerra nuclear. Sin embargo, el párrafo principal de su respuesta lo cerró con una oración amenazante: "Mientras los misiles nucleares no hablen, debe ser posible evitar una guerra."[59]

2. Movió sus peones dentro de los países no alineados para que éstos pidieran la intervención de las Naciones Unidas en la peligrosa divergencia entre las dos grandes potencias. A las dos de la tarde de este día, el Secretario General en funciones de las Naciones Unidas, U Thant, atendiendo a las peticiones de varias Delegaciones de países no alineados, se decidió a intervenir. A este efecto dirigió a Kennedy y a Jrushchov notas de idéntico tenor por las cuales se les instaba a parar respectivamente la cuarentena y el envío de armas, durante un período inicial de dos a tres semanas y, respondiendo a las demandas de un gran número de países miembros, les hacía este llamamiento, al mismo tiempo que se ofrecía para prestar los mejores servicios a las partes interesadas. Jrushchov respondió ese mismo día. Kennedy aplazó su respuesta para el día siguiente.

---

59 A la carta de Bertrand Russell respondió brevemente el Presidente Kennedy señalando que el problema se estaba tratando en las Naciones Unidas y que, mientras en su mensaje se criticaba a Estados Unidos, nada se decía de su inquietud por la secreta concentración de misiles soviéticos en Cuba. Al final se leía: "Usted debería dirigir su atención al ladrón, no al que lo atrapó. John F. Kennedy".

3. Ese miércoles se encontraba en Moscú un conocido hombre de negocios americano, William Knox, presidente de la compañía Westinghouse International, a la que pertenecía el gigantesco consorcio americano *Westinghouse.* Knox tenía relaciones de amistad con el Secretario de Estado Dean Rusk, a quien había conocido cuando ambos vivían en Scarsdale, un pequeño pueblo del estado de Nueva York. Este viaje de Knox a Moscú no tenía por objeto la discusión de planes comerciales con importantes figuras del gobierno, sino una simple negociación sobre patentes con una empresa comercial estatal rusa. En eso se encontraba ocupado el señor Knox cuando recibió una gran sorpresa: una invitación para visitar al Ministro-presidente Jrushchov a las tres de la tarde. En dicha visita, Jrushchov encomendó a Knox comunicar al gobierno americano un mensaje bastante amenazante, pues advertía que sus submarinos atacarían los barcos americanos que intentaran detener o abordar un barco soviético en aguas internacionales. Al día siguiente William Knox regresó a Estados Unidos, donde se entrevistó con su amigo Dean Rusk y cumplimentó el encargo que se le había confiado, el cual, dicho sea de paso, no tuvo mayores consecuencias.

¿Y qué puede decirse sobre las medidas que habrían de tomarse con relación a los submarinos soviéticos? Tales medidas no se mencionan específicamente en los documentos oficiales que se dieron a la publicidad. En las primeras horas de la noche de ese mismo miércoles 24 de octubre, el Secretario de Defensa, Robert McNamara, y el Subsecretario Roswell Gilpatric, visitaron al Almirante George W. Anderson, hijo, Jefe de Operaciones Navales de Estados Unidos, en el Pentágono. El Almirante Anderson mostraba a sus visitantes los diversos medios, equipos y facilidades con que contaba el *Anillo E*, es decir, el anillo exterior de los cinco que forman la estructura de la edificación. Cuando se detuvieron ante una enorme bola del mundo, el Almirante explicó que los barcos cuyas representaciones se veían sobre su superficie estaban exactamente en esas mismas posiciones en esos instantes. A McNamara le llamó la atención que uno de los barcos que se veían sobre la superficie de esa gran esfera estaba bastante alejado del grupo formado por los demás. Para satisfacer su curiosidad, preguntó a Anderson: "¿Y qué hace ese barco solitario allá arriba?". El Almirante no le respondió inmediatamente. Unos minutos después, cuando ninguna de las personas presentes podía oírlo, le dijo: "El barco a que usted se refería está siguiendo un submarino que hemos detectado. No queremos perder sus coordenadas antes de terminar nuestra misión"[60].

Este miércoles 24 de octubre se caracterizó por un gran aumento de la presión psicológica. Debe tenerse en cuenta que el pueblo americano había estado viviendo hasta este día en un clima electoral normal. Las elecciones legislativas estaban señaladas para el 6 de noviembre. Tanto el Presidente como el Vicepresidente habían asistido a actos que formaban parte de la campaña electoral usual en ese tipo de elecciones. Ese día el Presidente Kennedy, en una reunión con el Comité Ejecutivo, ordenó la anulación de todos los actos previstos en el marco de la campaña electoral con miras a las elecciones legislativas del 6 de noviembre, a los que debía asistir el Presidente o el Vicepresidente. Ordenó asimismo que esta disposición fuera igualmente observada por los miembros del Gabinete. También se reunió con los líderes del Congreso y les

60 Después de terminada la crisis del Caribe se supo que, antes de la declaración de la cuarentena, la Marina ya había detectado varios submarinos soviéticos y los seguían cuidadosamente, pues podían ser más peligrosos que las instalaciones ofensivas en Cuba.

advirtió que podían regresar a sus respectivas localidades, pero debían mantenerse listos para presentarse en la Casa Blanca dentro de un plazo de ocho horas.

Esa misma noche, el Subsecretario de Defensa, Arthur Silvestre, dio una noticia que permitió respirar con más sosiego: de los veinticinco barcos que navegaban hacia Cuba, algunos habían cambiado de rumbo.

Jueves 25 de octubre: los primeros barcos

Este día comenzó muy bien para el Presidente Kennedy. La cuarentena había sido aprobada por unanimidad de los Representantes de las naciones pertenecientes a la Organización de Estados Americanos que votaron, es decir, 19 votos a favor y ninguno en contra, pero Uruguay se había abstenido de votar. Poco después Uruguay anunció que apoyaba la Resolución por la que se aprobó la cuarentena, con lo que Estados Unidos contaba ahora con la aprobación de todos los países pertenecientes a la OEA. Además, ocho de estos países le ofrecían una cooperación material de diversas formas en una gama que se extendía desde la utilización de sus puertos y aeropuertos, hasta el envío de tropas y barcos.

La zona a la que se aplicaba la cuarentena estaba definida por dos circunferencias imaginarias trazadas sobre la superficie del globo terrestre, una con centro en la Punta de Maisí, en el extremo oriental de Cuba, y la otra con centro en la ciudad de La Habana, ambas con un radio de ochocientos kilómetros. Estas dos circunferencias se cortan en dos puntos de la superficie del globo terrestre, de los cuales el más interesante es el que se encuentra en el océano Atlántico, al norte de las islas Bahamas. Los dos arcos de circunferencia sobre el Atlántico, que se cortan en este punto, delimitan la zona a la que se aplicaba la cuarentena decretada por el gobierno de Estados Unidos contra Cuba.

A la vista de un militar experto en este tipo de operaciones, la zona sobre la que se decretaba la cuarentena podía parecer innecesariamente extensa. Podría considerarse que el mismo resultado se obtendría estableciendo, para la aplicación de la cuarentena, una zona mucho menos extensa. Sin embargo, dado que el Estado Mayor Conjunto americano sabía que Castro había recibido y tenía en operación una cantidad de aviones soviéticos modernos, prefirió asegurar que las operaciones propias de la cuarentena se realizaran a una distancia relativamente grande de la isla de Cuba, a fin de estar en condiciones de poner fuera de combate los aviones enemigos antes de que éstos pudieran atacar la flota americana.

A las ocho de la mañana, o sea, casi un día después de haberse puesto en aplicación la cuarentena, el buque tanque soviético *Bucarest* hizo su aparición ante la cadena de barcos de guerra americanos. El *Bucarest* se identificó por radio e hizo una declaración pormenorizada de la carga que transportaba, la cual estaba constituida exclusivamente por combustible. Entre el Presidente Kennedy y el Pentágono se habían acordado las disposiciones que habrían de seguirse; se había previsto que los barcos que pretendieran penetrar en la zona de la cuarentena tuvieran tiempo suficiente para recibir instrucciones de Moscú. El *Bucarest* atravesó la cadena de buques de guerra americanos, penetró en la zona de la cuarentena y continuó su viaje hacia Cuba sin ningún otro incidente.

Media hora más tarde, en otro lugar de la cadena de buques de guerra americanos, bastante más hacia el oeste, apareció otro barco; se trataba del buque de pasajeros *Völkerfreundschaft*, de la República Democrática Alemana, que llevaba a bordo un grupo de veinte estudiantes con destino a La Habana y transportaba una carga de tipo ordinario. Este barco también atravesó la cadena de buques de guerra americanos, penetró en la zona de la cuarentena y continuó su viaje sin ningún otro incidente.

En cuanto al paso a través de la cadena de buques de guerra americanos por los barcos que navegaban con rumbo a Cuba, Kennedy había tomado precauciones para asegurar que toda noticia de este tipo fuera dada a la publicidad únicamente por el Pentágono. No obstante, ese mismo día, apenas tres horas después de haber penetrado el *Bucarest* en la zona de la cuarentena, las estaciones de radio y televisión dieron dicha noticia, para lo cual se basaron en una información suministrada por el Representante a la Cámara Republicano James Van Zandt. Cuando el Presidente Kennedy se enteró de esto por boca de su amigo, el Jefe de Prensa de la Casa Blanca, Pierre Salinger, sufrió un gran disgusto, no solamente porque se habían incumplido las medidas de precaución tomadas a este respecto, sino, más que nada, porque la noticia provenía de un Representante a la Cámara Republicano que aspiraba a Senador en las próximas elecciones legislativas (¡para las que sólo faltaban once días!) ¿Cómo había sido posible eso? Kennedy lo averiguó. Ese mismo jueves, Thomas Hughes, representante del Jefe del Departamento de Inteligencia del Departamento de Estado, había recibido por misión volar de Washington a Nueva York y de allí a Chicago para reunirse con miembros del Congreso. En la reunión de Nueva York, Hughes conversó con Nelson Rockefeller y Richard Hughes, Gobernadores de Nueva York y New Jersey, respectivamente, y les reveló que el *Bucarest* había entrado en la zona de la cuarentena. En dicha reunión, el Representante a la Cámara James van Zandt se enteró, por alguno de los mencionados Gobernadores, de la noticia del *Bucarest*, y el deseo que tenía de ganar el escaño de senador era tan grande, que corrió hacia la primera estación de televisión que encontró y lanzó al aire la noticia. Pese a su esfuerzo, dicho candidato Republicano a senador fue derrotado por su adversario Demócrata en las elecciones legislativas del 6 de noviembre.

Pocos minutos antes del mediodía, el Subsecretario de Defensa, Arthur Silvestre, precisaba su informe de la noche anterior: de los veinticinco barcos que navegaban con rumbo a Cuba, doce habían cambiado de rumbo.

No obstante, las intenciones del gobierno de la Unión Soviética y especialmente de Nikita Jrushchov no podían conocerse con exactitud. En la tarde de este día, numerosos jóvenes desfilaron frente a la Embajada americana en Praga exhibiendo carteles en que se acusaba a Estados Unidos. Inclusive llegaron a arrancar y destrozar la bandera americana que ondeaba sobre la Embajada y romper algunos de los vidrios de sus ventanas. En Londres, muchos periódicos condenaban el bloqueo. En la prensa internacional, en muchos periódicos se pedía a las dos grandes potencias cordura y discernimiento y se les invitaba a sentarse a una mesa y buscar una solución que permitiera a ambas salvar la cara, pues se consideraba que la introducción de los misiles rusos en Cuba era comparable a lo que los americanos habían hecho a los rusos cuando les instalaron los misiles Júpiter en Turquía. En un artículo de un columnista de un país no alineado se llegó a decir que Cuba era un país independiente, que en su territorio no debería haber bases militares de ningún otro país, y que tanto los rusos como los americanos debían desmantelar sus bases, recoger sus armas y sacarlas de Cuba, junto con todos sus soldados.

El llamamiento dirigido por U Thant a las dos grandes potencias había sido contestado inmediatamente por Jrushchov, pero Kennedy no lo había contestado todavía. Fue a las dos y cuarto de la tarde de este día cuando se decidió a hacerlo. La respuesta de Jrushchov había sido corta y estaba redactada en un tono positivo, bastante conciliador. En cambio, en la respuesta de Kennedy se recalcaba que la única solución era la retirada de las armas ofensivas introducidas por la Unión Soviética en Cuba. En ella se leía:

> "Excelencia,
>
> Sé honrar el espíritu en que ha sido escrito Su mensaje.
>
> Como hemos expresado ayer claramente en el Consejo de Seguridad, el presente peligro ha sido creado por la introducción secreta de armas ofensivas en Cuba. Por lo tanto, la solución sólo puede consistir en la retirada de estas armas.
>
> En Su mensaje y en Su aclaración ante el Consejo de Seguridad de ayer por la noche, Usted ha hecho ciertas propuestas y promovido negociaciones preliminares en las que debe determinarse si existe la perspectiva de una solución pacífica.
>
> El Embajador Stevenson está dispuesto a discutir con Usted estos arreglos.

> Yo sólo puedo asegurarle que nos esforzamos honrosamente en encontrar una solución satisfactoria y pacífica del problema.
>
> John F. Kennedy

Una vez que el Secretario General de las Naciones Unidas tuvo en su poder las respuestas de las dos grandes potencias, dio un nuevo paso de avance y emitió un segundo llamamiento. A las 4 y 26 minutos de la tarde instó a ambas partes a que trataran de evitar un enfrentamiento directo en alta mar. U Thant pidió a Jrushchov garantías de que en el futuro cercano, los barcos soviéticos con rumbo a Cuba evitaran entrar en la zona de bloqueo, "… con el fin de permitir conversaciones directas sobre las modalidades de un acuerdo para la solución del problema en el marco de la Carta de las Naciones Unidas".

El peligro de una agravación del conflicto y del desencadenamiento de una guerra, probablemente nuclear, nunca fue mayor que en este momento. Todavía no se había intentado abordar ningún barco. Kennedy había procedido con gran tacto y había tomado muchas precauciones, que McNamara comunicaba inmediatamente al Almirante Anderson. No obstante, había que comenzar a abordar barcos. Lo ideal era comenzar por un barco que no perteneciera al bloque soviético, por las peligrosas consecuencias que traería un posible hundimiento. Evidentemente, tampoco era conveniente empezar por un barco de un país aliado. Se decidió comenzar por un barco neutral.

La sesión celebrada esa tarde por el Consejo de Seguridad fue muy movida. Se produjo un debate entre Stevenson y Sorin, en el que el primero interrogó al segundo acremente, como si fuera un fiscal que se ensañara en la acusación de un odioso criminal, y en el que éste se defendió con la misma rudeza.

Dicha reunión se suspendió a las siete y media de la tarde, para que el Secretario General pudiera discutir la situación con los americanos, los rusos y los cubanos.

Viernes 26 de octubre: primer abordaje

Una de las cuestiones que más se había discutido en el Comité Ejecutivo era cómo debía procederse en el caso de que un barco se negara a obedecer la orden de detenerse o cambiar de rumbo, penetrara en la zona cubierta por la cuarentena y continuara su rumbo hacia Cuba, sobre todo si se trataba de un barco que navegara bajo el pabellón de la Unión Soviética. Todos los análisis que se hacían sobre este escenario giraban en torno a un punto: ¿cuál será la reacción de Jrushchov? Desde el comienzo de la crisis se habían recibido dos mensajes del Ministro-presidente soviético. El primero era bastante conciliador; el segundo lo era mucho menos. El consejero a quien más escuchaba el Presidente Kennedy era Llewellyn Thompson, quien, como ya se ha dicho antes, había sido Embajador en Moscú y tenía relaciones de amistad personal con Jrushchov desde la época de la Segunda Guerra Mundial. Llewellyn Thompson siempre aconsejó al Presidente Kennedy que evitara toda acción que tuviera como consecuencia una humillación a la persona de Jrushchov. Por esta razón, Kennedy había impartido órdenes y consignas secretas a la Marina americana de manera que, como resultado de la aplicación de la cuarentena, no se dispararan proyectiles ni, mucho menos, se hundiera un barco. Por esta razón, el *Bucarest* y el *Völkerfreundschaft* fueron autorizados a penetrar en la zona de la cuarentena sin ser abordados: el primero era un buque tanque soviético y el segundo un barco de pasajeros de un país del bloque soviético.

Sin embargo, tenía que llegar el momento de demostrar que la cuarentena no era un "colador" y que la función de los barcos de guerra americanos era diferente de la del portero de un hotel. Ese ansiado momento, que se buscaba como una "hora de la verdad" que fuese propicia, la encontró a las diez y media de la noche del día anterior el destructor americano *John R. Pierce* cuando descubrió que el carguero *Marucla* se acercaba a uno de los arcos de circunferencia que definían la zona de la cuarentena. El *Marucla* era un barco ideal para comenzar los abordajes. En primer lugar, era un barco de los llamados de tipo *Liberty*, que, aunque habían sido concebidos por los ingleses, habían sido construidos por los americanos con el fin de reemplazar los numerosos barcos ingleses que habían sido hundidos por los submarinos alemanes al principio de la Segunda Guerra Mundial. Dicho barco pertenecía a un armador panameño y estaba inscrito en el Registro del Líbano. Los rusos lo habían contratado para el transporte de carga, desde el puerto de Riga en el mar Báltico hasta Cuba. Poco después de medianoche se unió a esta operación el destructor *Joseph P. Kennedy Jr*. La Marina ordenó a ambos destructores seguir al carguero y abordarlo después de que amaneciera.

El carguero *Marucla* llegó a la zona sometida a la cuarentena, penetró en ella, y fue seguido por los dos destructores americanos a una distancia de 3 km. A las siete de la mañana, estando el *Marucla* a unos 280 km al noreste de Nassau, el destructor *Joseph P. Kennedy Jr* le transmitió por radio la orden de reducir la velocidad hasta detenerse. La ejecución de este primer abordaje había sido cuidadosamente planeada por el Presidente Kennedy, y el *Marucla* era un barco que, como ya se ha dicho, navegaba bajo un pabellón neutral y transportaba carga soviética. Este abordaje demostraba a Jrushchov, sin humillarlo, que Estados Unidos estaba decidido a poner fin a la existencia de armas ofensivas en Cuba.

A las 7 y 30 minutos de la mañana, uno de los botes de motor del *Kennedy*, tripulado por marineros de ambos destructores, en flamantes uniformes recién estrenados para esa ocasión, se dirigió hacia el *Marucla*. El equipo de abordaje subió al carguero por una escalera lateral que fue bajada a este efecto, y transmitió un mensaje: "Grupo a bordo del *Marucla*. Cooperación buena. No se esperan dificultades". La operación se desarrolló sin ningún contratiempo. La inspección de la carga confirmó que el buque no transportaba más que azufre, papel de periódico, camiones y piezas de recambio. Terminada la operación, el *Marucla* continuó su curso.

La noticia de la exitosa ejecución del primer abordaje de la cuarentena se recibió en un momento en que el Comité Ejecutivo estaba enormemente preocupado por la velocidad a la que los rusos estaban trabajando en la construcción de las rampas de lanzamiento y en la posible puesta en funcionamiento de algunas de ellas, cuya terminación era una cuestión de horas. Algunos de los miembros del Comité Ejecutivo propusieron insistentemente que las instalaciones soviéticas fuesen bombardeadas y destruidas inmediatamente, antes de que pudieran ser utilizadas para atacar a Estados Unidos. Kennedy mantuvo una memorable ecuanimidad y firmeza. Ordenó que se realizara un vuelo de reconocimiento cada dos horas y que los aviones volaran a menor altura. Esta sesión del Comité Ejecutivo era muy importante. Adlai Stevenson había venido de Nueva York expresamente para asistir a la misma. Kennedy le ordenó que se entrevistara urgentemente con el Secretario General en funciones de las Naciones Unidas, U Thant, y pusiera en su conocimiento la firme determinación del gobierno americano de eliminar definitivamente las armas ofensivas soviéticas presentes en Cuba. Para informar de la gravedad de la situación y de la determinación del gobierno americano, Kennedy ordenó al vocero del Departamento de Estado, Lincoln White que, en la reunión informativa que acostumbraba a celebrar con los representantes de la prensa, explicara detalladamente la situación en que se encontraba el país. Asimismo ordenó al Secretario de Prensa de la Presidencia, Pierre Salinger, que convocara urgentemente, con la misma finalidad, una segunda conferencia de prensa en la Casa Blanca. En esa conferencia de prensa se entregó a los asistentes un informe pormenorizado de la situación en el que se llamaba la atención sobre el acelerado ritmo con que los técnicos soviéticos estaban trabajando para poner en estado de funcionamiento las instalaciones ofensivas dentro de un plazo muy breve.

El Secretario General en funciones de las Naciones Unidas, U Thant, hizo un nuevo llamamiento a los jefes de estado de las dos grandes potencias en conflicto. Pidió a Jrushchov que mantuviera sus barcos alejados de la zona de bloqueo, y a Kennedy que hiciera todo lo que estuviese a su alcance para evitar un enfrentamiento directo con un buque soviético en los próximos días. Ambos jefes de estado respondieron de una forma positiva, pero la respuesta de Kennedy contenía en uno de sus últimos párrafos una seria advertencia:

> "Debo recordarle, sin embargo, que se trata de un asunto de la mayor importancia por el hecho de que un número de barcos soviéticos continúan su curso hacia Cuba y se acercan a la zona de aplicación de la cuarentena. Comparto con Usted la esperanza de que

> el Ministro-presidente Jrushchov tome a pecho el llamamiento que Usted le hace. En tal caso podríamos pasar al tratamiento del segundo problema: la eliminación del sistema de misiles ofensivos presentes en Cuba y, con ello, la terminación de la amenaza a la paz mundial. No obstante, debo resaltar, que los trabajos en estas instalaciones continúan realizándose como antes".

Por otra parte, el Secretario de Justicia, Robert Kennedy, hizo saber oficiosamente al Embajador soviético Anatoly Dobrynin que la moderación con que estaba actuando su hermano John no podía durar más de dos días.

Reunión en el antiguo restaurante Occidental

Poco después del mediodía de este viernes 26 de octubre, John Scali, un periodista que trabajaba como corresponsal diplomático para la *American Broadcasting Company*, se encontraba en la oficina de prensa del Departamento de Estado a la caza de noticias importantes, entre las muchas y muy diversas que podían obtenerse en aquel día de extraordinaria tensión. Un empleado le avisó que lo llamaban por teléfono. Quien lo llamaba era Alexander Fromin, un ruso a quien él conocía y con quien, en varias ocasiones, se había reunido para comer en algún restaurante. Este ruso estaba inscrito en el registro diplomático como Consejero de la Misión soviética. Sobre su persona corrían los más diversos rumores. Algunos decían que era un simple miembro de la KGB; otros afirmaban que no era un simple miembro, sino un alto y competente funcionario de la KGB que estaba al mando de todas las operaciones de dicho órgano en el continente americano. No faltaban quienes dijeran que no era más que un fantoche, con una buena palanca en el Kremlin. Fromin lo llamaba para convidarlo a almorzar juntos, como otras veces. Scali, que en ese momento no tenía hambre porque acababa de engullir rápidamente un perro caliente en la cafetería del Departamento de Estado, trató de disuadirlo de su propósito, y convencerlo de que lo mejor era dejar ese almuerzo para otro día. Su interlocutor no lo dejó terminar de hablar. Vehementemente le explicó que se trataba de un asunto muy urgente. Scali terminó por aceptar. En un tono aún más insistente, el ruso le espetó: "John, te lo repito, esto es muy urgente: te espero en el *Occidental* dentro de diez minutos".

El *Occidental*[61] era un conocido restaurante situado en la avenida Pennsylvania, a dos cuadras de la Casa Blanca. Allí acudió Scali rápidamente y se encontró con Fromin, quien estaba excitado sobremanera. Desde que tomaron asiento, Fromin comenzó a exponer lo peligrosa y crítica en que había devenido la crisis del Caribe y la necesidad de hacer algo para evitar una nueva guerra, que terminaría siendo nuclear. Tan pronto como el camarero les tomó la orden, Fromin abordó a Scali de una manera directa y precisa. Éste quedó sorprendido con la pregunta que le hizo su compañero de mesa: "¿Tú crees que el Departamento de Estado estaría de acuerdo en resolver definitivamente, ahora mismo, de una vez y para siempre, el problema de las armas en Cuba, en base a las siguientes condiciones: ...?" .Y conteniendo su excitación, hablando más despacio, a fin de dar más tiempo para que su interlocutor pudiera entender, comprender y retener bien lo que estaba oyendo, le expuso estas tres condiciones:

61 El antiguo restaurante "Occidental" fue derribado en los años 1970. En la avenida Pennsylvania existe un nuevo restaurante "Occidental", en el que, en cierta forma, se ha tratado de reconstruir el entorno y la atmósfera del antiguo.

1. La Unión Soviética desmontaría las bases de cohetes, recogería los cohetes y los retornaría a casa, todo lo cual se realizaría bajo la fiscalización de las Naciones Unidas.

2. Fidel Castro se comprometería a no aceptar ninguna otra arma nuclear en el futuro.

3. Estados Unidos se comprometería a no atacar a Cuba.

A medida que Fromin iba desgranando estas condiciones, la estupefacción de Scali, pese a que éste era un experimentado y avezado reportero de televisión, iba aumentando. Tras unos instantes de reflexión, que también le sirvieron para recuperar, por lo menos en parte, su equilibrio mental y emocional, Scali le contestó que él (Scali) no estaba autorizado para hablar en nombre del gobierno de Estados Unidos, pero que, en su opinión, sería posible hablar sobre tal propuesta.

Fromin le pidió que se valiera de sus conexiones para hacer llegar dicha propuesta al Departamento de Estado, mejor aún, al propio Secretario de Estado, Dean Rusk. Para dar mayor fuerza a su petición, Fromin aseguró a Scali que esa propuesta provenía de la capa más alta de la estructura política de la Unión Soviética, inclusive del propio Jrushchov, y que él (Fromin) había recibido por misión hacerla llegar al gobierno americano. Para reforzar sus palabras, agregó: "El Departamento de Estado se va a dar cuenta enseguida de que las condiciones que se mencionan en esta propuesta han sido previamente aceptadas por la Unión Soviética. Cuando Stevenson explore a Sorin en las Naciones Unidas sobre este asunto, verá que todo está arreglado *desde arriba*".

Scali regresó inmediatamente al Departamento de Estado y se dirigió al despacho del Jefe de la Sección de Información e Investigación, Roger Hilsman, a quien relató con lujo de detalle la rocambolesca entrevista que había tenido en el *Occidental*, no sin antes advertir que él no garantizaba, en lo más mínimo, la veracidad del contenido de la mencionada propuesta. Hilsman pidió a Scali que dictara un memorándum con todos los datos relativos a la entrevista con Fromin. En el Departamento de Estado se sabía que algunas veces llegaban noticias por medios no oficiales. El Secretario de Justicia, Robert Kennedy, y el Embajador Anatoly Dobrynin, en algunas ocasiones, se habían "dejado caer" algunas palabras que equivalían a mensajes que merecían ser tomados en consideración. Recientemente, el presidente de la Westinghouse International, William Knox, había traído de Moscú un mensaje expreso de Jrushchov.

Un grupo de expertos examinó el memorándum. Aunque el procedimiento poco ortodoxo utilizado por el consejero ruso para hacer llegar una propuesta al Departamento de Estado se consideraba dudoso, Roger Hilsman estimó que valía la pena verificarla. Lo primero que hizo fue acompañar a Scali hasta el despacho del Secretario de Estado, Dean Rusk, quien escuchó con sumo interés su narración. Acto seguido se comunicó por teléfono con la Casa Blanca, después de lo cual escribió unas notas en una hoja de una pequeña libreta, arrancó esa hoja y la entregó a Scali, a quien le dijo que, cuanto antes, tratara de reunirse de nuevo con su informante y le dijera exactamente lo que le había escrito en esa hoja de papel que le había entregado: ni una palabra más, ni una palabra menos. La hoja de papel decía:

> "Tengo motivos para suponer que, en vista de esas propuestas que usted presenta, el Gobierno de Estados Unidos ve, y considera, que representantes

> de ambos países, junto con U Thant, pueden resolver el problema mediante conversaciones directas. Sin embargo, tengo la impresión de que el tiempo de que se dispone es muy corto".

A eso de las cinco y media de la tarde Scali volvió a reunirse con Fromin, esta vez en la cafetería del hotel Statler Hilton, muy cerca de la Embajada rusa, y le transmitió verbalmente la respuesta, tal como Rusk se la había escrito en la hoja de papel arrancada de la libreta. Fromin interrogó a Scali sobre el origen de la respuesta y éste le aseguró que provenía de las más altas esferas. A los pocos minutos, Fromin se despidió de su amigo, diciéndole que tenía que regresar a la Embajada y comunicarse urgentemente con las altas posiciones competentes en Moscú, y salió apresuradamente de la cafetería. Poco después de las seis de la tarde, Scali regresaba al Departamento de Estado.

Primera carta de Jrushchov

Scali se encontró allí con Roger Hilsman y se enteró de que por el teletipo se había recibido una carta del Ministro-presidente Jrushchov al Presidente Kennedy en la que en un tono conciliatorio expresaba su disposición a iniciar negociaciones sobre el desmontaje y retirada de las bases de misiles soviéticos en Cuba. La carta contenía largos y densos párrafos en que se describía el peligro que corría la humanidad y señalaba que había llegado el momento de olvidar pequeñas rivalidades y evitar que se produjera un acontecimiento que ni él, ni el Presidente Kennedy podrían detener.

Esta carta de Jrushchov no se recibió por el teletipo de una sola vez, sino en cuatro partes, cuyas hojas originales se fueron pasando inmediatamente al despacho de Dean Rusk. Para descifrar el estado de ánimo de Jrushchov (pues era evidente que la carta había sido dictada por el propio Jrushchov) y leer entre líneas, Dean Rusk, que ya contaba con la ayuda de Llewellyn Thompson, quiso tener también a su lado al antiguo Secretario de Estado Dean Acheson, y lo mandó a buscar. El Comité Ejecutivo celebró una sesión extraordinaria ese día, a las diez de la noche. La carta de Jrushchov y el memorándum dictado por Scali fueron leídos atentamente, línea por línea, y analizados.

Ciertos aspectos no estaban aclarados en la carta de Jrushchov. En particular, no se mencionaba uno de los puntos más importantes: el desmantelamiento de las bases, la retirada de los cohetes y el retorno del material bélico a la Unión Soviética, todo lo cual se realizaría bajo la fiscalización de las Naciones Unidas. No obstante, en el Comité Ejecutivo predominó la impresión de que la carta de Jrushchov era un documento aparentemente escrito de buena fe, por lo que merecía una respuesta.

Sábado 27 de octubre: el día más largo

La manifiesta o, por lo menos, aparente disposición de Jrushchov que podía entreverse de las líneas de su carta dirigida al Presidente Kennedy permitió a muchos miembros del Comité Ejecutivo dormir unas pocas horas más esa noche y mostrar un mejor estado de ánimo en la reunión fijada para las diez de la mañana de este sábado 27. Ahora había que encontrar una respuesta que, para usar una frase empleada por Jrushchov en su carta, contuviera "una solución propia de jefes de estado".

La inesperada y secreta carta se consideró como una comunicación seria de un jefe de estado a la que debía darse la consideración que merecía, pese a que contenía ciertas inexactitudes fundamentales en cuanto a lo que eran armas ofensivas y defensivas y en cuanto a la confesión de los errores de los respectivos países, pues tácitamente trataba como *comparables* los posibles errores de Kennedy relacionados con la invasión de Bahía de Cochinos el año anterior y "los errores cometidos en la historia de nuestro país", con lo cual se hacía referencia, sobre todo, a los errores de Stalin, los cuales, sólo después de su muerte, y nunca antes, los dirigentes soviéticos se encargaron de condenar por todos los medios publicitarios a su alcance. Dos cosas en la carta de Jrushchov intrigaban a los analistas americanos y, en particular, a Llewellyn Thompson, quien conocía muy bien su forma de reaccionar: a) la rápida e incondicional disposición a aceptar que debía evitarse todo enfrentamiento en alta mar y b) que la única condición que requería para desmontar las bases de cohetes y retirar dicho material bélico era que Estados Unidos se comprometiera a no atacar a Cuba. La reunión había comenzado con el acostumbrado resumen presentado por el Director de la CIA, John McCone y, en el curso de la misma, los expertos analistas, en previsión de que eso fuese una posible maniobra de Jrushchov para ganar tiempo hasta que sus misiles estuviesen listos para ser disparados, habían propuesto sugerir al Presidente que hiciera firmemente hincapié en que los trabajos sobre las bases en Cuba tenían que cesar inmediatamente.

Segunda carta de Jrushchov

El Presidente y sus más estrechos colaboradores se encontraban trabajando en la elaboración de una respuesta adecuada a la carta secreta de Jrushchov, cuando un presentador del programa Radio

Moscú comenzó a dar lectura a un texto que se consideró como una declaración pública de Nikita Jrushchov, aunque no se enviaba por los canales diplomáticos usuales. Esto obró como una ducha fría que disipó el optimismo con que había terminado la sesión del día anterior. Jrushchov estaba fijando un precio a su ofrecimiento de retirar sus cohetes de Cuba: que Estados Unidos hiciera lo mismo con los cohetes Júpiter instalados en Turquía. El tono de esta segunda carta de Jrushchov era firme. En cuanto al momento en que los misiles debían retirarse respectivamente de Cuba y de Turquía, la carta decía que sobre ese punto ambas partes podrían llegar a un acuerdo y que, para ello, representantes del Consejo de Seguridad de las Naciones Unidas podrían verificar in situ el cumplimiento de tales disposiciones. Como colofón, en una pose de magnificencia (que a Fidel Castro no debió haberle caído nada bien), para tranquilizar al Presidente Kennedy le aclaró que no tenía por qué preocuparse en cuanto a esto, puesto que los misiles en Cuba estaban bajo el control de la Unión Soviética, y no de los cubanos. Esta segunda carta de Jrushchov terminaba con estas palabras, en el fondo intimidantes: "Por lo tanto, el peligro de que estos misiles sean *usados accidentalmente* contra Estados Unidos queda excluido".

U-2 abatido en el cielo de Cuba

La emisora Radio Moscú todavía no había finalizado la transmisión de esta segunda carta de Jrushchov, cuando se recibió en Washington una terrible noticia. A las diez y cuarto de la mañana un avión de reconocimiento U-2 pilotado por el Comandante Rudolf Anderson, hijo, había sido derribado por un proyectil lanzado desde Cuba. El piloto perdió la vida. Se trataba del mismo piloto que en su vuelo del 14 de octubre había tomado las primeras fotografías que revelaban la existencia de las instalaciones ofensivas en la isla de Cuba. El proyectil lo había disparado un operador soviético. Esto concordaba perfectamente con las palabras de Jrushchov en esta segunda carta, que el presentador de Radio Moscú aún no había terminado de leer. No se trataba de un accidente, sino de un acto intencional realizado por una mano soviética. El Presidente Kennedy no tenía por qué inquietarse. El riesgo de que el disparo fuera originado por una mano cubana estaba excluido. Las armas en esas bases estaban bajo control soviético, como se decía en esta segunda carta[62].

Captura de un U-2 meteorológico americano

Ese día un avión U-2 destinado al servicio meteorológico con base en Alaska emprendió un vuelo hacia el Polo Norte. Por inadvertencia o falta de cuidado del piloto, el avión sobrevoló una parte de la península Chukchi en el Lejano Oriente siberiano. El U-2 meteorológico americano fue inmediatamente detectado por la Fuerza Aérea soviética, interceptado y obligado a aterrizar en la base militar de la isla de Wrangel, en el océano Ártico, donde también existe una estación meteorológica soviética. La noticia de la captura del U2 meteorológico americano se recibió en Washington en las primeras horas de la tarde de este sábado 27 de octubre.

Este acontecimiento, cuyo origen fue totalmente accidental e involuntario, pero que pudo haber dado lugar a graves incidentes, fue silenciado por ambas grandes potencias. Sólo se le dio

62 Después de terminada la crisis de los misiles en Cuba, con el fin de endiosar a Castro atribuyéndole acciones exitosas, se hizo correr el "cuento" de que ese día Fidel Castro visitaba una de las bases de cohetes y que, cuando el U-2 pilotado por Anderson volaba sobre ella, el experto soviético que la operaba le mostró el U-2 que aparecía en la pantalla y le dijo: "Si se oprimiera este botón se dispararía un cohete que derribaría el avión". El cuento continúa con que Castro se aproximó entonces al puesto de mando y oprimió por sí mismo el botón. La propaganda castrista y la demagogia en Cuba eran tan grandes, que muchos en Cuba creían que ese cuento era verídico.

publicidad después de terminada la crisis. No obstante, Jrushchov, en una carta privada que envió a Kennedy al día siguiente, lo reprendió por este descuido del piloto del avión meteorológico americano, preguntándole en tono burlón "¿Qué es esto? ¿Una provocación?"

Declaración pública de Kennedy como reacción a la declaración de Jrushchov

Este sábado fue un día de intenso trabajo. El Comité Ejecutivo había comenzado una segunda sesión a las dos y media de la tarde y tenía incluso previsto celebrar una tercera sesión que comenzaría a las 9 de la noche.

En las primeras horas de la tarde de este sábado 27 de octubre Kennedy decidió hacer una declaración pública en la cual, sin responder a la primera carta de Jrushchov y mucho menos a la declaración pública de éste, que podía considerarse una "segunda carta", dejó fijados dos puntos esenciales que demostraban la determinación de Estados Unidos:

1. Los países del hemisferio occidental están amenazados por la acción realizada por la Unión Soviética de establecer en Cuba bases militares equipadas con armas ofensivas y esos trabajos continúan realizándose a un ritmo acelerado.

2. Por lo tanto, la primera tarea consiste en eliminar esa amenaza, y sólo después de que dicha amenaza haya sido eliminada, podrán iniciarse negociaciones que tengan probabilidades de ser fructuosas.

En esta declaración el Presidente Kennedy recalcó que la cesación de los trabajos de construcción era un requisito previo e indispensable para el inicio de toda negociación.

La situación y el estado de ánimo en general de las partes en contienda estaban cambiando rápidamente en el curso de ese día, con respecto a la atmósfera de optimismo en que terminó la noche del viernes. En las Naciones Unidas fracasaba una gestión que pretendía llevar a cabo U Thant para asegurar la paz, aunque sólo fuera por unos días. Con este fin, el Secretario General en funciones envió al Representante de la Unión Soviética ante las Naciones Unidas, Valerian Sorin, una comunicación con el objeto de explorar la disposición de ese país para cumplir su ofrecimiento inicial. Sorin se negó a recibir dicha comunicación.

En Washington, a eso de las cuatro de la tarde, el Comité Ejecutivo estaba reunido en el salón de conferencias del despacho del Subsecretario de Estado, George Ball, cuando cayó como una bomba la comunicación del Pentágono que informaba sobre la pérdida del Comandante Anderson y de su avión de reconocimiento, y la forma en que se produjo. El Comité Ejecutivo acordó trasladarse a la Casa Blanca para dar cuenta inmediatamente al Presidente. No sólo se había derribado un avión de reconocimiento americano, sino que se había disparado también contra otros dos aviones de reconocimiento.

En la Casa Blanca, Kennedy asumió la presidencia del Comité Ejecutivo y se reanudó la sesión. Se informó también al Presidente sobre el incidente del avión del servicio meteorológico americano que había sido interceptado por la fuerza aérea soviética cuando, por inadvertencia, sobrevolaba territorio soviético, y había sido obligado a aterrizar en la base militar soviética de la isla de Wrangel, en el océano Ártico, donde se encontraba detenido. También en esa tarde, la Secretaría de Defensa dio la noticia de la pérdida del avión de reconocimiento U-2, y de su piloto el Comandante Anderson, derribado por el fuego de las baterías antiaéreas operadas por los soviéticos en Cuba.

En esta sesión del Comité Ejecutivo se volvieron a esbozar diversos planes, sin que llegara a prevalecer ninguna nueva propuesta concreta. Había, sin embargo, una cuestión que debía resolverse cuanto antes: la respuesta a la primera carta de Jrushchov (la formal), a la segunda (la informal, transmitida por Radio Moscú), o a ambas. En cuanto a este punto, el Secretario de Justicia, Robert Kennedy, hizo una propuesta muy concreta:

- La única carta a la que debía responderse era la primera, la que Jrushchov había enviado formalmente el día anterior.

- La que se lanzó por Radio Moscú, y no se envió a través de uno de los canales diplomáticos usuales, debía ignorarse totalmente.

- La respuesta debía concentrarse en los puntos contenidos en el mensaje secreto que se había hecho llegar el viernes al Departamento de Estado, el cual debía considerarse como una comunicación oficial de un jefe de estado.

En esta reunión del Comité Ejecutivo, cuatro de sus miembros (Dean Rusk, George Ball, Llewellyn Thompson y McGeorge Bundy) habían presentado sendos proyectos de respuesta a Jrushchov. Cuando Robert Kennedy presentó su propuesta, hizo observar que en ninguna de las propuestas de respuesta presentadas por esos miembros del Comité Ejecutivo se aprovechaba la oferta que el gobierno soviético formuló en el mensaje secreto comunicado el viernes, y que era esencial referirse a ella en la respuesta. Ante esta situación, el Presidente Kennedy pidió a su hermano Bobby, el Secretario de Justicia Robert Kennedy, que concretara su propuesta formulando su propio proyecto de respuesta.

Robert Kennedy aceptó inmediatamente, pidió al Consejero Especial del Presidente, Ted Sorensen, que lo asistiera, pasó a un despacho adyacente y, con la cooperación de Sorensen, redactó su versión de la respuesta del Presidente de Estados Unidos al Ministro-presidente de la Unión Soviética. Poco antes de las siete de la tarde, Robert Kennedy terminó su proyecto de respuesta, y lo pasó a su hermano John, quien lo aceptó. Seguidamente fue aprobado por el Comité Ejecutivo. El Presidente Kennedy lo estudió detenidamente, línea por línea y, poco después de las ocho de la noche, ordenó que se transmitiera a Moscú para que se hiciera llegar al Ministro-presidente Jrushchov por el canal diplomático usual. Al mismo tiempo, dio instrucciones al Secretario de Prensa de la Presidencia, Pierre Salinger, para que informara a los periodistas acreditados como tales en la Casa Blanca y les facilitara copia del documento.

El texto de esta respuesta se basaba en el supuesto, hasta ese momento no confirmado, de que Jrushchov mantenía la situación bajo control en las altas esferas del gobierno soviético. Se hizo caso omiso de la "segunda carta" de Jrushchov transmitida por Radio Moscú y se aceptaron condiciones que Jrushchov nunca había puesto oficialmente, sino que figuraban en el mensaje secreto que Fromin había puesto en manos de Scali para que lo hiciera llegar al Departamento de Estado. En efecto, Robert Kennedy y Ted Sorensen se basaron en el memorándum redactado por John Scali en el Departamento de Estado sobre su reunión con Alexander Fromin en el restaurante *Occidental* y en los aspectos conciliatorios contenidos en la primera carta de Jrushchov, es decir, la enviada oficialmente por el canal diplomático usual.

Respuesta de Kennedy a la primera carta de Jrushchov

En la carta de Kennedy a Jrushchov se leía:

> "Estimado Señor Presidente del Consejo de Ministros:
>
> He leído con la mayor atención Su carta del 26 de octubre y saludo Su declarada disposición a buscar una pronta solución del problema. Sin embargo, lo primero que tiene que suceder es la cesación de todos los trabajos en las instalaciones de misiles ofensivos en Cuba y la liquidación, bajo la fiscalización de las Naciones Unidas, de todos los sistemas de armas en dicha isla que puedan servir a fines agresivos.
>
> Considerando que esto sucederá muy prontamente, he impartido a mis representantes en Nueva York instrucciones que deberán permitirle a Usted y Sus delegados, junto con el Secretario General en funciones de las Naciones Unidas, tratar sobre una solución a largo plazo del problema de Cuba siguiendo las directrices indicadas por Usted en Su carta del 26 de octubre. Las propuestas contenidas en Su carta, tal como están formuladas, y tal como nosotros las entendemos y aceptamos, son las siguientes:

1. Usted declara estar dispuesto a retirar de Cuba los sistemas de armas en cuestión bajo las correspondientes fiscalización y observación de las Naciones Unidas. Usted declara asimismo estar dispuesto, bajo las garantías correspondientes, a dejar sin efecto todo ulterior envío de sistemas de armas.

2. Por nuestra parte, declaramos estar dispuestos (una vez que las Naciones Unidas hayan tomado las medidas correspondientes para garantizar el cumplimiento de Sus obligaciones) a:
   1) levantar la cuarentena que actualmente está en vigor, y
   2) prometer que no realizaremos ninguna invasión de Cuba. Estoy convencido de que otras naciones de este hemisferio se asociarán a estas obligaciones.

Si Usted está dispuesto a impartir a Sus representantes instrucciones similares, no veo ninguna razón por la cual no lograríamos tomar los acuerdos necesarios y dar a conocer su ejecución a la opinión pública mundial.

La eficacia de tal acuerdo con miras a la relajación de la tensión de la situación mundial nos permitiría entablar negociaciones sobre un convenio más amplio referente a otras cuestiones relativas al armamento, como Usted mismo ha propuesto en su segundo escrito publicado.

Quisiera recalcar una vez más que Estados Unidos está sumamente interesado en una reducción de las tensiones y en una terminación de la carrera armamentista. Si Usted, como indica en Su carta, está también interesado en entablar negociaciones sobre un relajamiento de la tensión entre la OTAN y el Pacto de Varsovia, nosotros, junto con nuestros aliados, desde luego, tomaremos en consideración toda propuesta razonable.

Sin embargo, y esto debo subrayarlo una vez más, condiciones previas serían, en primer lugar, la cesación de los trabajos en los emplazamientos de misiles y, en segundo lugar, la toma de medidas para que dichas armas sean retiradas bajo una fiscalización internacional.

Una amenaza prolongada o negociaciones largas, en las cuales la cuestión cubana se ligara con la más compleja cuestión de la seguridad mundial y la europea, podrían, en cambio, y sin duda alguna, conducir solamente a una acentuación de la crisis cubana y del peligro para la paz mundial. Por esta razón, espero que podamos llegar rápidamente a un acuerdo de conformidad con las directrices contenidas en esta carta y en las de Su escrito del 26 de octubre.

John F. Kennedy"

Para poder estar absolutamente seguro de que Jrushchov y el gobierno soviético comprendieran bien la seria advertencia especificada en el último párrafo de esta carta del Presidente Kennedy, su hermano Bobby, Secretario de Justicia, se hizo cargo de entregarla personalmente al Embajador de la Unión Soviética, Anatoly Dobrynin, en su propio despacho, en la Embajada de la Unión Soviética en Washington. En la entrevista celebrada esa misma noche, Robert Kennedy le expresó al Embajador Dobrynin que, en realidad, "quedaba muy poco tiempo para arreglar las cosas por las buenas" y que al principio de la semana entrante, Estados Unidos estaba inclinado a iniciar una vasta acción militar.[63]

El Embajador Dobrynin, visiblemente consternado, expresó por su parte a Robert Kennedy que, a su juicio, los dirigentes soviéticos estaban ya tan profundamente "enredados" con el problema, que no tendrían otra opción que la de rechazar las condiciones impuestas por el Presidente Kennedy. A esto replicó Robert Kennedy insistiendo enérgicamente en la importancia de una pronta respuesta positiva a la carta cuya copia le entregaba. Agregó, como una advertencia muy seria, que, dentro de muy poco tiempo, es decir, en las primeras horas de la mañana siguiente, aviones U2 americanos volarían sobre Cuba, y que la situación podría devenir en sumamente crítica si se les disparara de nuevo.

Este sábado fue uno de los días en que el Comité Ejecutivo celebró tres sesiones. La tercera empezó a las ocho de la noche. Se estaban viviendo momentos de trascendental importancia para la paz mundial. En realidad, se había lanzado un ultimátum a la Unión Soviética, cuyo Ministro-presidente tenía apenas unas horas para decidir, esencialmente, entre dos cosas:

63 En realidad, el alto mando de la Fuerza Aérea había tomado las disposiciones pertinentes para bombardear las instalaciones de misiles en la isla de Cuba el próximo martes.

1. cumplir con el ultimátum *de facto* y ceder, con una, por lo menos aparente, "pérdida de dignidad" en el plano internacional, o

2. rechazar la propuesta contenida en la carta e involucrar a su país en una guerra que casi seguramente terminaría siendo nuclear.

En esta sesión, que podría calificarse de surrealista, del Comité Ejecutivo, se habló de todo, se discutió de todo, inclusive de puntos y aspectos que ya se habían definido y acordado, algunos de los cuales ya estaban en ejecución. ¿Se amplía la cuarentena para que incluya el petróleo? ¿Se bombardean las instalaciones ofensivas? Y, en caso afirmativo, ¿cuándo: inmediatamente, mañana, pasado mañana, el martes? Y ¿con qué intensidad? En definitiva, no se tomó ningún acuerdo de influencia directa en un conflicto bélico inmediato. Lo único que se acordó fue llamar al servicio activo a 25 escuadrillas de transporte de tropas de la reserva aérea. El Secretario de Defensa McNamara dio la orden de movilización a las nueve y cuarto de la noche. En esos momentos, decenas de miles de soldados e infantes de marina ya se encontraban movilizados y estaban acampados en la Florida y la Zona del Canal.

Antes de clausurar la sesión, el Presidente Kennedy encargó a McNamara que para el día siguiente a las nueve de la mañana (o sea, una hora antes del comienzo de la primera sesión del Comité Ejecutivo del día siguiente) tuviera preparado un ataque a las instalaciones de misiles en Cuba.

Domingo 28 de octubre: fin de la crisis

Unos minutos antes de las nueve de la mañana, hora de Washington, Radio Moscú anunció que a esa hora se transmitiría una declaración de suma importancia. A la hora anunciada, el locutor de dicha emisora comenzó a leer un escrito firmado por el Ministro-presidente Nikita Jrushchov, en el que éste declaraba que, adicionalmente a sus anteriores instrucciones de suspender los trabajos en las bases militares en Cuba, había impartido la orden de desmontar las armas que se habían considerado ofensivas, empacarlas y retornarlas a la Unión Soviética. Después de explicar que dichas armas se habían trasladado a Cuba con fines defensivos, hizo referencia a ataques realizados por barcos tripulados por exilados cubanos. En cuanto a la aceptación de las condiciones impuestas por el Presidente Kennedy, se expresaba:

> "Respeto la declaración contenida en Su carta del 27 de octubre y confío en que no se producirá ningún ataque a Cuba, ni ninguna invasión de Cuba, por parte de Estados Unidos, ni tampoco, como Usted subraya en Su carta, por parte de otros estados del hemisferio occidental. Con eso desaparecen asimismo los motivos que nos llevaron a prestar ayuda militar a Cuba".

Tras otros párrafos escritos en un tono conciliatorio, Jrushchov añadió que, habida cuenta de que el Representante de la Unión Soviética ante las Naciones Unidas, Valerian Sorin, había tenido ciertas desavenencias con el Secretario General en funciones de las Naciones Unidas U Thant, sería sustituido por el Primer

Viceministro de Relaciones Exteriores de la Unión Soviética, V.V. Kusnezov, quien habría de colaborar con U Thant en sus magnánimos esfuerzos para liquidar la crisis.

Ese mismo domingo, en el despacho del Secretario de Justicia Robert Kennedy se apareció personalmente un Anatoly Dobrynin sonriente, radiante de optimismo, muy diferente de aquél que recibió al Secretario de Justicia americano el día anterior en la Embajada soviética. Había venido para darle personalmente la buena noticia: no habría guerra. Además de confirmarle todo lo relativo al desmontaje y retirada de las armas e instalaciones ofensivas, tenía una misión más íntima: transmitir el más cordial saludo de Nikita Sergueievich Jrushchov al Presidente Kennedy y a su hermano el Secretario de Justicia.

A las siete de la noche, hora de Moscú (diez de la mañana, hora de Washington), el texto oficial de la carta de Jrushchov fue entregado oficialmente en la Embajada americana en Moscú. Este texto oficial tardaría algunas horas en llegar a Washington. El Presidente Kennedy no esperó todo ese tiempo para comunicar la noticia al pueblo americano. Reunió rápidamente al Comité Ejecutivo y tras una corta sesión, de apenas una hora, redactó una declaración cuyas copias se repartieron entre los periodistas acreditados en la Casa Blanca. Ondas electromagnéticas emitidas por las antenas de La Voz de América la llevaron rápidamente a Moscú. La respuesta formal sólo la envió el Presidente Kennedy después de que se recibió en Washington el texto oficial de la respuesta de Jrushchov.

Puntos que quedaban por resolver

Desde la perspectiva de Estados Unidos quedaban por resolver dos puntos, que no dependían únicamente de la Unión Soviética:

1. Castro se oponía a la fiscalización, por observadores internacionales, de las operaciones de desmantelamiento de las instalaciones de misiles en Cuba.

2. El material bélico que debía ser retirado de Cuba por la Unión Soviética comprendía unos bombarderos Iljuschin que el gobierno soviético había puesto a disposición de Castro con anterioridad al inicio de la crisis de los misiles. A diferencia de las bases de cohetes, que estaban bajo el único control de la Unión Soviética y a las cuales los cubanos no tenían acceso, los bombarderos Iljuschin habían sido puestos a disposición de Castro y se mantenían en bases y aeropuertos cubanos.

Estos dos puntos habían sido puestos como condición de todo arreglo por el Presidente Kennedy y aceptados por el Ministro-presidente Jrushchov.

Por otra parte, Fidel Castro había proclamado su propia "declaración de independencia", en la cual, olímpicamente, hacía caso omiso de la aceptación, por parte de la Unión Soviética, del desmontaje y la retirada de los misiles bajo la fiscalización de las Naciones Unidas, y había formulado sus propias condiciones para la terminación la crisis. Estas condiciones, que en Cuba fueron pregonadas a voz en cuello y se conocieron como los "cinco puntos" de Fidel, eran las siguientes:

1) levantar el bloqueo y dejar sin efecto todas las medidas económicas de presión impuestas contra Cuba;

2) prohibir toda actividad de los exilados cubanos que sea hostil al gobierno de Cuba;

3) impedir los ataques de los comandos constituidos por exilados cubanos;

4) discontinuar los vuelos de observación sobre el territorio cubano;

5) evacuar la base naval de Guantánamo.

Finalización de la crisis

De hecho, con la última carta de Jrushchov quedaba terminada la crisis. Para la opinión pública mundial, en el enfrentamiento entre las dos grandes potencias habían triunfado los americanos. Los rusos habían cedido. Los problemas que quedaban por resolver eran ínfimos en comparación con lo que había estado en juego. Tras la recepción oficial, en Washington, de la última carta de Jrushchov, el Presidente Kennedy contestó en la misma forma, aunque insistió en que el desmontaje y la retirada de las instalaciones y armas ofensivas debían ser fiscalizados por observadores de las Naciones Unidas, y que los rusos debían sacar de Cuba los aviones Iljuschin que habían introducido allí.

A la una de la tarde de este domingo 28 de octubre, el Estado Mayor Conjunto impartió al Almirante Dennison las instrucciones pertinentes para aplicación inmediata en el sector del Atlántico a su mando: ningún barco debía ser interceptado ni abordado. Las unidades encargadas del cumplimiento de la cuarentena debían mantenerse vigilantes en sus posiciones hasta nueva orden. De hecho (aunque no oficialmente) la cuarentena había terminado.

Ya desde la tarde del domingo 28, una delegación de altos funcionarios americanos en Nueva York trataba de convencer a U Thant para que organizara la fiscalización de la operación de desmontaje y retirada de las armas ofensivas.

Fidel Castro trataba de sacar el mayor partido de la situación. En sus discursos y propaganda atacaba por igual a los americanos y a los rusos: a los primeros por estar tramando una invasión, y a los últimos por haber tomado unilateralmente la decisión de desmantelar las bases sin consultar con él. En los últimos días de la crisis, cuando se hablaba de un posible acuerdo entre rusos y americanos sobre el desmantelamiento de los misiles instalados respectivamente en Cuba y Turquía, Castro lanzó a sus activistas y agitadores callejeros para que vocearan consignas, de las cuales una de las más pegajosas era un verso en que la burla se basaba en una rima con el nombre de Jrushchov:

Nikita, Nikita,
Lo que se da, no se quita.

Jrushchov envió a La Habana a su más avezado emisario, Anastas Mikoyan, con la misión de apaciguar a Castro. Mikoyan llegó a La Habana el 2 de noviembre, tras una corta escala en Nueva York, la que insertó para asegurarse de que no coincidiría con U Thant, que el martes 30 de octubre se había trasladado a La Habana para conversar con Fidel Castro sobre los "pequeños problemas que quedaban aún por resolver". U Thant sabía perfectamente lo que podría esperar de ese viaje, pero no le quedaba otro remedio que emprenderlo. En Washington y en las altas esferas del gobierno americano se estaba produciendo un fenómeno muy curioso: una especie de corriente de ayuda a Jrushchov para que su conducta conciliadora no fuera aprovechada por otros más aventureros que él, para atacarlo y, tal vez, arrebatarle el poder. Poco tiempo antes, Dean Rusk había hecho circular por todas las Embajadas americanas en el mundo la consigna de que no se celebraran actos en los que la solución de la crisis del Caribe se presentara como una victoria americana. Inclusive se llegó a indicar expresamente que no debía utilizarse en tales casos palabras como "victoria" o "triunfo". Jrushchov había cooperado con los planes del gobierno americano. El gobierno americano no debía contribuir a que el Ministro-presidente soviético fuera atacado eficazmente. El viaje de U Thant a La Habana apenas duró 24 horas. Llegó el martes 30, y el miércoles 31 estaba de regreso en Nueva York, no sin antes haber escuchado extensas y prolijas catilinarias de Castro contra los dirigentes americanos y soviéticos, por igual.

Volviendo al astuto diplomático soviético Anastas Mikoyan, éste trató por todos los medios de limar las asperezas que se habían producido. Durante varios días fue ignorado por Castro. Finalmente logró celebrar algunas entrevistas con él. Mikoyan tenía muy buenas relaciones de amistad con Castro, pero nada pudo conseguir en el sentido de atenuar su reacción al desmantelamiento de las instalaciones soviéticas. En cambio, sí puede que haya influido en Castro en lo que respecta a la devolución de los aviones Iljuschin. Debe mencionarse que en el curso de este viaje de Mikoyan a La Habana, su esposa falleció en la Unión Soviética. Mikoyan continuó la misión que se le había confiado en Cuba, hasta su regreso el 25 de noviembre.

Con relación a los dos problemas que quedaban pendientes, la fiscalización del desmontaje y retirada de las instalaciones y armas ofensivas, y la extracción del país de los aviones Iljuschin, Kennedy optó por aceptar que la comprobación de la extracción de Cuba de todas las armas que se habían introducido se efectuara en forma aérea, con lo cual se aliviaba el compromiso que había contraído Jrushchov. En cambio, en lo concerniente a los bombarderos Iljuschin, que Fidel Castro debía entregar materialmente, o permitir que fueran extraídos de los hangares cubanos, Kennedy se mantuvo inflexible y exigió que esa condición se cumpliera al pie de la letra. La rima burlona de"Nikita, Nikita, lo que se da no se quita" no funcionó tampoco esta vez. Las bases militares, Nikita no se las había dado a los cubanos. Los bombarderos Iljuschin sí se los había dado, pero se los quitó.

El 19 de noviembre Castro devolvió los aviones Iljuschin a los soviéticos, a cuyo efecto permitió que fueran sacados de sus hangares cubanos. Inmediatamente Jrushchov escribió una carta al Presidente Kennedy en la cual se declaraba dispuesto a sacar de Cuba los aviones Iljuschin en cuestión. El 20 de noviembre, el Secretario de Justicia, Robert Kennedy, que ese día cumplía 37 años, recibió una agradable visita: un Anatoly Dobrynin tan sonriente y radiante de optimismo como en la anterior ocasión, quien, después de felicitarlo por su cumpleaños, le expresó que le traía como regalo una copia de la muy reciente carta del Ministro-presidente Jrushchov, en la que se expresaba que estaba dispuesto a sacar de Cuba los bombarderos Iljuschin. Esta fue una satisfacción personal muy grande para los hermanos John y Robert Kennedy. Los aviones que Castro había recibido de Jrushchov tuvo que devolverlos sin que el gobierno de Estados Unidos hubiese tenido necesidad de dirigirse al gobierno cubano.

Resultado final

La cuarentena duró 27 días. La cadena de buques de guerra americanos encargada de aplicarla fue atravesada por 55 embarcaciones:

- 19 barcos mercantes soviéticos,
- 6 buques de otros países del Pacto de Varsovia,
- 23 cargueros, de otros países, que habían sido contratados por la Unión Soviética, y
- 7 barcos de países amigos (3 griegos, 2 británicos, 1 español, 1 italiano).

En cuanto a la determinación de quién o quiénes de los protagonistas de la crisis de los misiles ganaron y quién o quienes perdieron, se ha hablado y escrito mucho. En resumen, se considera que, en el plano internacional, Estados Unidos triunfó rotundamente sobre la Unión Soviética, por las razones antes expresadas. Sin embargo, es evidente que, en un plano menos visible, Fidel Castro fue el único que sacó ventajas políticas. Al terminar la crisis, Cuba se había convertido probablemente en el único país del mundo que estaba "protegido" por dos potencias mundiales: La Unión Soviética lo había protegido y lo seguía protegiendo; Estados Unidos se había comprometido con la Unión Soviética, no sólo a no atacar a Cuba, ni invadirla, sino a impedir que cualquier otra nación la atacara o invadiera. En el futuro, Castro tendría un medio muy expeditivo para responder a eventuales planes o preparativos de invasión, sobre todo si provenían de un país latinoamericano: no tenía más que tomar el teléfono y ordenar a su Embajador en el país latinoamericano en que se estuviera preparando el ataque, que pusiera ese hecho en conocimiento del *Embajador americano* en dicho país. Eso era todo. Estados Unidos se encargaría de influir sobre ese país para que dichos planes o preparativos fueran anulados. Estados Unidos había asumido tal obligación en su pacto con la Unión Soviética.

En cuanto al número de muertos y heridos, el resultado había sido: un muerto, el piloto Comandante de la Fuerza Aérea de Estados Unidos Rudolf Anderson, hijo.

Situación familiar del autor

Tras el triunfo sobre la patriótica brigada que desembarcó en la playa de Girón en abril de 1961, Fidel Castro declaró que Cuba era un país socialista. En diciembre de ese año hizo la funesta declaración de que Cuba era un país marxista-leninista y que sería gobernada por el Partido Comunista. Aunque en la época de la invasión de Playa Girón la gran mayoría del pueblo cubano apoyaba a Fidel Castro, la declaración de que Cuba era un país marxista-leninista y sería gobernada por el Partido Comunista fue considerada por muchos cubanos como una verdadera desgracia y un desastre para el país. Yo era uno de los muchos cubanos que creíamos que, llegado el momento, Fidel Castro neutralizaría a los comunistas que se habían infiltrado en el Movimiento 26 de Julio y que, como había proclamado en su discurso de defensa en el juicio celebrado por el ataque al Cuartel Moncada en 1953, crearía un gobierno que procedería a la convocación de unas elecciones democráticas. Ahora me encontraba ante un grave problema: tenía que salir de ese sistema, pero estaba atrapado en su engranaje. Había una diferencia muy grande entre el Jorge Besada que en la mañana del 17 de abril de 1961 estaba montado en uno de los camiones estacionados en el Club Deportivo de Santa Clara para ir pelear contra lo que la gran mayoría de los cubanos consideraba una invasión de nuestro país, y el Jorge Besada que, en un país marxista-leninista después de la declaración de Fidel Castro en diciembre de 1961, oía por la radio y la televisión las numerosas intervenciones de Castro y otros dirigentes comunistas llamando al pueblo a luchar contra una invasión inminente por parte del "imperialismo". En aquellos días de la crisis de octubre de 1962 pensé muchas veces sobre estas dos situaciones. Cuando se produjo la invasión de Girón y yo estaba sentado en el camión que estaba próximo a partir hacia la zona de operaciones, creía que iba a luchar por mi patria. Si me mataban, habría muerto luchando por algo en lo que creía. En cambio, durante la crisis de octubre de 1962, pensaba muy diferentemente. Sabía que si me ponían un camión delante para trasladarme al lugar del combate, tendría que montarme en él e ir a pelear, pero que, si me mataban, habría muerto luchando por algo en lo que no creía.

Tenía que salir de ese engranaje. Yo era Vicerrector Docente de la Universidad Central Marta Abreu de Las Villas. Pensé en lo bien que habían hecho Pedro Oliver, Felipe Lastra y Vicente Hernández, respectivamente antiguos Rector, Vicerrector Administrativo y Decano de la Escuela de Ingeniería Química de dicha universidad, cuando tomaron un bote en cayo Esquivel y escaparon hacia Estados Unidos. Sin embargo, yo no quería abandonar mi país, como tampoco quería dejar a mi madre y a mis hijos. Tenía que elaborar un plan inteligente para salir del engranaje castrocomunista. Renunciar simple y llanamente al cargo de Vicerrector equivaldría a un acto de protesta contra el régimen, con todas las implicaciones que eso tendría, sobre todo para mi familia.

Se me ocurrió un plan que consideré viable en aquel momento. Fidel Castro había declarado en varias ocasiones que los técnicos no serían molestados en su trabajo aunque sus ideas políticas no coincidieran con las del Partido Comunista. Por lo tanto se me ocurrió estudiar una carrera técnica, como la de Ingeniería Electrónica, renunciar al cargo de Vicerrector Docente alegando como motivo que necesitaba el tiempo para estudiar esa carrera, que comenzaría en el próximo curso, y mantenerme como simple profesor de la universidad.

Mi hermano Benito en el servicio diplomático

Tras el triunfo de la Revolución el primero de enero de 1959, nuestra familia sufrió un proceso de división, como ocurrió en un alto porcentaje de las familias cubanas. La mayor parte de mis familiares, desde el principio de la revolución, percibió el peligro de la introducción del comunismo en nuestro país y, más o menos pronto, fue saliendo de Cuba. En cambio, mi hermano Benito se incorporó por completo a la Revolución y, después de un período de unos meses en el que, aparte de su trabajo como profesor de Derecho Administrativo de la Universidad Central Marta Abreu de Las Villas, actuó como abogado de oficio del Tribunal Revolucionario que funcionó en la Audiencia de Las Villas, comenzó a trabajar en el Ministerio de Relaciones Exteriores. No fue por casualidad que Beni comenzó a trabajar en el Ministerio de Relaciones Exteriores. El Ministro de Relaciones Exteriores en el primer gabinete tras el triunfo de la revolución fue Roberto Agramonte, con quien teníamos estrechas relaciones de afecto y amistad, no sólo porque era primo de nuestro difunto padre, sino también porque habíamos luchado por su candidatura a la Presidencia de la República en las elecciones de 1952, que nunca llegaron a celebrarse, en las que yo aspiraba a Representante a la Cámara por la provincia de Las Villas. Agramonte fue pronto reemplazado por Raúl Roa García.

Cuando Raúl Roa García fue nombrado Ministro de Relaciones Exteriores, Fidel y Raúl Castro no tenían una confianza absoluta en él, porque, a raíz de la brutal entrada de los tanques soviéticos en Budapest en 1956 con el fin aplastar la revolución húngara, a lo que ya nos hemos referido anteriormente en esta obra, Raúl Roa había publicado un libro en el que se condenaba la masacre realizada por las fuerzas armadas y los tanques soviéticos en Budapest. Cuando nombraron a Roa Ministro de Relaciones Exteriores, para vigilarlo y eventualmente controlarlo, en aquellos primeros tiempos, nombraron como Viceministro a Carlos Olivares Sánchez, hombre de la absoluta confianza de Raúl Castro. En dicho Ministerio coexistían, sin chocar, las dos "tendencias". La encabezada por el Ministro, Raúl Roa García, y la tendencia dura, castrista, encabezada por Carlos Olivares Sánchez. Mi hermano Benito pertenecía a la "tendencia" dura, la de Olivares. Ya en esa época, mi hermano Benito tenía una elevada posición en el Ministerio de Relaciones Exteriores. El primero de noviembre de 1960, el Gobierno Revolucionario designó como miembros del Grupo Nacional Cubano del Tribunal de Arbitraje de La Haya a Raúl Roa García, Carlos Olivares Sánchez, Benito Besada Ramos y Fernando López Muiño.

Según me contó hace ya mucho tiempo mi hermano Benito, el Viceministro Olivares le informó que él (Olivares) iba a ser nombrado Embajador en la Unión Soviética para reemplazar a Faure Chomón, que fue el primer Embajador cubano en Moscú nombrado por el Gobierno Revolucionario. Le explicó que dada la gran cantidad de trabajo que existía en el Ministerio, no podría hacerse cargo de dicha Embajada dentro de un período de tiempo relativamente largo, y le propuso que aceptara el cargo de Ministro Consejero de la Embajada de Cuba en la Unión Soviética, en funciones de Embajador, hasta que él pudiera dejar organizadas las actividades y tareas en el Ministerio y trasladarse a Moscú para hacerse cargo de la Embajada. También le dijo que su nombramiento lo había consultado con Fidel Castro y que éste lo había aprobado inmediatamente. Beni aceptó el nombramiento y en 1961, estaba instalado en Moscú como Ministro Consejero de la Embajada de Cuba en la Unión Soviética, en funciones de Embajador.

La historia de la Embajada del gobierno revolucionario cubano en Moscú es muy interesante. Aparentemente, Fidel Castro envió a

Faure Chomón a Moscú como Embajador de Cuba, pero en realidad lo mandó allí como castigo. En el expresivo idioma ruso hay un antiguo proverbio que dice: "Quien tras dos liebres corre, no atrapa ninguna" (За двумя зайцами погонишься — ни одного не поймаешь). En este caso Fidel Castro persiguió dos liebres, pero logró atrapar a ambas. Retornando a nuestro rico y no menos expresivo idioma español, mató dos pájaros de un tiro. Por una parte, castigaba a Faure, alejándolo de La Habana, por las maldades que le había hecho en los primeros días de enero de 1959, cuando, antes de que Castro llegara a La Habana, ocupó materialmente, como jefe del Directorio Revolucionario, el Palacio Presidencial, impidiendo temporalmente la entrada del Presidente Urrutia. También en esos primeros días que siguieron a la fuga de Batista, Faure Chomón, Rolando Cubela y otros miembros del Directorio ocuparon el Cuartel de San Ambrosio y se apoderaron de una gran cantidad de armas. Precisamente, ese fue el tema principal del célebre discurso de Castro "¿Armas para qué?", al cual ya nos hemos referido. Por otra parte, con el nombramiento de Faure Chomón (que durante la revolución había demostrado tener arraigadas ideas anticomunistas) como Embajador de Cuba en Moscú, Castro advertía a los soviéticos que no estaba dispuesto a ser un títere complaciente, sino que tenía intenciones de desempeñar en el mundo comunista un papel más importante que aquél que el Kremlin tenía reservado para sus títeres ordinarios.

En las vacaciones de fines de diciembre de 1961 y los primeros días de enero de 1962 visité en Moscú a mi hermano Benito, que a la sazón estaba ocupando el mencionado cargo de Ministro Consejero de la Embajada de Cuba en funciones de Embajador. Paré en el apartamento en que él vivía en esa ciudad. En Moscú conocí a Iván Tristá y su madre Olga, de los cuales me había hablado mucho Yuri Tristá, mi antiguo profesor de Literatura Preceptiva en el Instituto de Segunda Enseñanza de Santa Clara. Yuri Tristá e Iván

Tristá eran hermanos mellizos. Ellos dos y su otro hermano menor, Boris, eran hijos del matrimonio de un médico de Santa Clara, el Dr. Joaquín Tristá, y Olga, una enfermera rusa cuyo apellido no recuerdo. Joaquín y Olga se conocieron en París, donde aquél estudiaba y ésta trabajaba como enfermera, se casaron y vinieron para Santa Clara, donde Joaquín ejercería como médico. Tuvieron los tres hijos mencionados: los mellizos Yuri e Iván, y el más pequeño, Boris. Al cabo de unos años Joaquín y Olga se divorciaron. Corrían entonces los primeros años que siguieron a la revolución rusa. La situación estaba muy mala en ese país. Joaquín y Olga se habían divorciado en términos amistosos. Olga sólo podía hacerse cargo de uno de los niños y le pidió a Joaquín que se quedara con los mellizos. Ella regresaría a su país con el más pequeño.

Pasaron los años. Era la época de Machado. Los mellizos Yuri e Iván estudiaban el bachillerato en el Instituto de Segunda Enseñanza de Santa Clara. Ambos, pero sobre todo Iván, estaban seriamente involucrados en peligrosas actividades revolucionarias contra la dictadura de Machado. Un día, el jefe de la policía de Santa Clara, que era un buen amigo del Dr. Joaquín Tristá, le advirtió que tenía que sacar urgentemente del país a su hijo Iván, porque su vida corría peligro. Joaquín se comunicó con su ex esposa en Moscú, le explicó la situación, y le pidió que mantuviera a Iván por allá durante algún tiempo. Olga aceptó. Le explicó a Joaquín que la vida en Rusia había mejorado en comparación con la de los primeros años de la revolución; le dijo que ahora ella podía mantener a Iván, y que se lo enviara. Transcurrieron muchos años más. Yuri, mi antiguo profesor de Literatura Preceptiva, vivía en Santa Clara y sólo hablaba español. Iván vivía en Moscú, era profesor de español; durante la Guerra Civil Española, había sido enviado a Madrid, junto con su madre Olga, en una misión de ayuda al gobierno de la República Española; Iván era completamente bilingüe ruso-español, como también lo era su madre. Boris era ingeniero de minas en el Cáucaso y sólo hablaba ruso. Varias noches visité a Olga e Iván en su casa. Un día pude conocer también a Boris, que había venido a visitarlos. De Iván y Olga también me habían hablado mis primas hermanas Carmen ("Carmita") y Gabriela ("Kitty") Tristá, pues su padre, Joaquín Tristá se casó en segundas nupcias con mi tía Gabriela Besada. Mis primas hermanas Carmita y Kitty eran medias hermanas de Yuri, Iván y Boris Tristá.

Mi hermano Benito y su esposa Loreley Maribona Hernández se habían divorciado y, de común acuerdo con Loreley, Beni se había llevado consigo a Moscú al pequeño Eduardo, hijo único de su matrimonio. Eduardo estaba pensionado en una escuela y Beni lo recogía los fines de semana. Eduardo ya hablaba ruso bastante bien y le encantaba corregir los errores de pronunciación que a veces cometía su padre cuando hablaba ese idioma. Recuerdo que una vez, cuando conversábamos con un ruso, Beni, para presentarle a Eduardo, le dijo que el nino era su hijo. Eduardo, con una gran autoridad, lo interrumpió y le dijo: "Papi, 'hijo', en ruso, no se dice *SIN*, se dice *SYN*", al mismo tiempo que pronunciaba una "i dura" rusa (la cual hemos representado aquí por'*Y*'), que es un sonido típico del idioma ruso, no palatal como el de la "i" española, cuyo sonido, por lo tanto, es diferente al de ésta.

Anduve cuanto pude por la ciudad. Beni me prestó un abrigo grueso y una buena *shapka* (sombrero muy corriente en Rusia, que cubre casi toda la cabeza y la protege contra el frío). Un día Beni le encomendó a un joven ruso, secretario suyo, que me llevara a una piscina descubierta que, en invierno, era particularmente interesante. Ese día de enero, en la calle había una temperatura de menos 25 grados centígrados (25 C). El agua de la piscina estaba calentada a más 25 grados centígrados (+25 C). El salón donde estaban las cabinas en las que los visitantes se ponían los trajes de baño tenía un espacio, que se comunicaba, por el agua, con la piscina. Para pasar a la piscina, el bañista debía primeramente entrar en dicho espacio, donde el agua le daba apenas por la cintura, y hacer una pequeña zambullida para pasar por debajo de una pared de unos centímetros de grosor, que no llegaba al suelo. Cuando salía a la superficie, ya estaba en la piscina. De la superficie de la piscina emanaba continuamente un vapor tan denso que apenas se veía a un metro de distancia. Nadar libremente era casi imposible, pues a causa del denso vapor que salía de la piscina a penas se veía, y se tropezaba siempre con alguien. Los bordes de la piscina estaban cubiertos de nieve. En invierno, la duración de los baños estaba limitada a una sola sesión de unos quince minutos; se aconsejaba no tomar más de una sesión. Además, después de cada sesión, todos los bañistas debían abandonar la piscina. Si, excepcionalmente, y con riesgo para su salud, alguien deseaba tomar una nueva sesión, tenía que volver a pagar.

Algunas noches fui al Hotel Yunost (Juventud). Este hotel era muy frecuentado por los extranjeros en Moscú, sobre todo su espacioso salón, donde se podía comer, beber y bailar. El ambiente era típicamente capitalista. La única restricción que allí existía (en la época en la que visité dicho hotel) era la de que la orquesta sólo tocaba una pieza de música americana por cada cuatro. Según me contaron, la proporción de las piezas de música americana que la orquesta tocaba era variable, pues dependía de que los dirigentes de la juventud comunista de turno fueran más o menos "fundamentalistas". Una de esas noches conocí a dos muchachas estudiantes de medicina, que estaban visitando Moscú. Sus rasgos eran achinados y creí que eran extranjeras. No lo eran; estudiaban Medicina en la Universidad de Irkutsk, importante ciudad de Siberia, cerca del Lago Baikal. Pasamos unas horas muy agradables. La práctica de la conversación en ruso también lo fue.

Actuación del autor en la Universidad Central

En el período en que ejercí el cargo de Vicerrector Docente de la Universidad Central Marta Abreu de Las Villas hubo momentos agradables, que me proporcionaron una gran satisfacción; también hubo otros que fueron extremadamente desagradables. Narraremos algunos de ellos; comenzaremos por los agradables.

Un día de noviembre de 1961, el Rector de la Universidad, Dr. Silvio de la Torre, me convocó al Rectorado. Me explicó lo que le pasaba. En días anteriores había sido designado miembro de una misión cultural que tenía por objeto estudiar la organización de la enseñanza superior en los países socialistas. Había aceptado esa designación, y la misión cultural debía partir hacia Moscú en unos días. También me dijo que en el Ministerio de Educación habían surgido problemas que requerían su presencia, y que esto le impedía formar parte de esa misión cultural, que duraría de tres a cuatro semanas. Me pidió que lo sustituyera. Me informó que visitaríamos Moscú, Leningrado y Kiev en la Unión Soviética, Varsovia en Polonia, y Praga en Checoslovaquia. También me dijo, para animarme, aunque en realidad, tratándose de un viaje al extranjero, eso no hacía falta, que ese viaje me convenía para practicar los idiomas extranjeros, sobre todo el ruso[64]. Me sugirió, por no decir me ordenó, que partiera hacia La Habana cuanto antes.

El viaje a Moscú se realizó como estaba previsto. En el Ministerio de Relaciones Exteriores no me dieron un pasaporte sino una simple hoja de papel con mis datos, mi fotografía, y el sello del ministerio. Tras una escala en Gander (Canadá) y otra en Praga, llegamos a Moscú. Al día siguiente visitamos la Universidad de Lomonosov, que es la universidad estatal de Moscú. Puesto que en la Universidad

64 Las asignaturas de Derecho en la Escuela de Ciencias Comerciales habían sido suprimidas y me habían trasladado a la Escuela de Idiomas Modernos donde, además de cursos de inglés y de alemán, me habían confiado un curso de ruso para principiantes.

Central Marta Abreu de Las Villas se me había confiado, junto con otros profesores, la elaboración de un plan acelerado para la formación de graduados en carreras técnicas, pedí, a los profesores de esa Universidad que nos atendieron, que me mostraran la enorme biblioteca de esa gran universidad. En la biblioteca, me dirigí a las secciones dedicadas a las matemáticas, las ciencias y la tecnología. Recuerdo que, examinando los numerosos libros que había en cada una de esas secciones, tuve la grata sorpresa de encontrar allí los libros de Cálculo Diferencial y Cálculo Integral publicados (en su idioma original, español) a principios del decenio de 1940 por el eminente y brillante matemático cubano Pablo Miquel y Merino, cuyos libros se estudiaban en muchas universidades, sobre todo latinoamericanas, y eran consultados por matemáticos de diversos países. Visitamos también universidades y centros de enseñanza superior en Leningrado[65] y Kiev y, días después, volamos a Varsovia, donde nos atendieron en la misma forma.

Los miembros de la misión cultural éramos cuatro. Dos eran bastante mayores que yo, el otro no era mucho mayor que yo. Los tres eran magníficas personas. Eran profesores inteligentes y capacitados en las ramas a que respectivamente se dedicaban. Los dos mayores eran profesores de la Universidad de La Habana. Uno de ellos era profesor de Escuela de Medicina y era el jefe de la misión. El tercero era profesor de la Universidad de Oriente. Al principio todos nos llevábamos muy bien. Sin embargo, desde que sostuvimos las primeras entrevistas con nuestros anfitriones, se puso de manifiesto una situación que, por lo menos yo, no había previsto. El conocimiento del idioma inglés por parte de mis tres compañeros, aunque era suficiente para leer libros y documentos, no lo era para un uso activo en una conversación a nivel de profesor

65 Antiguo y actual San Petersburgo.

universitario, ni tampoco para escribir correctamente unas notas o un pequeño documento. Además, tenían muchas dificultades para entender lo que le decían personas, algunas de las cuales hablaban el inglés como una segunda o tercera lengua, y con diferentes acentos. Esto dio lugar a que, generalmente, nuestros anfitriones me dijeran las cosas a mí, para que yo se las tradujera, o se las explicara a mis compañeros, con lo que, aparentemente, yo estaba fungiendo de jefe de la misión. Desde el primer día, me di cuenta de esta situación y traté por todos los medios de que mis compañeros participaran lo más directamente posible en las conversaciones. Inclusive, con este fin, en algunas reuniones, para asegurar una distribución más uniforme de la conversación, me situaba intencionalmente en un segundo plano.

Con el transcurso de los días, se fue creando entre mis compañeros una especie de concertación, en base a la cual ellos erigían unas barreras psicológicas, totalmente artificiales, que los apartaban de mí cada vez más. Se fue creando una situación en la que la convivencia se me hacía cada vez más difícil. Me di cuenta de que había llegado hasta a "caerles mal". Esta situación los llevó a hacer cosas ridículas, como "confabularse" para ir secretamente, casi clandestinamente (es decir, sin que yo lo supiera), a una cafetería para tomarse un café. Me imagino lo orondos que deben haberse sentido cuando, la primera vez que urdieron esa genial artimaña, se enteraron de que yo había ido expresamente a buscarlos a sus respectivas habitaciones, para reunirme con ellos. La situación continuó empeorando hasta que, encontrándonos en Varsovia, llegó el día en que me cansé y, no tanto por mí sino por el bien de la misión, les "hablé claro". Después de exponerles mi opinión sobre su conducta, le dije al jefe de la misión que si para el bien de nuestra misión era conveniente que yo regresara a Cuba, lo único que tenía que hacer era pedir que, en mi billete de avión, cambiaran la fecha de regreso por la primera que estuviera disponible.

La misión estaba aproximadamente a los dos tercios de su duración. El problema se resolvió de esa manera. Los otros tres miembros de la misión continuaron algunos días más en Varsovia. Yo volé a Praga, me alojé en el hotel que tenía reservado, y tomé el avión cuatrimotor de la Compañía Cubana de Aviación en el aeropuerto de Praga, con rumbo a La Habana. Dos horas después de despegar el avión, por el sistema de información a los pasajeros se oyó la voz del piloto. Nos informó que en unos minutos estaríamos aterrizando, de regreso, en el aeropuerto internacional de Praga; nos informó asimismo que uno de los motores del avión estaba averiado y era necesario retornar a Praga, que la compañía se mantendría en contacto con los pasajeros y les comunicaría la fecha y hora del próximo vuelo a La Habana, y que los gastos de alojamiento y manutención corrían por cuenta de la compañía Cubana de Aviación. En Praga nos encontramos con el piloto del avión, que estaba también alojado en el mismo hotel, y nos explicó que el avión, por construcción, podía volar casi normalmente con tres motores, e inclusive aterrizar con sólo dos motores. Los pilotos tenían instrucciones expresas de no intentar atravesar el Atlántico estando averiado uno de los motores. También nos explicó que, en casos como éstos, el motor no se reparaba, sino que se cambiaba por otro nuevo, que debía traerse de Inglaterra, y que el cambio del motor demoraba generalmente tres días.

En el hotel me encontré con el Embajador de Cuba en Praga, Raúl ("Raulito") Roa Kourí, hijo de Raúl Roa García, el Ministro de Relaciones Exteriores de Cuba. El joven Embajador Roa Kourí me preguntó si me hacia falta dinero para pasar esos días en Praga. Le respondí que, como los gastos de alojamiento y manutención estaban cubiertos, lo único que necesitaba eran algunas coronas, para recorrer la ciudad mediante el transporte público, pues apenas me quedaban unos pocos dólares. Raulito me ofreció más dinero, pero sólo acepté veinte dólares, que me bastaron para recorrer la ciudad durante esos tres días.

Al regresar a Santa Clara me reintegré a la Universidad y a mi cargo de Vicerrector Docente. Continuando la narración de los momentos agradables, recuerdo la visita de Yuri Gagarin, quien, el 12 de abril de 1961 (o sea, cinco días antes del desembarco de la Brigada 2506 en Bahía de Cochinos), en la cápsula espacial Vostok 1, había recorrido una órbita alrededor de la Tierra. Gagarin era un hombre de pequeña estatura, pero de una constitución física extraordinaria. Cuando nos dimos la mano, la sensación que sentí fue como si mi mano estuviese siendo oprimida por un alicate. Cuando Gagarin aumentó ligeramente la presión de su mano, sentí un dolor tan intenso que estuve a punto de arrodillarme, lo que no llegó a suceder porque, cortésmente, disminuyó la presión. Quiero aclarar que el Vicerrector Docente de la Universidad Central que saludaba al cosmonauta ruso no era un ancianito endeble, sino un hombre de 38 años, que había hecho deportes durante toda su vida, entre ellos deportes rudos como el fútbol americano, y otros que endurecen especialmente las manos, como los remos y el judo (en este último deporte tenía entonces el título de cinta negra, o primer *dan*). Otro de los momentos agradables fue la visita de un grupo de destacados gimnastas rusos, entre los cuales figuraban Larissa Latinyna, bella, atractiva y varias veces campeona olímpica en eventos de gimnasia femenina, y Albert Azarian, igualmente gran campeón en gimnasia masculina y un verdadero prodigio cuando, con excepcional limpieza, hacía, prolongadamente, "la cruz" como figura dentro del evento de las anillas. Esa noche, en una fiesta celebrada en homenaje a nuestros distinguidos visitantes, tuve el honor de bailar unas piezas con la mencionada múltiple campeona olímpica.

Los momentos más desagradables los pasé cuando tuve que sustituir al Rector en un acto para la notificación de una resolución de "depuración".

Las depuraciones en la Universidad Central Marta Abreu de Las Villas

Se llamaba depuración a un proceso que se aplicaba con más o menos frecuencia y extensión en muchos organismos públicos y centros de trabajo, como resultado del cual se expulsaba a las personas a las que se les atribuía una conducta contraria a la Revolución. La ola grande de depuraciones en la Universidad Central Marta Abreu de las Villas se había producido en la época en que me encontraba disfrutando de la beca de posgrado en la Universidad Libre de Berlín, en Berlín Occidental. No obstante, cada cierto tiempo se presentaba en la Universidad algún caso de depuración. La depuración se producía sin la tramitación de un expediente previo. Sencillamente, el Rector dictaba la resolución de expulsión, convocaba al profesor, funcionario, empleado o alumno en cuestión y le notificaba la resolución. Generalmente, el acto de la notificación se efectuaba de una manera casi mecánica. Tal profesor, funcionario, empleado o alumno sabía exactamente lo que se le iba a comunicar y estaba preparado para ello. También sabía que contra esa resolución no se podía interponer ningún recurso. Algunos ya tenían hechos sus proyectos para emigrar.

La depuración de Denio Machado

Un día el Rector, Dr. Silvio de la Torre Grovas, había convocado a un funcionario de la Universidad para notificarle la resolución por la cual era expulsado deshonrosamente de la Universidad. Se trataba de un hombre joven, Denio Machado, alto, de aspecto sereno y correcto. Denio era un joven de Santa Clara que, antes de la Revolución, había vivido en Estados Unidos, donde había trabajado durante algunos años. Había aprendido el idioma inglés, y lo hablaba fluidamente. Unos años antes del triunfo de la Revolución, Denio había regresado a Cuba y se había incorporado al Movimiento 26 de Julio. En aquellos difíciles días que precedieron a la huida de Batista, durante la toma de Santa Clara por las tropas del Che Guevara, cooperó con éstas y fue uno de los pocos que dio la bienvenida al Che, en la Universidad, cuando éste estableció allí su primera comandancia en Santa Clara. Denio era uno de los tantos cubanos que apoyaba la Revolución. Sin embargo, era un admirador de Estados Unidos de América y del sistema capitalista y, cuando se dio cuenta de que Castro estaba tratando de introducir el comunismo en Cuba, comenzó a criticar abiertamente al gobierno revolucionario. Sabía que habría de ser depurado. Ahora tenía que recibir la notificación correspondiente. Ese era el documento que acreditaba la "baja en el trabajo", indispensable para una eventual solicitud de salida del país. El Rector, Silvio de la Torre Grovas, lo había convocado a su despacho. Ambos se conocían y habían sido amigos.

El acto de la notificación comenzó como de costumbre. Silvio de la Torre era un hombre cortés, que estaba cumpliendo un deber, muy triste, pero que no podía evadir. Eso formaba parte de sus obligaciones como Rector y lo había hecho en numerosas ocasiones anteriores. Silvio comenzó a leer la resolución de expulsión, que no tenía nada de particular. Era similar a todas las demás. Se ajustaba a un modelo, que se copiaba literalmente y sólo se individualizaba cambiando los datos relativos a la persona que era expulsada. Impasible, imperturbable, Denio escuchaba, sin abrir la boca. Ni un solo músculo de su rostro se contraía. Cuando el Rector terminó de leer la resolución, respetuosamente levantó la vista y la dirigió hacia el joven ex funcionario de la Universidad cuya expulsión le acababa de notificar, al mismo tiempo que le entregaba una copia oficial de la misma. Denio recibió dicha copia y, con la misma cortesía que Silvio de la Torre le había mostrado para notificarle la resolución, le preguntó: "Doctor, ¿me permite decirle algo con respecto a lo que usted acaba de leer?" Silvio accedió. La respuesta de Denio Machado merece un párrafo aparte.

> "Doctor, no tenga pena. Eso que usted ha hecho es muy natural. Yo no me esperaba otra cosa. Sin embargo, hay algo que sí me ha dolido mucho y nunca olvidaré. Yo luché por la Revolución, fui miembro del Movimiento 26 de Julio y lo único malo que puedo haber hecho es expresar mis ideas, que son contrarias al sistema que se está introduciendo aquí. Yo sabía que esto que ha sucedido hoy tenía que suceder algún día. Era inevitable. Ustedes no pueden permitir que nadie que piense como yo pueda estar aquí. Eso es lógico. Lo que sí nunca pude imaginarme es que, cuando llegara la hora de expulsarme de esta Universidad, donde he trabajado y cumplido con mis obligaciones, la Revolución no haya escogido para esa tarea a un verdadero revolucionario, sino a una persona como usted, doctor, que hasta hace muy pocos años se encontraba en todos banquetes y actos sociales en compañía del Coronel Río Chaviano[66], a quien usted adulaba públicamente, y le celebraba las gracias".

Silvio de la Torre sufrió un enorme choque emocional, cambió de color, comenzó a dar gritos, acudieron empleados y policías universitarios, y ordenó que sacaran materialmente a Denio Machado de la Universidad. Así se hizo.

---

66 El Coronel Alberto del Río Chaviano había sido jefe del Distrito Militar de Santa Clara. Posteriormente Batista lo ascendió a General.

Completemos la anécdota de Denio Machado. Denio emigró por segunda vez a Estados Unidos. Esta vez definidamente. Pasaron los años. Una vez lo vi en Nueva York. Había logrado hacerse de un pequeño supermercado y, después, de otro un poco mayor. Me dijo que había trabajado más que un esclavo. Hacía años que no veía una película, no en un cine, ni siquiera en la televisión. No tenía tiempo. Todos los días regresaba de su modesto supermercado a las once o las doce de la noche, y a las cinco de la mañana tenía que estar presente de nuevo en el establecimiento para preparar su apertura. Pasaron algunos años más. Eran los primeros del decenio de 1990. Había cambiado de profesión y de situación económica. Ahora era agente inmobiliario (*realtor*) y, no sólo tenía vacaciones, ¡era millonario! Vivía en el *penthouse* que había comprado en el conocido edificio de apartamentos *La Maison Grande*, en la avenida Collins, en Miami Beach, donde lo visité y lo vi por última vez en uno de mis acostumbrados viajes a esa ciudad. Pasaron aún varios años más. El Señor lo llamó. Le habían llegado sus vacaciones: las largas.

Después de la depuración de Denio Machado, el Rector, Dr. Silvio de a Torre, quedó muy afectado. Puede decirse que hasta le cogió miedo a continuar cumpliendo con su triste deber de efectuar las notificaciones de depuraciones, como le correspondía por el cargo que ejercía, y me pidió que lo sustituyera por algún tiempo en esa desagradable función. Lo sustituí en algunas ocasiones, que, por suerte, fueron pocas (como se verá, mi cargo de Vicerrector Docente estaba llegando a su fin). Una de ellas fue la notificación de la depuración de dos jóvenes estudiantes que habían sido alumnos míos y que la única falta de que se les acusaba era la de expresar su preferencia por el sistema capitalista y su aversión al sistema comunista. En la actualidad, a veces nos encontramos en Miami en la fiesta que los villaclareños celebran para conmemorar el aniversario de la fundación de Santa Clara, que tuvo lugar el 15 de julio de 1689. Siempre nos saludamos con afecto. Quizás ellos hayan perdonado al funcionario de la Universidad que les notificó la expulsión. Yo nunca he podido hacerlo. Ni podré.

Cesación como Vicerrector Docente de la Universidad

Como ya hemos dicho antes, después de la declaración de Fidel Castro en diciembre de 1961 de que Cuba era un país marxista-leninista y que era gobernada por el Partido Comunista, sufrí una gran decepción en lo que respecta al futuro de Cuba y pensé que debía separarme poco a poco de mis funciones como Vicerrector de la Universidad. A pesar de todo, yo no quería abandonar mi país, quería seguir viviendo en Santa Clara. Estaba dispuesto a soportar los inconvenientes y las limitaciones de ese régimen a condición de que se respetara mi forma íntima de pensar. En sus discursos Fidel Castro había dicho varias veces que al profesional, técnico o científico que cumpliera sus obligaciones se le respetarían sus convicciones políticas y no sería molestado por ese motivo. Se me ocurrió estudiar una carrera técnica, como la de Ingeniería Electrónica, mantenerme como profesor de la universidad en la Escuela de Idiomas Modernos y pedir mi sustitución en el cargo de Vicerrector Docente, pues necesitaba tiempo para estudiar la carrera de Ingeniería Electrónica, Especialidad Telecomunicaciones.

El Rector, Silvio de la Torre, y a la Junta Superior de Gobierno de la Universidad, aceptaron mi propuesta, así como mi renuncia al cargo de Vicerrector Docente. Ya en el curso de 1962-1963, yo trabajaba solamente como profesor de la Escuela de Idiomas Modernos, y comenzaba a estudiar la carrera de Ingeniería Electrónica, Especialidad Telecomunicaciones.

Consolidación de Castro

Tras la solución de la crisis del Caribe, la situación en Cuba seguía siendo muy difícil y compleja. Después de la invasión de Playa Girón, un gran número de los integrantes de la Brigada 2506 habían sido hechos prisioneros por las huestes de Castro. Kennedy se había visto obligado a asumir la responsabilidad del fracaso. No obstante, en los últimos meses de 1961 reaccionó y organizó una operación que se designó por *Mangoose*, que es el nombre en inglés de la mangosta, mamífero vivérrido originario de África. La estructura creada por la operación *Mangoose* era muy vasta y comprendía una gran cantidad de barcos de distintos tamaños, perfectamente artillados, así como diversas casas de seguridad en las que se albergaban los combatientes cubanos que participaban en la mencionada operación[67].

Lucha de los guerrilleros en el Escambray

Pese al descalabro sufrido después del apresamiento y fusilamiento de Plinio Prieto Ruiz, Sinesio Walsh Ríos, Porfirio Ramírez Ruiz y otros gloriosos combatientes en octubre de 1960, a lo que ya nos hemos referido, la lucha de los guerrilleros contra la dictadura castrista se reorganizó e intensificó, no sólo en el Escambray, sino en distintos lugares de Cuba, pero sobre todo en la provincia de las Villas. Precisamente, una de las críticas que se hace

67 Una descripción detallada de las acciones realizadas por los combatientes en el marco de la operación *Mangoose* puede consultarse en el libro del Dr. José Enrique Dausá "Luchas y Combates por Cuba", quien participó en esta operación, así como en otras actividades patrióticas.

a los organizadores de la Invasión de Bahía de Cochinos es la de que ignoraron totalmente a los combatientes del Escambray, quienes en esos momentos luchaban activamente, en particular en este macizo montañoso. Después de la invasión de Bahía de Cochinos, Castro comprendió el peligro que para él representaban las guerrillas que operaban en el Escambray e intensificó los ataques y los cercos a las mismas. Como los cercos requerían una cantidad relativamente grande de hombres, los castristas incorporaban a las tropas muchos jóvenes tomados de las escuelas. Gran parte de las víctimas en las filas castristas fueron muchachos así reclutados, e incorporados a las tropas regulares para establecer los cercos.

Después de la crisis de los misiles en octubre de 1962, Castro continuó "la limpia del Escambray". Para ello recurrió a la misma táctica que el Gobernador español, General Valeriano Weyler (proveniente de una familia prusiana) había empleado contra los insurrectos cubanos en la Guerra de Independencia: separar la población civil de los insurrectos, reconcentrándola en los pueblos, de manera que no pudiera ayudar a éstos, ni suministrarles alimentos. Esta medida tomada por Weyler se conoce por *la reconcentración* y causó innumerables víctimas en la población civil.

Los últimos combatientes del Escambray fueron eliminados o capturados en 1966.

El Presidente Kennedy, en un primer momento, puso en práctica la antes mencionada operación *Mangoose*, pero cierto tiempo después, tras su enigmático asesinato el 22 de noviembre de 1963, en Dallas (Texas), el gobierno de Estados Unidos, bajo la presidencia de Lyndon B. Johnson, comenzó a cumplir de una manera más estricta las obligaciones que asumió en lo que algunos historiadores llaman el pacto Kennedy-Jrushchov. Por otra parte, el movimiento revolucionario contra la dictadura castrista, dentro y fuera de Cuba, había quedado desarticulado[68].

Conflicto de Castro con los comunistas de la vieja guardia

Como sabemos, después de la victoria de Playa Girón en abril de 1961, Fidel Castro declaró públicamente que Cuba era un país socialista, y que era gobernada por las Organizaciones Revolucionarias Integradas (ORI). Al igual que, tras la caída de Batista, Castro dejó que Cuba fuera aparentemente gobernada por el primer gabinete del Presidente Urrutia, tampoco ahora procedió directa y abiertamente a nombrar el Directorio Nacional de las ORI, sino que encomendó esta tarea a un comunista de la vieja guardia, Aníbal Escalante, uno de los más activos y recalcitrantes, y le aplicó el mismo método utilizado en el caso de Urrutia y su primer gabinete: lo dejó actuar libremente para ver hasta dónde llegaba en la estructuración del Directorio Nacional de las ORI. Escalante estableció la lista con los nombres de los veinticinco miembros del Directorio Nacional de las ORI. De estos veinticinco miembros, diez eran miembros del antiguo Partido Comunista, trece eran miembros del Movimiento 26 de Julio (de los cuales tres tenían profundamente arraigada la doctrina comunista), y sólo dos pertenecían al Directorio Revolucionario (DR). Castro examinó esta lista y no hizo ningún comentario público sobre la misma. Era precisamente la que le convenía para lanzar la primera andanada contra Escalante y los comunistas de la vieja guardia. Para ello eligió

68 En el libro "El Clandestinaje y la Lucha Armada contra Castro" del conocido y minucioso historiador Enrique Ros se describen detalladamente las actividades clandestinas y la lucha armada del pueblo cubano contra la dictadura castrista en esos años.

el momento propicio. El 13 de marzo de 1962, en un acto en que se conmemoraba el aniversario del ataque al palacio presidencial y la muerte de José Antonio Echeverría, cuando el orador del Partido Comunista leyó el "testamento político" del mártir de la Revolución y creador del Directorio Revolucionario, omitió, con toda intención, la invocación a Dios contenida en la redacción original de dicho documento. Castro lo interrumpió inmediatamente y, elevando el tono de la voz todavía más de lo que solía hacerlo, lo acusó de adulterar, falsear y censurar las palabras de un mártir de la Revolución. Ese era un crudo mensaje a los comunistas de la vieja guardia y a lo que después se llamó el "sectarismo". Castro no arremetió inmediatamente contra éstos, sino que dejó transcurrir unos días para que este enérgico mensaje produjera el efecto deseado y, el 26 de marzo, en una aparición ante las cámaras de televisión, señaló que Aníbal Escalante, so pretexto de elaborar una lista de los miembros del Directorio Nacional de la ORI, había creado una "monstruosidad revolucionaria". Este incidente terminó con la purga de Aníbal Escalante, así como de otros comunistas de la vieja guardia, como Joaquín Ordoqui, miembro de la Comisión Ejecutiva del PSP, y de su esposa Edith García Buchaca, jefa de la sección cultural. Su hermano César Escalante, también un conocido líder de los comunistas de la vieja guardia, se mantuvo neutral y logró conservar su posición. Aníbal tuvo suerte esta vez. Fue "deportado" (o sea, se le encomendó una función de tercera categoría en el extranjero) durante cierto tiempo a Checoslovaquia, y después fue nombrado administrador de una explotación rural, también de tercera categoría.

Esta fue la primera amonestación pública que Fidel Castro hizo a los comunistas de la vieja guardia. El golpe definitivo se lo propinó en 1968 cuando embistió contra lo que se llamó entonces la "microfracción". Aníbal Escalante y otros treinta y seis comunistas de la vieja guardia fueron arrestados y acusados de conspirar contra el gobierno. Escalante fue condenado a quince años de prisión. Esta vez no tuvo tanta suerte como la anterior. No obstante, con el transcurso del tiempo, su régimen penitenciario fue atenuado.

Entre esa primera advertencia de Castro a los comunistas de la vieja guardia en 1962 y el contundente golpe asestado en 1968 tuvo lugar un proceso judicial que constituyó un eslabón esencial entre ambas reacciones punitivas de Castro: el juicio de Marcos Rodríguez Alfonso.

Juicio de Marcos Rodríguez Alfonso

Como ya se describió en el primer tomo de esta obra, el sábado 20 de abril de 1957 fuerzas de la policía de Batista hicieron irrupción en el apartamento 201 del edificio situado en la calle Humboldt Nº 7 en La Habana y asesinaron a los estudiantes Juan Pedro Carbó Serviá, José Machado, Fructuoso Rodríguez y Joe Westbrook, a quienes buscaban especialmente por su participación en las acciones revolucionarias allí mencionadas. Estos cuatro jóvenes estudiantes revolucionarios estuvieron escondidos provisionalmente en distintos lugares, en los que se les brindó refugio, y estaban tratando de procurarse un escondite más adecuado y seguro. Hasta el día 19 de abril estuvieron viviendo en la casa de Ricardo Bianchi, en la calle Ayesterán, en La Habana. Ese día, los tres estudiantes primeramente mencionados se enteraron de que su compañero, Joe Westbrook, había conseguido un lugar que parecía convenirles: un amigo suyo, Gustavo Pérez Cowley, había alquilado un apartamento, el número 201 en el edificio de Humboldt 7, y ese mismo día debían mudarse para su nueva vivienda. Durante la mudanza, Gustavo Pérez Cowley fue acompañado de un amigo, Marcos Rodríguez Alfonso.

En la mañana del día siguiente se produjo el asalto por fuerzas de la policía al mando del Capitán Esteban Ventura Novo y el asesinato de los cuatro jóvenes revolucionarios. Desde los primeros momentos, el Directorio Revolucionario, pero sobre todo Marta Jiménez, la esposa de Fructuoso Rodríguez, trató de averiguar cómo la policía pudo enterarse tan pronto de la nueva vivienda de sus compañeros. Todas las sospechas recayeron sobre Marcos Rodríguez Alfonso, joven estudiante que había aparecido por la Universidad de La Habana en 1956, a quien se conocía por "Marquitos". Este estudiante y otros dos compañeros, Tirso Urdanivia y el antes mencionado Gustavo Pérez Cowley, formaban de hecho un grupúsculo. Presumían de ser "revolucionarios intelectuales" y tenían buenas relaciones con algunos miembros del Directorio Revolucionario. Sus modales eran amanerados y se les consideraba homosexuales. Poco después de los hechos de Humboldt 7, Marquitos pidió asilo político en la Embajada de Brasil, el cual le fue concedido. Después pasó a Costa Rica, desde donde hizo un viaje, de ida y regreso, a Argentina, y poco después apareció en Ciudad México, donde trabó amistad con Joaquín Ordoqui, distinguido comunista de la vieja guardia, y su esposa Edith García Buchaca, destacada en el campo intelectual, tanto como su cónyuge lo era en el de las actividades del Partido Comunista tradicional.

Cuando triunfó la Revolución y regresaron los exilados cubanos, Marquitos trató de insertarse en alguna posición del aparato de la Revolución. Se le encomendaron algunas tareas; inclusive llegó a impartir lecciones de marxismo-leninismo en algunos centros. Sin embargo, se vio frenado por un asunto muy serio: Marta Jiménez lo acusaba de haber delatado a los cuatro mártires de la Revolución asesinados en el edificio de Humboldt 7. Viene aquí una zona de oscuridad de las muchas que tuvo la corta vida de Marquitos. Cierta o ciertas personas lo ayudaron, o permitieron que lo ayudaran, o lo "pusieron en el congelador" para reservarlo, o conservarlo, hasta que llegara el momento conveniente para utilizarlo. El resultado fue que la acusación de Marta Jiménez y de algunos miembros del Directorio Revolucionario no produjo efecto alguno y Marquitos recibió una beca para estudiar una carrera de letras en Praga.

En 1964 Marquitos regresó a Cuba. Faure Chomón, quien había regresado a La Habana después de haber cesado en su cargo de Embajador de Cuba en Moscú (cargo en que fue sucedido provisionalmente, aunque por un período relativamente largo, por mi hermano Benito, a lo cual ya se ha hecho referencia), había reunido las pruebas para la acusación de Marquitos como el delator de sus compañeros asesinados en lo que se conoce por los sucesos de Humboldt 7. En marzo de 1964 se celebró (en varias sesiones) el juicio de Marquitos. Atendiendo al número y la posición política de las personas que declararon como testigos, éste ha sido uno de los juicios más notables que jamás se haya celebrado en Cuba. En este juicio declararon extensamente como testigos el Presidente de la República, Osvaldo Dorticós Torrado, y el Primer Ministro, Fidel Castro. Este último no se limitó a declarar como testigo, sino que hizo dos cosas inauditas, que, hasta donde llegan mis conocimientos e informaciones, nunca se habían presenciado en un tribunal, por lo menos en Cuba. Se presentó al juicio portando un voluminoso interrogatorio, que este excepcional testigo, previamente y, desde luego, ilegalmente, le había tomado a Marquitos en su celda, para lo cual fue auxiliado por un taquígrafo. Este interrogatorio fue manejado, utilizado, manipulado e interpretado por Castro a su antojo durante su declaración como testigo (con el consiguiente escarnio a la independencia del poder judicial). Además, se tomó la atribución de dirigirse personalmente al acusado e interrogarlo allí mismo, en la propia sala de justicia. El acusado fue llevado a un estado tal de desmoralización y de indefensión psíquica que, todo el que lea esa macabra "conversación" durante la pantomima que tuvo lugar en aquella sala "de justicia" entre el prepotente Fidel Castro (quien en ese juicio debía intervenir solamente como testigo) y el despojo humano en que había quedado convertido Marquitos, no puede menos que recordar los procesos judiciales seguidos contra los acusados en las purgas realizadas por Stalin y su Politburó en el decenio de los 1930, sobre todo los procesos a que fueron sometidos Zinoviev y Kamenev en la Gran Purga. La ultimación del proceso fue una simple cuestión de moda. En los casos de Zinoviev y Kamenev, un disparo en la nuca, por la noche, en la celda; en el caso de Marquitos, el paredón de fusilamiento.

Desaparición del Che Guevara

En diciembre de 1964 el Che Guevara emprendió un viaje que duraría unos tres meses. La primera parte del viaje fue estrictamente oficial. Voló a Nueva York como jefe de una delegación y pronunció un discurso ante las Naciones Unidas. De allí continuo su viaje extraoficialmente y visitó una serie de países en Europa, Asia y África. Entre fines de febrero y principios de marzo de 1965, en el curso de sus visitas a Argelia y el Congo Brazzaville, se tomó la libertad de asombrar a su audiencia con ciertas declaraciones y frases que contenían críticas acerbas contra los gobiernos del bloque soviético. En una de ellas expresó que los países socialistas tenían el deber moral de poner punto final a toda complicidad tácita con los explotadores países occidentales. La otra fue todo un enunciado teórico. Expuso que, al igual que en el mundo capitalista, los países más industrializados explotan a los menos industrializados, no porque los primeros sean "malos" y los últimos "buenos", sino porque eso es una consecuencia natural de las relaciones económicas que existen entre ellos, si no se tenía cuidado, podría ocurrir en el campo socialista, igualmente, que los países más industrializados explotaran a los menos industrializados, por la misma razón, es decir, no porque los primeros fueran "malos" y los últimos "buenos", sino porque eso era una consecuencia natural de las relaciones económicas que existían entre ellos. Ernesto Guevara regresó a Cuba el 14 de marzo. Ya no era Ministro de Industria. Por las razones que pasamos a exponer, Fidel Castro lo había sustituido (por no decir más exactamente, destituido y reemplazado) por el Teniente Borrego.

Reacción de los profesores de la Universidad Central Marta Abreu de Las Villas provenientes del bloque soviético

A raíz de estas declaraciones de Ernesto Guevara, los profesores extranjeros provenientes del bloque soviético que trabajaban en la Universidad Central Marta Abreu de las Villas se reunieron y protestaron enérgicamente contra esas declaraciones formuladas por Ernesto Guevara en África. Estos profesores, sobre todo los provenientes de los países más industrializados, como la Unión Soviética, la República Democrática Alemana (RDA) y Checoslovaquia, encabezados por un profesor de la República Democrática Alemana de apellido Schmidt, fueron, en bloque, a entrevistarse con el Rector, Dr. Silvio de la Torre. Se quejaron airadamente de tales declaraciones de Ernesto Guevara. Expresaron que esas declaraciones, aparte de ser mentirosas y calumniosas, constituían una falta grave a la ética observada en las relaciones entre los países del Pacto de Varsovia. Exigían que se hiciera constar su más formal protesta y, como tal, se elevara al Ministerio de Educación. Exigían también, como mínimo, que el autor de esas palabras las retirara y se retractara, primero públicamente, y después en una reunión de autocrítica.

El Rector de la Universidad Central Marta Abreu de Las Villas se comunicó inmediatamente con el Ministro de Educación, quien lo tranquilizó diciéndole que lo mismo se había producido, no sólo en la Universidad de La Habana, sino también en otros órganos del gobierno, y que podía informar a esos profesores que Fidel Castro, más que nadie, estaba profundamente disgustado con esas declaraciones y se había hecho cargo personalmente del asunto.

Lo primero que hizo Castro fue sustituir inmediatamente a Ernesto Guevara, como Ministro de Industria, por el entonces Teniente Borrego[69]. Durante unos meses en Cuba no se publicó nada con respecto al Che. Esto dio lugar a que comenzaran a correr rumores similares a los que circularon tras la desaparición de Camilo Cienfuegos. Fue sólo después de cierto tiempo que apareció la célebre carta de despedida del Che, que examinaremos más adelante, en la que éste anunciaba que llevaría la Revolución a otras partes del mundo. Pero, ¿qué había ocurrido en realidad entre Fidel Castro y Ernesto Guevara?

Enfrentamiento entre Castro y Guevara

La indignación que experimentaron los profesores, ingenieros y técnicos originarios de los países más industrializados del bloque soviético cuando se enteraron de las mencionadas declaraciones de Ernesto Guevara en su viaje a África no tiene comparación con el disgusto que le causaron a Fidel Castro. Ese asunto tenía que resolverse definitivamente. Esta cuestión tendría que ventilarse en una conversación que sería un enfrentamiento personal, directo,

69 En algunas publicaciones he leído que, a su regreso de África, el Che Guevara fue recibido con todos los honores por Fidel y Raúl Castro, el Presidente Dorticós y otros altos dirigentes. Yo lo dudo mucho. Después de sus declaraciones en África, del Che no se habló más en Cuba durante largo tiempo.

cara a cara, entre estos dos hombres que sentían, uno por el otro, un profundo respeto. Divergencias entre Castro y Guevara habían existido. Pero esta vez se trataba de algo extremadamente importante, verdaderamente esencial. Se ha escrito mucho sobre la forma en que se resolvió esta cuestión. Pero nadie podrá contar cómo se desarrolló este enfrentamiento, pues tiene que haberse producido a solas. Estos dos hombres tienen que haber hablado libremente, sin la menor reserva mental, como cuando se conocieron en México.

En mi opinión (y no me considero mejor situado que ningún otro para emitir una opinión sobre un punto tan especulativo), Castro le habría reprochado a Guevara las críticas que había hecho a la dirigencia de algunos países del Pacto de Varsovia y, en particular, su alusión a que los países industrialmente más desarrollados del bloque soviético, aunque sólo fuera por esa razón, podrían explotar a los menos industrializados, y le debe haber indicado que la única solución era que se retractara de esas palabras y se hiciera una autocrítica. Pese a la consideración que le tenía Fidel Castro a Ernesto Guevara, este planteamiento se lo debió haber hecho en forma tal, que Guevara tuvo que comprender, por fuerza, que la postura de Castro era inconmovible. Me imagino que un sucinto resumen de ese diálogo, del cual nadie ha sido testigo, podría haber continuado con la siguiente respuesta de Guevara a la indicación de Castro: "Yo no he dicho otra cosa que la verdad, y el que dice la verdad no tiene por qué hacerse una autocrítica". A lo que Fidel Castro debe haberle respondido: "De todas formas, eso que tú dijiste, sea o no sea verdad, el único que puede decirlo soy yo".

En este enfrentamiento entre esos dos hombres, ninguno quería, ni podía, dar su brazo a torcer. Guevara aspiraba a ganar un renombre mundial. Castro no podía dejar que otro se tomara atribuciones que sólo correspondían al Jefe de la Revolución. El acuerdo se tomó sobre esta base: Guevara se iría a promover la Revolución en otros países. Castro lo ayudaría con recursos materiales. Guevara tendría que reconocer por escrito que, dondequiera que estuviera en el mundo, tendría que acatar los principios de la revolución cubana, y que su jefe era Fidel Castro. Ambos hombres pulsearon duramente en esta ocasión. El brazo de Guevara no fue abatido hasta tocar la mesa, pero poco le faltó. No había muchas más formas de salir de Cuba sin, previamente, haberse retractado de las declaraciones públicas hechas en África, y haber reconocido públicamente la jefatura de Castro. Guevara no se retractó de las palabras pronunciadas en África, ni se hizo una autocrítica. Pero tuvo que firmar la *carta de despedida*.

En los primeros días de mayo de 1964 se publicó la noticia de que el Che Guevara no se encontraba en Cuba, sino en otras partes del mundo, a donde se había dirigido con el fin de cumplir tareas revolucionarias. Se publicó asimismo su conocida *carta de despedida*, de la cual se reproducen los siguientes párrafos (en los cuales, los caracteres de subrayado han sido añadidos por el autor):

> "...
>
> Hago formal renuncia de mis cargos en la Dirección del Partido, de mi puesto de Ministro, de mi grado de Comandante, de mi condición de cubano. Nada legal me ata a Cuba, sólo lazos de otra clase que no se pueden romper como los nombramientos.
>
> Haciendo un recuento de mi vida pasada creo haber trabajado con suficiente honradez y dedicación para consolidar el triunfo revolucionario. Mi

única falta de alguna gravedad es no haber confiado más en ti desde los primeros momentos de la Sierra Maestra y no haber comprendido con suficiente celeridad tus cualidades de conductor y de revolucionario. He vivido días magníficos y sentí a tu lado el orgullo de pertenecer a nuestro pueblo en los días luminosos y tristes de la Crisis del Caribe.

Pocas veces brilló más alto un estadista que en esos días, me enorgullezco también de haberte seguido sin vacilaciones, identificado con tu manera de pensar y de ver y apreciar los peligros y los principios.

Otras tierras del mundo reclaman el concurso de mis modestos esfuerzos. Yo puedo hacer lo que te está negado por tu responsabilidad al frente de Cuba y llegó la hora de separarnos.

Sépase que lo hago con una mezcla de alegría y dolor, aquí dejo lo más puro de mis esperanzas de constructor y lo más querido entre mis seres queridos... y dejo un pueblo que me admitió como un hijo; eso lacera una parte de mi espíritu. En los nuevos campos de batalla llevaré la fe que me inculcaste, el espíritu revolucionario de mi pueblo, la sensación de cumplir con el más sagrado de los deberes; luchar contra el imperialismo dondequiera que esté; esto reconforta y cura con creces cualquier desgarradura.

> Digo una vez más que libero a Cuba de cualquier responsabilidad, salvo la que emane de su ejemplo. Que si me llega la hora definitiva bajo otros cielos, mi último pensamiento será para este pueblo y especialmente para ti. Que te doy las gracias por tus enseñanzas y tu ejemplo al que trataré de ser fiel hasta las últimas consecuencias de mis actos. Que he estado identificado siempre con la política exterior de nuestra Revolución y lo sigo estando. Que en dondequiera que me pare sentiré la responsabilidad de ser revolucionario cubano, y como tal actuaré. …"

Para poder salir de Cuba muchos cubanos tuvieron que dejar sus propiedades, su dinero, sus joyas; los niños tuvieron que abandonar sus bicicletas, velocípedos, patines, bates y pelotas. El Che tuvo que firmar esta carta.

El lugar donde se encontraba Ernesto Guevara siempre se mantuvo secreto. Esto alimentaba el rumor que circulaba entonces en Cuba: le había sucedido lo mismo que a Camilo Cienfuegos, y seguramente estaba muerto. Este rumor sólo se disipó cuando se confirmó su muerte en Bolivia, en octubre de 1967.

Mis últimos años en Cuba

Cuando, como se ha referido anteriormente, logré renunciar al cargo de Vicerrector Docente de la Universidad y comenzar a estudiar la carrera de Ingeniería Electrónica, Especialidad Telecomunicaciones, me sentí muy liberado. Ejercería una carrera técnica y no tendría problemas con mis ideas políticas, pues así lo había declarado Fidel Castro en varios discursos. Sin embargo, poco después de haber comenzado el estudio de mi nueva carrera, estaba convencido de que mis proyectos eran ilusorios. La dictadura comunista iba cerrando cada vez más las mallas. La propia Escuela de Ingeniería Eléctrica era un espejo de lo que estaba pasando y lo que pasaría en Cuba en todos los centros docentes, y seguramente en todos los centros de trabajo y en los demás organismos del estado.

El Decano de la Escuela de Ingeniería Eléctrica era el ingeniero Delfín Hernández, un hombre de reconocida competencia en el campo de la electrónica y las telecomunicaciones, incluida la televisión, y de profundos y sólidos conocimientos teóricos y prácticos en esta rama. Delfín Hernández había incluso simpatizado con la revolución y había colaborado con ella antes de que se percatara del rumbo que había tomado. Delfín era un verdadero maestro, le gustaba dar clases, y continuaba trabajando y guiando la Escuela de Ingeniería Eléctrica, como Decano, con la misma dedicación de siempre. Los dirigentes más radicales sabían que no podían acusarlo de nada. No podían "depurarlo". Entonces, como una vejación, se les ocurrió una cosa: sustituirlo en la posición de Decano por un recién graduado de Ingeniería Eléctrica, de apellido Avertano. Como alumno, Avertano tenía un nivel medio. Estaba lejos de ser de los mejores alumnos, aunque tampoco era de los malos. Contra esa designación del nuevo Decano de la Escuela de Ingeniería Eléctrica no había nada que hacer. Todos tuvimos que aceptarlo. Probablemente el más apenado de todos fuera el propio Avertano, quien, mejor que nadie, sabía la diferencia de nivel que existía entre su antiguo profesor, Delfín Hernández, y él. Delfín continuó ese curso como simple profesor de las mismas asignaturas que solía explicar. Cierto tiempo después renunció a su cargo de profesor de la Universidad Central Marta Abreu de Las Villas y solicitó su salida del país vía Madrid. No lo vi más en la Universidad.

Nos volvimos a encontrar en junio de 1967, en Madrid. Delfín estaba allí desde hacía unos meses, y pronto recibiría el permiso de entrada a Estados Unidos, para él y su familia. Yo acababa de llegar de La Habana.

Mis familiares

Mis familiares, tanto por parte de padre como por parte de madre, habían ido saliendo del país. En dos o tres años, la mayor parte de ellos residían en Estados Unidos, por lo general en Miami, algunos en Nueva York y otros en Puerto Rico. Mi hermano Benito y yo siempre mantuvimos contacto con nuestros familiares, mientras esperaban que les llegara el aviso de su salida. En cuanto a Rizzeria, mi ex cónyuge y nuestros hijos, ella estaba integrada a la Revolución. No obstante, a veces conversábamos sobre el futuro de Cuba y el de nuestros hijos. Cuando se tocaba el punto de una eventual necesidad de sacarlos del país, Rizzeria siempre me recordaba que ella no se iría de Cuba y una vez me señaló un punto en el que yo no había pensado antes. Me dijo: "Aparte de que yo no pienso abandonar mi país, ten en cuenta que ningún consulado del mundo me dará jamás la residencia. No olvides la enfermedad de "El Chino"[70]. Si un día fuera necesario sacar a nuestros hijos, no me opondría a que te llevaras los que pudieras, pero yo nunca abandonaré al Chino. En Cuba se habían puesto restricciones a la salida. Una de las más importantes era que los padres no podían sacar de Cuba a sus hijos varones que hubiesen cumplido quince años. Nuestro hijo Jorgito había nacido el 11 de febrero de 1952. Cumpliría los 15 años en 1967.

---

70 Como ya se ha dicho en el primer tomo de esta obra, Lourdes y Eduardo ("El Chino") Abril eran hijos del primer matrimonio de Rizzeria. El Chino padecía del síndrome de Down (mongolismo).

Mi hermano Benito continuaba en el Ministerio de Relaciones Exteriores. En enero y febrero de 1962 había formado parte de la Delegación que asistió a la Octava Reunión de Consulta de Ministros de Relaciones Exteriores de la Organización de Estados Americanos, celebrada en Punta del Este (Uruguay), de la que formaban parte el Presidente Osvaldo Dorticós y Ernesto Guevara. En esta reunión se aprobaron varias Resoluciones, entre ellas la Resolución VI, por la que se excluyó a Cuba del Sistema Interamericano[71]. Benito había sido nombrado Ministro Consejero en funciones de Embajador de Cuba en la Unión Soviética, a lo cual ya se ha hecho referencia. Benito continuó en este cargo durante algunos años, incluso después de que Carlos Olivares fue nombrado Embajador. Cierto tiempo después, Benito fue nombrado Ministro Consejero de la Embajada de Cuba en Varsovia. Posteriormente fue nombrado profesor de Economía Política de la Universidad de La Habana, donde trabajó durante algunos años y escribió algunos libros sobre esta materia.

Profesor y alumno de la Universidad Central Marta Abreu de Las Villas

Después de haber cesado como Vicerrector Docente de la Universidad tuve más tiempo libre, aunque por la mañana asistía a clases en la Escuela de Ingeniería Eléctrica y por la noche daba clases en la Escuela de Idioma Modernos. Aparte de mis actividades deportivas, que nunca dejé de practicar, comencé a jugar ajedrez en una forma más seria. Yo había aprendido ese juego desde que tenía unos doce años. Mi padre, que tenía algunas nociones de ajedrez, y

71 La Resolución fue aprobada por una mayoría requerida de los dos tercios. Votaron los 21 países Miembros de la OEA. El resultado de la votación fue 14 votos a favor de la exclusión de Cuba, 1 voto en contra (Cuba) y 6 abstenciones (Argentina, Bolivia, Brasil, Chile, Ecuador y México).

mi madre, que tenía aún menos fuerza que mi padre, me enseñaron a jugar. Recuerdo que mi madre me enseñó a colocar correctamente las piezas sobre el tablero y me dio la buena regla para ello, que, en español, forma una rima perfecta: "La reina en cuarto lugar, su color ha de ocupar". Al ver que ese juego me interesaba, mi padre me facilitó unos viejos libros de ajedrez en que se explicaban las reglas y los principios del juego. Un día descubrí que en la revista Carteles, que en mi casa se recibía todas las semanas, había una sección de ajedrez. Todas las semanas abría la revista, recortaba la parte dedicada al ajedrez y reproducía las partidas o posiciones interesantes y trataba de resolver los problemas que allí aparecían. Cuando estaba en tercero o cuarto año de la enseñanza secundaria, me enteré de que en la sociedad "La Colonia Española", una de las sociedades de las que mis padres eran miembros, se reunían algunos días de la semana jugadores de ajedrez y comencé a jugar allí. Era la primera vez que jugaba con otras personas, aparte de mi padre y mi madre, a quienes ya vencía con facilidad. Contra los jugadores buenos de esa sociedad no podía jugar. No tenía el nivel suficiente para que la partida fuera interesante. Entre los jugadores bastante buenos, de fuerza media, encontraba los adversarios apropiados para mi nivel. Cuando estudiaba en La Habana nunca tuve tiempo de jugar ajedrez, y mucho menos lo tuve cuando regresé a Santa Clara para ejercer la carrera de Derecho. Ahora tenía más tiempo; consideré que ese era un buen momento para dedicarle algún tiempo al ajedrez.

Volví al local de La Colonia Española de Santa Clara. El ajedrez se había hecho muy popular después del triunfo de la Revolución. Además de algunos jugadores "viejos" de cierta fuerza, había una gran cantidad de jóvenes, la mayor parte ellos escolares o estudiantes de segunda enseñanza, que eran muy hábiles y entusiastas. En esa época llegó a mis manos, y también a las de muchos otros ajedrecistas que queríamos mejorar el nivel de juego, un libro escrito en cuatro tomos por el maestro internacional argentino Roberto Grau, que leí con avidez y, puedo decir que, prácticamente, fue entonces que aprendí a jugar ajedrez, aunque mi nivel nunca ha sido superior al de un jugador de club. Manuel De Feria, un jugador de Sancti Spíritus que vivía en Santa Clara, tenía un nivel mucho más alto que el resto de los jugadores del club. Era conocido nacionalmente. No tenía el título, pero sí la fuerza de un maestro internacional. Siempre estaba dispuesto a ayudarnos a mejorar nuestro juego con sus valiosos consejos y recomendaciones[72].

Una alfabetizadora

En Santa Clara había una joven que estudiaba en la Escuela de Comercio y vivía en la calle Alemán Norte, con su madre y tres hermanos varones mayores que ella. Como la mayor parte de los jóvenes de su edad, estaba muy entusiasmada con el triunfo de la Revolución y, cuando oyó que Fidel Castro hacía un llamamiento a todos los jóvenes para que se incorporaran a una próxima gran batalla que se iba a librar contra el analfabetismo, pidió permiso a su madre para incorporarse a esa campaña de alfabetización. Su madre no le dio el permiso, no porque no simpatizara con la Revolución, sino para evitar que su hija, que apenas tenía quince años, tuviera que pasar los trabajos, incomodidades y hasta riesgos que esa campaña entrañaba. Poco después, esa señora se inscribió en un curso de varias semanas, que se ofrecía en La Habana, para formar directoras de hogares infantiles. Como su madre estaría en La Habana durante varias semanas, su hija aprovechó esa oportunidad

72 Manuel De Feria no emigró. Murió en Cuba. Como *hobby* se hizo un experto en antenas, que construía en su casa, con los rudimentarios medios que lograba procurarse. Sus antenas eran tan perfectas y eficaces que, cuando le preguntaban a alguien que utilizaba una de ellas, cómo se las arreglaba para captar tan nítidamente tal o cual emisora extranjera, éste solía responder con gran satisfacción: "¡Yo tengo una antena de De Feria!

para incorporarse a la campaña de alfabetización y, junto con una compañera de la Escuela de Comercio, tomó un curso de formación como maestro voluntario en la Escuela de Capacitación Pedagógica de Minas de Frío, en la Sierra Maestra, en la provincia de Oriente. Una vez provista del título de maestra voluntaria, participó en la campaña de alfabetización en el Escambray. Para moverse mejor necesitaba un caballo. Le dijeron que para conseguirse un caballo lo mejor hablar con el jefe militar de aquella zona. Habló con él. Éste era Félix Torres, del cual ya hemos hablado en esta obra. Félix Torres le dio un caballo. La alfabetizadora lo utilizó durante toda la campaña, lo que le permitió atender mejor a sus alumnos en una zona más extensa. Cuando terminó la campaña le dejó el caballo a la familia que la había albergado.

Haciendo un paréntesis en el relato acerca de esta alfabetizadora, volvamos a la vida del autor de esta obra en aquella época. Siempre me había mantenido practicando algún deporte. Uno era la pesca submarina, que se hacía cada vez más difícil por las restricciones relacionadas con la vigilancia de las costas y también debido a la escasez de los equipos y las dificultades que existían para reemplazar el material que iba quedando inutilizable. Otro deporte era el baloncesto, que antes practicaba en la sociedad Villaclara Tennis Club y, después, en el estadio de la Universidad. Un día se celebraba en Santa Clara un juego de baloncesto femenino y fui a presenciarlo. Era un juego entre dos equipos locales. Desde que comenzó el encuentro me llamó la atención una muchacha que jugaba en la posición de delantera de uno de los equipos. En primer lugar, era, cómodamente, la más bonita de todas. Estéticamente estaba, a mi modo de ver, como se decía entonces, "fuera de grupo". Pero no sólo eso. Era también mucho más rápida y jugaba mejor que las demás. Cuando le pasaban o se apoderaba de la bola cerca del aro contrario e iniciaba el *dribbling* para aproximarse a éste y lanzar la bola, lo hacía con tal velocidad, que, por lo general, dejaba "sembrada" a su adversaria, y lograba llegar al aro y encestar la bola fácilmente. Durante todo el juego, mi vista no se apartó de aquella muchacha. En conversaciones con amigos durante el juego había tratado de averiguar quién era esa muchacha. Me dijeron que estaba en la Escuela de Comercio y que se llamaba Diana. Cuando terminó el juego pude confirmar lo que ya había observado durante las pausas: era el eje del juego. Todo giraba en torno a ella. Sus compañeras acudían a ella. Era una líder natural. Cuando terminó el juego, varios jóvenes estudiantes se agrupaban en torno a ella; querían hablar con ella; hablaban con ella. Yo hubiera querido acercarme también a ella, pero no la conocía. Quizás algún día lo lograra. Gracias a Dios he tenido tiempo para hablar con Diana. Casi medio siglo. Otra cosa: esta Diana era la alfabetizadota a que nos referimos al principio de esta sección.

Planes para abandonar el país

En 1966 estaba ya decidido a abandonar el país y había empezado a elaborar planes para irme de Cuba. Volví a reunirme con Allán Rossel Anido, el médico con el que había iniciado las actividades conspirativas tras el golpe de estado de Batista en marzo de 1952. Allán Rossel era un buen amigo. Se había impregnado de ideas de izquierda muy radicales, pero estaba totalmente desilusionado y decepcionado con la Revolución. Nosotros nos veíamos mucho y conversábamos a menudo. Los dos estábamos descontentos con la Revolución, pero por motivos diferentes: yo porque en Cuba se había introducido el marxismo-leninismo, y Allán porque lo que se había introducido no era el marxismo-leninismo hacia el cual él se inclinaba, sino una dictadura peor que la de Batista. Allán y yo volvimos a hacer planes, esta vez para irnos de Cuba. Concebimos un plan: construiríamos una balsa formada por dos estructuras laterales, a cada una de las cuales se fijarían unos tanques vacíos, perfectamente herméticos, que podrían montarse y desmontarse rápida y fácilmente. Estas dos estructuras estarían asociadas por piezas transversales. La balsa sería propulsada por un motor de motocicleta, que sería operado y mantenido en funcionamiento por un mecánico de motocicletas que escaparía también con nosotros. No saldríamos de la provincia de Las Villas, sino de una casa casi frente al mar, en Cojímar, provincia de La Habana, perteneciente a un amigo de Allán Rossel, que vendría también con nosotros. La construcción de la balsa iba a comenzar. Estábamos en la fase de adquisición de los materiales, lo que en Cuba no era fácil en aquella época.

En esos trajines me encontraba cuando, como caída del cielo, se me presentó una mejor oportunidad de escaparme de Cuba. En junio de 1966 terminaba el quinto y último de la carrera de Ingeniería Electrónica, Especialidad Telecomunicaciones. En la Escuela de Ingeniería Eléctrica se recibieron dos becas para especialización. Una de las becas era para estudiar computadores analógicos y la otra para estudiar computadores digitales en un centro de enseñanza superior de la Unión Soviética. Para una de las becas (computadores analógicos) me propusieron a mí, y para la segunda (computadores digitales) propusieron a un compañero nuestro, Héctor ("Kiki") Salvador Gallardo, al cual ya nos hemos referido en esta obra. Nos iríamos en un buque ruso que, si mal no recuerdo, era el *Pobeda* (Victoria). Este barco partiría de La Habana, atravesaría el estrecho de los Dardanelos, el mar de Mármara y el estrecho del Bósforo, y arribaría a Odesa, puerto de Ucrania (Unión Soviética) en el Mar Negro. Mi plan consistía en lanzarme al agua cuando el barco estuviese atravesando el Estrecho del Bósforo, donde los barcos navegan a una velocidad muy baja y a poca distancia de la costa. Estudié intensamente la geografía de esa zona. Recogí toda la información que pude hallar en las bibliotecas, entre las cuales estaba la temperatura del agua y la anchura del Bósforo en sus partes más estrechas. Llegué a la conclusión de que el momento más propicio sería cuando estuviésemos atravesando el centro de la ciudad de Estambul. Yo no había comunicado mi plan a nadie. A Allán Rossel le dije que, por motivos familiares, había desistido de irme como teníamos planeado. No se lo había contado a mi madre. Ni tampoco a Diana. Kiki y yo ya habíamos recibido los respectivos radiogramas por los que nos citaban para recoger la documentación y partir hacia Odesa. Sigue la fotografía del radiograma recibido.

Texto del radiograma:
1705 RL SANTA CLARA CK 45 AGOSTO 16/66 LAS 8,50AM
JORGE BESADA RAMOS
LUIS ESTEVEZ 319
STA CLARA

DEBE PRESENTARSE CON TODO EL EQUIPAJE EN LA ESCUELA PREPARATORIA DEL REPARTO SIBONEY EN LA HABANA PROXIMO DIA 17 PARA RECIBIR DOCUMENTACIÓN Y EMBARCARSE DIA 18 A LAS 9 DE LA MAÑANA

MANUEL PELAEZ RODRÍGUEZ.
VICERRECTOR DE INVESTIGACIONES
CMF…. RECOGER DOCUMENTACION

Poco tiempo después nos informaron en la Universidad que nuestro viaje a la Unión Soviética en el buque *Pobeda* había sido anulado, pues dicho buque debía ser objeto de unas reparaciones que durarían varios meses, y que se realizaría por avión a Moscú, vía Praga. Recibí entonces un nuevo radiograma, cuya fotografía se inserta a continuación.

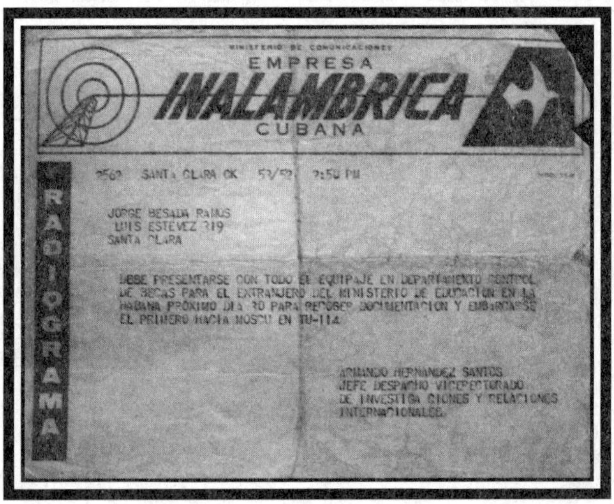

MINISTERIO DE COMUNICACIONES
EMPRESA INALAMBRICA CUBANA
RADIOGRAMA

2562 SANTA CLARA CK 53/52 2:50 PM

JORGE BESADA RAMOS
LUIS ESTEVEZ 319
SANTA CLARA

DEBE PRESENTARSE CON TODO EL EQUIPAJE EN DEPARTAMENTO CONTROL DE BECAS PARA EL EXTRANJERO DEL MINISTERIO DE EDUCACION EN LA HABANA PROXIMO DIA 30 PARA RECOGER DOCUMENTACION Y EMBARCARSE EL PRIMERO HACIA MOSCU EN TU-114

ARMANDO HERNANDEZ SANTOS
JEFE DESPACHO VICERRECTORADO
DE INVESTIGACIONES Y RELACIONES
INTERNACIONALES

Texto del radiograma:
2562 SANTA CLARA CK 53/52 2:50 PM
JORGE BESADA RAMOS
LUIS ESTEVEZ 319
SANTA CLARA

DEBE PRESENTARSE CON TODO EL EQUIPAJE EN DEPARTAMENTO CONTROL DE BECAS PARA EL EXTRANJERO DEL MINISTERIO DE EDUCACIÓN EN LA HABANA PROXIMO DIA 30 PARA RECOGER DOCUMENTACIÓN Y EMBARCARSE EL PRIMERO HACIA MOSCU EN TU-114

ARMANDO HERNANDEZ SANTOS. JEFE DESPACHO. VICERRECTORADO DE INVESTIGACIONES Y RELACIONES INTERNACIONALES

Aquella fue una de las decepciones más grandes que he sufrido en mi vida. Era probable que el avión, antes de atravesar el Atlántico, hiciera una escala en el aeropuerto de Gander (Canadá) pero no se podía confiar en eso. La escala en Gander ya había sido aprovechada por otros cubanos para asilarse. Era probable que los pasajeros fuéramos vigilados por agentes del régimen. También era posible que el capitán del avión no permitiera que los pasajeros descendieran del avión en esa escala. Yo no estaba seguro de nada. Pasé unos días muy angustiosos. El miedo más grande que tenía era a mí mismo, a mi cabeza. En el proceso de la Revolución se habían producido muchos suicidios, tanto de personas que habían sido perjudicadas por la revolución, como de otras que la habían apoyado, inclusive con las armas en la Sierra. Hacía muy poco tiempo que se había suicidado un gran amigo, Emilio Plana Ruiz, que había sido Decano de la Escuela de Pedagogía de la Universidad Central Marta Abreu de Las Villas.

Emilio Plana había cooperado con la revolución. Fue el profesor que, junto con una compañera suya de la Escuela de Pedagogía, Séntola Ribalta, de la raza negra, propuso, en los primeros días de la Revolución, que se le concediera el título de doctor *honoris causa* al Che Guevara. Había escrito un pequeño libro titulado: "Una manzana madura caída en un cesto yanqui", de contenido nacionalista y antiamericano (aunque no comunista). Sin embargo, Emilio no se había integrado completamente a la Revolución. Nunca se había puesto el uniforme de miliciano. Aspiraba a una beca en el extranjero. Se la dieron, pero en un país del bloque soviético. No la aceptó. Quería que la beca fuera en un país de América Latina. Tal beca no se la dieron. Sospechaban, probablemente con razón, que la utilizaría para asilarse. Esto le trajo problemas. En Santa Clara era muy atacado verbalmente por ciertos elementos revolucionarios que lo acusaban de no estar integrado a la Revolución. Decidió mudarse para La Habana, donde no tenía enemigos personales. Permutó su casa en Santa Clara por una en La Habana. Los empleos que le habían ofrecido en La Habana no se los dieron. No encontró trabajo. Amigos personales suyos, compañeros profesores de la Universidad Central como el Dr. Juan Mier Febles, que llegó a ser Rector de la Universidad de La Habana y Ministro de Educación, y el Dr. Antonio Núñez Jiménez, que llegó a ser Director del Instituto Nacional de la Reforma Agraria (INRA) y gozar de una elevada posición entre los altos dirigentes de la Revolución, le volvieron la espalda y lo evadían. Tuvo muchos problemas, incluso familiares. Se divorció de su esposa. Terminó por perder el control de sí mismo. Un día, puso fin a su vida lanzándose por la ventana de un quinto o sexto piso de un edificio en la ciudad de La Habana. Mi hermano Benito, que ya no estaba en el Servicio Exterior, sino que era profesor de Universidad de La Habana, despidió el duelo de Emilio Plana. Yo no asistí a sus funerales. Me quedé intencionalmente en Santa Clara. Su trágica muerte fue para mí un golpe muy duro. Amigos que asistieron a sus funerales me contaron que su cuerpo no cayó sobre la superficie plana de la acera, sino sobre el canto formado por ésta y la rampa descendente que servía de entrada al garaje subterráneo del edificio. Con la violencia del impacto, su cuerpo había sido prácticamente abierto y la sangre corrió abundantemente por la rampa de entrada al garaje.

La anulación del viaje en el *Pobeda* y el anuncio del viaje a Moscú, en avión, que me señalaron para el primero de octubre, me habían sacado bruscamente de un mundo, que devino en ilusorio, e insertado en otro, que era el real. Tenía doce días para pensar. Mi vida estaba en ese momento en una encrucijada. Tenía que escoger el camino. Ahora sí conté todo a mi madre y a mi hermano Benito y a Diana; les dije que había decidido irme. La razón principal era el miedo a mí mismo. Si me quedaba en Cuba, podría enfermarme de los nervios, o de la cabeza y, en lugar de ser una ayuda para mis hijos, convertirme en una carga. Tenía una obligación: mantenerme saludable, trabajar, y buscar los medios necesarios para sacar a mis hijos de la vida que les esperaba en Cuba. Tenía que lograr que mi cabeza se mantuviera firme, clara, y sobre los hombros. No podía dejar que me pasara lo que a Emilio[73].

Salida de Cuba

Me decidí a hacer lo que muchos habían hecho antes: salir legalmente de Cuba. Comencé por establecer contacto con mi tía Clara y mi tío Antonio ("Petit") Ramos. Clara y Petit habían emigrado a Estados Unidos desde los primeros tiempos de la Revolución. Ambos vivían en Miami (Florida), en la casa Nº 1911 South West 33 Avenue. A mi tío Petit ya nos hemos referido anteriormente, sobre todo en cuanto a su participación en la fracasada *conspiración de Trujillo* en 1959 y en la invasión por Playa Girón. Clara se pasaba aproximadamente la mitad del año en Puerto Rico, donde residían su hermana Tomasita y su hija Clarissa. Ésta y su esposo Claudio Smith vivían en San Juan, y Tomasita y su esposo Ricardo Morey vivían en Santurce. Le avisé también a mi prima Julita, que vivía en Miami, en una magnífica residencia en 835 South West 22 Road. Desde hacía algunos años Julita era ciudadana

73 El 29 de diciembre de 1971 nació en Chêne-Bougeries (cantón de Ginebra, Suiza) Emilio Besada. Le pusimos por nombre Emilio en recuerdo de Emilio Plana.

americana y ahora se llamaba Mrs. Julia Jelke, pues se había casado con un joven americano, Frasier Jelke, que solía pasar sus vacaciones en Cuba, donde había conocido y trabado amistad con casi todos los miembros de nuestra familia por parte de madre.

Aunque toda la familia estaba dispuesta a ayudarme, Clara, como hermana mayor de mi madre, asumió el financiamiento de mi viaje. Mucho trabajo le costó a mi prima Julita (¡que era millonaria!) lograr que Clara, que no contaba con muchos recursos económicos, le permitiera contribuir con un tercio del costo de mi vuelo a Madrid, pues yo saldría de Cuba vía España. La salida directa a Estados Unidos estaba bloqueada en aquella época. En cambio, la visa del consulado español se obtenía fácilmente. España sólo exigía una carta de recomendación expedida por un sacerdote. Mi tía Clara me respondió enseguida mediante un cable cuyo texto debía interpretarse como que el importe del vuelo, en dólares, había sido girado, a mi nombre, al Banco Nacional de Cuba.

Requisitos impuestos por el régimen

Los requisitos para obtener el permiso de salida eran tan despiadados como ineluctables. Había que hacer un inventario de todos los bienes que poseía la persona que deseaba salir del país. Si tenía algún dinero en el banco, lo mejor era cerrar la cuenta y entregarlo desde ese momento, para que no faltara nada a la hora de recibir el permiso de salida. Los bienes muebles e inmuebles debían ser minuciosamente enumerados e identificados. Era conveniente llevar las escrituras o documentos de compra, recibos, etc. para que Inmigración tomara bien los datos, y guardar y conservar los documentos cuidadosamente, para no perderlos, hasta que se recibiera el permiso de salida. Un grave problema era el de los vehículos, como los automóviles y las motocicletas. Cuando se entregaban, tenían que estar en condiciones de funcionamiento. Si se introducía la llave en la unidad de encendido, se hacía girar y el automóvil no arrancaba, Inmigración retenía el permiso de salida hasta que el automóvil arrancara y se comprobara que funcionaba bien. Muchas personas que querían evitar este problema, siempre inoportuno y a veces insoluble, antes de que su avión partiera, preferían entregar el automóvil o la motocicleta cuánto antes, pues había una gran escasez de piezas de recambio y, si se presentaba una avería y había necesidad de conseguir la pieza de recambio adecuada, la oportuna obtención del permiso de salida podía complicarse en extremo.

Yo tenía un pequeño automóvil inglés, de marca Anglia. Aunque sus neumáticos y accesorios estaban en pésimo estado, no tenía problemas para arrancar. También tenía una motocicleta rusa de 250 cm^3 que, precisamente en esos días, había sufrido una avería muy seria. Se le había roto una de las piezas de la caja de velocidad y la motocicleta no funcionaba. La historia de mi motocicleta rusa era la siguiente. Cuando, tras el triunfo de la Revolución, vendieron en Santa Clara unas motocicletas que se acababan de recibir, los interesados en comprarlas preferían unas motocicletas checas de 175 cm^3, que eran bastante buenas y se hicieron muy populares. Yo no me enteré oportunamente de la venta de esas motocicletas checas y, cuando llegué al almacén donde las vendían, ya era tarde. Sólo quedaba una motocicleta rusa. Y la compré. Esa motocicleta de 250 cm^3 probablemente era una de las más grandes de Santa Clara en aquella época, pero lo que sí era cierto es que era la peor. Los neumáticos eran tan malos que, cuando cruzaba una línea de ferrocarril, si no lo hacía en dirección exactamente perpendicular a la línea, la motocicleta se las arreglaba para tumbarme. Cuando transportaba algún pasajero, me esmeraba más, disminuía la velocidad y acometía el paso de la línea en ángulo perfectamente recto, para evitar una caída. Cuando viajaba solo, me esmeraba menos, me descuidaba, y muchas veces iba a dar al suelo.

El problema de la caja de velocidad era grave. Como ese modelo de motocicleta rusa era rarísimo, la pieza de recambio no existía. Sin embargo, tuve una suerte enorme. Sixto, un magnífico mecánico de motocicletas de Santa Clara, que tenía un taller (que, afortunadamente, todavía no había sido intervenido) a la salida de Santa Clara, en la Carretera de Sagua, me dijo que le llevara la motocicleta al taller para ver lo que podía hacerse. Así lo hice. Dos días después, me llamó por teléfono. ¡Cuál no sería mi sorpresa cuando me dijo que fuera a recoger la motocicleta y que estaba como nueva! Sixto había extraído la pieza de la caja de velocidad que se había roto, había conseguido un pedazo de acero algo mayor que la pieza rota, había ido al centro de trabajo de un amigo tornero y, entre los dos, habían construido una pieza nueva, perfecta, probablemente de mejor calidad que la original. Sixto le había explicado al tornero que la pieza era para un amigo al que le iban a hacer el inventario y tenía que entregar su motocicleta en estado de funcionamiento. Esa pieza había que hacerla de todas maneras. ¡Y la hicieron!

Fui al taller de Sixto, quien se sentó al timón y yo detrás, como pasajero. Recorrimos un buen tramo por la Carretera de Sagua. Sixto aceleraba, frenaba, volvía a acelerar y cambiaba rápidamente los engranajes de la caja de velocidad. "¡Usted verá que la va a volver a romper!" pensé yo en aquel momento, pero no me atreví a decirle nada. Regresamos al taller. Me explicó cómo se había construido la pieza de recambio. Realmente habían practicado la *Feinmechanik* (mecánica de precisión) a que se refería el Embajador de la República Federal de Alemania, el Dr. Henry P. Jordan en relación con su Mercedes-Benz. Llegó la hora de despedirnos. Pregunté a Sixto cuánto le debía. Su respuesta fue lacónica: "¡Jorge, no fastidies!"

Me hicieron el inventario. El pequeño automóvil Anglia y la motocicleta los entregué en ese mismo momento. Como yo vivía en la casa de "la Finquita", en el kilómetro 303 de la Carretera Central, que era propiedad de mi madre, mis dos únicos bienes muebles de algún valor eran el automóvil y la motocicleta. Les mostré la escritura de 29 de noviembre de 1952 ante el Notario de Santa Clara Dr. Rodolfo Díaz y del Pozo, por la cual mi madre, mi hermano y yo dividimos los bienes heredados de mi padre. En dicha escritura, ciertos bienes fueron adjudicados a mi madre en plena propiedad, y los bienes restantes fueron adjudicados a mi hermano Benito y a mí en condominio, o sea, una mitad intelectual y pro indiviso de estos bienes me fue adjudicada a mí, y la otra mitad intelectual y pro indiviso a mi hermano Benito. La mayor parte de los bienes que se me habían adjudicado en esa escritura estaban alquilados cuando triunfó la Revolución y habían sido objeto de las disposiciones de Ley de la Reforma Urbana. La compensación fijada por dicha ley para el propietario era la correspondiente al alquiler durante tres años para las propiedades viejas, como eran las muestras. La casa de Luis Estévez Nº 68 esquina a Martí, casi en su totalidad quedó en posesión de mi primera esposa, Rizzeria Angulo, donde vivía con nuestros tres hijos Gloria, Jorge y Joaquín. Mi hermano y yo también teníamos una casa en Varadero, en la Avenida de la Playa y calle 43, cuya propiedad fue adjudicada en la misma forma; esta propiedad no fue recuperada por la Reforma Urbana porque el otro condueño, mi hermano Benito, no abandonaba el país.

Por fin terminé el trámite del inventario. Ya sólo faltaba que "me llegara el telegrama", como se le decía popularmente al aviso de salida que recibía el interesado en forma del ansiado telegrama. Un día de junio de 1967 me llegó un telegrama de la compañía de aviación KLM por el que me anunciaba que tenía fijado mi vuelo a Madrid para el 19 de junio. Me puse muy contento, pero desde el día siguiente surgió una nueva preocupación: muchas otras personas de Santa Clara habían recibido, además del telegrama de la KLM, un telegrama correspondiente de la Oficina de Inmigración por el que se les convocaba para recoger el permiso de salida. Ese segundo telegrama yo no lo había recibido. Paúl Rodríguez, un amigo con quien antes solía jugar baloncesto en el Villaclara Tennis Club, quien había recibido ambos telegramas, me dijo que no me preocupara, que seguramente lo recibiría al día siguiente. Esperé al día siguiente. El telegrama no llegó.

Yo estaba muy preocupado porque siempre tenía presente la posibilidad de que tomaran alguna represalia contra mí por haber apoyado la Revolución en un primer momento y haberla abandonado después. Con esta preocupación en la cabeza y el telegrama de la KLM en la mano fui a la Oficina de Inmigración para averiguar por qué no me había llegado el telegrama por el que se me convocaría a recoger el permiso de salida. El jefe de la oficina me dijo bruscamente: "Usted está ocultando bienes. Ese es un problema grave". Continuó diciéndome que, en la declaración de los bienes que dejaba, no había incluido la propiedad donde vivía, "La Finquita", en el kilómetro 303 de la Carretera Central. Pese a la contrariedad que esto me causó, sentí un gran alivio cuando oí estas palabras del funcionario de Inmigración. Le expliqué que, cuando me hicieron el inventario, había quedado aclarado que la casa en que vivía no era mía, sino de mi madre, y que inclusive había mostrado la escritura de división de bienes donde constaba esa circunstancia. Adoptando una conducta algo más cortés, el funcionario de

Inmigración me pidió que le trajera esa escritura para examinarla personalmente. Acto seguido fui a la casa y regresé con la escritura de división de bienes. El funcionario de Inmigración la leyó detenidamente, me la devolvió y, después de excusarse brevemente, me entregó el permiso de salida. ¡Ahora sí que no me faltaba ningún documento!

Problemas para salir de Cuba no tuve más ninguno. Preocupaciones sí tuve una, el mismo día del vuelo. Cuando todos los pasajeros nos encontrábamos en la "pecera", que era el sustantivo por el que popularmente solía designarse la sala con paredes de cristal, donde se reunía a quienes iban a abandonar definitivamente el país en un vuelo próximo, y empezaron a llamarnos uno por uno, comencé a preocuparme cuando ya muchos habían salido de la "pecera" y sólo quedábamos unos pocos. Mi preocupación aumentó y se convirtió en angustia. Ya sólo quedábamos tres, y llamaron a uno; ese uno no era yo. Ahora sólo quedábamos dos. Llamaron a uno, que tampoco era yo. En la "pecera" quedaba una sola persona. Ese sí era yo. No sé cuanto tiempo estuve en la "pecera", solo, completamente solo: un minuto, cinco minutos, no sé. Los más inquietantes pensamientos se agolpaban en mi mente. Por fin, uno de los pocos empleados de la compañía de aviación que quedaban allí me fijó la vista. Al ver que había captado su mirada, se limitó a hacerme una seña con la mano. Poco me faltó para correr hacía él. ¡Había sido llamado al camino de la libertad!

El vuelo Habana-Madrid de la compañía KLM del lunes 19 de junio de 1967 había comenzado. El exilio también.

Exilio

Paúl Rodríguez y yo conversamos en el avión. Cuando ambos esperábamos en Cuba la salida hacia España y veíamos que pasaban los meses y no nos llegaban los telegramas, estábamos preocupados y creíamos que nos los estaban reteniendo intencionalmente. Cuando conversamos con otros pasajeros en el avión nos dimos cuenta de que el tiempo que tuvimos que esperar para salir, después de practicado el inventario (que fue de siete meses en mi caso) no había sido largo, sino más bien corto, en comparación con el que habían tenido que esperar otros compañeros de viaje. La cantidad de personas que salían de Cuba vía España había aumentado. Muchos habían tenido que esperar nueve o diez meses y, algunos, hasta más de un año.

Madrid

Cuando llegamos a Madrid fuimos atendidos por miembros de asociaciones caritativas que se ocupaban de los refugiados. El significado de la palabra *refugiado* figura en todos diccionarios. Yo creía que lo sabía, pero su significado verdadero había empezado a aprenderlo entonces. Me dieron una tarjeta (que todavía conservo) que me permitía almorzar o comer una vez al día en un comedor que se llamaba La Cocina de la Hermandad. Antes de que sirvieran la comida se daba gracias a Dios por los alimentos que se iban a ingerir. Mis padres eran muy creyentes. Mi madre iba a misa todos los domingos. Ellos nos infiltraron la creencia en Dios, pero en nuestra casa no existía la costumbre de dar siempre gracias a Dios antes de empezar a comer. En aquel comedor de Madrid comprendí que la comida que me ofrecían debía agradecerse. Conscientemente, muy conscientemente, di gracias a Dios por aquella comida.

A la llegada a Madrid nos dieron también unas pesetas, no recuerdo cuántas, que tenían por objeto cubrir el alquiler de una habitación en una pensión durante cinco días. Los refugiados habíamos salido de Cuba con cinco dólares, que era la cantidad máxima que se nos permitía sacar del país[74]. También nos indicaron un lugar donde podíamos encontrar alguna ropa o zapatos usados. Un día que fui allí encontré un par de zapatos que, a pesar de que estaban bastante usados, se encontraban en mucho mejor estado que los míos y, desde ese momento, se convirtieron en mi par de zapatos "de salir".

Al día siguiente me reuní con Delfín Hernández, el antiguo Decano de la Escuela de Ingeniería Eléctrica. Delfín se había enterado de que yo acababa de llegar a Madrid y me convidó a tomar unas cervezas en un bar cercano. Me sorprendió cuando pidió "dos cañas". Cuando le pregunté qué cosa había pedido, me respondió "misteriosamente": "Ya verás". Nos trajeron dos cervezas servidas en sendos vasos. Delfín me explicó que, además de la caña de azúcar y otras que conocíamos, esos recipientes y, por extensión, su contenido, también eran cañas. Conversamos durante mucho rato. Me puso al corriente de las personas conocidas que estaban en espera de la residencia en Estados Unidos. Me dijo que el período de espera de la residencia de Estados Unidos se había alargado mucho en el Consulado de Madrid, que él y su familia la habían solicitado

74 Esa cantidad se redujo posteriormente a cero. Cuando Diana salió de Cuba vía España en 1970 no se permitía sacar ninguna cantidad de dinero.

en el Consulado de Bilbao, y que esperaba que la residencia le llegara de un momento a otro.

Me contó que, entre los amigos refugiados que se encontraban de paso en Madrid, estaba Pérez Vila, un compañero nuestro, profesor de la Escuela de Ciencias Comerciales de la Universidad Central Marta Abreu de Las Villas, quien, entre los refugiados, se había ganado el apodo de "el millonario". Esto tenía una explicación. Los contadores públicos cubanos y, en menor escala, los contadores graduados de las Escuelas de Comercio, eran "privilegiados" en España: tenían la suerte de que el sistema de contabilidad que se enseñaba y utilizaba en Cuba era idéntico al sistema de contabilidad americano. Por lo tanto, las empresas americanas en Madrid preferían contratar contadores cubanos, que, por ese motivo, conocían perfectamente su sistema de contabilidad. Los contadores españoles, en cambio, tenían que ser previamente adiestrados en ese sistema, pues el sistema de contabilidad español era diferente. Pérez Vila estaba trabajando como contador público en una empresa americana. Efectivamente, cuando nos reuníamos en algún café y Pérez Vila estaba presente, podíamos pedir todo lo que quisiéramos. Una cosa era segura: ¡pagaba "el millonario"!

Yo no tenía el propósito de solicitar la residencia americana en un consulado americano en España, sino en la República Federal de Alemania. Desde Cuba, me había mantenido en contacto con Dieter Winkelmann, el joven alemán que había sido mi compañero de viaje en el *Illstein*, a lo cual ya se ha hecho referencia. Cuando se enteró de que volaría a Madrid y que tenía el propósito de solicitar desde allí la residencia americana, me hizo una propuesta que acepté. Dieter vivía con su esposa, sus hijos y su madre en una enorme mansión, muy cercana a una gran fábrica de miel, caramelos y otros productos, que había sido creada por su padre, quien había perdido la vida pocos años antes en un accidente automovilístico. Desde entonces, Dieter administraba la fábrica. Me propuso que me alojara en una de las habitaciones de su casa y que solicitara la residencia americana en el Consulado General de Hamburgo. La propuesta de Dieter, que le agradeceré eternamente, me causó una gran alegría, no sólo por las facilidades que me ofrecía, sino porque, seguramente, la tramitación de la residencia americana solicitada en el Consulado de Hamburgo sería más rápida que si se solicitara en el Consulado de Madrid, o en cualquier otro consulado americano en España, ya que en todos ellos se tramitaban grandes cantidades de solicitudes de residencia presentadas por cubanos. En el consulado americano en Hamburgo no podría haber muchas solicitudes de residencia presentadas por cubanos.

Una de las primeras cosas que hice en Madrid fue escribirle a Dieter Winkelmann, quien me contestó a vuelta de correo. En su atenta carta, después de felicitarme por haber llegado por fin a un país libre, me informó que me había situado, en la oficina de la Panamerican, un billete de avión para volar de Madrid a Hannover. Me había girado también cien marcos alemanes. En aquella época, cien marcos alemanes (de la RFA) era una cantidad apreciable, sobre todo en España, donde el costo de la vida era entonces muy bajo. También me sugirió que, cuando solicitara la visa para la República Federal de Alemania, utilizara como referencia su nombre y la carta que me había escrito, donde figuraba el membrete de su fábrica de miel y caramelos.

Todo se realizó como Dieter lo había planeado. En el Consulado de la República Federal de Alemania estamparon la visa sobre mi pasaporte. Me despedí de los amigos en Madrid. El lunes 3 de julio de 1967 el avión en que viajaba aterrizaba en el aeropuerto de Hannover. Allí me esperaba Dieter.

Visselhövede

En el moderno y veloz automóvil de Dieter llegamos a su casa en Visselhövede. Me presentó a su madre, su esposa e hijos y me alojó en una de las numerosas habitaciones de su amplia vivienda. Dos o tres días después fui al Consulado de Estados Unidos de América, situado frente al bello y céntrico lago Alster en Hamburgo. Me atendió personalmente el Cónsul General, Sr. Anthon Berg. La entrevista con el Sr. Berg me causó una magnífica impresión. Después de la parte oficial de la entrevista y del examen y presentación de la documentación conversamos durante algunos minutos. Mostró interés por la situación que estaba atravesando el pueblo cubano. Me dijo que la tramitación de la residencia demoraría aproximadamente un mes y que me avisaría oportunamente.

En conversaciones con Dieter, sobre todo cuando salíamos a caminar por los alrededores de su casa, pensamos que podría aprovechar esos días para tratar de que me contrataran en la Universidad para ofrecer alguna conferencia o disertación sobre la situación creada tras la revolución cubana. Me animé con esa idea y un día, por la mañana, visité la Facultad de Derecho de la Universidad de Hamburgo. Fui recibido por la señora Hedwig Kliche, secretaria del Decano de la Facultad, el profesor Schmidhäuser. La Sra. Kliche me informó que el profesor Schmidhäuser había salido hacía un momento pero que no tardaría en regresar. Eso fue muy conveniente porque entonces pude explicarle mi situación con más detalle. Cuando el profesor Schmidhäuser regresó, la Sra. Kliche nos presentó; le expliqué que me encontraba en espera de la residencia en Estados Unidos, que estaba alojado en casa de un amigo, y que estaba tratando de encontrar algún trabajo o actividad que me permitiera ganar algún dinero de manera que pudiera compensar, al menos parcialmente, la carga económica que había asumido mi amigo Dieter Winkelmann. El profesor Schmidhäuser me dijo que era lástima que no hubiera pasado por allí una semana antes, pues tenían un puesto que me hubiera convenido: auxiliar de la biblioteca de la Facultad de Derecho. Agregó que ese puesto estuvo libre durante dos semanas y, como no se cubrió, lo pasaron a la Asociación de Alumnos, y ya había sido ocupado.

Pocos días después recibí una carta del profesor Schmidhäuser en la que me decía que había hablado con el Dr. Flasche, que dirigía un círculo de investigación en una organización y a veces contrataba conferencistas. Le había planteado mi caso y el Dr. Flasche había quedado muy interesado en una eventual conferencia sobre las condiciones de vida actuales en Cuba, pero le dijo que, desafortunadamente, las actividades del círculo de investigación correspondientes a este semestre terminaban dentro de una semana y que habría que dejar el asunto para el próximo semestre.

Transcurrieron unas semanas más. Yo estaba impaciente. Ya era tiempo de que el consulado americano me hubiese avisado sobre la solicitud de la residencia. Un día de agosto recibí una carta del Cónsul Anthon Berg. Me anunciaba que había surgido un problema y me invitaba a que pasara por el consulado. Al día siguiente fui al consulado y hablé con el Sr. Berg. Su rostro reflejaba preocupación. Habíamos conversado antes y yo sabía que había llegado a tomarme afecto. Me hizo entrar en su despacho y me ofreció asiento frente a una mesa, sobre la que colocó una carpeta. Me dijo que quería hablar conmigo sobre el problema que había surgido, pero que prefería que, previamente, leyera el informe contenido en esa carpeta. Me dijo que no había prisa y que lo leyera tranquilamente.

Se trataba del informe de la Oficina Federal de Investigación (*Federal Bureau of Investigation*, FBI) en relación con mi solicitud de residencia en Estados Unidos. En dicho informe se leía lo que se expresa resumidamente a continuación:

Que Jorge Besada Ramos:

1. Era miembro del Partido Comunista.

2. Había pertenecido al Servicio Exterior de Castro.

3. Había asistido a la reunión celebrada en Punta del Este (Uruguay) en 1960.

4. Había formado parte de los tribunales revolucionarios y había mandado a fusilar gente.

Debo aclarar que el Cónsul Sr. Berg tuvo la gentileza de permitirme leer el informe original del FBI a fin de que supiera los cargos que se me imputaban y pudiera defenderme contra los mismos. Por lo tanto, estos puntos no son una traducción, ni mucho menos una transcripción, del informe original, sino un resumen reproducido exclusivamente en base a mi memoria. No obstante, los recuerdo bien.

Desde que comencé a leer el informe me di cuenta de que se trataba de una confusión con mi hermano Benito. Terminé de leerlo completamente, después de lo cual me levanté de la mesa y fui a reunirme con el Sr. Berg, quien estaba hablando con una persona cerca de allí. Cuando me vio salir me invitó a reanudar nuestra conversación. Le expliqué que se había producido una confusión de mi persona con la de mi hermano Benito. Yo nunca había sido miembro del Partido Comunista. Nunca había pertenecido al

Servicio Exterior de Castro, ni de ningún otro gobierno. Nunca había estado en Uruguay ni en ningún país de América del Sur. Y nunca había pertenecido a ningún tribunal revolucionario, ni siquiera presenciado, ningún juicio en el que se pidiera la pena de muerte contra alguien. Además, en cuanto a este último punto del informe, lo que me imputaban no era tampoco cierto con respecto a mi hermano Benito, pues cuando éste intervino en los Tribunales Revolucionarios en los primeros meses de la Revolución, lo hizo únicamente como abogado de oficio en defensa de acusados, y nunca como Fiscal, o Miembro del Tribunal. Le dije también que me era muy fácil aclarar esa confusión con declaraciones juradas de cuantas personas de reconocida credibilidad y solvencia moral de Santa Clara fueran necesarias. Le advertí que eso me tomaría algún tiempo, pero consideraba que en un mes o mes y medio podía reunir un buen número de ellas. Nos despedimos, me deseó suerte. Regresé a Visselhövede. Tenía que contarle este problema a Dieter. Y tenía que liberar a Dieter y su familia de la carga que habían asumido. Tenía que encontrar un trabajo: un trabajo cualquiera.

La nueva situación que estaba atravesando no tenía otra solución que la de conseguir algún trabajo. Hamburgo era una ciudad grande. Quizás eso no fuera difícil. Esta angustiosa situación duró desde mediados de agosto, cuando el Cónsul Sr. A. Berg me comunicó el problema que existía para la concesión de la residencia solicitada, y terminó cuando, por fin, el 12 de septiembre, empecé a trabajar en Hamburgo, en una fábrica de conservas de pescado. Durante todo este tiempo recibí el apoyo material y moral de Dieter Winkelmann y de su familia. Mi agradecimiento será eterno.

Desde Visselhövede me comuniqué por teléfono con mi prima Julita en Miami y le explique mi situación, lo que también hice por correo. Ella me envió algún dinero que, economizándolo, me alcanzaría para vivir durante unas semanas en Hamburgo. Además, me dijo que estaba dispuesta a ayudarme en todo lo que me hiciera falta. Dieter me ayudó también y me regaló una máquina de escribir portátil, con la cual escribí decenas de páginas, mayormente de solicitudes de empleo, acompañadas de mi currículum vítae. Un día (la fecha exacta no la recuerdo, pero debe haber sido en la primera o segunda semana de septiembre), llegó el momento de despedirme de Dieter y de Visselhövede. Me dirigía a una gran ciudad de la República Federal de Alemania: Hamburgo.

Hamburgo

Lo primero que hice al llegar a Hamburgo fue dejar, en la consigna de la estación de ferrocarril, el equipaje constituido por una maleta y un saco que, además de otros objetos, contenía la máquina de escribir portátil que Dieter me había regalado. Dieter me había recomendado que, de primera intención, tratara de hospedarme en un albergue de estudiantes. Fui a uno de ellos, cuya dirección había averiguado previamente, y me dieron alojamiento por un tiempo máximo de cinco días, como era la regla general en ese tipo de albergue. La habitación era minúscula, pero más que suficiente para mis pretensiones en aquellos días difíciles.

Todos los días salía a buscar trabajo. Leía los anuncios de empleos en los periódicos, iba a las agencias de empleos, y no encontraba nada de inmediato. Conocí a un joven ecuatoriano que vivía en esa ciudad y nos pusimos de acuerdo para ir al Muelle de Hamburgo. Yo había oído hablar del Muelle de Hamburgo, pero no tenía una idea de lo enorme que era en realidad. Era una ciudad dentro de otra ciudad. Para ir al Muelle se tomaba un barco. Así lo hicimos. Estaba asombrado con aquellas instalaciones gigantescas y, más que nada, con el continuo flujo de mercancías que se cargaban y descargaban en un ambiente donde no se oían órdenes impartidas a gritos, sino en el que predominaba la organización y la eficiencia. Al cabo de un rato, el joven ecuatoriano, cuyo nombre desafortunadamente no recuerdo, me llevó a la oficina donde contrataban obreros no calificados. Me acompañó a la mesa tras la que se encontraba el empleado encargado de recibir las solicitudes de empleo. Hablé con él. Me dio un formulario para que lo llenara, lo cual hice y se lo devolví. Dicho empleado me dijo que me aceptaban y que comenzaría a trabajar el lunes siguiente; me dio cita para las seis de la mañana de ese día, en ese mismo lugar. El salario de un obrero no calificado del Muelle de Hamburgo era más alto que el de otro obrero de la misma categoría en la ciudad. El trabajo era duro, pero eso no me importaba. Me permitiría alimentarme normalmente. Para ahorrar dinero, lo que comía generalmente, y no en un restaurante sino en mi habitación, era pan con margarina. El día que me quería comer algo mejor, me tomaba una "*Erbsensuppe mit Brötchen*" (sopa de guisantes con unos panecillos), para lo cual abría una lata de conserva y calentaba su contenido. A partir del lunes podría comer normalmente, ahorrar algún dinero, y mejorar mi situación. Eso pensaba.

Salimos de la oficina muy contentos y caminábamos hacia el lugar donde habríamos de tomar la embarcación que nos conduciría de regreso a la ciudad. Por el camino, el ecuatoriano me dijo que recordaba que en una ocasión le había dicho que era electricista. Le contesté que yo era más que electricista, era ingeniero. Me preguntó entonces si yo sabía "andar con voltímetros", y le expliqué que los ingenieros eléctricos y los electrónicos tenían que manejar no sólo voltímetros, sino también los distintos aparatos que suele haber en los laboratorios y talleres de las Escuelas de Ingeniería y de los centros de trabajo. Entonces me sugirió que fuéramos a la oficina donde contrataban electricistas, pues, si lograba que me contrataran, ganaría un sueldo mayor. Fuimos a esa otra oficina. Me dieron un formulario, y empecé a llenarlo. En ese momento ocurrió algo inesperado. No podía creerlo, pero era cierto. A esta otra oficina para la contratación de los electricistas llegó el mismo empleado que me había atendido en la oficina para la contratación de los obreros no calificados. Cuando me vio, me preguntó inmediatamente si yo era electricista, tuve que decirle que sí (¡si le hubiera dicho que era ingeniero, hubiera sido peor!). Me dijo que, entonces, todo lo que habíamos convenido en la anterior oficina quedaba anulado. Le pedí, le rogué, le imploré que me mantuviera el trabajo en que habíamos quedado para el lunes. Me respondió que no podía hacerlo de ninguna manera, porque, si el sindicato de los obreros no calificados se enteraba de que sus puestos los estaban cubriendo con trabajadores de otra categoría, la protesta sería tan grande que podría hasta costarle el puesto, y que la única solución era esa: "Usted es electricista. Usted tiene que trabajar como electricista. Toda otra cosa crea problemas. No se desespere. Tenga paciencia. Usted conseguirá el trabajo para el que está calificado". Completamente descorazonado terminé de llenar el formulario de solicitud de trabajo como electricista. Resultado: después de haberme salvado, el amigo ecuatoriano, con la mejor voluntad del mundo, quiso ayudarme aún más; siempre se lo agradeceré. Esa noche, cuando, cansado, regresé a casa, mi comida fue pan con margarina y una "*Erbsensuppe mit Brötchen*". En cuanto a la solicitud de empleo como electricista, nunca recibí respuesta.

Éste no fue el único intento de conseguir trabajo que no terminó bien. Otros intentos tampoco dieron el resultado deseado. Fui a una casa de contratación de marineros, en busca de un trabajo en un barco. Me dijeron que podían contratarme y me pidieron "el Carné del Mar". Cuando les dije que no lo tenía me indicaron donde lo expedían y me dijeron que su obtención era fácil. Tomé nota del lugar para ir allí en otra ocasión, y seguí buscando trabajo. Alguien me dijo que en un gimnasio conocido contrataban luchadores para encuentros de *catch-as-catch-can*. Fui allí. Me preguntaron sobre mi experiencia en ese tipo de lucha. Les dije que había practicado la lucha grecorromana. En efecto, cuando estudiaba en la Universidad de La Habana, había practicado lucha grecorromana en 1946. "Trambús" Paraños, el instructor de lucha del equipo olímpico de Cuba, a quien conocía porque ambos jugábamos fútbol americano, tenía interés en que tratara de obtener un puesto en el equipo que el entrenaba[75]. Les dije también que tenía el titulo de "cinta negra" (*primer dan*) de judo. En definitiva, no me contrataron, pues ya habían elegido el grupo de luchadores que iban a intervenir en la primera sesión de encuentros, pero me dijeron que volviera por allí en tres meses. Otro fracaso.

Me decidí entonces a pasar de nuevo por la Universidad. La Sra. Hedwig Kliche me había dicho que me convendría conversar con un profesor que se ocupaba de actividades culturales relacionadas con estudiantes latinoamericanos y que quizás podría ayudarme. La Sra. Kliche me recibió como la vez anterior y le conté con más detalle las desventuras que me habían sucedido. Ella había hablado con algunos profesores y amistades sobre mi caso y me estaban buscando un trabajo. Cuando el Decano de la Facultad, profesor Schmidhäuser se desocupó, pude conversar con él de nuevo. En la conversación intervino esta vez un profesor de la Facultad de Derecho de apellido Wagner, quien se interesó mucho en mi caso. El profesor Wagner tuvo que ir a atender un asunto, pero me dijo que no me fuera sin verlo. Cuando salí del despacho del profesor Schmidhäuser, la Sra. Kliche me retuvo para recordarme que el Dr. Wagner quería hablar conmigo. Me explicó que el profesor Schmidhäuser era un profesor eminente, cuyos libros de Derecho Penal eran muy apreciados dentro y fuera del país, y que era un

75 A esto nos hemos referido en el primer tomo de esta obra.

verdadero académico. También me dijo que el Dr Wagner, hombre más joven, tenía muy buenas relaciones y podría encontrar un medio de ayudarme. Me dio a entender que el Dr. Wagner quería ayudarme. Al cabo de unos minutos, la señora Kliche me avisó que el Dr. Wagner me esperaba en su despacho.

El Dr. Wagner era mayor que yo, pero no mucho más. Comenzó por advertirme que la propuesta que me iba a hacer me iba a ofender. Me dijo que un vecino y amigo suyo era gestor de una importante fábrica de conservas de pescado, la *Grosseinkaufs-Gesellschaft* (GEG), en Hamburgo, y que solía contratar a numerosos extranjeros para distintos trabajos en la fábrica. Me dijo asimismo que se había dado cuenta, exactamente, de la situación en que me encontraba y que, sólo por este motivo, se atrevía a ofrecerme un puesto de simple trabajador en esa fábrica, y comenzaba por pedirme excusas por ese atrevimiento que, según él decía, era una ofensa. Me explicó que el gestor de la GEG era vecino y un gran amigo suyo, y que estaba seguro de que si le pedía que me contratara, lo haría inmediatamente. También me dijo que, tan pronto como hablara con él, me confirmaría el ofrecimiento. Le expresé mi más profundo agradecimiento. Nunca olvidaré este gesto. Esta vez sí se me habían abierto las puertas al trabajo. El Dr. Wagner las había abierto.

Todo se resolvió. El Dr. Wagner habló con el gestor de la GEG esa misma noche y le avisó a la Sra. Kliche. Al día siguiente llamé por teléfono a la Sra. Kliche; ésta me confirmó que podía pasar por la GEG para recoger el nombramiento como trabajador de esa fábrica. Todavía faltaba un trámite, la obtención del permiso de trabajo. Inmediatamente fui a la Oficina del Trabajo (*Arbeitsamt*), donde me expidieron el ansiado permiso. Esta visita a la Oficina del Trabajo la aproveché para informarme bien sobre una posibilidad que había estado considerando desde que surgieron las complicaciones en la tramitación de la residencia en Estados Unidos: solicitar asilo político en la República Federal de Alemania. Uno de los funcionarios que me atendió, que conocía muy bien el procedimiento relacionado con el asilo político, me informó que yo podía solicitar asilo político, pero que eso me ocasionaría ciertos inconvenientes. Me recomendó que, mientras tuviera la posibilidad de obtener un empleo, no pidiera el asilo político. Me dijo que ellos siempre me renovarían el permiso de trabajo, cada vez por un período más largo, hasta que pudiera solicitar la residencia permanente. Si solicitaba el asilo político, me recluirían en un lugar especialmente previsto para los solicitantes de asilo político, hasta que se tomara una decisión sobre mi solicitud. Eso podía durar varios meses. Si la aceptaban, todo marcharía bien. Si no la aceptaban, me pondrían en libertad, me darían un permiso de residencia provisional por un plazo de tres meses, al cabo del cual tendría que abandonar el país. Si, transcurrido ese plazo, no había salido del país (por ejemplo, porque no hubiera podido obtener una visa para otro país), podrían devolverme al país desde el cual había entrado en la RFA, o inclusive a Cuba. En la larga conversación que sostuvimos, este funcionario me aclaró una cosa muy importante: el hecho de aborrecer el comunismo, y la alegación del solicitante de asilo de que no puede desenvolver su vida dentro de un régimen comunista, no son suficientes para que se le conceda el asilo político. El solicitante debe demostrar que ha sido objeto de ataques o persecuciones dirigidos específicamente contra él. La recomendación de este funcionario la seguí al pie de la letra. Un permiso de trabajo en la República Federal de Alemania lo tendría siempre. Desde entonces me di cuenta de la gran ventaja que tenían los refugiados cubanos que solicitaban asilo político en Estados Unidos. En ningún otro país del mundo podrían obtener nada remotamente comparable al apoyo y las oportunidades que les ofrecía Estados Unidos.

La GEG

La *Grosseinkaufs-Gesellschaft* (GEG) era una gran fábrica de conservas de pescado situada en Hamburg-Altona, en la calle Leverkusenstraße 25. Me contrataron como simple trabajador. Dentro de esa categoría encontraron el trabajo más apropiado para mis conocimientos de electricidad. Trabajaría como ayudante del operario del sistema de autoclaves utilizado para esterilizar los productos de la fábrica. Dicho sistema estaba formado por un conjunto de autoclaves, que eran unas calderas gobernadas por un dispositivo de control que regulaba la temperatura del agua y el tiempo durante el cual el agua en las calderas debía mantenerse a la temperatura deseada en cada fase del programa, y determinaba el instante en que debían producirse las distintas operaciones. Estos procesos se realizaban en secuencia y automáticamente. Previamente, unos empleados recogían los carros llenos de latas de conservas de pescado al final de cada una de las líneas de producción y los reunían en un lugar. Cuando se desocupaba una de las autoclaves, el operario del sistema de autoclaves, que era el responsable del proceso de esterilización, tomaba uno o más carros llenos de latas, del lugar en que estaban reunidos, y los introducía en la autoclave desocupada. Una vez introducidos los carros, el operario del sistema cerraba la puerta de la autoclave y accionaba el interruptor que iniciaba el proceso de esterilización de las latas. Todos los carros llenos de latas de conservas de pescado eran sometidos a este proceso.

El empleado responsable de la operación de esterilización y, por lo tanto, mi jefe inmediato, era un argelino al que llamaban "Jimmy". Estaba casado con una española, que trabajaba también en la fábrica. Era alto, fuerte, muy simpático y servicial, y tenía muchos amigos entre los trabajadores. El *Meister* le tenía un gran afecto y consideración, pues, aunque Jimmy era bastante joven, llevaba muchos años trabajando en la fábrica.

Mi sueldo básico era de unos 650 marcos mensuales. Algunas veces trabajaba horas adicionales para ganar más. Había dos maneras usuales de trabajar horas adicionales. Una era quedándose en la fábrica para limpiar, con agua a presión, las máquinas y el suelo. La otra consistía en traer los bloques de pescado congelados, para lo cual se debía ir a las cinco de la mañana, en un camión de la fábrica, al punto de suministro del pescado, cargar en el camión los bloques de pescado congelados, regresar con el pescado en el camión, y descargarlo en la fábrica. Había una tercera forma de trabajar horas adicionales; cada dos semanas, un sábado, Jimmy efectuaba trabajos de mantenimiento en el sistema de autoclaves. Para esta operación invitaba a uno o dos amigos que trabajarían como sus ayudantes. Estos puestos de ayudante de Jimmy para trabajos de mantenimiento eran muy solicitados por las razones que veremos mas adelante. Estas oportunidades de trabajar horas adicionales Jimmy las distribuía equitativamente entre sus amigos. En muchas ocasiones yo era uno de los escogidos por Jimmy. Más que un trabajo, aquello era una forma agradable de pasar la mañana del sábado. Jimmy salía a la calle y compraba unas cervezas y algunas cosas para "picar", las cuales, naturalmente, ¡podían ser de todo, menos pescado! Las operaciones de mantenimiento se efectuaban tranquilamente, con mucha calma. La mayor parte del tiempo estábamos los tres sentados en unos bancos, tomando cerveza y "picando" algunas de las golosinas. ¡Nunca estaba trabajando más de uno! A eso de las doce y media o la una del día nos marchábamos. Habíamos pasado una buena mañana. Naturalmente, el trabajo de mantenimiento se había efectuado algo lentamente, pero correctamente.

Reorganización de mi vida en Hamburgo

Después de que comencé a trabajar en la GEG pude reorganizar mi vida en Hamburgo y emprender una nueva etapa. Tenía que mejorar mi situación. En primer lugar debía reactivar las gestiones destinadas a resolver el problema de mi residencia permanente en Estados Unidos, que habían quedado truncadas cuando me mudé de Visselhövede a Hamburgo. Desde casa de Dieter ya había escrito a varios familiares y amigos para que me mandaran las cartas o actas juradas que me permitirían aclarar la confusión que había impedido que me otorgaran la residencia americana. Además, me había conseguido una lista de las universidades de la República Federal de Alemania, Canadá y África del Sur y escribí a muchas de ellas ofreciéndome como profesor de español. Comencé por mudarme del tugurio en que vivía en la calle Bahrenfelderstraße, cerca de la estación de S-Bahn (tren rápido o interurbano) Hamburg-Altona. Esa horrible vivienda constaba esencialmente de una sola sala, bastante grande, donde había ocho camas y una cantidad mínima de accesorios para poner en ellos las cosas y sentarse. Estaba previsto para que vivieran allí ocho personas. Yo había ido a parar a esta vivienda porque fue la más barata que encontré en Hamburgo en varios días de búsqueda. En ella vivían ya seis turcos. Había uno que era el más violento de todos y se vestía más elegantemente que los demás. Por suerte, este joven no le caía muy bien a la mayoría de sus compañeros. Un día tuvimos un conflicto, provocado por él y, en el intercambio de puñetazos que se produjo, salió con unos hematomas en el rostro. Entonces, trató de ganarse el apoyo de los otros turcos para atacarme en grupo. En esa situación, uno de los turcos, de pequeña estatura, originario de Anatolia y que se había hecho muy amigo mío, se levantó de su asiento, fue a uno de los muebles donde poníamos nuestras cosas, tomó un cuchillo, sin sacarlo de su vaina, vino hacia el lugar donde yo estaba y se situó a mi lado. No sé lo que le dijo al que había peleado conmigo, porque hablaban en turco, pero el resultado fue que lo disuadió de su propósito. El asunto terminó arreglándose "amistosamente", por suerte para mí, que no tenía nada que ganar en una pelea en ese ambiente.

Ese incidente reforzó mis propósitos de mudarme de esa horrible vivienda. Me mudé para una habitación que alquilé en la calle Isestraße, y poco después para otra en la calle Eppendorferstraße, ambas cercanas a la estación de metro Klosterstern. Escogí esta zona porque la señora Kliche y su familia vivían muy cerca de la estación de metro Klosterstern. Yo la había visitado en una ocasión y, después de que me mudé a mi nueva vivienda lo hice con más frecuencia. La Sra. Kliche tenía dos hijas Helga y Britta, y un hijo Matthias. Un día la Sra. Kliche me llamó por teléfono. El profesor que se ocupaba de las actividades culturales de los estudiantes latinoamericanos me había conseguido un trabajo bastante sencillo, que me produciría algunos marcos todos los meses. Se trataba de escribir unas tarjetas para el tarjetero de una biblioteca pública. En la biblioteca me asignaban todos los meses un grupo de libros y me avisaban para que fuera a recogerlos. Yo los recogía y los devolvía con unas hojas que contenían los textos, redactados por mí, de las tarjetas correspondientes a los libros que me habían entregado.

La Sra. Kliche me dijo también que dicho profesor continuaba buscando un trabajo que pudiera convenirme y que cuando encontrara algo me avisaría. Mi situación había mejorado. No tenía un gran ingreso mensual, pero algunos meses en que podía acumular algunas horas adicionales y el grupo de libros que me asignaban en la biblioteca pública no era muy pequeño, mi ingreso mensual se acercaba a los mil marcos. En aquella época, con ese ingreso mensual se podía vivir bastante bien.

Nacimiento de una amistad

Un día la Sra. Kliche me llamó para darme una noticia de otro tipo. Su llamada no estaba relacionada con mis posibilidades de trabajo, sino con algo totalmente diferente. Me dijo que en el cabaré-restaurante Acapulco, de esa ciudad, estaban actuando unos artistas cubanos. Ella tenía referencias de que eran muy buenos, y me lo informaba para el caso de que quisiera ir una noche a verlos actuar. Le agradecí mucho su indicación y quise aprovechar esa oportunidad para tener una atención con ella e invitarla a comer, lo cual nunca antes había hecho por la simple razón de que no tenía dinero. Cuando le propuse que me acompañara, me contestó: "No, no, no. Con mucho gusto, pero eso podemos dejarlo para otro día. Vaya usted solo y diviértase con ellos. Le va a convenir mucho. ¡Si yo lo acompañara, lo único que haría sería estorbar! No, No. ¡Usted tiene que ir solo! ¡Y no deje de hacerlo porque me han dicho que son fantásticos!"

Bueno, no pude matar dos pájaros de un tiro, pero mataría por lo menos uno. Como en otras ocasiones, seguí el consejo de la Sra. Kliche. Fui al cabaré-restaurante Acapulco, donde la noche era amenizada por la actuación de cuatro artistas cubanos. Eran dos parejas de la raza negra. La Sra. Kliche tenía razón. Eran formidables. En el primer período de descanso que tuvieron, fui a hablar con ellos y conversamos animadamente. Los convidé a tomar algo en mi mesa, pero, después de agradecerme la invitación, me dijeron que no los invitara a beber porque ellos tenían la bebida gratuita. Durante los entreactos me hicieron el honor de sentarse ocasionalmente a mi mesa. No me extrañaría que algún cliente del Acapulco hubiera pensado que yo era un magnate que acogía en mi mesa a tan distinguidos artistas. Eso hubiera sido un gran error. No era un magnate sino, como se decía en Cuba, "*un muerto de hambre*", que ese día, muy excepcionalmente, tenía unos cincuenta o cien marcos en el bolsillo. Por fin llegó la hora de despedirnos. Los latinoamericanos, en general, no acostumbramos a emplear la palabra"adiós" como frase de despedida. Parece que, subconscientemente, la consideramos demasiado definitiva. No recuerdo exactamente las palabras empleadas cuando nos despedimos en el Acapulco. Respecto a dos de ellos, una cosa sí resultó cierta: las despedidas más apropiadas hubieran sido"¡Hasta luego, Orlando y Rosita!" y "¡Hasta luego, Jorge!". Errantes éramos los cinco. Ellos habían recorrido medio mundo. Ciudades tan inimaginables para un cubano como Teherán, Bagdad, Beirut no eran desconocidas para ellos. Allí habían tenido grandes éxitos y también algunas grandes decepciones, como la de negocios con empresarios bandoleros que se fugaron sin pagarles. Ellos seguirían andando por el mundo. Yo también había andado, seguía y seguiría andando por el mundo. Para que las despedidas con "¡Hasta luego, Orlando y Rosita!" y "¡Hasta luego, Jorge!" cobraran realidad tendría que producirse un nuevo encuentro. Pero ¿dónde?, ¿cuándo?, ¿quién podía saberlo?

Presentación de nueva documentación en el consulado

Ya me habían llegado muchos de los documentos que había pedido a mis amigos y familiares para aclarar el problema que tenía bloqueada la concesión de la residencia en Estados Unidos: la confusión con mi hermano Benito. Un día, probablemente en marzo o principios de abril de 1968, fui al consulado americano con la documentación recientemente recibida. Me encontré con una novedad. Al frente del Consulado General de Estados Unidos en Hamburgo estaba ahora el Vicecónsul William L. Swing[76]. Éste

76 A principios del decenio de 1990, el Sr. William L. Swing ocupaba el cargo de Embajador de Estados Unidos en Haití. En esa época, su nombre figuraba a menudo en los periódicos de gran circulación, por la postura que asumió en cuanto a la deposición del entonces dictador de Haití, General Raoul Cédras, la cual tuvo lugar en 1994, bajo la presidencia de Clinton, tras un proceso bastante largo y discutido.

examinó la voluminosa y nueva documentación que le presenté. Me trató con la misma cortesía que me había mostrado el Sr. Berg. Al igual que éste, me dijo que la decisión de mi caso dependía de Washington, pero que él no podía predecir, ni siquiera darme su opinión sobre ello. Con gran sinceridad me dijo que acababa de reemplazar a un compañero, y que me iba a decir algo que, aunque no constituía una regla de ética, ni mucho menos una norma jurídica, era, en la carrera diplomática, una regla no escrita que todo diplomático trataba de observar: "Un diplomático no debe comenzar por revocar (*overrule* fue la palabra exacta empleada por el Vicecónsul Swing) una disposición dictada por el compañero que lo ha precedido". Me dijo que al recibir esta nueva documentación él se encontraba en la situación contemplada en esa regla. Me propuso que dividiera la documentación en dos lotes. Uno se lo presentaría en ese mismo momento, y el otro dentro de un plazo de, por ejemplo, uno o dos meses. Eso le facilitaría su actuación en el caso, a su juicio probable, de que se me concediera la residencia permanente en Estados Unidos. Acepté su propuesta.

Esto constituiría una demora de aún dos meses, o más. Una de las cosas que tiene el exilio, sobre todo el de los cubanos, es que uno no está seguro de nada. Por eso decidí modificar mis planes en cuanto a mi matrimonio con Diana. Mi plan inicial era casarnos después de que tuviera la residencia permanente en Estados Unidos, pues eso contribuiría quizás a acelerar su salida de Cuba. Sin embargo, con esta nueva demora y por el hecho de sentirme ya más seguro porque el círculo de las personas amigas que me habían demostrado su disposición a ayudarme había aumentado, me decidí a modificar dicho plan inicial y casarnos desde ahora. Por mi parte, ahora con más apoyo, trataría de conseguir un mejor empleo, aunque tuviera que trabajar fuera de Hamburgo, ciudad a la que ya me había habituado. Así lo hice, Diana aceptó la idea de casarnos desde ahora. Le di un poder a mi madre para que me representara en el matrimonio. Por cierto, el Notario Público ante el que otorgué el poder me opuso inicialmente reparos porque en la República Federal de Alemania el matrimonio no se celebraba ante un Notario Público, sino ante un Juez, y los contrayentes debían comparecer personalmente. Le sugerí que hiciera lo que suelen hacer los notarios públicos cuando tienen que establecer un documento que deba surtir efecto en un país cuyas leyes no están obligados a conocer: insertar una nota que advierta a los otorgantes que el Notario Público no conoce las leyes del país extranjero en cuestión y, por lo tanto, declina toda responsabilidad en cuanto a la validez del acto. Naturalmente, el Notario sabía perfectamente eso, pero era un hombre extremadamente prudente y meticuloso, y no le gustaba que en sus documentos apareciera ese tipo de notas. Por fin, prestó oído a mi súplica, dado el aspecto humanitario que encerraba, y aceptó hacerme la escritura de otorgamiento de poder, cuya copia, debidamente legalizada, envié a mi madre.

El sábado 13 de julio de 1968 ante la Dra. Consuelo Barrero González, Notario Público de Santa Clara, se celebró el matrimonio de Jorge Leonardo Besada Ramos y Dominga Diana Rodríguez Estévez. Esta escritura de matrimonio fue muy curiosa. No fue firmada por ningún hombre, sino solamente por cinco mujeres. En efecto, el Notario era una mujer, los otorgantes eran mi madre, que comparecía a nombre y en representación de su hijo Jorge, y Diana, que comparecía por su propio derecho, y dos testigos, que fueron dos señoras, amigas de la Dra. Barrero, a quienes ésta invitó a que presenciaran el acto como testigos.

Lüdenscheid

En agosto, ya casado por poder con Diana, inserté un anuncio en un periódico y recibí algunas respuestas y propuestas de empleo de algunas empresas. Una de ellas, denominada Kriko-Electronic KG (sigla de *Kommanditgessellschaft*: sociedad en comandita) situada en la ciudad de Lüdenscheid (Westphalia), enclavada en una región muy industrial de la República Federal de Alemania, me interesó más que las demás. Esta era una fábrica de equipos de medición y de control. Se trataba de una fábrica de tamaño mediano. Trabajaba, como suele decirse en la jerga empresarial, "a la carta". Otras empresas le pedían que les construyera, por ejemplo, un sistema de control que se aplicaría a una línea de producción o a un proceso industrial dados. Los ingenieros de la Kriko-Electronic KG estudiaban el proyecto y, si se llegaba a un acuerdo, acometían su diseño, construcción, suministro, puesta en marcha y eventual adiestramiento del personal de la empresa compradora. Este trabajo podría contribuir a mi superación como ingeniero electrónico. El puesto que me ofrecían era de técnico, no de ingeniero. Acepté la propuesta, y el primero de septiembre empecé a trabajar en Kriko-Electronic KG.

Después de un breve período durante el cual me hicieron pasar por todos los departamentos de la empresa, me designaron para que trabajara en un proyecto de construcción de un sistema de control para un proceso industrial que iba a ser utilizado por una compañía. El trabajo me gustaba mucho. En cambio, como ya me había habituado a Hamburgo, que era una gran ciudad, con mucho movimiento, la ciudad de Lüdenscheid me gustaba menos, pero la realidad era que apenas la conocía.

Unos diez días después de haber comenzado a trabajar en

Lüdenscheid recibí una carta del Sr. José Severín, jefe del Departamento de Traducción de la conocida empresa alemana Siemens AG (sigla de *Aktiengesellschaft*; sociedad anónima), que tenía su sede en Munich, por la cual me pedían que les confirmara mi interés en un puesto de traductor en el departamento correspondiente de la empresa, en cuyo caso me enviaban, como prueba, un documento técnico de dos páginas escrito en alemán. Les confirmé mi interés por ese puesto, efectué la traducción (tecleando, como siempre, en la máquina de escribir portátil que Dieter Winkelmann me había regalado y que me acompañó siempre). A los pocos días recibí el nombramiento en mi nuevo puesto de traductor en el Departamento de Traducción de la empresa Siemens AG, Munich, en la (calle) Hofmannstraße. Este puesto se lo debía a los contactos que había mantenido en Hamburgo, a través de la Sra. Kliche con el profesor que se ocupaba de actividades culturales relacionadas con los estudiantes latinoamericanos.

El puesto de traductor en Siemens AG me convenía más que el de técnico en Kriko-Electronic KG por varias razones. En primer lugar, ganaría un sueldo mayor; en segundo lugar, trabajaría para una compañía mucho más importante; en tercer lugar, Munich, capital de Baviera, era una ciudad mucho mayor y más importante que Lüdenscheid, y ofrecía mejores posibilidades para ulteriores ascensos. Había también otra razón muy importante. Diana y yo nos habíamos casado el 13 de julio y ella estaba en espera de su salida del país. Sabíamos que el período de espera era bastante largo, pero la salida podía llegar en cualquier momento. Yo tenía que escoger para mí y para ella. Y escogí Munich.

A fines de septiembre pedí la baja en el trabajo y en los primeros días de octubre de 1968 estaba sentado en un tren que se dirigía a Munich.

Munich

Mi estancia en Munich durante el tiempo que trabajé en el Departamento de Traducción de Siemens AG en esa ciudad fue muy agradable. Tanto el Jefe del Departamento, José Severín, como todos los compañeros me acogieron con gran afecto y puedo decir que me sentí feliz. De aquí en adelante podría llevar una vida bastante buena. Ganaba un buen sueldo. Alquilé un pequeño apartamento donde vivía cómodamente. Recuerdo también que llegué en un buen momento, pues en esa época se celebraba en Munich la Fiesta de la Cerveza. Algunos de esos días, después del trabajo, varios compañeros y compañeras del Departamento nos trasladábamos a la conocida explanada de *Theresienwiese* (Prado de Teresa), que, pese a su enorme extensión se cubre completamente por una cantidad enorme de *tiendas de cerveza* construidas generalmente de lona, en un estilo agradable y acogedor, donde, cada año, cientos de miles de personas consumen enormes cantidades de cerveza, y saborean los exquisitos productos del arte culinario bávaro.

Al entrar en una de esas *tiendas de cerveza* se escucha la sonora, enérgica e incitante música bávara. El visitante no hace más que sentarse sobre un banco, junto a una larga mesa, y, cuando comienza la música, se ve alegremente agarrado por las personas sentadas a ambos lados, hombre, mujer, niño o niña, no importa la edad, ni el idioma que hable, y las filas completas sentadas en esos bancos se mecerán hacia uno y otro lado, al compás de la animada música bávara. El visitante debe hacer lo mismo que los demás, empuñar su *Maß* (enorme jarra de vidrio que contiene exactamente un litro de la excelente y fuerte cerveza que se suministra en todas las *tiendas* durante ese período de fiesta). La orquesta es muy simpática. Algunos días en los que, a la salida del trabajo, íbamos a la *fiesta de la cerveza*, nuestro grupo hablaba con la camarera para que le dijera a los músicos que nuestro grupo los invitaba a una "ronda", y les entregara sus respectivas y enormes jarras de cerveza, que aquellos hombres se bebían ¡a veces de un solo golpe! Entonces, el director de la orquesta venía a la mesa, hablaba con nosotros, no en alto alemán (*Hochdeutsch*), sino, desde luego, en bávaro, se llevaba generalmente a una de las muchachas, la subía a la tarima sobre la que tocaba la orquesta y le daba dos cosas: la batuta, y la orden: "¡Dirija la orquesta!". La improvisada directora de orquesta empezaba a mover la batuta. La orquesta tocaba siempre divinamente. Muchos turistas aprovechaban la ocasión para tomar fotografías inolvidables. ¡La orquesta podía estar dirigiéndola la abuela, o el pequeño nieto del turista que tomaba la foto!

En mi nuevo trabajo ganaba lo suficiente para tener mi propio automóvil. Compré esta vez un Fiat 600, de cuatro cilindros, muy económico, con el que me desplazaba fácilmente de un lugar a otro. Cuando tenía vacaciones, pasaba algunos días en Hamburgo, donde visitaba a mis amistades, sobre todo a la Sra. Kliche y al Dr. Richard Bärwinkel, joven abogado, al igual que su esposa, quienes siempre me dieron pruebas de gran aprecio y estimación. En estos viajes hacía una escala en Visselhövede para visitar a Dieter Winkelmann.

En Munich participé en una asociación que organizaba excursiones a pie en distintas localidades cercanas a Munich. Generalmente se celebraban un domingo y se recorrían distancias de quince, veinte o treinta kilómetros; cuando los participantes terminaban el recorrido eran premiados con una medalla cuyo precio estaba incluido en la cuota de inscripción. Aparte de un magnífico ejercicio físico, estos paseos por los pintorescos alrededores de Munich eran muy agradables desde el punto de vista turístico. Recuerdo especialmente una de esas marchas, organizada por el periódico *Tageszeitung*. Fue un recorrido de 50 km alrededor del lago Starnbergersee. Este es un bello lago situado a menos de 30 km al sur de Munich. En la temporada del año anterior, yo había hecho excursiones de hasta 30 km. Al final de la temporada anterior estaba entrenado para caminatas largas. Sin embargo, no tuve en cuenta que esta excursión era la primera de la nueva temporada, que el recorrido era más largo (50 km) y que me podría faltar entrenamiento para terminar en buena forma. Nos inscribimos tres traductores de Siemens: dos españoles, Maldonado y Vidal, y yo. Entre los kilómetros 20 y 30, Maldonado se sintió mal y decidió abandonar la marcha. Estaba realmente en malas condiciones. Vidal insistió en acompañarlo para que no se fuera solo, y ambos tomaron el servicio motorizado que llevaba al punto de partida a los que no completaban los 50 km. Yo continué. Pasé el kilómetro 30; me sentía muy bien. Cuando iba por el kilómetro 40 empecé a sentir calambres en las piernas. Del kilómetro 40 al 44, los calambres aumentaron. El ritmo a que podía marchar se redujo mucho. Los participantes en la marcha solíamos parar a veces en algunos de los kioscos instalados en lugares convenientes a lo largo del recorrido, pero, después del kilómetro 44 decidí no parar más. Si paraba sufriría un entumecimiento completo de las piernas. Decidí seguir, sin parar, hasta la meta, que era el mismo punto de partida, pues se le habría dado una vuelta completa al lago. A duras penas podía caminar con pasos muy cortos y lentos. En esa marcha popular organizada por el periódico *Tageszeitung* participó también la señora que me había arrendado el pequeño apartamento donde yo vivía. Era una señora de cierta edad y, en el curso de la caminata, nos habíamos encontrado por casualidad, nos habíamos saludado, la había pasado, y la había perdido de vista, pues su ritmo de marcha era más lento que el mío. En este tramo, entre el kilómetro 47 y la meta, mientras el despojo humano en que me había convertido, más que caminar se arrastraba a lo largo del camino, oí una voz femenina que, en un tono dulce y bastante piadoso me preguntaba algo: "*Herr Besada, wie geht es Ihnen?*" ("Señor Besada, ¿cómo está usted?"). Era la misma señora a quien había saludado al principio del recorrido y había dejado atrás. Cuando la pasé, al principio de la marcha, no pensé que pudiéramos volver a encontrarnos ese día. Ahora me había alcanzado y yo no tenia fuerzas ni siquiera para caminar junto a ella. Apenas tuve fuerzas para responderle que no estaba tan bien como ella. Con una compasiva sonrisa, recuperó gradualmente su ritmo de marcha y poco a poco me fue dejando atrás. Por fin llegué a la meta. Me senté en la terraza de un café para, además de comer y beber algo, consolarme viendo a otros participantes que llegaban en condiciones tan malas o hasta peores que aquellas en las que yo había llegado. Confieso que al ver a esos "pobres" participantes, algunos de los cuales, más que caminar, se arrastraban trabajosamente hacia la meta, y eran fieles reproducciones de la imagen con que se representa a San Lázaro, desplazándose con una muleta, sentí algo de lo que los alemanes llaman *Schadenfreude* (de *Schaden*, daño; y *Freude*, alegría), palabra de difícil traducción a otro idioma y que en español se puede intentar traducirla por la frase 'alegría del mal ajeno'. ¡Yo no había llegado a la meta mucho mejor que algunos de ellos!

En Munich también reanudé mi actividad como aficionado al juego de ajedrez. En Cuba había empezado a jugar ajedrez con cierta dedicación después de la Revolución; había participado en un torneo provincial de clasificación que me dio derecho a participar en otro torneo más fuerte que se jugó en La Habana. En Munich formé parte del equipo B de Siemens y al año siguiente me pasaron al equipo A. También jugaba en torneos organizados por un club formado por españoles, al que me llevó un compañero traductor de Siemens, Pedro ("Peter") Schlösser. En 1969 participé en un torneo oficial de clasificación, que se jugó en Munich. Terminé segundo en mi grupo y clasifiqué para jugar en el nivel siguiente, lo cual no pude hacer porque ese año ya no viviría en Munich, sino en Ginebra (Suiza).

También recibí una noticia que tenía una parte buena y otra mala. La parte buena era que Diana ya había solicitado su salida de Cuba. La parte mala era que las "leyes" para la emigración de Cuba habían cambiado. El solicitante era inmediatamente obligado a trabajar en la agricultura. Diana tendría que estar en la agricultura hasta que le llegara el permiso de salida. Como las demás solicitantes de la salida del país, tenía que estar confinada en el campamento que le correspondía, en pleno campo, a unos 50 km de Santa Clara. El domingo a las siete de la noche tenían que tomar los camiones que las transportaban al campamento de trabajo, donde eran albergadas y tenían que trabajar durante dos semanas. Cada dos sábados, después de trabajar por la mañana, las retornaban a Santa Clara. Muchas veces, los camiones para el viaje de regreso a Santa Clara faltaban, y Diana y sus compañeras tenían que salir a la carretera y hacer *autostop* para regresar. Al día siguiente, domingo, por la noche, tenían que estar de nuevo en el parquecito frente a la Audiencia para volver a tomar de los camiones e iniciar otras dos semanas de *agricultura*. Los camiones para el viaje de ida al campamento de trabajo no faltaron nunca. En junio de 1967, cuando yo salí de Cuba, no había trabajo forzado en la agricultura. Ese "logro" de la Revolución todavía no se había alcanzado.

Mi nueva carrera: traductor

Mi carrera de traductor comenzó en *Siemens-München*, traduciendo documentos técnicos, manuales, instrucciones de empleo de sistemas, equipos y aparatos, o artículos científicos. Nuestro departamento traducía generalmente del alemán al español y con menos frecuencia a la inversa. El idioma alemán es inmensamente rico y muy estructurado; además, su naturaleza aglutinante permite expresar conceptos que son muy difíciles de traducir a otros idiomas. Teníamos la ventaja de que el Departamento de Traducción estaba en el edificio principal del gran complejo de edificios de *Siemens-München* en la calle Hofmannstraße. Si teníamos algún problema en la comprensión del proceso físico, eléctrico o industrial, le pedíamos al técnico o especialista que viniera a explicárnoslo, con lo que se aseguraba el cumplimiento de un requisito esencial de la traducción técnica: no basta con saber los dos idiomas; hay que conocer la materia.

En una ocasión me encomendaron la traducción del manual de utilización de un sistema de computadores que Siemens iba a suministrar a una empresa mexicana. Por esa razón, el Jefe del Departamento de Traducción me facilitó la asistencia a un curso acelerado sobre los lenguajes de programación COBOL y FORTRAN, que eran utilizados por los computadores que se iban a suministrar. Yo no tenía que aprender a programar en COBOL y FORTRAN, pero sí debía comprender la función de sus instrucciones principales. En aquella época, las impresoras no leían los programas de un disco, sino de un paquete de tarjetas perforadas, y no respondían con textos que aparecían en una pantalla, sino que eran escritos por una impresora.

Un día, leyendo un documento con motivo de una traducción que me habían confiado, me enteré de que existía una organización internacional llamada Unión Internacional de Telecomunicaciones (UIT), que tenía por finalidad establecer normas para las telecomunicaciones en todo el mundo, y que uno de sus órganos, conocido por CCITT, formulaba unas disposiciones llamadas Recomendaciones, que eran aplicadas por casi todas las empresas dedicadas a la explotación de las telecomunicaciones. Ese día, mientras almorzaba con el compañero traductor Jacobo Maldonado, en uno de los comedores de Siemens, tocamos accidentalmente el tema de la UIT. Maldonado me explicó lo que era la UIT y me dijo que esa organización internacional estaba en Ginebra. Me contó que unos años antes había tratado de conseguir un puesto de traductor en esa organización, pero no lo había logrado; que después había conseguido el trabajo que ahora tenía en Siemens, se había casado, había tenido sus dos hijos (Jacobito e Isabelita), se había radicado definitivamente en Munich con su esposa (alemana, también traductora entre los idiomas alemán y español), y había abandonado su propósito de trabajar en la UIT. Me sugirió que escribiera a la UIT y explorara las posibilidades de trabajar allí. Acepté su sugerencia y escribí a la UIT. Indiqué que trabajaba de traductor del alemán y del inglés al español. A los pocos días recibí una carta del Sr. Felipe Moreno, Jefe del Departamento de Traducción Española de la UIT, en la que me comunicaba que en ese momento no había ningún puesto libre. Me decía también que, a veces, cuando había alguna reunión importante de algún órgano o Comisión de Estudio de la UIT, se contrataban traductores, pero me precisaba que para trabajar en ese departamento era necesario poder traducir del inglés y del francés al español. A vuelta de correo le contesté que yo traducía también del francés y del ruso, pero que en mi carta anterior había indicado solamente los idiomas desde los que estaba traduciendo para Siemens. Desde ese día comencé a repasar y estudiar más profundamente el idioma francés. Estudié intensamente con la ayuda de discos y me matriculé en un curso que ofrecía la Alianza Francesa en Munich. Cuando llegaron las vacaciones de verano, las pasé en Lausana, donde tomé un curso de verano, en idioma francés, similar al que había tomado en 1960, pero esta vez me inscribieron en el nivel intermedio. Como entré con un nivel bastante bueno, avancé mucho. El curso se celebró del 4 al 22 de agosto de 1969. Ahora sí podría traducir del francés. Para los hispanohablantes, la traducción del francés al español es mucho más fácil que la traducción del inglés o del alemán al español.

Mucho más que la llegada de un contrato de la UIT, esperaba la de Diana. Sin embargo, el contrato llegó primero. Cierto tiempo después, el Jefe del Departamento de Traducción Española de la UIT, Sr. Felipe Moreno, me envió un telegrama en el que me avisaba que había sido contratado para trabajar en la UIT durante el mes de marzo de 1970. El sueldo indicado en el telegrama me dejó estupefacto. Era casi el triple de lo que ganaba en Siemens. Respondí inmediatamente aceptando. Pedí licencia por el mes de marzo en el Departamento de Traducción de Siemens, la que me fue concedida.

Ginebra

El lunes 2 de marzo de 1970, a las nueve de la mañana, el Sr. Moreno me recibió en su despacho. Desde que hablamos por primera vez sentí que estaba en presencia de una persona que me comprendía muy bien. Cuando le conté los motivos que me impulsaron a abandonar el país y que, aunque no había solicitado asilo político, era prácticamente un refugiado, el Sr. Moreno, para mi gran sorpresa, me contó que él sí había sido un asilado político y un verdadero refugiado: en 1939 había atravesado los Pirineos para abandonar España y refugiarse en Francia; su rifle lo había depositado en una pila formada por los de otros compañeros que lo habían precedido. El General Francisco Franco había puesto fin a la

República Española. "Ya ve como es la vida," me dijo Felipe Moreno, "usted y yo, aunque por razones distintas, hemos tenido que abandonar nuestra patria". Recuerdo que, ya en un ambiente completamente distendido, me dijo ese mismo día: "Antes de llevarlo a la Secretaría para que Luisa le entregue el documento que deberá traducir, le voy a dar una primera lección de francés, que es muy importante. Cuando quiera tomar un café con leche y vaya a la cafetería, no pida *un café au lait*, como se dice en Francia y en casi todo el mundo; en Ginebra tiene que pedir *un renversé*".

Cuando se acercaba el fin del contrato, Felipe Moreno me llamó para conversar sobre la posibilidad de continuar trabajando para la UIT. Le expuse mi situación. En Munich tenía un trabajo permanente bastante bueno. Evidentemente había una gran diferencia entre lo que ganaba en Siemens y lo que ganaría en la UIT. Yo había sacado cuentas y llegado a la conclusión de que podía aceptar trabajar para la UIT si me garantizaban que todos los años trabajaría para esta organización al menos durante cuatro meses. El Sr. Moreno me dijo que los contratos de duración indeterminada de uno o dos años no dependían solamente de él, sino también de que existiera esa posibilidad en el Departamento de Personal. En cambio, los contratos de corta duración, por ejemplo, de uno, dos o tres meses, sí dependían de él y, si yo aceptaba, podía contar con cuatro meses de trabajo en la UIT todos los años.

En otra conversación que tuvimos le dije que para irme correctamente de Siemens debía dar un preaviso de tres meses, por lo que sólo quedaría libre a partir del primero de julio. Moreno me dijo que ya había hablado sobre mi contrato con el Jefe de Personal y que antes de que regresara a Munich me entregaría el próximo contrato, por una duración de seis meses. De ahí en adelante trataría de conseguirme contratos de duración determinada de uno o dos años y, si no lo conseguía, me garantizaba personalmente que todos los años tendría, al menos, cuatro meses de trabajo en la UIT. Cuando a fines de marzo regresé a Munich, llevaba en la cartera el nuevo contrato por una duración de seis meses, del primero de julio al 31 de diciembre de 1970, y lo que valía mucho más que eso, la amistad y el reconocimiento de un hombre como Felipe Moreno.

En Munich, los hermanos Severín y mis compañeros del Departamento de Traducción de *Siemens-München* me celebraron un acto de despedida y me regalaron un magnífico atlas con las carreteras de todos los países de Europa. Este atlas está firmado por todos mis compañeros de trabajo en Siemens y lo conservo en un lugar preferido de mi biblioteca por los agradables recuerdos que me trae. Además, es tan completo y está tan bien organizado, que aún hoy en día lo consulto para aclarar detalles que a veces no se presentan tan claramente en otros mapas más modernos.

El accidente

A fines de junio partí de Munich hacia Ginebra. Viajaba en mi auto Fiat 600. Al pasar por la frontera por la que pretendía salir de la República Federal de Alemania y entrar en Suiza con rumbo a Zurich, cuando el aduanero me preguntó qué iba a hacer en Suiza, cometí el error de decirle que iba a trabajar en una organización internacional. Me dijo que para eso tenía que tener un documento del consulado suizo. Le expliqué que no iba a trabajar en una empresa suiza, sino en una organización internacional, y que esos contratos no estaban sujetos a las disposiciones consulares suizas, lo cual era absolutamente cierto. El aduanero no me lo aceptó. Me dijo que, para ellos, la UIT era una compañía como otra cualquiera y que para trabajar en Suiza se necesitaba un documento del consulado. Me indicó que debía retroceder algunos kilómetros, ir a cierto pueblo en que había un consulado y allí obtener dicho documento. Yo tenía entonces el pasaporte cubano, pero en aquella época Suiza no exigía visa a los titulares de pasaportes cubanos. Le rogué que me dejara pasar como turista, a lo que no accedió, porque ya yo le había dicho que venía a trabajar. Mi error había sido declarar la verdad: que iba a trabajar a la UIT. Si hubiera dicho que iba a Suiza como turista, no habría tenido problema alguno. Ante ese contratiempo, decidí entrar en Suiza por otra frontera y decir que iba a Suiza como turista. Estudié el mapa y vi que viajando unos 80 km hacia el este podría entrar en Suiza por otra frontera que se encontraba en la dirección de Schaffhausen. Así lo hice. Dejé la autopista y tomé una carretera de segundo orden en busca de la frontera que entraba en Suiza con rumbo a Schaffhausen. Ya era bastante tarde y se hizo de noche. Conducía a una velocidad moderada y de manera normal y correcta. Cuando viajaba por las proximidades de un pequeño pueblo de la RFA llamado Singen, observé por el retrovisor que un vehículo se aproximaba a mi auto. El vehículo continuó acercándose a mi auto; su chofer inició la maniobra de desplazarse hacia la izquierda para pasar, pero no la completó y la defensa delantera de su vehículo chocó con mi automóvil, que, como consecuencia del impacto, se salió de la carretera y recorrió un largo tramo a campo traviesa. En el recorrido de mi auto por el campo, la dirección se rompió. El timón no controlaba mi automóvil. Por suerte, el terreno era bastante plano y mi automóvil no se volcó. Salí ileso del accidente.

El chofer del otro vehículo lo detuvo, se bajó del mismo y comenzó a caminar hacia mí. Yo también descendí de mi auto y caminé hacia él. Entonces recibí dos grandes sorpresas. La primera fue que el chofer del otro vehículo era un soldado en uniforme. Y la segunda sorpresa fue que ese soldado no era alemán, sino francés. Poco después llegaron las autoridades, en uniforme. Todos eran franceses. Por fin, me explicaron esa particularidad. En la RFA todavía quedaba una parte de las antiguas tropas de ocupación americanas, inglesas y francesas. En las partes donde ellas estaban acampadas, tenían jurisdicción para conocer de los delitos cometidos por los respectivos miembros de esas tropas. El lugar en que había ocurrido el accidente pertenecía a la jurisdicción de esa unidad francesa y el autor del choque había sido un soldado francés, de esa unidad militar, que conducía un vehículo con placa de matriculación francesa. Nos condujeron al cuartel para levantar acta de lo ocurrido. En aquella época yo no tenía mucha práctica en el idioma francés hablado y apenas entendía lo que los franceses se decían entre sí. Tampoco sabía lo que estaban escribiendo en el acta. Después de terminada y firmada el acta, uno de los oficiales me dijo que me llevaría a una estación de ómnibus para que pudiera continuar el viaje, y que los objetos que no pudiera llevar conmigo podía dejarlos dentro de mi auto, pues ellos trasladarían mi automóvil chocado a un garaje, donde mis pertenencias serían conservadas hasta que fuera a recogerlas. Así lo hicimos, y pude continuar el viaje. Llevaba conmigo la maleta y una cartera. Entré en Suiza sin ninguna dificultad. Esta vez, cuando el aduanero me preguntó qué era lo que iba a hacer en ese país, le contesté simplemente que iba a pasar unos días en Ginebra, como turista. Por fin llegué en tren a Ginebra.

Me instalé en el mismo hotel donde había parado la vez anterior: el hotel *Atlantic*, en la (calle) *Rue du Vieux Collège*. Me reintegré al trabajo en la UIT. En cuanto a la reclamación de daños y perjuicios por el accidente sufrido con el automóvil, la puse en manos de mi amigo Richard Bärwinkel, abogado en Hamburgo, quien desde que nos conocimos se me había ofrecido para ayudarme desinteresadamente en cualquier problema que se me presentara.

En la escalera del exilio había acabado de llegar a un peldaño que era más ancho que los demás y me permitía respirar profundamente y reponerme del esfuerzo realizado. Este peldaño lo había alcanzado gracias a la ayuda que me habían prestado, no sólo mis familiares y mis amigos cubanos, sino también muchas personas a quienes conocí después de abandonar mi país, y que me habían ofrecido una cosa que no tiene precio: su amistad. Hay un viejo refrán ruso, mucho más antiguo que la actual Comunidad de Estados Independientes y la antigua Unión Soviética, que dice "No tengas cien rublos, ten cien amigos" (Не имей сто рублей, а имей сто друзей). Estos eran amigos nuevos, pero muy buenos, porque me ayudaron cuando yo no tenía con qué corresponder a su amistad, a su ayuda, a todo lo que hacían por mí. Nunca los olvidaré. Desde este peldaño podría ayudar a mi familia. Para ello había que trabajar duro. Las telecomunicaciones en general y los sistemas y equipos de telecomunicaciones en particular habían tenido una verdadera explosión. Crecían en aquella época, y continúan creciendo, exponencialmente. Para ser un buen traductor técnico, no sólo había que conocer bien los idiomas de origen y de destino de la traducción. Era necesario también conocer la materia sobre la que se traducía. Aparecían nuevos sistemas de señalización para la telefonía, nuevas técnicas de transmisión de datos, nuevos medios de transmisión como la fibra óptica, nuevas técnicas de la televisión, nuevos materiales y, después, vino el computador (o la computadora, como muchos prefieren llamarlo). Era necesario leer libros, revistas, referencias para familiarizarse con la materia sobre la que se traducía. Estaba dispuesto a llegar a ser un buen traductor. Eso dependía de mí solamente. Todas esas preocupaciones eran relativamente pequeñas. Tenía otra muy grande: ¿cuándo llegará Diana?

Llegada de Diana

Después de casi dos años de "*trabajo en la agricultura*", Diana recibió su permiso de salida. Me avisó enseguida. También me dijo que Irma Suárez, una buena amiga suya, iría a recibirla en el aeropuerto de Madrid, a su llegada. Irma había salido de Cuba junto con sus padres, su hermana y los dos pequeños hijos de ésta. La hermana de Irma había sido reclamada por su esposo, el cual ya había emigrado a Estados Unidos, donde había solicitado y obtenido asilo político. Estando ya Diana en Madrid, hablamos de nuevo por teléfono. Yo quería que viniera en seguida, pero ella me pidió que le diera unos días para despedirse de Irma y conocer un poco la ciudad de Madrid. Yo la comprendí y le situé el pasaje en la compañía de aviación Iberia para que volara a Ginebra cinco días después.

El día de la llegada de Diana fui a recibirla en el aeropuerto internacional de Ginebra. La alegría que me invadió escapa a toda posible descripción.

Pocos días después recibí una buena noticia. Habíamos ganado la reclamación de daños y perjuicios por el accidente del automóvil y Bärwinkel me enviaba el cheque de la compañía de seguro del demandado. Me habían pagado como el ochenta por ciento del valor del automóvil cuando lo compré, lo cual era bastante más de lo que esperaba. Me dijo que el acta inicial levantada por las autoridades francesas estaba redactada de una forma muy leal, justa e imparcial. El soldado francés que provocó el accidente fue muy veraz en su declaración. Admitió que venía de una fiesta, donde había ingerido dos cervezas. Declaró que eso no había afectado su capacidad para conducir su vehículo, que yo conducía mi automóvil correctamente, con las luces encendidas, y que él, por descuido, inició tardíamente la maniobra para pasar mi automóvil y, en definitiva, que el choque se debió a su culpa. Le escribí a Bärwinkel para felicitarlo por su eficiente actuación y agradecerle el servicio que me había prestado, y le pregunté cuánto le debía. Bärwinkel me respondió que no le debía nada, pues las costas del procedimiento se habían fijado en una cuantía satisfactoria, y las cobraría de la compañía de seguros del demandado.

También en aquellos días, un compañero traductor, Benjamín Lutzky, argentino, que vivía en Ginebra, en un pequeño apartamento en la calle Charmilles, muy cerca de la plaza de Charmilles, nos anunció que pronto contraería matrimonio con su prometida y, como sabía que yo estaba buscando un apartamento, me lo ofreció, para que Diana y yo lo ocupáramos después de que él se mudara para su nueva vivienda. Esto nos convenía mucho porque, en aquella época, el Departamento de Traducción Española estaba situado provisionalmente en un edificio muy próximo a la plaza de Charmilles.

También había llegado el momento de comprar un automóvil nuevo. Diana y yo visitamos varias agencias en Ginebra y vimos diferentes modelos. Compramos un Opel Manta nuevo. Pronto se nos presentó la ocasión de hacer nuestro primer viaje largo en el nuevo automóvil. En las vacaciones de Navidades y fin de año fuimos a Munich y Hamburgo. En el curso de este viaje pasé por el garaje en Singen donde todavía estaba depositado mi antiguo Fiat 600 y recogí los objetos que había tenido que dejar en el maletero del automóvil cuando continué mi viaje a Ginebra después del accidente.

Caso de Irma Suárez

El caso de Irma, la amiga de Diana que fue a esperarla en el aeropuerto de Madrid, viene muy a propósito para que el lector, especialmente el que no sea cubano, tenga una idea de los problemas que podían presentarse a los cubanos que tuvieron que abandonar su país para escapar a la dictadura castrista.

Como ya hemos dicho, Irma había solicitado la salida por España, y la había obtenido, como integrante de un núcleo familiar reclamado por un cubano, casado con la hermana de ella, a la cual llamaremos María en este relato. El esposo de María ya había emigrado a Estados Unidos, donde residía como refugiado. Dicho núcleo familiar estaba formado por María, sus dos hijos menores (de unos cinco años de edad), y los ancianos padres de María e Irma. María, sus padres y sus dos hijos menores obtuvieron la entrada en Estados Unidos rápidamente. En cambio, Irma, que tenía un grado de parentesco más lejano que los hijos de María y los abuelos de los niños, no pudo entrar rápidamente en Estados Unidos, sino que fue incluida en una lista que tenía un orden de prioridad más bajo y, dado el volumen de los solicitantes que estaban en su caso, avanzaba muy lentamente.

Cuando María llegó a Estados Unidos con sus niños y los ancianos padres de ella, fue recibida por su esposo. Éste había ido al aeropuerto con la sola finalidad de decirle que no debía contar con él para continuar la vida conyugal, porque ya tenía una nueva compañera, y que tampoco debía contar con él para que la ayudara económicamente, porque no tenía dinero. El lector puede imaginarse la situación de esta madre: tendría que mantener, ella sola, a sus ancianos padres y a sus hijos menores.

Irma se había quedado sola en Madrid y estaba desesperada. Acelerar la entrada en Estados Unidos, en su situación, era absolutamente imposible. Sabía las condiciones en que su hermana estaba viviendo en Estados Unidos. Sus padres eran muy ancianos. No podían trabajar. María era la única que podía trabajar, pero con su escaso sueldo tenía que mantener un núcleo familiar de cinco personas. Irma quería estar junto a su hermana para ayudarla, pero estaba *varada* en Madrid. Para conseguir la entrada en Estados Unidos con relativa rapidez sólo había un recurso: casarse con alguien que tuviera la residencia americana y que éste la reclamara como cónyuge. Irma buscaba desesperadamente a esa persona. Pero no la encontraba.

Un día conoció a un joven que tenía la residencia americana y estaba visitando amistades en Madrid. El joven le dijo que aceptaba casarse con ella, sólo formalmente, y reclamarla desde Estados Unidos. Le aclaró a Irma que ella tendría que pagar todos los gastos del matrimonio y el ulterior divorcio y que él necesitaba ahorrar dinero, por lo que ella tendría darle inicialmente trescientos dólares. Irma le dijo que esos trescientos dólares no los tenía, pero que le prometía que, una vez en Estados Unidos, se los pagaría inmediatamente. Además, el matrimonio le iba a costar más de lo ordinario porque, como en España no había divorcio (en aquella época), tendrían que casarse en Tánger, ciudad al norte de Marruecos, en la costa del estrecho de Gibraltar. Así lo hicieron, se casaron en Tánger. Irma le pidió que, cuando regresara a Estados Unidos, pasara por casa de su hermana y, si era posible, ayudara y reconfortara a toda la familia hasta que ella llegara. El joven esposo legal de Irma regresó a Estados Unidos y desde allí la reclamó como cónyuge. En varias ocasiones visitó la casa de María y se dio cuenta de las duras condiciones en que vivía esa familia. Terminó tomándole un gran afecto a todos en esa casa. Pocos meses después Irma obtuvo la residencia americana, voló a Estados Unidos y se reunió con su hermana, sus padres y sus sobrinos. Cuando habló con su esposo legal sobre la parte económica de la operación, éste le dijo: “Irma, tú no tienes que darme ningún dinero. Cuando puedas, pide el divorcio. Eso no corre prisa. Por ahora, no pienso casarme con nadie. ¡Ah, habíamos quedado en que el divorcio lo pagabas tú! ¿No es verdad?” Y ambos se echaron a reír.

Decenio de 1960

Como consecuencia del curso tomado por la revolución cubana después del triunfo militar obtenido en Playa Girón y sobre todo después de la declaración pública de Castro en diciembre de 1961 de que Cuba era un país marxista-leninista, una gran parte de la población se decidió a abandonar el país. En una primera etapa era fácil obtener una visa de turista en el consulado americano y el gobierno de Cuba no prohibía la salida. Esta situación cambió totalmente. Después de Girón, muchos miles de cubanos querían emigrar a Estados Unidos, directamente o a través de terceros países, y el gobierno cubano lo impedía. En 1965, entre los gobiernos de Estados Unidos y Cuba se llegó a un acuerdo: Cuba abriría un minúsculo puerto (que, más bien, era un pueblecito de pescadores) llamado Camarioca, situado entre Matanzas y Varadero, a pocos kilómetros de distancia de Varadero. El gobierno de Cuba permitió que embarcaciones americanas, generalmente yates, fueran a recoger a sus familiares después de que éstos hubieran obtenido el permiso de salida de las autoridades cubanas.

Camarioca está a unos 150 km de Cayo Hueso (*Key West*). Las salidas del país por Camarioca se realizaron durante un período de varias semanas. Sin embargo, debido más que nada a que algunas embarcaciones no eran apropiadas para ese viaje a través del estrecho de la Florida, se produjeron algunos accidentes y los viajes por Camarioca fueron reemplazados en diciembre de 1965 por un puente aéreo que se llamó Vuelos de la Libertad y que duró hasta 1973.

Los cubanos que llegaban a Estados Unidos en los Vuelos de la Libertad se sumaban a los miles de cubanos que residían en Estados Unidos y que querían permanecer en ese país y, naturalmente, se resistirían a ser deportados a Cuba. Estos cubanos no tenían el estatus de residentes o inmigrantes en Estados Unidos. Para resolver esta situación, el Congreso americano aprobó el 2 de noviembre de 1966 la llamada Ley de Ajuste Cubano (*Cuban Adjustment Act*) en virtud de la cual los cubanos que entraran en Estados Unidos y satisficieran los requisitos establecidos en dicha ley podrían solicitar, una vez transcurrido un plazo de un año y un día, que su estatus fuera ajustado al de residente permanente. En cuanto al requisito de entrar legalmente en Estados Unidos, la Ley de Ajuste Cubano ha sido interpretada muy amplia y humanitariamente por las autoridades administrativas y judiciales americanas. Por ejemplo, en los primeros años del decenio de los 1960 mi prima hermana Ángela Marta Rodríguez Besada obtuvo una visa de turista para México. En ese país se consiguió un práctico (un "coyote" como lo llaman en las regiones de México fronterizas con Estados Unidos), que la condujo hasta un lugar donde, caminando, cruzó el Río Grande y entró en Estados Unidos. Allí la detuvieron por entrada ilegal en el territorio americano. Cuando a los pocos días la pusieron en libertad, le dieron un documento en el que constaba que estaba en libertad provisional (*on probation*). De acuerdo con la interpretación que se da a la Ley de Ajuste Cubano, Ángela Marta, en el momento mismo en que recibió el documento en que constaba que se encontraba en libertad provisional, había obtenido su *título de entrada legal* en Estados Unidos. Un año y un día después, se presentó en una Oficina de Inmigración y formuló su solicitud de residencia, que fue aprobada, como miles de otras.

Situación en Estados Unidos

Estados Unidos estaba enfrascado en la Guerra de Vietnam, que había comenzado en 1959, en la época de Eisenhower. El 22 de noviembre de 1963 el Presidente John Fitzgerald Kennedy fue asesinado en Dallas (Texas) y fue sucedido por el Vicepresidente Lyndon B. Johnson. En las elecciones presidenciales celebradas el 4 de noviembre de 1964, el candidato Demócrata, el presidente saliente Lyndon Johnson, derrotó al candidato Republicano, Barry Goldwater, por una verdadera avalancha de votos. Triunfó en 44 estados y también en el Distrito de Columbia, donde, en virtud de la 23ª Enmienda se votó por primera vez en una elección presidencial. Barry Goldwater ganó solamente en seis estados, uno los cuales fue Arizona (del cual era Senador), y otros cinco estados del sur. En votos estatales, la mayoría fue aplastante: 486 votos contra 52. En votos individuales no lo fue menos: 43 126 218 contra 27 174 898. Además, en esta avalancha de votos arrastró a una gran cantidad de congresistas y gozó, en ambos cuerpos legislativos, de una mayoría aún más cómoda que la obtenida por Franklin Delano Roosevelt en 1936, que había sido la más alta hasta entonces. En estas elecciones, los Republicanos atacaban a los Demócratas acusándolos de ser "blandos" contra el comunismo y contra el crimen en las calles; sin embargo, los ataques por ser blandos contra el comunismo se referían principalmente a ser blandos contra la Unión Soviética y la China de Mao, y no tanto a ser blandos contra Castro. El problema de Cuba tampoco tuvo una gran influencia en esta elección presidencial.

Deposición de Jrushchov en la Unión Soviética

En 1964 Nikita Jrushchov, fue depuesto de su cargo de Secretario General del Partido Comunista, en el que fue sucedido por Leonid Brezhnev. Desde ese momento perdió toda su fuerza como figura de primer orden en la *nomenklatura* de la Unión Soviética, aunque siguió figurando, por el momento, como simple miembro del Comité Central del Partido Comunista. En 1966 fue expulsado de esta posición y desapareció como figura política mundial y, en particular, de la Unión Soviética. Falleció el 11 de septiembre de 1971 en Moscú.

Las causas que condujeron a la caída de Jrushchov fueron internas y, esencialmente, económicas. Una de las críticas que se le hacía era que la Unión Soviética, pudiendo ser el granero del mundo (para lo cual contaba con Ucrania), no podía satisfacer por sí misma sus necesidades de cereales y tenía que abastecerse comprándolos a países capitalistas como Estados Unidos y Argentina. Sin embargo, su posición comenzó a deteriorarse tras la Crisis de los Misiles en octubre de 1962. Las críticas de la República Popular de China en el plano internacional y, en particular, en el campo socialista, eran demoledoras: la conducta de la Unión Soviética al introducir cohetes en Cuba se había caracterizado, de entrada, por un espíritu aventurero; pero ya después de haber actuado así, debió haberse comportado más enérgicamente y no "perder la dignidad" ante el imperialismo, como sucedió.

Ernesto Guevara en Bolivia

Como ya se ha dicho, inicialmente, Ernesto Guevara trató de llevar adelante sus ideas revolucionarias y antiimperialistas en el continente africano. Allí estableció relaciones con Laurent Désiré Kabila, joven dirigente congolés que gozaba de gran popularidad por la ayuda que había prestado a Patrice Lumumba. Las relaciones entre Guevara y Kabila se deterioraron. En resumen puede decirse que Guevara consideraba que Kabila no reunía las condiciones que debía satisfacer el dirigente de un movimiento revolucionario, mientras que Kabila consideraba a Guevara una persona absolutamente insoportable por las ínfulas que se daba. En definitiva, la "ingerencia" de Guevara en África terminó en que los africanos le pidieron a Guevara que no los ayudara más, que se fuera, y que se llevara los aproximadamente cien hombres que había traído de Cuba. El Che regresó secretamente a La Habana y comenzó a preparar la operación en Bolivia. Para ello contó con el apoyo de Fidel y de Raúl Castro.

Bolivia, a pesar de los territorios que ha perdido en provecho de sus vecinos, tiene una superficie de aproximadamente 1 100 000 km^2, lo que constituye el doble de la superficie de la Francia metropolitana, es decir, la Francia europea, sin contar el territorio francés de ultramar. En aquella época, Bolivia tenía una población de menos de cinco millones de habitantes. En cuanto a la fecha o las fechas de entrada de Ernesto Guevara en Bolivia hay una serie de declaraciones y datos contradictorios, por lo que preferimos limitarnos a expresar que entró en Bolivia el 6 de noviembre de 1966 con un pasaporte falso (aunque hay quienes dicen que Guevara había entrado por primera vez en Bolivia en julio de ese año y había salido de ese país poco tiempo después). En esos mismos días de principios de noviembre de 1966 entraron también otros compañeros suyos, cubanos, muchos de los cuales habían luchado con las armas contra la dictadura de Batista. La presencia del Che en Bolivia se mantuvo secreta. Desde mediados de 1966, Orlando Jiménez Bazán, un boliviano a quien llamaban "Camba", había comprado unas tierras en una región próxima a Alto Beni, en el departamento de La Paz, que se utilizarían como "célula madre".

Había un problema que no era nuevo, que el Che nunca pudo resolver, y que lo acompañó durante toda su aventura en Bolivia: el problema de la división de los dirigentes comunistas en partidarios de la Unión Soviética y partidarios de República Popular de China. Este problema ya se había planteado en la Conferencia Tricontinental celebrada en La Habana en enero de 1966, pero allí sólo había una solución posible: la preconizada por Fidel Castro, que era pro Moscú. El Secretario General del Partido Comunista en Bolivia, Mario Monje, también era pro Moscú. En cambio, el Che Guevara, había ido derivando y estaba ya situado en el campo pro Pekín. Mario Monje había visitado Moscú y, cuando asistió a la Conferencia Tricontinental celebrada en La Habana en 1966, trató con Fidel Castro sobre el mando de las eventuales operaciones militares que se realizarían en Bolivia. Los bolivianos eran valientes y aguerridos; en muchas ocasiones habían acompañado a los mineros a luchar, con cartuchos de dinamita, contra las fuerzas armadas regulares. Sin embargo, luchar a las órdenes de un extranjero, eso, seguramente, no estarían dispuestos a hacerlo. A esto Monje añadió que la inclinación del Che hacia la República Popular de China dificultaba las buenas relaciones entre los guerrilleros y el Partido Comunista de Bolivia, con las consiguientes dificultades para el reclutamiento (como, en efecto, las hubo). Era evidente que Monje quería ser el jefe militar de las eventuales operaciones militares en Bolivia. Castro, aprovechó esta observación de Monje para pedirle que, en la próxima conversación que tuviera con los altos dirigentes soviéticos, les sugiriera la conveniencia de que se acordara formalmente que la responsabilidad de la organización de la lucha contra el imperialismo en el contexto de la liberación de Bolivia radicara en La Habana.

Como base de las operaciones encontraron una finca que les pareció ideal y el Che decidió comprarla. Se trataba de un rancho abandonado, situado en las proximidades del pueblo de Ñancahuazú. Tenía una superficie de 220 hectáreas (unas 16 caballerías, en unidades de superficie de fincas rústicas cubanas). Estaba situado a unos kilómetros al norte de Lagunillas, capital de la provincia de Cordillera. Allí construyeron un edificio muy sencillo, pero espacioso. Se destacaba por su techo de cinc o calamina, por lo que lo llamaron "la calamina". A los efectos del abastecimiento estaba en una posición excelente. Una carretera le daba acceso al pueblo de Camiri, que constituía un centro comercial de esa zona.

El día 7 de noviembre de 1966, el Che, que se encontraba en La Paz, llegó a Ñancahuazú y tomó efectivamente las riendas de las operaciones. El 31 de diciembre se celebró una importante reunión entre Ernesto Guevara y Mario Monje, el Primer Secretario del Partido Comunista boliviano. Monje llegó a Camiri tres días antes, pues quería cambiar impresiones con los miembros del partido en esa zona, antes de asistir a la reunión con Guevara. La conversación entre el Che y Monje fue muy poco amistosa. Para integrarse al grupo guerrillero, Monje exigió del Che el cumplimiento de tres condiciones:

- Primera (de hecho, esto no era una condición, sino el anuncio de lo que Monje haría y debía ser aceptado):

renunciaría a la presidencia del Partido Comunista boliviano, porque el partido no apoyaba la guerrilla, pero esa renuncia a la presidencia del partido no podría entrañar que abandonara su línea política (o sea, su fidelidad a la línea de Moscú).

- Segunda: había que reconocérsele como el jefe político y el jefe militar de los guerrilleros, mientras éstos operaran en territorio boliviano.

- Tercera: tendría siempre plena libertad para hablar con todos los partidos políticos, con el fin de recabar su ayuda.

La respuesta del Che Guevara no se hizo esperar y fue muy breve: "El que manda, soy yo". La reunión continuó y se trataron también otros temas. Pero las relaciones con el Partido Comunista boliviano sufrieron un golpe del que nunca pudieron recuperarse.

El plan del Che consistía en utilizar la base en Ñancahuazú para hacer excursiones de entrenamiento a diversas zonas, con el fin de organizar distintos focos guerrilleros, y cuando los guerrilleros estuviesen preparados, iniciar operaciones más importantes. El 31 de enero de 1967 el Che decidió emprender la primera excursión de entrenamiento. Al día siguiente partió el grupo de guerrilleros, compuesto de tres secciones. El Che esperaba estar de regreso el primero de marzo, a más tardar. Tuvieron múltiples contratiempos y cometieron muchos errores, que costaron la vida de algunos guerrilleros.

Cuando Guevara regresó a la base de operaciones en Ñancahuazú se encontró con que tenía dos visitantes, y el 21 de marzo se reunió con ellos. Eran un francés, Régis Debray, y un argentino, Ciro Bustos. Ambos habían estado en Cuba, habían cooperado con la Revolución, y le dijeron al Che que habían venido a Bolivia para ofrecerle sus servicios.

En lugar de resolverle problemas al Che, Debray y Bustos se los crearon. Después de informarse sobre la situación en los alrededores, el Che decidió prepararlos para que salieran de la zona por Muyupampa, un pequeño pueblo situado a unos 100 km al sur de Ñancahuazú. El ejército boliviano estaba ahora mucho más activo y vigilante, como consecuencia de los diversos encuentros que los guerrilleros habían sostenido con los soldados durante la primera excursión de entrenamiento emprendida por Guevara. El 20 de abril, en su recorrido de regreso, Debray y Bustos fueron detenidos. Su condición de periodistas no impidió que fueran maltratados y amenazados de muerte si no hablaban. Hablaron hasta por los codos. El Che, previendo que pudieran ser hechos prisioneros, había tomado la precaución de no dejar que llevaran consigo las fotografías que habían tomado. La medida de precaución de Guevara no fue óbice para que los gubernamentales obtuvieran no menos de veinte retratos de guerrilleros del Che Guevara, de la manera siguiente. Ciro Bustos era un gran pintor. Esa era su profesión. Pero además era un magnífico retratista y tenía una memoria visual prodigiosa. Por miedo a que lo mataran, lo torturaran, o lo maltrataran más allá de los culatazos y las bofetadas que ya había recibido, Ciro Bustos pidió al oficial responsable de su custodia que le facilitara creyones, papel y un mínimo de material de pintura, con lo cual le dibujaría, no sólo al Che, sino a todos y cada uno de los guerrilleros que había visto. En el libro de Luis J. González y Gustavo A. Sánchez Salazar "Che Guevara en Bolivia" figuran veinte retratos, dibujados a mano por Ciro Bustos, de distintos guerrilleros, entre ellos el de "Ramón" (el nombre de guerra del Che), fumando su pipa. Los retratos eran casi tan exactos como fotografías.

Desde ese día se supo con certeza que el Che Guevara estaba en Bolivia, y la zona en la que se encontraba. Algunos días antes de la captura de Debray y Bustos, el Presidente constitucional de Bolivia, General René Barrientos, había visitado el Departamento de Chuquisaca, donde había hecho uso de la palabra en el pueblo de Monteagudo, muy cercano al de Muyupampa, lugar en el que fueron detenidos dichos dos visitantes del Che. En aquella época, la CIA sospechaba que el Che Guevara podía estar en Bolivia. En una conversación de Barrientos con los periodistas, cuando le preguntaron si creía que el Che Guevara pudiera encontrarse en Bolivia, Barrientos contestó: "Yo no creo en fantasmas. El señor Guevara es posible que esté cumpliendo una misión encomendada por Castro, pero esa misión puede ser la misma que le encomendó al señor Cienfuegos[77], la cual no es aquí en Bolivia, sino en el otro mundo". El 20 de abril de 1967, el interrogatorio de Debray y Bustos permitió subsanar el error de Barrientos: Guevara estaba en Bolivia. Su persecución fue intensificada.

Captura y muerte de Ernesto Guevara

Después de que se supo con seguridad que Ernesto Guevara estaba en Bolivia, los guerrilleros fueron perseguidos sin descanso. Su base de operaciones en Ñancahuazú fue descubierta, con lo que perdieron toda posibilidad de reponerse, reabastecerse y tomar la iniciativa. A principios de octubre, los guerrilleros habían llegado en

77 Se refería al desaparecido comandante cubano Camilo Cienfuegos.

muy malas condiciones a las proximidades de Higuera, un pequeño poblado de unos centenares de habitantes. Desde las alturas de Higuera descienden cinco cañadas hacia el Río Grande. Los guerrilleros habían acampado en el punto de intersección de tres de ellas, una de las cuales era la cañada del Churo.

En horas del mediodía del sábado 7 de octubre de 1967 una vieja campesina estaba atendiendo su rebaño de cabras; al ver que una de ellas se había alejado de las demás y podría extraviársele, partió en su dirección para reunirla al rebaño. Fue así como descubrió el campamento provisional de los guerrilleros. Cuando éstos vieron a la campesina, la detuvieron para interrogarla. Le preguntaron si había visto movimiento de tropa. La vieja campesina les respondió que ella no sabía nada acerca de lo que se le estaba preguntando. Les dijo que vivía con dos hijas y que una de ellas estaba enferma. Los guerrilleros la dejaron ir. A las cinco y media de la tarde, tres guerrilleros pasaron por su casa y le dieron algún dinero para que no hablara con nadie sobre este encuentro; ella les prometió que no se lo contaría a nadie. Todo este incidente aparece anotado detalladamente en el diario del Che, quien hace la observación de que debieron haberla hecho prisionera, y de que las esperanzas de que cumpliera su promesa eran pocas. Lo que la vieja campesina no contó a los guerrilleros fue que el 4 de agosto había llegado a Higuera una compañía del batallón de *Rangers*. Esa unidad había recibido un adiestramiento militar especializado en la guerra de guerrillas, impartido por instructores americanos, o bolivianos, que habían sido formados en el centro John F. Kennedy para estrategia especial (*John F. Kennedy Center for Special Strategy*), creado por el gobierno americano en Fort Gulick, en la zona del Canal de Panamá.

El incidente con la vieja campesina desestabilizó más todavía al grupo guerrillero, pues la mayor parte de las pérdidas sufridas se habían debido a informaciones aportadas por habitantes de la región. Los guerrilleros habían perdido toda la confianza. El Che decidió cambiar el campamento cuanto antes. Al anochecer, diecisiete guerrilleros comenzaron la ascensión de la cañada del Churo. A las dos de la mañana se detuvieron para descansar.

En esa región muchos campesinos aprovechaban el agua que ocasionalmente descendía por las cañadas para regar sus pequeños y escasos terrenos cultivables. A este efecto, por medio de puertas a la entrada de sus respectivos canales de riego, desviaban parte de esa agua, de modo que pasara por su terreno y lo regara. Los campesinos abrían y cerraban las puertas de esos canales de acuerdo con sus necesidades. En las proximidades de la cañada del Churo vivía un campesino llamado Víctor Colomi, quien, esa noche, antes de que amaneciera, consideró oportuno abrir la puerta de su canal, con el fin de regar su siembra de papas y aprovechar así el flujo de agua que en aquellos momentos descendía por esa cañada. Cuando estaba en esos trajines, oyó ruidos de pasos y voces como de personas que caminaban y hablaban en voz baja. Presa del miedo, Colomi se ocultó tras un árbol. Primeramente vio pasar tres hombres bien armados. Allí permaneció, sin moverse, durante algunos minutos y vio pasar otro grupo. Los contó. Eran catorce. En total eran diecisiete.

Colomi nunca los había visto, pero sabía bien quienes eran aquellos hombres. En esa zona todo el mundo hablaba de los guerrilleros, así como también de la jugosa recompensa ofrecida por su captura, o por el suministro de información que la facilitara. Desde ese momento, sea por el cívico motivo de poner en conocimiento de las autoridades toda conducta delictiva o sospechosa, sea por el deseo de cobrar una recompensa que percibiría como caída del cielo, o por ambos motivos, en la cabeza de Colomi sólo daba vueltas una idea: avisar cuanto antes al ejército. Esto no podía hacerlo inmediatamente. El ejército había impuesto en esa zona un toque de queda: al que sorprendieran caminando por el campo a esas horas podían dispararle sin previo aviso. En su casa, Colomi tuvo tiempo de descansar un poco y reorganizar sus ideas. Decidió enviar a su hijo a Higueras para que informara al ejército de todo lo que había visto. El jefe de la compañía ubicada en Higuera era el Capitán Gary Prado Salmón. El Capitán Prado no se encontraba en Higuera en ese momento, sino en Abra del Picacho, el poblado siguiente[78]. El hijo de Colomi fue allí e informó al Capitán Prado lo que su padre había descubierto. Prado se comunicó por teléfono con el jefe de la octava división, que se encontraba en el pueblo de Valle Grande, unos kilómetros más al norte, donde estaba el cuartel general del grupo táctico a que pertenecía. Seguidamente tomó las medidas para un futuro combate. Partiría inmediatamente con un objetivo: cercar a los guerrilleros. Ahora sabía con precisión cuántos eran y el lugar en que se encontraban. Había que cercarlos bien.

En horas de la mañana del domingo 8 de octubre de 1967 el Capitán Prado y sus hombres llegaron a las proximidades de la cañada del Churo. Esta cañada está orientada aproximadamente en la dirección norte-sur. Prado destacó dos pelotones: uno al mando del Teniente Carlos Pérez, que situó encima de la cañada del Churo, hacia el norte, y el otro al mando del Teniente Eduardo Huerta, que situó encima de la cañada del Tusca, que bordea la del Churo por el este. El Capitán Prado, con el resto de los hombres, se situó en la unión de estas dos cañadas, a menos de dos kilómetros del pelotón al mando del Teniente Pérez. Los rebeldes estaban acorralados. Los

78 El Capitán Prado conocía esa región como la palma de su mano, porque era oriundo de la zona de Valle Grande. Después de la muerte de Guevara obtuvo varios ascensos y se retiró con el grado de General.

alrededores estaban controlados por patrullas del ejército. Ese era el teatro de la batalla de la cañada del Churo. Ésta iba a comenzar muy pronto.

Aproximadamente a las diez y media de la mañana el pelotón al mando del Teniente Pérez hizo contacto con los guerrilleros. Pese a que la posición de los guerrilleros era muy desfavorable, ya que el ejército controlaba las alturas y las salidas de la cañada del Churo, los guerrilleros se defendían ferozmente; además, tenían un armamento de excelente calidad. En los primeros intercambios de disparos, el pelotón del Teniente Pérez sufrió tres bajas: dos muertos y un herido. En otro intercambio de disparos, el Che Guevara fue herido en una pierna, pero no de gravedad. El combate sólo se había desarrollado en el sector del Teniente Pérez y, después de cierto tiempo, disminuyó en intensidad. La unidad del Capitán Prado todavía no había entrado en acción. Prado consideró más prudente esperar a que llegara el Teniente Huerta con su pelotón, para asegurar así que los guerrilleros quedaran atrapados en un cerco más denso. Un ataque con un número insuficiente de hombres podría facilitar la ruptura del cerco por los guerrilleros. Por su parte, Guevara consideraba que, si llegaba la noche, sería posible romper el cerco.

La unidad al mando del Capitán Prado se dividió en pequeños grupos, que a veces sostenían violentos combates con los guerrilleros, a los que causaron bajas.

El Capitán Prado había dejado tres hombres en un una posición alta de la cañada, en la cual había establecido el puesto de mando. Estos hombres no podían hacer otra cosa que contemplar de lejos los lugares en que podían estar sus compañeros y los guerrilleros. Ya el sol empezaba a esconderse detrás de las montañas. Uno de estos soldados vio que dos guerrilleros subían lentamente por la cañada y acudió a donde estaban sus compañeros, haciéndoles señas de que no hablaran, prepararan sus armas y se escondieran en un lugar propicio para emboscar al enemigo. Los dos guerrilleros se movían pesadamente. Cuando estaban ya muy cerca del lugar en que estaban apostados los soldados, éstos saltaron rápidamente de su escondite y, apuntándoles con sus armas, les dieron el alto, como tantas veces lo habían hecho en las prácticas con sus instructores americanos. Esto fue acompañado de una atemorizante serie de insultos y amenazas. Los dos guerrilleros estaban armados. Parecía que uno se apoyaba en el otro. Unos breves instantes transcurrieron sin que nada sucediera, tal vez por la rapidez y eficacia con que se realizó la emboscada. El guerrillero que parecía apoyado en su compañero fue el primero en reaccionar. Lentamente puso su rifle sobre el suelo, gesto que fue imitado, también lentamente, por su compañero. El primero de los dos guerrilleros dijo a sus captores: "No nos maten. Yo soy el Che. Para ustedes yo valgo más vivo que muerto". Uno de los tres soldados corrió en busca de su capitán y le informó que habían capturado a dos guerrilleros y que uno de ellos decía ser el Che. Prado dejó sus hombres al mando de otro oficial y regresó a donde estaban detenidos los guerrilleros. Pudo identificar al Che por las descripciones que del mismo le habían dado los instructores americanos durante el entrenamiento. Inmediatamente comunicó la noticia a sus superiores, que se encontraban en Valle Grande. Ya era más de la una de la madrugada. Prado pidió que le enviaran un helicóptero para transportar los prisioneros a Higuera. El helicóptero llegó a las cercanías del lugar donde debía recoger a los prisioneros. Los soldados habían hecho fogatas para marcar el lugar previsto para el aterrizaje, pero éste no pudo efectuarse porque los guerrilleros disparaban contra el helicóptero, que era pilotado por el Comandante Jaime Niño de Guzmán. El Capitán Prado consideró que la operación se había complicado demasiado y que lo más prudente era que el helicóptero regresara a Higuera.

El Che fue conducido a pie hasta Higuera. Estaba herido en una pierna y se apoyaba en un soldado, con quien conversaba. A su lado iba su compañero, Willy, quien también lo ayudaba. El tramo de dos kilómetros entre la cañada del Churo y el pueblo de Higuera fue recorrido asimismo por un grupo de soldados que transportaban en camillas, indistintamente, a compañeros heridos y cadáveres de uno y otro bando.

Esa misma noche Guevara fue sometido a un largo interrogatorio. Por otra parte, el Capitán Prado ordenó al sargento Villarroel que trasladara a Higuera la estación de radio GRC-9 instalada en Abra del Picacho, cerca de la zona de operaciones. Eso era muy significativo. En la zona de operaciones todavía quedaban guerrilleros armados. Los combates, aunque esporádicos, no habían terminado. En Higuera, la única novedad era la presencia de un prisionero recientemente capturado. Era evidente que se esperaban instrucciones precisas *de arriba*, es decir, del Jefe del Ejército, General Alfredo Ovando Candia, o del propio Presidente de la República, General René Barrientos.

Los prisioneros Guevara y Willy fueron encerrados en dos aulas contiguas de una pequeña escuela en Higuera, que el ejército estaba utilizando como cuartel general en esa zona. Con el fin de moderar la curiosidad de los numerosos vecinos que acudieron a la pequeña escuela para enterarse de lo que estaba pasando y ver al Che Guevara, las ventanas de las aulas no estaban abiertas como de costumbre, sino casi cerradas; apenas entraba un poco de luz por ellas. Esa mañana del lunes 9 de octubre de 1967 estaban en Higuera los principales responsables de la persecución, comenzando por el

Coronel Andrés Selié, jefe del regimiento a que pertenecían las tropas que operaban en distintos sectores. El Coronel Selié había llegado a Higuera en helicóptero, en las primeras horas de la mañana. Había una pregunta que todo el mundo se hacía, desde el jefe del regimiento hasta el último de los vecinos de Higuera que había acudido a la escuelita para enterarse de lo que estaba pasando: ¿qué se va a hacer con los prisioneros, y sobre todo, qué se va a hacer con el jefe de los guerrilleros, con ese que llaman Che Guevara?

Esa misma pregunta, pero analizada desde otro punto de vista, se la hacía Ernesto Guevara. Ya había pasado los tres primeros puntos críticos, y todavía estaba vivo. El primer punto crítico lo pasó cuando, al tratar de escaparse de la cañada del Churo, fue detenido por los tres soldados del Capitán Prado. Guevara sabía que allí pudieron haberlo matado, tanto en el acto de la emboscada, como seguidamente, a sangre fría, después de haberse rendido y puesto su arma en el suelo. El segundo punto crítico lo pasó cuando fue interrogado por el Capitán Prado y éste no lo eliminó, sino que llamó por radio a sus superiores en el cuartel general de Valle Grande y les informó en lenguaje codificado: "Aquí tengo a Papá". El tercer punto crítico lo pasó en el curso del rudo interrogatorio a que lo sometió esa noche el Coronel Andrés Selié. Ahora, encerrado en un aula de la escuela, fuertemente custodiado, herido en una pierna, tenía todavía una esperanza: que lo sacaran de allí y lo juzgaran. Era posible que no lo condenaran a muerte. Eran las diez de la mañana y todavía estaba vivo: ¿qué más podía pedir? En cuanto a su suerte final, Guevara estaba tranquilo. Él no podía hacer nada. Su suerte dependía de otros, no de él. Los oficiales superiores en Higuera también estaban tranquilos ante esa grave cuestión. La situación en que se encontraban estos oficiales se parecía mucho a aquella en la que se encontraba el Che: ellos tampoco podían hacer nada, ni lo más mínimo, en lo que respecta al destino del prisionero. El lugar en que habría de resolverse esta cuestión se había desplazado de la cañada del Churo a la escuelita de Higuera, y de la escuelita de Higuera al Palacio Presidencial. El único dictamen sobre el valor de *Che Guevara vivo* y el valor de *Che Guevara muerto* sería el emitido por un solo y único perito tasador de este tipo de valores: en este caso, el Presidente de la República de Bolivia, General René Barrientos. En su dictamen prevaleció el valor de *Che Guevara muerto.*

Poco después de las diez de la mañana la estación de radio GRC-9 instalada desde la noche anterior en la escuelita de Higuera comenzó a recibir una transmisión. Era una orden del Presidente de la República, el General René Barrientos. Disponía la eliminación del Sr. Ernesto Guevara. Muchos de los que se enteraron de esta orden se vieron atraídos por una tentación irresistible: retratarse con el "condenado a muerte". Desde que los primeros oficiales y soldados comenzaron a retratarse con el Che, éste comprendió que su hora había llegado. Tan repentino impulso de retratarse con él no podía tener otra explicación.

El problema de qué se va a hacer con el Che Guevara se había reducido a dos problemas menores, pues, sencillamente, tenían que tener una solución: a) definir quién ejecutaría la orden del Presidente, General Barrientos y b) ¿qué se va a hacer con el otro prisionero? El 9 de octubre, a las dos menos veinte de la tarde, el sargento Mario Terán entró en el aula en que se encontraba Ernesto Guevara.

Antes de continuar el relato se debe advertir al lector que, en relación con este incidente, se ha escrito mucho y que las distintas versiones, no sólo son muy diversas, sino que en las mismas se observan contradicciones totalmente irreconciliables. Lo que aparece expresado con un mayor grado de verosimilitud y tiene más probabilidades de ajustarse a lo que realmente sucedió fue lo siguiente. El sargento Terán entró en el aula portando un fusil M-2. Cuando su mirada se cruzó con la de Guevara, algo pasó por su mente que lo paralizó y, momentáneamente, lo hizo desistir de su propósito. Algunos de sus compañeros que lo vieron entrar en la escuela se extrañaron sobremanera al verlo salir sin que se hubiera oído ninguna detonación. Lo cierto es que, unos instantes después, el sargento Mario Terán volvió a entrar en el aula y se sintieron unas detonaciones. Ernesto Rafael Guevara de la Serna había dejado de existir.

El otro problema fue resuelto ese mismo día, de manera similar. Willy, que había trabajado en las minas de Huanuni y cuyo verdadero nombre era Simón Cuba, fue ejecutado por el sargento Francisco Huanca[79].

Segundo enfrentamiento de Castro con los comunistas de la vieja guardia

Tras el enfrentamiento de Castro con los comunistas de la vieja guardia en 1962, al cual se ha hecho referencia, éstos habían sido seriamente amonestados y su máximo exponente, Aníbal Escalante, había sido "deportado" a Praga donde le asignaron una tarea cuyo único objeto era mantenerlo alejado de Cuba. En 1964 Castro le

79 El sargento Francisco Huanca, que ejecutó al guerrillero boliviano Simón Cuba (*Willy*), no debe confundirse con el guerrillero boliviano Francisco Huanca Flores (*Pablo*), estudiante de la Universidad de Oruro, muerto el 14 de octubre de 1967 en Los Cajones, en la confluencia del Río Grande y el Mizque.

permitió regresar, a cuyo efecto sus oscuras tareas en Praga fueron permutadas por otras, no menos oscuras, pero que se realizarían en una pequeña finca en las afueras de La Habana.

Entretanto, en la Unión Soviética, tras la deposición de Jrushchov en 1963 y la consolidación de Brezhnev a la cabeza del gobierno de ese país, los comunistas de la vieja guardia vieron surgir una nueva oportunidad de mejorar su posición. Aníbal Escalante comenzó a celebrar reuniones con figuras del antiguo Partido Comunista, como José Matar, que era jefe de los Comités de Defensa de la Revolución, y Ramón Calcines quien, antes de la Revolución, era un conocido y enérgico dirigente de los obreros azucareros en la provincia de Las Villas. Se cuenta que el Comandante Manuel Piñeiro Losada que, aparte de ser Viceministro del Interior y jefe del Departamento de Seguridad del Estado, era un hombre de la absoluta confianza de Fidel y Raúl Castro desde la época de la Sierra Maestra, descubrió que Aníbal Escalante había tenido conversaciones con un agente de la KGB, de lo cual informó al Ministro de las Fuerzas Armadas Revolucionarias, Raúl Castro. Esto contribuyó a que se intensificara una purga que ya estaba en curso contra los comunistas de la vieja guardia (y también, en esta ocasión, contra algunos elementos más jóvenes que se les habían unido), a los cuales se acusó, no de ser "sectarios", como en la anterior purga de 1962, sino de ser elementos "microfraccionarios", que pretendían crear una "microfracción" contraria a los principios, objetivos y fines de la Revolución. La voz cantante de la acusación contra la microfracción la llevó personalmente Raúl Castro, quien rindió un extenso y detallado informe de las actividades de la "microfracción" al Comité Central de Partido Comunista de Cuba. Las acusaciones de Raúl Castro contra la microfracción eran muy graves. Entre ellas estaba la de promover que la Unión Soviética tomara medidas para obligar a Cuba a comportarse como corresponde a un país marxista-leninista.

A principios de febrero de 1968, Aníbal Escalante y otros treinta y tres acusados, entre los cuales figuraban miembros del Comité Central del Partido Comunista cubano, fueron condenados a penas de prisión. La condena más larga fue la de quince años, impuesta a Aníbal Escalante. Esta vez Escalante no fue generosamente deportado a Praga. El mensaje de Castro a los comunistas de la vieja guardia fue definitivo: el partido comunista tradicional, el antiguo Partido Socialista Popular (PSP), había muerto.

Divergencias entre Castro y Brezhnev

Cuando Brezhnev tomó las riendas del poder en la Unión Soviética en 1964, ya sabía que Fidel Castro estaba muy lejos de ser un títere perfecto y complaciente. Su comportamiento en la crisis de los cohetes había dificultado la solución pacífica de "la cuestión del Caribe", con el consiguiente peligro de que la Unión Soviética se viera envuelta en una guerra con Estados Unidos, que hubiera podido terminar siendo nuclear. Brezhnev sabía que uno de los motivos por los cuales Jrushchov había sido depuesto como Secretario General del Partido Comunista de la Unión Soviética era el haber perdido en el enfrentamiento con Estados Unidos en el plano internacional. No quería que Fidel Castro lo llevara, también a él, a tal situación. Para eso tenía que leerle bien la cartilla. Y se la leyó. El apoyo a los frentes guerrilleros en América Latina era peligroso, sobre todo si se abrían en países ricos en recursos naturales o próximos al territorio de Estados Unidos. Uno de los países en el que Castro estaba fomentando un movimiento guerrillero era Venezuela. Eso tenía que terminar. Además, Castro tenía el propósito de crear un frente guerrillero en Chile, extendiendo hacia ese país los tentáculos de la Conferencia Tricontinental celebrada en La Habana, pese a que un importante candidato presidencial y posible presidente, Salvador Allende, era un político decididamente inclinado hacia el socialismo y que podría derivar hacia el marxismo-leninismo.

La Unión Soviética veía en Salvador Allende un posible presidente socialista. Castro no lo veía así. Allende había aspirado a la Presidencia de la República en las elecciones de 1952 y fue derrotado por un amplio margen; también fue derrotado en las elecciones presidenciales de 1958, aunque por un margen menos amplio. Allende hizo un tercer intento de acceder a la Presidencia en las elecciones de 1964; esta vez también fue vencido en la batalla electoral, aunque por un margen más decoroso. Salvador Allende estaba obsesionado por la Presidencia de la República y aspiraba de nuevo a este cargo en las elecciones de 1970. Brezhnev consideraba que esta vez Allende tenía muchas probabilidades de triunfar, y ejerció presión sobre Castro para que desistiera de su propósito de crear un frente guerrillero en Chile, lo que anularía toda posibilidad de Allende de ganar las elecciones.

Por otra parte, Castro, aunque nunca lo declaró públicamente, dejó que otros dijeran, o escribieran, que al Che Guevara lo habían matado en Bolivia porque la Unión Soviética había ordenado al Partido Comunista boliviano que se abstuviera de cooperar con la guerrilla de Guevara. La Unión Soviética y el Partido Comunista boliviano consideraban que pertenecer a la guerrilla de Guevara equivalía a ser un comunista de la línea de Pekín, lo que para ellos era igual o peor que ser un agente del imperialismo.

Estas divergencias se producían, a veces se intensificaban, y a veces se atenuaban. Generalmente, tardaba más o menos, pero Castro terminaba haciendo concesiones. En el caso de Chile, aceptó desistir de fomentar guerrillas en ese país y se comprometió a ayudar a Salvador Allende en las elecciones presidenciales de 1970, en las que resultó electo, aunque no obtuvo la mayoría absoluta de los votos. El movimiento guerrillero más importante que Castro fomentaba y apoyaba en América del Sur era el dirigido por Douglas Bravo en Venezuela. Douglas Bravo había pertenecido al Partido Comunista venezolano, del cual había sido expulsado por motivos ideológicos, pues era opuesto a la línea de Moscú. Douglas Bravo contaba, no sólo con el apoyo armado de guerrilleros, que se mantuvieron en los campos de Venezuela hasta mediados del decenio de 1970, sino también con una vasta red operativa en las ciudades. Además, había logrado establecer importantes conexiones con miembros de las fuerzas armadas, uno de los cuales era un joven oficial, Hugo Chávez, el actual presidente de ese país. Cuando Castro, en cumplimiento del ucase de Brezhnev, retiró su apoyo a las Fuerzas Armadas de Liberación Nacional (FALN) de Douglas Bravo, éste lo acusó de traidor.

El período de "rebeldía fría" contra los dictados de Brezhnev duró algún tiempo. Fidel Castro estuvo ocho años sin visitar la Unión Soviética. Inclusive, cuando el 3 de mayo de 1972 no le quedó más remedio que hacerlo, pues ya había cedido suficientemente a las presiones de Brezhnev, no viajó expresamente a la Unión Soviética, sino que se las arregló para asociar su viaje con la visita a otros nueve países y culminar la gira con la visita al Kremlin. En sus diferencias con Brezhnev, Castro había siempre maniobrado con habilidad. Cuando en 1968 los tanques rusos entraron en Praga para poner fin a lo que se llamó "la primavera de Praga", arrestando a Alexander

Dubcek, que había ganado el apoyo del Comité Central del Partido Comunista de Checoslovaquia y sustituido al Secretario General Antonin Novotny, Castro respaldó públicamente la brutal reacción soviética, que fue muy censurada en todo el mundo, incluso por figuras importantes del campo socialista. Dubcek no fue objeto de ninguna pena o castigo físico. Se lo llevaron preso, pero poco después lo trajeron de nuevo a Praga, lo restituyeron brevemente en su cargo, y después lo nombraron para otros de menor categoría. Uno de ellos equivalía prácticamente a una invitación a asilarse con todas las ventajas imaginables: lo nombraron Embajador en Turquía. Eso le garantizaba un asilo de oro, para él y toda su familia, en Estados Unidos o en cualquier otro país. Dubcek nunca se asiló[80].

Elecciones presidenciales de 1968 en Estados Unidos

Mil novecientos sesenta y ocho era un año de elecciones presidenciales en Estados Unidos. Fue también un año de tragedias nacionales. El 4 de abril, Martin Luther King, el líder americano de la lucha por los derechos civiles, fue asesinado en un motel de Memphis. Poco después de la medianoche del 5 de de junio se produjo otro trágico suceso: en el céntrico hotel Ambassador de Los Angeles, un joven nacionalista árabe le salió al paso a Robert Kennedy, le disparó con un revólver calibre 22 y lo hirió mortalmente. Robert Kennedy falleció al día siguiente. Kennedy aspiraba a la candidatura a la Presidencia de la República por el Partido Demócrata y acababa de ganar las elecciones primarias de

80 Conviene que el lector recuerde que Alexander Dubcek no era checo, sino eslovaco.

dicho partido en California. El Presidente Lyndon Johnson había aspirado inicialmente a la candidatura por el Partido Demócrata, pero había desistido a favor de Hubert Humphrey, su Vicepresidente. Había un tercer aspirante: el senador por Minnesota Eugene McCarthy, que había decidido aspirar a la postulación por el Partido Demócrata. Los tres principales candidatos a la presidencia por el Partido Republicano eran Richard Nixon, candidato a la presidencia en 1964, Nelson Rockefeller, Gobernador de Nueva York, y Ronald Reagan, Gobernador de California.

La atmósfera que se respiraba en la campaña electoral que precedió a esas elecciones estaba envenenada por la guerra de Vietnam. Lyndon Johnson tenía dos grandes objetivos:

1) ganar la guerra o, al menos, obtener una salida decorosa y

2) triunfar en las próximas elecciones del 5 de noviembre.

Cuando a mediados de marzo Bobby Kennedy se decidió a entrar de lleno en la lucha por la postulación, Lyndon Johnson preparó un plan, que tal vez le permitiría alcanzar sus dos objetivos. El plan consistía en dar pasos con el fin de encontrar, en la conferencia que desde hacía tiempo se celebraba en París, una solución que condujera a una finalización decorosa de la guerra de Vietnam. Esto atenuaría la enorme movilización contra esa guerra y mejoraría la posición del candidato del Partido Demócrata, cualquiera que éste fuera. Después del asesinato de Bobby Kennedy y de la celebración de la convención del Partido Demócrata, este candidato era Hubert Humphrey.

Por su parte, la campaña presidencial de los Republicanos marchaba viento en popa, sobre todo para Richard Nixon, quien, cuando el Partido Republicano celebró su convención en Miami Beach a principios de agosto, ganó la postulación en la primera votación. Nixon había actuado muy inteligentemente en su campaña. Había hecho hincapié en la seguridad en las calles de la nación, y en la necesidad de cumplir y hacer cumplir la ley, y de mantener el orden público, lo que preconizaba y pregonaba a los cuatro vientos con el lema de "*Law and Order*" (ley y orden). Como candidato a la Vicepresidencia fue elegido Spiro T. Agnew, Gobernador de Maryland.

Si bien podría decirse que la convención del Partido Republicano en Miami fue normal, poco interesante, y hasta aburrida, no podría decirse lo mismo de la celebrada en Chicago por el Partido Demócrata del 26 al 29 de agosto. Las calles de Chicago fueron invadidas por pacifistas, antiintervencionistas, radicales, *hippies*, *yippies*, *beatniks*, inclusive drogadictos y marihuaneros, sobre todo jóvenes, y una nutrida muestra de todos estos elementos estaba sentada en las gradas del salón principal de la convención. Se produjeron numerosos incidentes con motivo de la presentación de credenciales. Eugene McCarthy y sus seguidores reclamaban una retirada total e incondicional de las tropas en Vietnam. Humphrey, que representaba la línea dura (los "halcones"), siguiendo instrucciones de Lyndon Johnson, hizo introducir, en la plataforma política, un punto en virtud del cual se rechazaba toda retirada unilateral, se apoyaban las conversaciones que se sostenían en la Conferencia de París y se establecía que sólo se procedería a la suspensión de los bombardeos "cuando ello no entrañara poner en peligro la vida de nuestras tropas", y se especificaba que en todo caso de suspensión de los bombardeos "se tendría en cuenta la respuesta de Hanoi". Cuando la mayoría de los delegados aprobó la introducción de este punto, los delegados partidarios de la terminación inmediata de la guerra (las "palomas") se pusieron brazaletes negros y comenzaron a entonar el canto de los derechos civiles *We Shall Overcome* (Venceremos). En la calle esto fue la señal para agudizar las protestas. El Alcalde de Chicago, Richard Daley, fue duro e inflexible con los manifestantes. En los desórdenes callejeros, la policía repartió porrazos a diestro y siniestro. No se distinguía entre manifestantes, pacifistas, agitadores, periodistas, fotógrafos, camarógrafos o simples mirones. Ese miércoles 28 de agosto de 1968, el "miércoles sangriento" (*Bloody Wednesday*), el senador de Connecticut, Abraham Ribicoff, antiguo amigo de John F. Kennedy, que estaba en la mesa de la presidencia de la convención, y a quien nos hemos referido antes en esta obra, exclamó "¡En las calles de Chicago se están aplicando las tácticas de la Gestapo![81]

Cuando se aproximaba el día de las elecciones, señaladas para el 5 de noviembre, Nixon, que hasta entonces se había sentido optimista en cuanto a los resultados de los sondeos de la opinión pública, comenzó a preocuparse. Poco a poco, Hubert Humphrey se estaba convirtiendo en el hombre de la paz. Eso se reflejaba en los últimos sondeos. Nixon llegó a creer (¡y quién puede decir que ello no fuera cierto!) que si se cruzaba de brazos, no hacía nada, y esperaba a que llegara el día de las elecciones, las perdería. En esta crítica situación se decidió a hacer algo, y el 25 de octubre (¡diez días antes de las elecciones!) se lanzó a una maniobra peligrosa, muy peligrosa: por todos los medios de comunicación disponibles hizo la siguiente declaración:

[81] El grado en que la libertad de expresión está garantizada en Estados Unidos quedó demostrado muy claramente en esos días: al mismo tiempo que unos periódicos atacaban al gobierno y lo acusaban de emplear procedimientos dictatoriales en Chicago, otros se quejaban de que la policía de Chicago "se había quedado corta", había sido demasiado laxa con los manifestantes, pues de ninguna manera se podía permitir que en las calles de Chicago se produjera lo que los estudiantes franceses habían hecho en mayo en París (los célebres disturbios de mayo de 1968).

"Ha llegado a mi conocimiento que en las últimas treinta y seis horas se ha celebrado una serie de reuniones, en la Casa Blanca y en otros lugares, sobre Vietnam. Me han informado que muy altos funcionarios de la Administración están laborando intensamente con el objeto de llegar a un acuerdo sobre una suspensión de los bombardeos, seguida posiblemente de un alto al fuego en un futuro inmediato. He comprobado que esos informes son verídicos. También se me ha dicho que este súbito incremento de la actividad es un cínico intento, de último minuto, del Presidente Johnson para salvar al candidato Sr. Humphrey. Esto no lo puedo creer".

Lyndon Jonson reaccionó rápidamente y acusó a Nixon de hacer declaraciones "feas e injustas". Sin embargo, cinco días antes de las elecciones, el 31 de octubre de 1968 compareció ante las cámaras de televisión y anunció que había ordenado una suspensión de los bombardeos de Vietnam del Norte, que esta decisión se basaba en el curso que habían tomado las negociaciones en París y que la había tomado porque consideraba que contribuiría al progreso de las negociaciones con miras a una solución pacífica de la guerra de Vietnam. Cuando se hizo pública esta declaración, Hubert Humphrey saltó de alegría. Sin embargo, era demasiado tarde. Los cinco días que debían aún transcurrir hasta la llegada de aquél en el que se celebrarían las elecciones no serían suficientes para conmover a "la mayoría silenciosa" que apoyaba a Nixon. Éste ganó las elecciones por un estrecho margen. Votaron más de 73 millones de americanos: 31 783 783 (43,3%) votaron por Nixon y 31 266 006 (42,7%) por Humphrey. La diferencia en votos individuales fue de apenas 500 000 votos. En votos estatales Nixon ganó por un margen más convincente: triunfó en 32 estados con 302 votos estatales, mientras que Humphrey ganó en 14 estados y obtuvo 191 votos estatales. En esta elección participó un tercer candidato. George Wallace, al no conseguir la postulación por el Partido Demócrata, creó un nuevo partido político, el Partido Americano Independiente, del que fue su candidato presidencial; tuvo una actuación encomiable. Casi 10 millones de americanos votaron por él; ganó en 5 estados y obtuvo 46 votos estatales. En cuanto a las elecciones de congresistas, los Republicanos ganaron algunos escaños, pero los Demócratas conservaron la mayoría en el Senado y la Cámara de Representantes. Tal situación, en la que el partido político del presidente electo no obtiene la mayoría en ninguno de los dos cuerpos colegisladores, no se producía en Estados Unidos desde hacía 120 años.

Decenio de 1970

En 1969, en su habitual discurso del 26 de julio, Fidel Castro había anunciado que en la próxima zafra se producirían diez millones de toneladas de azúcar y, a partir de ese día, se empezó a planificar esa gran zafra. Los primeros factores que actuaron en su contra fueron las disposiciones tomadas por el propio Castro, sobre todo al principio de la Revolución, cuando Ernesto Guevara era el Ministro de Industria. En su afán de destruir el tejido económico e industrial del capitalismo, desde aquellos primeros años de la Revolución se introdujo una serie de medidas que entrañaron una degradación de la agricultura en el país en general, y en la industria azucarera en particular. La zafra de los diez millones quedó en Cuba como un ejemplo muy instructivo de ineficacia y despilfarro de recursos. Después de esa zafra, que alcanzó ocho millones y medio de toneladas[82], la industria azucarera cubana comenzó un vertiginoso descenso. Cuba, un país que, antes de la Revolución, había sido el segundo productor mundial de azúcar, y que se conocía como "la azucarera del mundo", pasó a ser un productor modesto, o hasta mediocre. Fidel Castro nunca más ha vuelto a hablar sobre una zafra de diez millones de toneladas.

Secuestros de aviones americanos

En los primeros años del decenio de 1970 se produjeron numerosos secuestros de aviones americanos, que eran obligados a

82 No obstante, ha sido la mayor zafra que se ha hecho en Cuba. Esto no impidió que fuera la más desastrosa.

aterrizar en La Habana. Muchos de los secuestradores de aviones pertenecían a organizaciones que preconizaban acciones más o menos violentas con el fin de apoyar las demandas, justificadas en su mayoría, de las personas de color en Estados Unidos. Fidel Castro apoyaba todo movimiento que pudiera causar problemas a Estados Unidos y uno de ellos era el problema racial. Uno de los primeros líderes del movimiento negro americano con quien Castro estableció estrechas relaciones fue Stokely Carmichael, pero cuando éste comenzó a adoptar una conducta más moderada, Castro prefirió el contacto con otras organizaciones más violentas, como las Panteras Negras (*Black Panthers*).

Los secuestros de aviones americanos y su aterrizaje en La Habana se hicieron frecuentes y, desde entonces, Cuba fue considerada un país terrorista. Con el transcurso del tiempo, pasó una cosa muy curiosa: el problema del secuestro de aviones americanos por activistas negros resultó ser mayor para Castro que para Estados Unidos. Llegó un momento en que los secuestradores de aviones, que estaban reclamados como criminales por las autoridades estadounidenses, preferían regresar y someterse a los correspondientes procedimientos judiciales, a pesar de que Castro los halagaba dándoles mucho más de lo que percibía el cubano medio. Por estas razones, a fines de 1972, Castro "aceptó" iniciar negociaciones con los americanos para resolver el problema de los secuestros de aviones y, en febrero de 1973, firmaron un acuerdo. Las declaraciones de los secuestradores de aviones sobre las condiciones de vida en Cuba que se publicaban al retorno de éstos a su país no eran del agrado del Máximo Líder cubano.

Tropas cubanas en África

Las actividades de tropas cubanas en Angola empezaron a mediados del decenio de 1970, pero los vientos de independencia de las colonias portuguesas en África soplaban desde algunos años antes. En 1961 la dictadura de Antonio de Oliveira Salazar estaba en su apogeo en Portugal, mientras que, desde algunos años antes, India pretendía la anexión de Goa Portuguesa. Como resultado de una situación en la que se habían producido sucesos violentos, en diciembre de 1961 India invadió las posesiones portuguesas de Goa, Daman y Diu, y el 19 de ese mismo mes decretó su anexión oficial. Las tropas indias no sólo tenían una superioridad numérica de aproximadamente diez a uno, sino que también contaban con un mejor armamento, entrenamiento (proporcionado por oficiales británicos) y apoyo naval y aéreo, que los tres mil y tantos soldados portugueses, pobremente equipados.

La derrota militar de Portugal frente a India despertó el sentimiento independentista en África, pero las posesiones portuguesas en África no se vieron todavía amenazadas. Para eso tuvieron que transcurrir algunos años más. En 1974 se produjo en Portugal lo que se llamó la Revolución de los Claveles. En esa época Salazar ya no existía. En 1968 había sufrido un infarto cardíaco, tras el cual quedó incapacitado, fue sustituido por Marcelo Caetano, y murió en 1970. La Revolución de los Claveles de 1974 tuvo múltiples incidentes y secuelas, entre los cuales, dos fueron muy importantes: a) se restablecieron las relaciones diplomáticas con India, reconociéndose su soberanía sobre Goa, Daman y Diu[83] y b) en las altas esferas de las Fuerzas Armadas portuguesas no quedó nadie que estuviese dispuesto a defender vigorosamente las colonias de

83 Antonio de Oliveira Salazar nunca reconoció la soberanía de India sobre Goa, Daman y Diu. Los representantes de estas posesiones continuaron representándolas en la Asamblea Nacional de Portugal hasta 1974.

Portugal en África. Por consiguiente, en abril de 1974, tras la Revolución de los Claveles, el gobierno de Portugal anunció el plan de descolonización. Este anuncio fue la señal de comienzo de la lucha por el poder entre tres organizaciones rivales:

- El Movimiento Popular para la Liberación de Angola (MPLA), multirracial y marxista, pro Unión Soviética, en el que predominaba la etnia quimbundo. Su jefe era Agostinho Neto.

- El Frente Nacional para la Liberación de Angola (FNLA), anticomunista, apoyado por Estados Unidos y por el antiguo Zaire, con base en la etnia bacongo (norte del país). Su jefe era Holden Roberto.

- La Unión Nacional para la Independencia Total de Angola (UNITA), inicialmente de orientación maoísta, pero que después se volvió anticomunista y estaba apoyada por África del Sur, con una fuerte presencia de la etnia ovimbundus (centro y sur). Se jefe era Jonas Savimbi.

En 1975 comenzó una feroz guerra civil entre los tres grupos. Inicialmente, estos grupos revolucionarios se habían comprometido a constituir un gobierno de transición. Unos 200 000 angoleños blancos emigraron mayormente a Portugal, África del Sur y Brasil. En octubre de 1975, UNITA, apoyado por tropas sudafricanas, atacó a Luanda, la capital de Angola, que era defendida por el MPLA, con el auxilio de soldados cubanos, pero no pudo tomarla. El 11 de noviembre, Portugal se retiró formalmente de Angola sin haber reconocido como gobierno a ninguna de las facciones en pugna. Agostinho Neto, jefe del MPLA, fue proclamado Presidente de la República Popular de Angola.

El FNLA se disolvió a fines de los años 1970. En cambio UNITA se mantuvo luchando con el apoyo de África del Sur y posteriormente con el de Estados Unidos. Tras la muerte de Agostinho Neto en 1979 asumió la Presidencia José Eduardo dos Santos[84]. Los problemas políticos de Angola se han atenuado, pero no se han solucionado. Muchos de esos problemas, en particular los relacionados con el enclave de Cabinda, subsisten en nuestros días.

Las tropas cubanas se dieron también a conocer cuando Mengistu Haile Mariam, después de tomar el poder en Etiopía, asimiló, más que nada por conveniencia, la ideología marxista-leninista, como estaba de moda en esa época entre muchos dirigentes políticos africanos, y estableció muy buenas relaciones con la Unión Soviética. Cuando, a fines del decenio de 1970, Somalia invadió a Etiopía, Mengistu pidió ayuda a su nuevo protector, la Unión Soviética, con lo que también obtuvo la de los cubanos. Por cierto que, Castro, con quien había mantenido buenas relaciones hasta 1978 era con Somalia. Somalia rompió las relaciones diplomáticas con la Unión Soviética, expulsó a todos los consejeros rusos, y lo mismo hizo con los cubanos.

Las operaciones militares realizadas por Etiopía eran dirigidas por oficiales de alta graduación procedentes de la Unión Soviética y de la República Democrática Alemana, de los cuales el más importante era un soviético, el General Petrov. Para rechazar la invasión iniciada por Somalia se recurrió a la utilización de fuerzas cubanas. En esas campañas, la atención de los oficiales responsables de las operaciones, sobre todo la del General Petrov, fue atraída por un joven general cubano llamado Arnaldo Ochoa Sánchez, quien,

84 La guerra civil continuó hasta noviembre de 1988, fecha en la que se firmó un acuerdo entre Angola, Cuba y África del Sur, en el que se estipuló el inicio de la retirada de las tropas cubanas, que finalizó en mayo de 1991. En ese mismo mes el MPLA y UNITA firmaron un tratado de paz y convocaron a elecciones, que se celebraron en septiembre de 1992 bajo la fiscalización de observadores internacionales. La victoria del MPLA fue reconocida como legítima.

no sólo mostraba una singular inteligencia y eficacia en el combate, sino que hablaba fluidamente el idioma ruso, pues había estudiado en la Военная академия имени М. В. Фрунзе (Academia Militar M. V. Frunze). De este general cubano tendremos ocasión de hablar más adelante.

Fidel Castro Presidente. Nueva Constitución de Cuba

A fines de diciembre de 1976, con ocasión de la discusión y aprobación del proyecto de Constitución, Fidel Castro fue elegido por unanimidad Presidente del Consejo de Estado. Por otra parte, Fidel Castro ya era Primer Ministro, Primer Secretario del Comité Central del Partido Comunista y Jefe de las Fuerzas Armadas. En un país democrático, la función del Primer Ministro es consustancial con la existencia de un parlamento o cuerpo legislativo. El Primer Ministro tiene por función principal defender la política del gobierno ante el cuerpo legislativo y, en caso de divergencias, si el cuerpo legislativo triunfa, el Primer Ministro debe presentar su renuncia al Presidente de la República. En el sistema constitucional cubano, al no existir un cuerpo legislativo como la Cámara de Representantes o el Senado, el Primer Ministro carece de su función esencial. Dado que el Primer Ministro era Fidel Castro, lo único que podía hacerse era lo que se hizo: dejar que continuara siéndolo. Toda otra persona que se nombrara para ese cargo no sería más que una especie de mayordomo de Fidel Castro, pues éste no necesitaba ningún intermediario para transmitir sus instrucciones a los ministros.

Elecciones presidenciales de 1972 en Estados Unidos

El clima electoral americano estaba muy oscuro para Nixon en las elecciones de 1972. En las elecciones legislativas de 1970 el Partido Republicano había tenido una pobre actuación. Nixon sabía que no tendría dificultad alguna para la postulación, pero temía el enfrentamiento con el candidato Demócrata en las elecciones presidenciales, sobre todo con el más fuerte de ellos, Edward ("Ted") Kennedy, senador por el estado de Massachussets, quien, aparte de su fuerza propia como un laborioso congresista americano, estaba respaldado por la saga de los Kennedy, que, más que nunca en aquella época, garantizaba prácticamente el triunfo contra cualquier otro candidato: ¡tres hermanos muertos al servicio de la patria! Joseph Patrick Kennedy había muerto en 1944, pilotando un bombardero en la Segunda Guerra Mundial; John Fitzgerald había sido asesinado en 1963, siendo Presidente de la República; Robert Francis (Bobby) había sido asesinado por un árabe en 1968, después de haber ganado las elecciones primarias en el estado de California.

Sin embargo, una noche de julio de 1969 se produjo un trágico accidente en Chappaquiddick, en la pequeña isla de Martha's Vineyard, estado de Massachussets, en el que pereció la joven Mary Jo Kopechne. El accidente se produjo cuando el vehículo conducido por Ted Kennedy, en el que también viajaban su primo, Joseph Gargan y Mary Jo Kopechne, probablemente por una maniobra incorrecta del chofer debida, también probablemente, a un grado demasiado elevado de alcoholemia en su sangre, cayó en una laguna. Kennedy y su primo lograron salir del automóvil, pero no la joven Mary Jo Kopechne, que perdió la vida. Todo lo que "el clan Kennedy" había acumulado en fuerza electoral para crear un candidato presidencial y llevarlo a la Presidencia de la República lo perdió en ese trágico accidente. A principios de 1971 Ted Kennedy anunció formalmente su renuncia a la candidatura por el Partido Demócrata. Los Demócratas tenían otros dos candidatos muy fuertes: los candidatos a la Presidencia y la Vicepresidencia por el Partido Demócrata en las elecciones presidenciales de 1968, a las cuales ya se ha hecho referencia. También había otro candidato de gran fuerza, que era un luchador incansable, como lo había demostrado en las elecciones de 1968: George Wallace. El aspirante a la presidencia Edmund S. Muskie, que había sido candidato a la Vicepresidencia en las anteriores elecciones, no consiguió el apoyo que esperaba en las elecciones primarias y también desistió de la lucha por la postulación. Quedaban sólo dos adversarios con suficiente fuerza electoral para derrotar a Nixon o, al menos, enfrentársele en igualdad de condiciones: Humphrey y Wallace. Ambos fueron eliminados en muy poco tiempo, aunque por causas muy diferentes. Humphrey recibió muy poco apoyo en las elecciones primarias de California y renunció a la lucha. El 15 de mayo de 1972 Wallace fue atacado por un criminal en un supermercado de Maryland. Como consecuencia de este atentado, quedó paralizado desde la cintura hacia abajo, y se retiró de la campaña presidencial.

Como candidato por el Partido Demócrata sólo quedaba George S. McGovern, senador por el estado de Dakota del Sur. Era, evidentemente, el más débil de todos los candidatos. Cuando en 1971 expresó por primera vez su intención de postularse como candidato a la Presidencia por el Partido Demócrata, casi nadie lo tomó en serio, pero al ir desapareciendo los otros candidatos, comenzó a contar con algunos seguidores. Había sido profesor de historia y funcionario en la administración del Presidente Kennedy, y en 1962 había sido elegido senador. Cuando en julio de 1972 el

Partido Demócrata celebró su convención en Miami Beach, el pueblo americano quedó totalmente desilusionado con dicho partido, con su candidato y con los participantes en la convención, en la que se demostraba palpablemente que McGovern era el candidato de los *hippies*, de los estudiantes repugnantes, maleducados y odiosos, de los militantes negros y de las mujeres gritonas y escandalosas. La impresión de la convención del Partido Demócrata pasó de la decepción a la estupefacción cuando en la convención se escucharon los discursos de los delegados, en los que se hablaba, como la cosa más natural del mundo, de los derechos de los homosexuales, del aborto y de la amnistía para los desertores. El pueblo americano asoció el Partido Demócrata con la liberación y la exaltación de los homosexuales, con el abuso del derecho al bienestar social, con la libertar para fumar marihuana y consumir todo tipo de drogas, y con la liberación de la mujer en el sentido más inmoral y antisocial, así como con los excesos de los estudiantes, en todos los órdenes. Como candidato a la vicepresidencia, McGovern propuso al mejor que había en su entorno: Thomas Eagleton, senador por el estado de Missouri. Ambos ganaron la postulación en la primera votación.

En la convención del Partido Republicano, celebrada también en Miami Beach, pero en el mes de agosto, fueron postulados el Presidente y el Vicepresidente salientes, Richard Nixon y Spiro Agnew. El 7 de noviembre de 1972 votaron unos 78 millones de americanos. El Partido Republicano ganó las elecciones por una avalancha de votos, con una diferencia de casi 18 millones de votos. Nixon obtuvo 47 165 234 votos individuales (60,7 por ciento) y triunfó en cuarenta y nueve estados. Obtuvo 521 votos estatales. McGovern obtuvo 29 170 774 votos individuales (37,5 por ciento) y triunfó solamente en Massachussets y el Distrito de Columbia. Obtuvo 17 votos estatales.

Durante la campaña se produjo el incidente que se ha conocido como el "escándalo de Watergate": cinco personas penetraron secreta e ilegalmente en la oficina del Comité Nacional del Partido Demócrata, en el Hotel Watergate, en Washington, con el propósito de instalar micrófonos que permitieran escuchar ilícitamente las conversaciones en ese local. Estas personas, a las que la prensa solía designar como "los plomeros", fueron apresadas. Aunque los Demócratas dieron una gran publicidad a esta escandalosa violación del domicilio de tan importante órgano de un partido político en el curso de una campaña electoral, en una elección presidencial, ello no fue suficiente para influir significativamente en el resultado de las elecciones. Sin embargo, con el transcurso del tiempo, el escándalo aumentó en grandes proporciones y se inició un proceso de destitución del Presidente Nixon, quien fue obligado a renunciar. El 9 de agosto de 1974 fue sustituido por Gerald Ford, quien anteriormente había reemplazado al Vicepresidente electo, Spiro Agnew, el cual había renunciado a su cargo por otros motivos.

Elecciones presidenciales de 1976 en Estados Unidos

Las cuatro últimas elecciones presidenciales de Estados Unidos se habían celebrado bajo el terrible signo de la Guerra de Vietnam, o Segunda Guerra de Indochina, como la llaman muchos historiadores. En enero de 1973 se firmó el tratado de paz de París. Poco tiempo después Estados Unidos se retiraba de Vietnam. Como fecha de terminación de la Guerra de Vietnam se acepta el 30 de abril de 1975, día de la caída de Saigón en manos de las tropas de Vietnam del Norte.

En las elecciones presidenciales de 1976 se enfrentaron dos políticos de dos tipos diferentes en cuanto al campo de acción en el que habían desenvuelto sus actividades. Uno era Gerald R. ("Jerry") Ford, que había sido Representante a la Cámara por el estado de Michigan, con base en Grand Rapids, durante seis períodos, desde 1949 hasta 1973; conocía bien la política americana a nivel federal (*la política de Washington D.C.*), y en esos momentos era el Presidente de Estados Unidos. El otro era James Earle Carter, o Jimmy Carter, como él prefería que lo llamaran, un antiguo cosechero de maní, que después fue oficial de la Marina, y era entonces Gobernador de Georgia, cargo para el cual había sido elegido sólo una vez. Como es natural, había aprendido mucho de la política a nivel estatal y local, pero, en comparación con su adversario, era un "lego absoluto" en la política a nivel federal. Cuando en diciembre de 1974 anunció que tenía el propósito de aspirar a la Presidencia de la República, en los círculos políticos surgieron los más diversos chistes con relación al propósito de Jimmy Carter. Unos contaban que cuando Jimmy le dijo a su madre que iba a aspirar a Presidente, ésta le preguntó: "¿a presidente de qué?". Otros se divertían diciendo: "Si Jimmy Carter sale Presidente, cuando vaya a Washington lo primero que hará será preguntar dónde está la Casa Blanca". A todas estas bromas, Jimmy Carter contestaba filosóficamente: "La mayoría de los americanos no conoce Washington. Por eso estoy en una posición ideal para representarla." Como acompañantes en la candidatura presidencial, Ford y Carter escogieron respectivamente dos senadores, Robert Dole, de Kansas, y Walter Mondale, de Minnesota.

Las elecciones se celebraron el 2 de noviembre y fueron ganadas por Jimmy Carter. En el resultado de la votación influyó mucho el perdón definitivo e incondicional concedido por Gerald Ford, poco después de su designación como Presidente, a Richard Nixon, por su participación en el "escándalo de Watergate". Jimmy Carter triunfó por un estrecho margen. Obtuvo 40 828 928 votos individuales, o sea, el 50,1 por ciento, mientras que Ford obtuvo 39 148 940 votos individuales, o sea, el 48 por ciento. En votos estatales, Carter ganó por una mayoría algo más amplia, 297 contra 240.

Sexta conferencia del Movimiento de Países No Alineados

Del 3 al 9 de septiembre de 1979 se celebró en La Habana la Sexta Conferencia del Movimiento de Países No Alineados (MPNA). A juzgar por el nombre de esta organización, los países miembros de la misma deberían ser países pacíficos que se asociaban para defender sus intereses legítimos y no estaban "alineados" a ninguna potencia. En realidad, eso no era así. Entre esos países no alineados había muchos que sí estaban alineados con una potencia mundial comunista, y cooperaban con ésta para destruir a la nación más poderosa del mundo, Estados Unidos, y a los aliados de este país, que también defendían la democracia como sistema político, y el capitalismo, como sistema económico, en el mundo. Además, se sabía que el Movimiento de Países No Alineados había combatido enérgicamente las actividades encaminadas a la consecución de la paz en el Medio Oriente, realizadas por el Presidente americano Jimmy Carter, el Presidente egipcio Anwar el-Sadat y el Primer Ministro israelí Menachem Begin, que culminaron en el Acuerdo de Camp David del 17 de septiembre de 1978 y condujeron a la solución de todos los problemas territoriales existentes entre Egipto e Israel. También era bien conocido que algunos de estos países no se privaban de recurrir a las armas cuando tenían divergencias con sus vecinos. Por ejemplo, dos miembros del Movimiento de Países No Alineados, India y

Pakistán, habían protagonizado numerosos conflictos armados en los que lucharon entre sí, y las víctimas se contaron por millares. Otros dos países del mencionado Movimiento, Irak e Irán, que ya habían tenido serios conflictos fronterizos, se enfrascaron desde 1980 hasta 1988 en una sangrienta guerra, en la que se utilizaron extensamente armas químicas y biológicas, y las víctimas se contaron por millones.

En la mencionada conferencia celebrada por los delegados de los susodichos países no alineados se tomó el acuerdo más aberrante que podía concebirse: como Presidente del Movimiento de Países No Alineados se nombró al Presidente de Cuba, Fidel Alejandro Castro Ruz, es decir, nada menos que al jefe de estado más alineado con la Unión Soviética en la tarea de crear problemas armados en África y otras partes del mundo. En esa época Castro tenía no menos de 40 000 soldados apostados en distintos países y era el instrumento que utilizaba la Unión Soviética para hacer en África lo que había logrado hacer en la Europa del este. El mandato impartido a Castro por el MPNA terminaría en 1982.

Decenio de 1980

Elecciones presidenciales de 1980 en Estados Unidos

Desde mucho antes de la convención del Partido Demócrata con objeto de determinar quién habría de ser su candidato presidencial, Carter estaba preocupado. Es verdad que había tenido una buena actuación en asuntos importantes como la aprobación de los tratados sobre el Canal de Panamá y los acuerdos de Camp David, pero los sondeos de la opinión pública le eran muy desfavorables. Había un espacio que podía ser ocupado por un buen candidato y, a principios de septiembre de 1979, el Senador Edward M. ("Ted") Kennedy, respondiendo a las solicitudes de sus numerosos partidarios (que inclusive crearon movimientos populares para "reclutar a Kennedy"), se lanzó a ocuparlo, con excelentes resultados iniciales.

Sin embargo, el 4 de noviembre de 1979, es decir, exactamente un año antes del día señalado para las elecciones de 1980, un grupo de estudiantes revoltosos, con ínfulas de revolucionarios, como protesta contra Estados Unidos por haber concedido la entrada en ese país a Mohammed Riza Pahlevi, el Cha de Irán recientemente depuesto (quien debía seguir un tratamiento médico), ocuparon la Embajada americana en Teherán, tomaron como rehenes a todas las personas que allí se encontraban, y amenazaron con matarlas o, en el mejor de los casos, retenerlas y someterlas a juicio, si no se les entregaba el Cha inmediatamente, para juzgarlo e imponerle la pena que ellos estimasen procedente. Esta seria situación de crisis fortaleció la posición del Presidente Carter ante la opinión pública, quien terminó obteniendo la postulación.

Por el Partido Republicano, además del Gobernador de California, Ronald Reagan, que ya había luchado por la postulación en anteriores ocasiones, había otros aspirantes a la candidatura presidencial, entre ellos George Bush, un rico petrolero que había sido Director de la Agencia Central de Inteligencia, Embajador de Estados Unidos ante las Naciones Unidas, Enviado Especial en China y presidente del Comité Nacional del Partido Republicano. En los *caucuses* de distrito celebrados en Iowa en enero de 1980, Bush ganó fácilmente, pues los tenía controlados de antemano, a tal extremo que Reagan ni siquiera se tomó el trabajo de hacer campaña allí. Después de esto, el primer enfrentamiento fue en la elección primaria de New Hampshire. En esta primaria, Reagan le dio una verdadera paliza a Bush, después de la cual las primarias restantes no fueron más que un cómodo paseo para Ronald Reagan.

La convención del Partido Republicano se celebró el 14 de julio, en Detroit, en un ambiente magnifico. Prácticamente, lo único que faltaba por determinar era quién acompañaría a Reagan en la candidatura presidencial. Algunos columnistas, periodistas y presentadores o comentaristas de televisión habían hablado de una pareja presidencial ideal Reagan-Ford. En tal caso, esa sería la primera vez que un antiguo Presidente de la República figurase como candidato a la Vicepresidencia. Esa candidatura ideal no pasó de allí. Reagan escogió a George Bush como su compañero de candidatura.

El 4 de noviembre se celebraron las elecciones. El resultado fue aplastante. Reagan ganó cómodamente con 43 899 248 votos individuales (51 por ciento). Carter obtuvo 35 481 435 votos individuales (41 por ciento). En votos estatales, Reagan derrotó a

Carter 489 por 49 y ganó todos los estados salvo Georgia, Minnesota, West Virginia, Rhode Island, Hawai, y el Distrito de Columbia. En esta elección hubo un tercer candidato, John Anderson, quien, desde 1961 había sido continuamente Representante a la Cámara por el estado de Illinois y el Partido Republicano y pertenecía a la corriente liberal de los Republicanos de Rockefeller. Anderson obtuvo 5 719 437 votos individuales (7 por ciento).

Un hecho que influyó mucho en la derrota de Jimmy Carter fue el fracaso de la operación *Eagle Claw* (garra de águila) ordenada por él para rescatar a los rehenes capturados en la Embajada americana en Teherán. Esta operación se realizó el 23 y 24 de abril de 1980. Fue interrumpida. Resultó un fracaso. En ella perdieron la vida ocho soldados americanos.

Éxodo de Mariel

El día primero de abril de 1980 un grupo de personas se apoderaron de un ómnibus en La Habana, se dirigieron a la Embajada peruana en esa ciudad y lo lanzaron contra las rejas que protegían el edificio. El violento impacto del ómnibus provocó una estruendosa apertura de la reja. Se produjeron disparos. Uno de los policías que custodiaban la Embajada resultó muerto y, el chofer del ómnibus, herido.

Una circunstancia que generalmente no se menciona en los múltiples artículos escritos sobre este incidente es que entre el Ministerio de Relaciones Exteriores cubano o, mejor dicho, Fidel Castro, y la Embajada peruana, había habido una serie de rozamientos y divergencias. Conviene que el lector sepa que un cargo de mediana importancia en una embajada o consulado latinoamericano en La Habana era, y probablemente lo siga siendo, muy codiciado por funcionarios poco escrupulosos, ya que, desde esas posiciones, pueden lucrar a través de distintos tipos de "negocios" (por ejemplo, la introducción de automóviles nuevos), de los que derivan beneficios personales. Ese tipo de funcionario existía entonces no sólo en la Embajada de Perú, sino también en las de otros países latinoamericanos.

Cuando Fidel Castro se enteró de esta irrupción violenta del ómnibus en la Embajada peruana, exigió del Embajador que le entregara los refugiados, a lo cual éste se negó. Esta negociación entre Fidel Castro y la Embajada peruana se prolongó durante unos días, hasta que Castro formuló una amenaza que nadie, y mucho menos los refugiados que recientemente habían entrado en la Embajada, hubiera podido imaginarse: "Si no me los entregas, te voy a llenar la Embajada de miles de refugiados, y ya veremos lo que podrás hacer con ellos". El Embajador de Perú, Edgardo Habich Rospigliosi, se mantuvo firme. Castro también.

El incidente de la Embajada peruana no tuvo su origen en un movimiento del pueblo de Cuba para asilarse penetrando por la fuerza en una embajada, sino en un enfrentamiento entre Castro y dicha embajada, que fue aprovechado por Castro para lanzar una ola migratoria contra Estados Unidos.

Conformemente a su plan, Castro ordenó que se retiraran las rejas que protegían la embajada y anunció por los medios usuales de difusión que todo el que quisiera salir de Cuba fuera a la Embajada peruana, y que Cuba abriría el puerto de Mariel, en la provincia de Pinar del Río, al oeste de La Habana, para que los familiares de los solicitantes de asilo pudiesen venir a recogerlos en sus embarcaciones. Cuando la gente en La Habana oyó este anuncio difundido por todos los medios, comenzó a entrar en el edificio y los terrenos de la Embajada, que fueron ocupados materialmente por una multitud incontrolable. Muchas familias comenzaron inmediatamente a hacer sus preparativos para asilarse. Algunas de ellas, como les era difícil creer que lo que estaban oyendo era cierto, enviaron a la Embajada a algún familiar para que, como explorador, confirmara que todo eso que se decía era cierto, pues en aquellos primeros momentos no faltaban quienes pensaban que todo eso era una trampa de Fidel para descubrir a los gusanos "agazapados", reunirlos, y después castigarlos más fácilmente, y con menos probabilidades de error en la persona. En poco tiempo, la Embajada peruana se llenó completamente de gente que quería irse de Cuba.

El cuadro de la Embajada peruana en esos días era surrealista, como lo atestiguan las múltiples fotografías que se han publicado. Cuando la gente empezó a llegar en oleadas, los funcionarios de la Embajada peruana la abandonaron, pues no sabían lo que podría pasar allí. Llegó un momento en el que en la Embajada peruana no había ni un solo peruano. Desde el primer día de esa "ocupación", lo que sí hubo allí fue un hambre tremenda. La gente se comía y bebía todo lo que encontraba en la cocina, las despensas, los refrigeradores y los armarios del edificio. Unos días después, Castro y la Embajada llegaron a un acuerdo: a todos los que se encontraban en la Embajada se les daría visa; el gobierno cubano les daría el permiso de salida, y habilitaría el puerto de Mariel para que los familiares de los solicitantes de asilo pudieran venir a recogerlos en sus embarcaciones.

El éxodo por Mariel duró varios meses, al cabo de los cuales 125,000 cubanos habían desembarcado en Estados Unidos. Castro se valió de esta oleada migratoria para reunir los elementos más antisociales e irreductibles que tenía encerrados en las cárceles, así como todos los enfermos mentales de todos los tipos que no estaban atendidos por sus familiares y deambulaban por las calles, o estaban recluidos en centros especiales, o hasta en las cárceles, y los vació en esa marejada migratoria. Fueron muy frecuentes los casos de familiares de solicitantes de asilo que llegaban al puerto del Mariel y, por ejemplo, si venían a recoger a uno, dos o tres familiares, les metían en el barco cinco, seis o diez personas más, entre las cuales podía haber criminales empedernidos, inclusive asesinos. Durante el viaje de regreso, esos familiares de solicitantes de asilo, así como éstos, tuvieron que pasar el canal de la Florida conscientes del peligro que corrían de ser asaltados y hasta asesinados, antes de llegar a la "tierra de promisión". A menudo se daba el caso de que los familiares de algunos solicitantes de asilo tenían que regresar sin poder llevarse a ninguna de las personas a las que habían ido a buscar y, a la fuerza, les metían en la embarcación personas totalmente desconocidas para ellos, entre las cuales podía haber cualquier tipo de criminal o enfermo mental.

El lector debe saber también que algunos cubanos, con el fin de lograr que los incluyeran en la lista de las personas que, por decirlo de alguna manera, tenían el derecho de salir de Cuba por el Mariel, se disfrazaron de "escoria". En Cuba, a los efectos de designar el grado de estimación que tenía el revolucionario (o quien fingía serlo) por el que no lo era se empleaba inicialmente la palabra "gusano". Después hubo que buscar otra palabra, porque los gusanos eran también los que, desde Estados Unidos, mandaban dólares a sus familiares para ayudarlos a sobrevivir. La palabra "lumpen" se utilizaba, pero tenía consonancia extranjera. La que se escogió generalmente fue "escoria". Además, esta palabra no se empleó con el género gramatical femenino que tiene en su significado usual en el idioma español, sino con el género común de algunos sustantivos, que viene determinado por el de otra palabra (por ejemplo el artículo, cuando se dice el artista, y la artista). En la jerga del castrismo, si se trataba de un hombre se decía que era "un escoria", y si se trataba de una mujer, se decía que era "una escoria".

Tras una petición de disculpas del autor por esta pequeña dosis de pedantería en una cosa tan elemental como el género de los sustantivos en nuestro idioma, paso a narrar una anécdota de un amigo y su esposa que, con el propósito de salir de Cuba, se disfrazaron de "escorias". Héctor ("Kiki") Salvador, a quien ya se ha hecho referencia en otras ocasiones en esta obra, y su esposa Mayra, que vivían en Santa Clara, se presentaron en el puerto de Mariel, en las oficinas que atendían a las personas que deseaban salir del país. Lo que percibieron los funcionarios encargados de determinar las personas a quienes se daría acceso a las embarcaciones que habían ido a recoger a familiares reclamados no fueron las agradables y bien educadas personas de Kiki y Mayra, sino dos "escorias" de los más abyectos que pudieran existir. El disfraz de Kiki era espantoso. Además, se había dibujado unos tatuajes horribles, que parecían más verdaderos que los reales. Del disfraz de Mayra bástenos decir que, a su lado, la peor y más repulsiva prostituta de La Habana hubiera podido hacerse pasar por una alumna del Colegio de las Hermanas Teresianas. El funcionario que los atendió, inclusive hasta medio intimidado y profundamente incomodado por la presencia de tan despreciables personajes, apenas les revisó los papeles. Para desembarazarse lo más pronto posible de estos dos desagradables "escorias", les dio acceso inmediatamente a una de las embarcaciones cuyos pasajeros estaban en turno de ser completados con criminales, incapacitados mentales y otros "escorias". No obstante, el funcionario de inmigración estaba satisfecho. Tratar con esa clase de elemento siempre era desagradable, pero en este caso le había prestado un servicio útil a la Revolución: había contribuido a sacar de Cuba dos "escorias", que pronto serían inyectados en Estados Unidos.

Kiki y Mayra estaban muy contentos. En una o dos horas, tal vez menos, saldrían rumbo a Miami. Pronto podrían quitarse el disfraz de escoria y comenzar a gozar de libertad. Siempre había existido el problema de que alguien los reconociera, pero eso era improbable porque estaban muy lejos de Santa Clara. Además, si hubiera alguien de Santa, lo más probable era que estuviera en el mismo caso que ellos, y no los delatara. Pero la suerte, que hasta ese momento había acompañado a Kiki y a Mayra, los abandonó. Uno de los milicianos que regularmente se paseaban por los muelles era de Santa Clara y reconoció a Kiki a pesar de su disfraz. Cuando terminó su recorrido, hablando con su superior le dijo: "¿Sabes a quién vi, que se va?, a "Kiki el Loco". El superior del miliciano no le dio importancia a eso. Que hubiera un loco en una embarcación a punto de partir era muy natural. Muchos otros locos ya habían sido inyectados en la marejada migratoria y hacía días que habían desembarcado en Miami. No obstante, mecánicamente, preguntó "¿Quién es Kiki el Loco?" El miliciano respondió "Es un profesor de la Universidad de Santa Clara. Me costó trabajo reconocerlo porque está disfrazado de *escoria*. Ese es el hombre que más sabe en la Universidad. Ha hecho varios inventos." Así terminó esta aventura de Héctor y de Mayra. Los trataron bien. Se limitaron a sacarlos del barco y a decirles que ellos estaban muy lejos de ser "escorias" y, por tal razón, no tenían nada que hacer en Mariel. El barco donde estaban sentados Kiki y Mayra partió. "¡Qué bueno que nos libramos de la compañía de esos dos escorias!", habrán pensado algunos de los pasajeros.

Muerte de Osvaldo Dorticós

Osvaldo Dorticós había servido como Presidente de Cuba desde julio de 1959, cuando reemplazó a Urrutia, hasta 1976, cuando fue sucedido por Fidel Castro. Dorticós fue una figura de cierta importancia en el gobierno cubano mientras era Presidente de la República, no tanto por su peso político propio, sino por su gran inteligencia y capacidad. Posteriormente fue nombrado presidente del Banco Nacional y miembro del Consejo de Estado. Se sabe que su influencia en el gobierno se redujo considerablemente y se ha comentado que, como consecuencia de esto, entró en un período de decepción con la Revolución, que se hizo más patente tras el fallecimiento de su esposa. El 23 de junio de 1983, Osvaldo Dorticós terminó sus días disparándose un tiro a la cabeza.

Invasión de Granada

Las Antillas Menores están formadas por un gran número de islas. Una de ellas es Granada, una pequeña isla a ciento cincuenta kilómetros al norte de Venezuela. Granada obtuvo la independencia en 1974, pero continuó formando parte de la Commonwealth británica. Granada y otras islas de las Antillas Menores constituyeron una organización denominada Organización de Estados del Caribe Oriental (*Organization of Eastern Caribbean States [OECS]*). Esta Organización comprendía las islas de Antigua y Barbuda, Dominica, Granada, Saint Kitts y Nevis, y Saint Lucia, y estaba presidida por una mujer, Eugenia Charles, que ocupaba el cargo de Primer Ministro de Dominica.

En los años 1970 gobernaba en Granada el Primer Ministro Eric Gairy, político muy censurado por el grado en que había permitido extenderse la corrupción. La oposición estaba encabezada por Maurice Bishop, un hombre joven, de unos 35 años, que había estudiado en la *London School of Economics*, había obtenido un escaño en la Cámara de Representantes y en 1973 era el jefe de la oposición en ese cuerpo legislativo. Bishop había abrazado la ideología marxista-leninista y había conocido a Fidel Castro. En 1979 Bishop organizó y realizó un golpe de estado en el que apenas hubo derramamiento de sangre, depuso al Primer Ministro Gairy y tomó el poder. Bishop disolvió el parlamento, pero no había convocado ni celebrado elecciones. Contaba con el apoyo de Cuba y la Unión Soviética. A mediados de 1983 Cuba le envió un numeroso grupo de técnicos, trabajadores y militares con la finalidad declarada de construir un aeropuerto, pero también con otros fines no declarados.

En la primera semana de octubre de 1983, un Primer Ministro interino llamado Bernard Coard logró reunir un grupo de seguidores con fuerza suficiente para tomar el poder, detener a Bishop, destituirlo, e imponerle el arresto domiciliario. Como justificación de la destitución de Bishop, Coard y el nuevo grupo gobernante alegaban que Bishop era demasiado moderado y no avanzaba al ritmo más rápido que ellos preferían y que Castro exigía.

El 19 de octubre, un grupo de partidarios de Bishop organizó una protesta. Ésta fue tomando fuerza y los partidarios de Bishop lograron liberarlo del arresto domiciliario a que estaba sometido. Ese mismo día, Bishop fue capturado y fusilado, así como también lo fueron algunos de sus partidarios.

Desde la también pequeña isla de Dominica, su Primer Ministro, la señora Eugenia Charles, que al mismo tiempo presidía la Organización de Estados del Caribe Oriental, a la que pertenecían varias islas antillanas, entre ellas las de Dominica y Granada, presenciaba todo lo que estaba ocurriendo en esta última isla.

Desde que Bishop comenzó a introducir la ideología marxista-leninista, comenzaron las preocupaciones de Eugenia Charles sobre el destino de la región y se dirigió al Presidente Reagan y al gobierno americano para señalarles el peligro que representaba lo que estaba sucediendo en Granada. Esta primera vez, las señales de alarma de la señora Charles no recibieron la atención debida.

Decisión de invadir Granada

En 1983 Ronald Reagan había nombrado un nuevo Consejero para la Seguridad Nacional, Robert ("Bud") McFarlane, antiguo Teniente Coronel de la Marina, graduado de la Academia Naval de Annapolis. McFarlane había prestado servicios en Vietnam y se había dado a conocer como un funcionario muy activo y diligente desde que había sido nombrado Ayudante del Secretario de Estado Alexander Haig. El 21 de octubre, Reagan decidió tomarse el fin de semana para liberarse de sus múltiples ocupaciones cotidianas e ir a jugar golf en la conocida *National Golf Course* de Augusta (Georgia). Al día siguiente, sábado 22, Ronald y Nancy Reagan fueron despertados poco después de las cuatro de la mañana por alguien que se atrevió a llamarlos a esa hora, y que tenía facultades para hacerlo. En el otro extremo del hilo telefónico estaba Bud McFarlane, que se encontraba de paso en Atlanta. El asunto era grave y urgente. Se trataba de una rápida intervención militar en Granada. Con él estaba George Shultz, el Secretario de Estado, y le rogaba al Presidente Reagan que los recibiera cuanto antes para explicarle personalmente la situación. Esa misma madrugada, Ronald Reagan recibió a Shultz y McFarlane en el salón del *Cottage Eisenhower*, donde estaba parando. Sus visitantes le explicaron el grave problema que se planteaba: la Organización de Estados del

Caribe Oriental pedía a Estados Unidos que interviniera militarmente, lo más pronto posible, en la isla de Granada. En esta conferencia, prácticamente nocturna, intervino también George Bush, no como Vicepresidente de la República, sino a título de jefe de un equipo que se había constituido para tratar sobre problemas administrativos en la Casa Blanca. La participación de Bush se efectuó mediante una comunicación telefónica protegida.

Reagan conocía la situación en Granada, ya que, desde el golpe de estado organizado por Bishop, la Casa Blanca y el Departamento de Estado seguían atentamente su evolución. Se sabía que los cubanos estaban construyendo un aeropuerto cuyas dimensiones no guardaban proporción con las necesidades de la pequeña isla. Además, la señora Eugenia Charles, Presidente de la Organización de Estados del Caribe Oriental, había señalado la necesidad de una intervención americana para eliminar el peligro de propagación de la ideología marxista en el Caribe. Ahora, después de la ejecución de Bishop por un grupo de dirigentes comunistas mucho más radicales y peligrosos y, habida cuenta de las reiteradas peticiones de intervención formuladas por la Organización de Estados del Caribe Oriental, a las cuales se había sumado Jamaica, y de la explicación detallada de Shultz y McFarlane, la respuesta de Reagan sólo podía ser una: la intervención tenía la luz verde.

Había un problema que, más que cualquier otro, preocupaba a los participantes en esta reunión: en Granada se encontraban ochocientos estudiantes de medicina americanos que podían ser tomados como rehenes. Por lo tanto, la operación tenía que mantenerse secreta. Había otro problema muy serio en el plano internacional. El país ubicado en la isla de Granada no se llamaba entonces, ni se llama actualmente, Granada; su nombre oficial era y es "*Commonwealth of Grenada*" y formaba, y continúa formando, parte de la Commonwealth (a secas) o Commonwealth británica, como muchos continúan llamándola. Según la ley fundamental de la Commonwealth, si un país miembro de esa organización es agredido por otro que no lo sea, todos los países pertenecientes a la Commonwealth están obligados a ayudar al país agredido a rechazar la agresión. La intervención en Granada plantearía un serio problema a dos mujeres muy importantes: Isabel II, que era jefa de la Commonwealth (o Commonwealth británica), jefa de estado del Reino Unido de Gran Bretaña e Irlanda del Norte y jefa de estado de la Commonwealth de Granada, y Margaret Thatcher, que era jefa de gobierno del Reino Unido de Gran Bretaña e Irlanda del Norte (brevemente, Reino Unido), pues desde hacía cuatro años ocupaba el cargo de Primer Ministro de este país.

La organización de la invasión entrañaba un problema muy particular: ¿hasta qué punto debía mantenerse secreta la operación y hasta qué momento debía esperarse para informar a Margaret Thatcher que se iba a invadir una isla que, como Granada, era miembro de la Commonwealth? Había que darle algún tiempo, no sólo para explicarle el motivo, sino para que pudiera informar a la Reina Isabel II, que era la jefa de estado de Granada. Reagan preguntó a McFarlane cuánto tiempo se requería para preparar una misión de rescate de Granada; éste le respondió que había consultado con los jefes de los distintos cuerpos de las Fuerzas Armadas y le habían asegurado que podrían tenerla lista en unas cuarenta y ocho horas. Reagan dio la orden de prepararla inmediatamente. Insistió en que la prioridad era mantener secreta la operación y que él se encargaría de informar oportunamente a Margaret Thatcher sobre el momento en que se iniciaría.

Como cuenta Ronald Reagan en sus Memorias, el secreto de la operación era esencial, no sólo por razones de tipo táctico con respecto al enemigo, como era la posibilidad de que, al enterarse de la inminencia de la operación, Bernard Coard y su grupo de seguidores marxistas duros tomaran a los estudiantes de medicina americanos como rehenes, o que Castro reforzara el equipo militar que ya había introducido en la isla, sino por lo que Reagan denominó en sus Memorias "el síndrome posvietnam". Este es un estado de conciencia que mueve a los parlamentarios y la población americana a no intervenir en ningún conflicto exterior, así pequeño que parezca, por miedo a que se complique, se amplíe y se convierta en "otro Vietnam". En sus Memorias, Reagan cuenta que analizó la situación. La puso en un platillo de la balanza y en el otro puso la petición de los pequeños países del Caribe, su justificado temor, la desgracia que para esa zona entrañaría la presencia de una segunda base comunista de la Unión Soviética, si Estados Unidos se negaba a actuar. Por esa razón impartió la orden de preparar la invasión y ejecutarla en el secreto más absoluto.

Ese sábado 22 de octubre, después de la reunión con McFarlane y Shultz, Reagan retornó a su habitación y se acostó para dormir un poco más. Era necesario simular que todo se desenvolvía en forma normal. Por lo tanto, descansaría y se distraería con sus amigos jugando algunos hoyos en ese magnífico terreno de golf. Por la tarde hizo unas llamadas para informarse sobre el estado de la operación y, por la noche, junto con Nancy, sus amigos y sus respectivas esposas cenaron y conversaron alegremente. Ronald y Nancy se retiraron algo más temprano que los demás, pues la noche anterior no habían podido dormir bien. En la madrugada del domingo 23, a eso de las dos y media, sonó intempestivamente el teléfono, como en la noche anterior. La persona que llamaba era la misma, Bud McFarlane. Si la noche anterior habían dormido poco, esta noche dormirían todavía menos. La noticia era una de las peores que pueda haber recibido un presidente americano: un camión suicida, totalmente cargado de dinamita, había forzado las barreras de protección custodiadas por centinelas en el aeropuerto de Beirut (Líbano); había continuado su curso a gran velocidad hasta chocar con el edificio principal de los cuarteles en que estaban alojados los infantes de marina y penetrado en su interior; allí, el chofer suicida lo había hecho explotar. Según los informes recibidos hasta ese momento, el número de muertos sobrepasaba la centena. Esa fue la trágica noticia que le comunicó McFarlane. Reagan llamó inmediatamente al Pentágono para informarse directamente de la situación e impartir las órdenes que fueran procedentes. El número de muertos y heridos aumentaba.

A las seis y media de la mañana de ese mismo domingo 23 de octubre, el Presidente Reagan y su esposa tomaron el avión presidencial (el llamado *Air Force 1*) y regresaron a Washington. En una reunión en el Salón de Crisis de la Casa Blanca, el Consejo Nacional de Seguridad, presidido por Reagan discutió los preparativos de la invasión de Granada y el Presidente impartió las órdenes pertinentes. La operación comenzaría al día siguiente, lunes 24, con la infiltración de comandos que marcarían y abrirían el camino a las tropas de desembarco.

El lunes 24 las noticias recibidas de Beirut eran funestas. El número de muertos y heridos seguía en aumento (finalmente, doscientos cuarenta y un militares americanos en servicio perdieron la vida en el ataque terrorista a los cuarteles en el aeropuerto de Beirut). El secreto de la invasión de Granada se mantenía. Ese lunes era de los que se presentaban "cargados" en cuanto al empleo del tiempo de un presidente americano. Tenía una entrevista muy importante con el Embajador americano en Moscú, Arthur Hartman, pero también había otros asuntos, como la visita del Presidente de Togo, a los que debía prestarse la debida atención.

A las dos de la tarde, los jefes de los distintos cuerpos de las Fuerzas Armadas vendrían a rendirle informe, pues a las nueve de la noche de ese lunes 24 de octubre comenzaría la operación de la invasión de Granada. Se había mantenido el secreto. No había habido ninguna indiscreción. Reagan había previsto que las ocho de la noche era una buena hora para comenzar a revelar el secreto a los dirigentes del Congreso, inclusive, como es natural, a los pertenecientes al Partido Demócrata, y también al Secretario de Estado, George Shultz, al que todavía no se le habían comunicado los últimos detalles de la operación.

Poco antes de las nueve de la noche se informó al Presidente que, desde Londres, había entrado una llamada de Margaret Thatcher en la que pedía que la pusieran en comunicación con el Presidente Reagan. Una vez establecida la comunicación, Margaret Thatcher le dijo "en los términos más violentos" (según cuenta Reagan en sus Memorias) que anulara la operación, al mismo tiempo que le recordaba que Granada formaba parte de la Commonwealth británica y que Estados Unidos no tenía que inmiscuirse en los asuntos de la Commonwealth. Reagan tenía la intención de llamar a Thatcher después de comenzada la operación, pero ésta se había enterado de los planes de invasión a través de oficiales británicos en servicio en Granada. Reagan le explicó que la petición de intervenir la había recibido de la propia Organización de Estados del Caribe Oriental y que para satisfacerla era necesario el secreto más absoluto. Margaret Thatcher se mantuvo sorda a todos los argumentos de Reagan e insistió en la anulación de la operación. El tono de la conversación fue tan fuerte que Reagan no se atrevió a decirle, en ese momento, que la operación ya había comenzado y que las tropas de desembarco ya navegaban rumbo a Granada. Sin embargo, por muy "dama de hierro" que fuera Margaret Thatcher, había un antecedente que no debía olvidar. En junio de ese año había ganado las elecciones generales, y a esa victoria electoral había contribuido en sumo grado la victoria militar obtenida en la Guerra de las Malvinas, en la que recuperó, en junio de 1982, unas islas que Argentina reclamaba desde el siglo XIX como sucesora de España, y que ocupó por la fuerza a principios de abril de 1982. La operación para la recuperación de las Malvinas requirió la solución de múltiples problemas logísticos, uno de los más importantes de los cuales era el del reaprovisionamiento en combustible de los aviones británicos. Ronald Reagan le había proporcionado a Margaret Thatcher tal reaprovisionamiento. En la guerra de las Malvinas se utilizaron medios logísticos americanos para reaprovisionar aviones británicos en vuelo.

Invasión de Granada

En las primeras horas de la mañana del martes 25 de octubre, mil novecientos *rangers* e infantes de marina americanos desembarcaron en dos puntos de la isla de Granada. La parte más delicada de la operación, que era la de garantizar la seguridad de los estudiantes de medicina americanos, se desarrolló en la forma prevista, sin complicaciones.

Se sabía que en la isla había unos doscientos trabajadores cubanos y que posiblemente tuvieran instrucción militar, pero la realidad fue que tuvieron que enfrentarse a más de setecientos combatientes cubanos bien entrenados. Al principio, en algunos lugares, la resistencia fue más encarnizada que la prevista. La operación tuvo éxito. Las bajas sufridas por las fuerzas americanas en esta operación fueron 19 muertos y 113 heridos; las de Granada 45 muertos y unos 25 heridos, y las de Castro 25 muertos, 59 heridos y 638 prisioneros.

Las fuerzas americanas ocuparon en las barracas de los trabajadores cubanos una enorme cantidad de armas, suficiente para equipar hasta mil hombres. En la Embajada cubana ocuparon también equipo militar, pero, sobre todo, una gran cantidad de documentos que ponían claramente de manifiesto la participación y el propósito de la Unión Soviética y de Cuba, y que se pusieron a la disposición de la prensa y del público en general. Uno de esos documentos tenía un valor histórico inestimable. Era una carta de un general soviético dirigida al Jefe del Ejército de Granada, en la cual felicitaba a todo el pueblo de Granada porque pronto se convertiría en el "tercer Vietnam", a lo que agregaba que, también pronto, El Salvador se convertiría en el "cuarto Vietnam".

Secuelas

Las secuelas de la derrota sufrida en Granada fueron muy duras para Castro. Nunca antes, tras el triunfo de la Revolución, había recibido un golpe tan duro como ese. Consideró inclusive el fusilamiento, por alta traición, del Capitán Pedro Tortoló Comas, el oficial cubano responsable de la defensa armada del aeropuerto que estaban construyendo. Afortunadamente (sobre todo para este oficial cubano) se abstuvo de fusilarlo. Castro nunca había negado que estuviera construyendo un aeropuerto en Granada, pero nunca había hablado de que los trabajadores tuvieran instrucción militar y de que estuvieran acompañados de soldados y contasen con armamento suficiente para equipar no sólo a esos soldados, sino también a muchos más. En el material que ha llegado a mis manos sobre este tema, no he encontrado nada más apropiado para demostrar la falacia de Castro en todo lo relacionado con la presencia de los cubanos en Granada, que unas palabras que hemos tomado de un discurso pronunciado por el propio Fidel Castro con el objeto de acusar al imperialismo americano de la invasión de la pequeña y pacífica isla de Granada. Sigue un extracto del discurso pronunciado por Fidel Castro en el acto de despedida de duelo a los combatientes cubanos caídos en Granada, celebrado en la Plaza de la Revolución el 14 de noviembre de 1983.

> "...Es igualmente mentirosa y cínica la afirmación de que los cubanos iniciaron las acciones hostiles. Lo cierto, lo irrefutable es que a la hora en que se produce el desembarco aéreo en la pista y en los alrededores de los campamentos, el personal cubano dormía y las armas se encontraban almacenadas; no habían sido distribuidas. En medio del desembarco aéreo, fue cuando se distribuyeron las armas, que no alcanzaban para todos los colaboradores (Nota del autor: Esto es falso, alcanzaban para esos colaboradores y cientos más.), y el personal cubano ocupó los lugares asignados para esa emergencia."

La introducción clandestina en Granada de esos combatientes cubanos armados empezaba por contradecir las palabras pronunciadas por el propio Fidel Castro en el discurso que pronunció a raíz de su entrada en La Habana a principios de 1959 y que se conoce por el discurso de "¿Armas para qué?", a que ya se hizo referencia en esta obra. ¿Por qué tienen que estar armados los colaboradores en un proyecto de construcción de un aeropuerto? Si un país, o una empresa, va a construir un aeropuerto en otro país, lo único que tiene que enviar a ese país es el personal, los materiales y los medios necesarios para la construcción. ¿Armas para qué?

Por otra parte, si mientras una empresa extranjera está construyendo una obra, fuerzas armadas de un tercer país invaden el país en cuestión, lo normal no es que la empresa constructora "distribuya las armas", como confiesa Castro en el mencionado discurso, sino que suspenda los trabajos y, sobre todo, pida al gobierno de ese país o, en su caso, al jefe de las fuerzas invasoras, garantías para la vida del personal de la empresa constructora. La lucha contra el invasor no incumbe a la empresa constructora, sino al ejército del país invadido. En ningún caso, el personal de la empresa constructora tendría el derecho, y mucho menos el deber, de tomar las armas y combatir.

Para terminar este tema con un comentario menos trágico señalamos que, cuando se produjo la invasión, Castro arengó a los "constructores" cubanos en Granada a luchar contra el imperialismo hasta el último hombre. Según me han contado personas que se encontraban en Cuba en aquella época, se llegó a decir por fuentes oficiales que muchos cubanos se habían *inmolado* en la lucha contra el imperialismo en Granada. El pueblo cubano aprovechó esta circunstancia para burlarse de Castro y su propaganda por uno de los pocos medios que tenía para ello. Le dio un significado especial a las palabras *inmolar*, *inmolarse*, *inmolado*, *inmolación*, etc. Así, a *inmolarse* se le dio el significado de tener que hacer algo que era muy desagradable y que sólo se hacía porque no quedaba más remedio. Por ejemplo, una señora podría decir: "Ayer tuve que *inmolarme* y cuidarle los muchachos a Silvia durante todo el día". La persona que me lo contó me dijo que el uso de *inmolarse*, con ese significado, era tan corriente, que su hija todavía, en el exilio, utiliza esa palabra con ese sentido en la conversación ordinaria. También me contaron que en esa época surgió, por generación espontánea, un anuncio de unos "zapatos Tortoló", que, al menos, tuvo la virtud de hacer reír a mucha gente. Este anuncio decía:

"Usa zapatos Tortoló
y correrás más veló(z)".

El anunció evocaba la humanitaria conducta del Capitán Pedro Tortoló Comas:

"¡Vida Sí! ¡Inmolación por Castro No!"

Elecciones presidenciales de 1984 en Estados Unidos

En pocas elecciones presidenciales celebradas en Estados Unidos ha habido tanta certeza, como en ésta, en cuanto al candidato que triunfaría. El candidato republicano se conocía de antemano: Ronald Reagan, acompañado de George Bush como candidato a la Vicepresidencia. Por los demócratas había tres candidatos a la Presidencia: el Senador Gary Hart, de Colorado, el antiguo Vicepresidente Walter Mondale, de Minnesota, y el activista de los derechos civiles, Jesse Jackson, de Chicago. Mondale ganó la postulación y como candidato a la Vicepresidencia escogió a Geraldine Ferraro. Por sus méritos personales, era una mujer notable. Su padre, un inmigrante italiano, murió cuando ella tenía siete años. Geraldine se graduó de maestra y estudió Derecho. Para ello debía asistir por la noche a las clases que recibía como alumna, mientras que, por el día, debía dar clases como maestra. Era católica. No obstante, era muy combatida entre los católicos porque defendía el aborto.

El resultado de las elecciones no presentó sorpresas. Reagan ganó por una avalancha de votos. Obtuvo 54 450 603 votos individuales (59 por ciento) contra 37 573 671 (41 por ciento) su adversario. Triunfó en todos los estados, salvo Minnesota y el Distrito de Columbia. En votos estatales barrió 525 contra 13.

En estas elecciones uno de los temas tratados fue el de la edad de Ronald Reagan. Para terminar este punto citaremos una anécdota. En una fiesta ofrecida por su esposa Nancy para celebrar el 73º aniversario del nacimiento de Ronald, un joven periodista dijo a éste: "Espero que podré asistir a su centésimo aniversario". Reagan le respondió: "¡Naturalmente que sí; por lo que veo usted está en magnífica forma física!"

Caso de Ochoa

Esta es una cuestión compleja que se dio por terminada el 12 de julio de 1989 con el fusilamiento del General Arnaldo Ochoa Sánchez y otros tres oficiales del régimen castrista. Es producto de un proceso de corrupción y descomposición moral en el que ya se encontraba la Revolución, e hizo crisis en el decenio de los 1980. Es muy instructivo examinar el papel que desempeñó cada uno de los personajes que intervinieron en este proceso, y cómo sus acciones fueron combinándose, entretejiéndose en ese contexto, hasta culminar en el fusilamiento, no solamente cruel e injusto, sino, como veremos, estrictamente ilegal, de cuatro personas. Examinaremos esos personajes separadamente, como si fueran las piezas de un macabro rompecabezas, así como las situaciones que se iban presentando a medida que se iban colocando, una a una, las piezas del rompecabezas. Los principales personajes de este proceso fueron:

- El General Arnaldo Ochoa Sánchez. Era un joven campesino de la provincia de Oriente que, en 1957, se incorporó a la lucha armada contra la dictadura de Batista, encabezada por Fidel Castro. Se había destacado como guerrillero y había ganado la confianza de los hermanos Fidel y Raúl Castro. Tras el triunfo de la Revolución, estudió en la Escuela Militar de Matanzas y lo enviaron a la Academia Militar de Frunze, en la Unión Soviética, para que ampliara sus estudios. Ochoa adquirió una gran experiencia, pues cumplió misiones militares importantes en Venezuela, Etiopía, Angola, Yemen y Nicaragua. En 1980, a propuesta de Fidel Castro, recibió el título de Héroe de la Revolución. En la época que nos interesa se le había confiado la misión de defender Angola. Como ya se ha expuesto, esta nación se había independizado de Portugal en 1975, había caído bajo el control del Movimiento Popular para la Liberación de Angola (MPLA), el cual seguía las orientaciones de la Unión Soviética, impartidas sobre todo a través de la Embajada cubana en Luanda. El principal enemigo era el movimiento Unión Nacional para la Independencia Total de Angola (UNITA), cuyo jefe era Jonas Savimbi, el cual era apoyado por África del Sur, por dos razones: primeramente, con el fin de que combatiera contra las tropas del MPLA, que ahora eran soldados regulares de la República de Angola y, en segundo lugar, para que, como aliado, contribuyera a neutralizar las tropas de la Organización Popular del África Sudoccidental (*South West Africa People's Organization* [SWAPO]), que luchaban por la independencia de Namibia, y que penetraban en su territorio a través de la frontera con Angola. La Unión Soviética luchaba duramente por medio de los cubanos y reforzaba a éstos y al MPLA con aviones, carros armados, equipo militar y consejeros. Lo mismo hacía África del Sur con UNITA.

- El General de Brigada José Abrantes Fernández. Era uno de los Generales y dirigentes de la Revolución que gozaba de la mayor amistad y confianza de Fidel Castro. Era de los pocos que no lo trataban de "Comandante" o "Jefe", sino de "tú". Ocupaba el cargo de Ministro del Interior. El Ministerio del Interior (MININT) comprendía un Departamento muy importante, el Departamento de Moneda Convertible, cuyo nombre se abreviaba por "Departamento MC". Este departamento tenía por función procurar divisas para el gobierno y adquirir materiales, equipos y recursos que Cuba no podía comprar como consecuencia del embargo económico a que estaba sometida. Los funcionarios del MININT, sobre todo los del Departamento MC, tenían prerrogativas de las que no gozaban otros funcionarios, y solían viajar al extranjero frecuentemente.

- El Coronel Antonio ("Tony") de la Guardia Font. Fidel Castro conoció a Tony de la Guardia, y a su hermano mellizo Patricio en el verano de 1960, con ocasión de la tradicional regata que anualmente se celebraba en las aguas de Varadero. Castro asistió a esa competición deportiva, pues debía presidir los distintos actos y festejos relacionados con la misma. En esa regata, las simpatías de Castro se inclinaban hacia la canoa de Varadero, integrada, después del triunfo de la Revolución, por remeros locales, pescadores o hijos de pescadores. Tony y Patricio de la Guardia remaban en la canoa de la Universidad de La Habana. Fue esta canoa la que ganó la regata ese año. Con ese motivo, Castro conoció a los mellizos; éstos eran jóvenes de muy buen aspecto, y le cayeron bien. Así nació una estrecha relación de amistad y confianza. Los mellizos alcanzaron altas posiciones dentro del aparato de la Revolución. En la época de que se trata, Tony de la Guardia era el jefe del Departamento de Moneda Convertible; Patricio era General de Brigada y se encontraba en Angola, donde se había hecho íntimo amigo del General de División Arnaldo Ochoa. Por su conducto, su hermano Tony también trabó una gran amistad con Ochoa.

Antecedentes

En junio de 1986 Reinaldo Ruiz tenía casi cincuenta años, pero su aspecto era imponente. Medía unos seis pies cuatro pulgadas (1,93 m) y pesaba alrededor de doscientas setenta libras (120 Kg). Había emigrado de Cuba tres años después del triunfo de la Revolución. Si hubiera llegado a Miami joven, probablemente le hubieran ofrecido una beca en algún colegio con miras a convertirlo en un temible jugador de fútbol (americano). Antes de la Revolución había sido empleado de la fábrica de Colgate y Palmolive en La Habana. Era un hombre enérgico y muy emprendedor. Si algo a veces le faltaba era una cosa: escrúpulos. Cuando medios ilegales convenían a sus fines, no vacilaba en utilizarlos. Reinaldo Ruiz se estableció primeramente en Miami y después se mudó para Los Angeles, donde hizo algún capital en la profesión de corredor de bienes inmuebles.

En 1986 Reinaldo Ruiz se había mudado para Panamá, donde había logrado insertarse en un negocio muy lucrativo, y hasta "lícito" en ese país: la venta de visas para salir de Cuba. En Panamá gobernaba en aquella época Manuel Noriega, quien ya no era

Coronel, sino General. Hacemos una pequeña digresión para contarle al lector mi experiencia personal en el negocio de las ventas de visas para salir de Cuba. Yo tuve que pasar por ese trámite de obtener visas para sacar familiares de Cuba pues, aproximadamente en 1983, necesitaba tres visas para sacar de Cuba a mi hijo Jorge, su esposa y el hijo de ambos, de cinco años de edad. A ese efecto, me puse en contacto con Héctor Artze, un amigo ingeniero mecánico que estaba asilado en Panamá y trabajaba en una compañía de un familiar de Noriega. Le pedí que me ayudara a conseguir esas tres visas de entrada en Panamá. Cada una me costó tres mil dólares. De Héctor Artze ya hemos hablado en esta obra. Era el estudiante de ingeniería mecánica que elegí como segundo al mando del turno de noche cuando se efectuaron las detenciones preventivas con motivo de la invasión de Playa Girón y gran parte de las personas detenidas en Santa Clara fueron custodiadas en el estadio de la Universidad. El servicio que Héctor Artze me prestó en las gestiones para la adquisición de las visas para sacar de Cuba a mi hijo Jorge y su familia nunca pude agradecérselo personalmente. Héctor murió relativamente joven.

Volviendo a Reinaldo Ruiz en Panamá, su nuevo negocio de venta de visas era muy tranquilo y le iba muy bien. Tenía una agencia de viajes llamada Columbia Tours, que formaba parte de un pequeño grupo de agencias en Panamá que tenían el privilegio de vender las visas que necesitaba todo el que deseaba sacar familiares de Cuba y llevarlos a Panamá para, después, generalmente, hacerlos llegar a Estados Unidos. Reinaldo Ruiz vendía esas visas, cobraba el precio, deducía su comisión y el resto lo entregaba a una persona de contacto con el régimen de Noriega. Los millones de dólares así obtenidos se repartían entre Panamá y Cuba, es decir, entre Manuel Noriega y Fidel Castro.

Un día, a Reinaldo Ruiz se le presentó una situación que debía resolver. Una sobrina suya quería salir de Cuba. Había un problema: tenía el propósito de salir sola, pero todavía no había cumplido los veintiún años de edad. Esta vez Reinaldo era el comprador, más bien que el vendedor, de la visa. Como su sobrina no era mayor de edad e iba a viajar sola, necesitaba que la autorizaran especialmente para abandonar el país. En los asuntos normales de ventas de visas había una tarifa estándar. Reinaldo lo único que tenía que hacer era cobrar el precio y deducir su comisión. Pero el caso de su sobrina era diferente. Reinaldo sabía que los cubanos exigían que se les restituyera lo que Cuba había invertido en darle una instrucción al que deseaba emigrar. "¡Sabe Dios lo que me pedirán esos bribones por ese permiso!" pensaba Reinaldo. Decidió entonces tratar su caso con una oficina cubana que se llamaba Interconsult, que se ocupaba de diversos asuntos, entre los cuales estaban las cuestiones de inmigración que presentaran problemas especiales. Como el lector habrá podido imaginarse, Interconsult era una oficina del Departamento MC en Panamá.

Reinaldo Ruiz fue a la oficina de Interconsult, que se encontraba en un lugar céntrico de la ciudad de Panamá, no muy lejos de su propia agencia de viajes. En Interconsult fue atendido por un empleado. Cuando comenzó a explicar su caso, el empleado le dijo que ese era un asunto especial que debía tratarlo con su jefe, y que tendría que esperar a que llegara porque no se encontraba en la oficina en ese momento. Reinaldo le preguntó cuándo llegaría su jefe. El empleado, dirigiéndose a un compañero le preguntó: "¿Tú sabes a que hora llega Ruiz Poo?", a lo que éste le respondió que regresaría en diez o quince minutos. Reinaldo apenas escuchó la respuesta. Lo que quedó grabado en su mente fue el nombre de la persona a que se refería la pregunta: ¡Ruiz Poo! Se sentó en una silla de la sala. Allí esperaría el tiempo que fuera necesario. ¿Sería posible lo que estaba pensando? Su padre tenía un primo hermano. Ambos vivían en la provincia de Pinar del Río. Reinaldo había dejado de ver a ese primo de su padre y su familia desde hacía muchísimos años y apenas sabía de su vida. ¿Sería posible que ese Ruiz Poo fuera un hijo o un familiar del primo hermano de su padre? Tras una espera de unos quince minutos, la pregunta que durante ese tiempo daba vueltas en la cabeza de Reinaldo recibió una respuesta positiva: ¡Ruiz Poo era primo suyo! Su nombre era Miguel Ruiz Poo.

Así surgió una amistad provechosa para ambos primos. Comprendieron que sus actividades y capacidades eran complementarias y comenzaron a ayudarse mutuamente. Reinaldo ayudó a su primo Miguel en la adquisición de computadores y otros equipos, obteniendo los mejores precios y toda clase de rebajas; se hicieron los primeros envíos de esos artículos, que el régimen castrista se procuraba de este modo para burlar el bloqueo económico decretado por Estados Unidos.

Reinaldo Ruiz conocía el negocio de las drogas y ya había realizado algunas operaciones de ese género. Inclusive, los órganos de seguridad cubanos lo tenían fichado como elemento involucrado en esas actividades. Ahora, una vez familiarizado con el mecanismo utilizado por el Departamento MC para burlar el bloqueo económico americano, Reinaldo vio abierto un extenso horizonte y, al cabo de unas semanas, cuando las relaciones de amistad y confianza con su primo se afianzaron, le sugirió el gran negocio de la vida: servirse de los medios de que disponía el Departamento MC para introducir drogas en Estados Unidos. "Cuando ese negocio esté andando, los millones de dólares que se ganarán serán tantos, que las operaciones del Departamento MC parecerán negocitos de pesos y centavos", dijo a su primo.

Reinaldo Ruiz presentaba en una forma atractiva y convincente, a su primo Miguel, el cuadro del narcotráfico a gran escala a través de Cuba. Su mujer, Ligia, era colombiana y tenía magníficas relaciones con Gustavo Gaviria, quien, además de ser primo hermano de Pablo Escobar, el jefe del cartel de Medellín, era uno de sus más importantes colaboradores financieros. Para empezar, le propuso hacer una prueba, y le ofreció poner a su disposición dos pequeños aviones y, como piloto, a su hijo Rubén, que residía en la Florida y recientemente había obtenido la licencia para pilotar aviones de turismo. Si se permitía que aviones trajeran la droga a Cuba, los experimentados lancheros de Miami y el sur de la Florida la introducirían en Estados Unidos sin gran dificultad. Reinaldo Ruiz conocía a algunos de ellos, pues, en ocasiones, había utilizado sus servicios. Por otro lado, el Departamento MC había oído hablar de algunos de ellos, pues sus agentes los habían utilizado para burlar el bloqueo económico impuesto por los americanos.

Miguel Ruiz Poo no se atrevía a dar el primer paso en el camino del tráfico de drogas sin haber consultado y recibido el visto bueno, no sólo de sus superiores inmediatos, sino también de altos dirigentes que estuviesen en contacto directo con la cumbre, la cual, en Cuba, estaba constituida por una sola persona o, como máximo, por dos personas: Fidel Castro y Raúl Castro, Ministro de las Fuerzas Armadas Revolucionarias y, más que seguidor y servidor, un idólatra de su hermano Fidel. Miguel y su primo Reinaldo estaban en Panamá, y ese asunto era de los que debían tratarse en La Habana. Había que buscar el camino conveniente para plantear el asunto en el nivel adecuado. Si no se encontraba, más valía continuar con los asuntos usuales del Departamento MC, que no dejaban de ser atractivos. Un día Miguel se enteró de que su superior inmediato en el Departamento MC, el Mayor Amado Padrón Trujillo, venía a pasarse unos días en Panamá. Es verdad que Padrón estaba lejos de pertenecer a la *cumbre*, pero era un hombre de experiencia, activo, muy reservado, y nada se perdía si, discretamente, lo exploraba en cuanto a este asunto.

Miguel Ruiz le planteó a Amado Padrón la posibilidad de realizar operaciones de tráfico de drogas. Éste le hizo las consabidas advertencias de lo peligroso que era ese asunto, no obstante lo cual aceptó reunirse y conversar con el primo de Miguel. En efecto, los tres personajes se reunieron al día siguiente en un restaurante y conversaron. Reinaldo Ruiz explicó detalladamente su plan a Padrón y agregó: "Ustedes lo único que tienen que hacer es dejarme unas horas en Cuba, con mi gente. De todo lo demás me encargo yo. ¡Y empiezo poniéndoles en la mano el dinero, constante y sonante!". La conversación en el restaurante terminó con unas palabras de Amado Padrón que eran de esperarse: "No les prometo nada. Esto hay que tratarlo primero *arriba*. Nosotros aquí no podemos decidir nada. Si acordamos algo, estamos fritos. Cualquier cosa que haya, les aviso enseguida y ustedes vienen a La Habana".

Dos semanas después, Miguel Ruiz Poo y Reinaldo Ruiz eran recibidos en el aeropuerto de La Habana por el Mayor Amado Padrón. Reinaldo Ruiz fue instalado en el hotel Comodoro, y acogido por las autoridades cubanas con todas las atenciones imaginables. A los dos o tres días, su primo Miguel vino a recogerlo al hotel, pues ese día tenían una reunión con un alto funcionario del Ministerio del Interior: Antonio ("Tony") de la Guardia, el jefe del Departamento MC. La reunión se celebró.

En cuanto al lugar, la forma y lo que se trató en esta reunión se han hecho descripciones muy diversas, pero lo cierto fue que Tony de la Guardia, con gran naturalidad, trató con Reinaldo Ruiz sobre la introducción de drogas en Cuba y su traspaso a lancheros de

Miami. Se cuenta que Reinaldo Ruiz, con mucho tacto, preguntó directa o indirectamente a Tony de la Guardia si "el señor" (refiriéndose a Fidel Castro) estaba enterado de este asunto, y aquí vienen las distintas versiones. En todas las versiones se acepta que Tony de la Guardia le expresó, o dio a entender a Reinaldo Ruiz, que Fidel Castro, o al menos su hermano Raúl, habían autorizado la operación. La versión oficial cubana niega rotundamente este punto concreto y sostiene que, precisamente, el proceso contra los acusados por estos y otros delitos comenzó cuando los hechos fueron descubiertos por los órganos de seguridad cubanos, y que el fusilamiento del General Arnaldo Ochoa, el Coronel Antonio de la Guardia, el Capitán Jorge Martínez Valdés y el Mayor Amado Padrón Trujillo fue una consecuencia del descubrimiento de esas operaciones. En otras versiones se expresa que la circunstancia de que Tony de la Guardia le haya o no confirmado a Reinaldo Ruiz que Fidel o Raúl Castro habían apoyado, autorizado, permitido, o sencillamente "dado luz verde" a la operación es intrascendente, porque, tanto Fidel Castro, como su hermano Raúl, tenían forzosamente que estar enterados de todo lo que estaba sucediendo en Cuba en relación con el tráfico de drogas, puesto que, con respecto a esto, ya habían aparecido en la prensa americana numerosas acusaciones. En cuanto al tráfico de drogas y la introducción de drogas en Estados Unidos, se acepta que Castro, en algunas ocasiones, había permitido que aviones que transportaban drogas a ese país sobrevolaran Cuba por los corredores establecidos internacionalmente, pero que no había permitido, y tenía expresamente prohibido, que las drogas fueran depositadas en territorio cubano.

La primera operación de tráfico de drogas organizada por Reinaldo Ruiz se efectuó en enero de 1987. Se trataba de la introducción de 300 o 400 kilogramos de cocaína transportada por un avión que aterrizaría en Varadero, donde sería descargada. El precio convenido por la operación era 300 000 dólares. Un lanchero conocido por "el Guajiro González" fue a Varadero, desde la Florida, en su embarcación. La operación fracasó porque el avión que transportaría el cargamento de cocaína nunca llegó a Varadero.

Reinaldo no se descorazonó por este fracaso y organizó su segunda operación. En esta ocasión se trataba de la introducción de 300 kilogramos de cocaína y el precio convenido era 320 000 dólares. Esta vez el avión, pilotado por Rubén Ruiz, asistido por un copiloto norteamericano aterrizó en Varadero, se descargó la cocaína, envasada en paquetes semejantes a los de los cigarrillos Marlboro, y fue custodiada en una casa de la urbanización turística llamada Villa Tortuga, situada en el antiguo reparto Kawama. Los lancheros llegaron en una embarcación al mando del Guajiro González, acompañado de otros dos traficantes de drogas, uno de los cuales se conocía por "el Abuelo". El Guajiro González llevaba un maletín que contenía 150 000 dólares, y que entregó a un hombre de confianza del Mayor Amado Padrón, quien lo haría llegar a Tony de la Guardia. Los lancheros embarcaron la cocaína y emprendieron el viaje de regreso. El cargamento debía traspasarse a una segunda embarcación. Sin embargo, esas dos embarcaciones nunca se encontraron. Ante esa situación, el Guajiro González decidió continuar el viaje y llegar a Miami. En el camino, la embarcación fue interceptada, perseguida y capturada por un guardacostas americano. En el curso de la persecución, los lancheros lanzaron por la borda 206 bolsas con cocaína, cada una de las cuales pesaba un kilogramo y, cuando fueron capturados, todavía quedaban 96 bolsas en la embarcación. Por otro lado, Rubén Ruiz, el piloto, cometió un grave error, tal vez por inexperiencia. Al volar hacia la Florida en su viaje de regreso, aterrizó en el aeropuerto de Fort Lauderdale. El error consistió en que informó que había tenido que aterrizar en Cuba para reparar su avión. Esto despertó sospechas en las autoridades americanas, porque todo avión proveniente de Cuba está obligado a aterrizar previamente en el aeropuerto internacional de Miami. Esto se advertía a todos los pilotos que despegaban de Cuba con destino a Estados Unidos, pero Rubén Ruiz no lo sabía. Eso significaba que el viaje a Cuba de ese avión era sospechoso. Los aduaneros practicaron un minucioso registro del avión, pero, aparte de la omisión del previo aterrizaje en el aeropuerto internacional de Miami, no encontraron nada ilegal o anormal. No obstante, las sospechas no se disiparon. Desde entonces, el Cesna de Reinaldo Ruiz fue vigilado con mayor atención.

Reinaldo Ruiz emprendió la realización de una tercera operación. Esta vez se trataba de la introducción de 500 kilogramos de cocaína en Estados Unidos. A través de su primo Miguel pidió permiso a La Habana para iniciar la operación; dos semanas más tarde recibió el visto bueno. Su hijo volvería a actuar como piloto, pero esta vez sería acompañado de un nuevo copiloto llamado Hu Chang. Este era un chino de Taiwán que se dedicaba a este tipo de actividades. El precio de la operación era 320,000 dólares. Reinaldo organizó el encuentro de manera que primero llegara a Varadero el Abuelo con la embarcación y el dinero, y después el avión con la cocaína. Así fue como ocurrió. Cuando llegó el avión, la mercancía, que estaba empacada como si se tratara de computadores, fue cargada en la embarcación del Abuelo y éste entregó a Amado Padrón (que esta vez asistió personalmente al encuentro en Varadero) un maletín con 320,000 dólares en efectivo, quien, a su vez, posteriormente, lo entregó a Tony de la Guardia. La embarcación partió con rumbo norte y a los dos días la cocaína estaba en Miami. Esta vez no hubo contratiempos. Además, para finiquitar los arreglos, compensaciones y comisiones entre la *gente de arriba*, el Teniente Coronel de la Policía del Ministerio del Interior, Alexis Lago Arocha, fue a Panamá, visitó a Reinaldo Ruiz y éste, según lo convenido, le entregó 40 000 dólares, cantidad que se había reservado para gastos y que Alexis Lago debía entregar a Tony de la Guardia. De estos 40 000 dólares, Alexis Lago, también según lo convenido, se quedó con 20 000 y, cuando regresó a La Habana, entregó el resto a Tony de la Guardia. La operación había resultado perfecta. Sin embargo, como veremos, cien por ciento perfecta no lo había sido.

Cuando Reinaldo Ruiz contrató a Hu Chang como copiloto de la operación, no sabía nada de la vida de este chino, la cual hubiera podido servir de base a un libro de aventuras. Hu Chang había sido piloto en la antigua Fuerza Aérea de la China Nacionalista y había servido en casi todas las guerras que tuvieron lugar en el sudeste de Asia. En la guerra de Vietnam había trabajado como piloto para la CIA, y se jactaba de haber pilotado el último avión que despegó de Saigón cuando los americanos abandonaron ese país. En los años del decenio de 1970 Hu Chang era Comandante de la Fuerza Aérea de Taiwán. En 1978 se le ocurrió visitar clandestinamente a su madre, que vivía en la China comunista, a quien no veía desde hacía más de treinta años. Los taiwaneses se enteraron de esto, lo acusaron de traición, le celebraron un juicio en rebeldía y lo condenaron a muerte. Ante esa situación se refugió primeramente en Tailandia y, posteriormente, sin un centavo en el bolsillo, logró entrar en Estados Unidos. No tardó mucho en tener problemas con la justicia. En 1979 lo detuvieron porque había conducido un avión repleto de marihuana sobre Carolina del Norte, y lo condenaron a una pena de cinco años de prisión, seguida de la deportación. Después de cumplida la mitad de la pena, solicitó la libertad provisional, se la concedieron, y entonces pidió asilo político. Parece que los americanos se apiadaron de este hombre que se había quedado sin país. No podían deportarlo a Taiwán, porque allí estaba condenado a muerte. Le leyeron una cartilla más larga que el Cuento de las Mil y Una Noches, pero terminaron dándole el asilo político. Probablemente debido precisamente a eso, nunca dejó de estar en contacto con la CIA.

Hu Chang era genuinamente anticomunista y, desde que Reinaldo Ruiz le planteó el asunto del transporte de drogas a Cuba, para introducirlas en Estados Unidos, vio una magnífica oportunidad para mejorar sus relaciones y hacer méritos con la CIA facilitando a los americanos pruebas de tales actividades de narcotráfico en Cuba. Chang había trabado amistad con Gene Francar, un eficiente agente de la Administración para la Aplicación de las Disposiciones sobre Drogas (DEA, *Drugs Enforcement Administration*), quien aceptó el ofrecimiento de Hu Chang, instaló un buen número de micrófonos en la oficina de éste y grabó centenares de metros de cinta con las más comprometedoras conversaciones de Reinaldo Ruiz. Francar advirtió a Hu Chang que de ninguna manera debía despegar del aeropuerto internacional de Miami y volar hacia Colombia para recoger las drogas, pues ya había pruebas suficientes para procesar a Reinaldo Ruiz y su hijo, a quienes él arrestaría en el aeropuerto en esa misma ocasión. Ese día Francar y otros agentes de la DEA estaban en el aeropuerto preparados para intervenir. Sin embargo, cuando Rubén Ruiz y Hu Chang se disponían a sacar el avión del hangar, se percataron de que había que hacerle unas reparaciones. Las reparaciones duraron varias horas. Francar, al ver que pasaba el tiempo y el avión no salía del hangar, creyó que la operación se había anulado, o suspendido para otro día, y se fue del aeropuerto. Cuando, horas después, terminadas las reparaciones, Rubén Ruiz y Hu Chang sacaron el avión del hangar y comenzaron las maniobras para despegar, Hu Chang miraba en todas direcciones, pues esperaba ver las señales de los agentes de la DEA para conminarlos a que se detuvieran, lo que no ocurrió. Rubén Ruiz y Hu Chang despegaron con rumbo a Colombia, recogieron la droga en ese país, y aterrizaron con ella en Varadero, como ya sabemos. Desde ese día, el destino de Reinaldo Ruiz quedó sellado.

Reinaldo Ruiz no organizó ninguna otra operación en ese año 1987. Antes de las mencionadas operaciones organizadas por Reinaldo, se había realizado una operación que debía producir 100 000 dólares, pero fracasó. Tenía por objeto introducir un cargamento de marihuana en Estados Unidos, pero hubo muchas complicaciones. Un barco había salido de Jamaica con un cargamento de marihuana y se había quedado sin combustible. Personal oficial cubano le suministró combustible y permitió que el barco continuara hasta el cayo Bahía de Cádiz, en la costa norte de Cuba, donde el barco y sus ocupantes pasaron unos veinte días; se pagaron 30 100 dólares por el petróleo y ciertas atenciones. Lo que ocurrió, exactamente, en esta primera operación no quedó aclarado en el juicio celebrado a Ochoa y a los demás acusados. Según las actas del mencionado juicio, después de las operaciones de tráfico de drogas organizadas por Reinaldo Ruiz se realizaron unas quince operaciones más, organizadas por otros traficantes.

El domingo 28 de febrero de 1988 Reinaldo Ruiz llegó al aeropuerto Omar Torrijo de Panamá con su nueva esposa, una joven muy atractiva llamada Colette, a quien había conocido en el círculo de las muchachas que trabajaban o se desenvolvían en relación con las actividades del Departamento MC, dirigido por Tony de la Guardia. Cuando presentó su pasaporte para pasar el puesto de control, fue abordado por un oficial de las Fuerzas Armadas panameñas, quien le dijo secamente que existía contra él una orden de detención por el delito de tráfico de drogas y debía acompañarlo a las oficinas del Departamento Nacional de Investigaciones, que era la policía secreta del General Manuel Noriega y se conocía por las siglas DENI. De momento, Reinaldo Ruiz no le dio mucha importancia a este incidente, pues el jefe del DENI era el Coronel Nivaldo Madriñán, que, precisamente, era uno de los socios de Reinaldo en el negocio de las ventas de visas. Reinaldo creía que el Coronel Madriñán lo liberaría rápidamente de ese pequeño incidente. Se equivocaba. En el DENI le tomaron sus impresiones dactilares y lo fotografiaron como a cualquier otro delincuente. Cuando exigió que lo llevaran ante el Coronel Madriñán, ni caso le hicieron. Reinaldo dio instrucciones a su esposa Colette para que llamara a Tony de la Guardia. Era domingo, y ya empezaba a anochecer. Tony de la Guardia no estaba ni el Departamento MC, ni en su casa. Reinaldo no tuvo suerte. El que la tuvo fue el gobierno cubano. Si este incidente no hubiera sucedido un domingo o si Colette hubiera podido comunicarse con Tony de la Guardia, seguramente éste habría hecho alguna gestión con Noriega o las autoridades panameñas, lo que probablemente habría dejado algún rastro y habría podido ser utilizado posteriormente por las autoridades norteamericanas para probar la participación del gobierno cubano en el narcotráfico. Todo funcionó como un mecanismo de reloj, pero en contra de Reinaldo Ruiz. Al día siguiente lo llevaron al aeropuerto. ¡El Coronel Madriñán no estaba allí ni por asomo! Un funcionario de la DEA se hizo cargo de Reinaldo y aseguró su desembarco en el aeropuerto internacional de Miami.

En esos días cundía el pánico en Panamá. Hacía pocas semanas, un Gran Jurado (*Grand Jury*) en Miami había procesado al General Manuel Noriega por tráfico de drogas. Las noticias relacionadas con este acontecimiento se difundieron rápidamente por todo el mundo. El gobierno de Panamá, empezando por Noriega, comenzó a obrar con más cuidado en todo lo relativo al narcotráfico. Una de las primeras cosas que hizo fue cortar toda relación con Reinaldo Ruiz: dejaron que se las arreglara como pudiera con la DEA. En febrero de 1988 también fue procesado por tráfico de drogas Rubén Ruiz, el piloto hijo de Reinaldo. Las acusaciones de tráfico de drogas iban concentrándose en el Ministerio del Interior y el Departamento MC. Tony de la Guardia comenzó a preocuparse seriamente. Acusaciones de tráfico de drogas ya se habían formulado antes contra Fidel Castro, pero éste siempre había logrado rechazarlas alegando que tenían una motivación política. Pero, ahora, esto le iba a resultar más difícil. Las autoridades americanas podían probar que drogas colombianas habían pasado por el territorio cubano antes de ser reencaminadas hacia Estados Unidos.

En el proceso que se le seguía a Reinaldo Ruiz en Estados Unidos, el punto más fuerte en que se basada la acusación por tráfico de drogas era su conexión con Tony de la Guardia. Reinaldo no había participado materialmente en ninguna operación. Su abogado le hizo ver que si desaparecía la influencia de Tony de la Guardia en el Ministerio del Interior, a cuyo cargo estaba José Abrantes, quien figuraba en muchos informes de la DEA como el jefe del narcotráfico en Cuba y con quien Reinaldo Ruiz nunca había tenido contacto, su absolución, o el beneficio de una corta condena y una rápida puesta en libertad provisional no serían muy difíciles de obtener. Para eso debía convencer a Tony de la Guardia de que los destinos de ambos estaban estrechamente ligados y de que, si no abandonaba el Ministerio del Interior, ambos estaban perdidos. En cuanto a esto, Reinaldo Ruiz tenía razón, pero sería muy difícil convencer a Tony de la Guardia de que debía abandonar el Ministerio del Interior. En esos días, Miguel Ruiz Poo (quien, presa de un miedo terrible, estaba en La Habana, en el Departamento MC) envió a su primo Reinaldo una cantidad de dinero que le debían por concepto de unas comisiones atrasadas. Este dinero lo utilizó Reinaldo Ruiz para enviar a Cuba, como emisario, a un hondureño, periodista en su país, de unos cincuenta y tantos años de edad, cuyo nombre era Félix. Este hombre hizo cuatro viajes a Cuba, se entrevistó con Tony de la Guardia, trató de persuadirlo para que abandonara el Departamento MC y el Ministerio del Interior, pero no lo consiguió.

Tony de la Guardia sabía que se encontraba en una situación sumamente delicada. No temía tanto la reacción de Fidel Castro, como la de su hermano Raúl, Ministro de las Fuerzas Armadas Revolucionarias. Estaba muy preocupado. Cuando se enteró de que Raúl Castro iba a realizar sus propias investigaciones sobre el tráfico de drogas, su preocupación se convirtió en miedo, en un miedo enorme, angustioso. Ya desde antes de que se produjera el procesamiento de Reinaldo Ruiz en la Florida, Raúl Castro se había quejado ante su hermano Fidel de la ligereza y la facilidad con que se distribuía el dinero entre los funcionarios del MININT, la cantidad de automóviles nuevos que éstos tenían a su disposición y los privilegios de que gozaban, sobre todo en cuanto al uso y tenencia de bienes adquiridos en el extranjero. Estaba ya en el ambiente un conflicto entre el Ministerio de las Fuerzas Armadas Revolucionarias (MINFAR) y el Ministerio del Interior (MININT). Si el conflicto llegaba a ver la luz, sería muy peligroso para el MININT, porque el jefe del MINFAR era Raúl Castro.

Raúl Castro desaprobaba desde hacía tiempo la conducta de muchos funcionarios del MININT, sobre todo la de los funcionarios del Departamento MC, pero cuando se enteró del discurso pronunciado por José Abrantes el 23 de marzo de 1989 con ocasión de una reunión de la Unión Nacional de Escritores y Aristas Cubanos (UNEAC) saltó de rabia. En un ambiente que, por su laxitud, sorprendió inclusive a sus dirigentes, que ya eran bastante liberales, Abrantes analizó con inusitada desenvoltura el papel que debían desempeñar los intelectuales en la Revolución. Raúl Castro se habrá preguntado: "¿Quién es Abrantes para establecer las reglas a que tiene que ajustarse el papel de los intelectuales en la Revolución?". Y se habrá respondido a sí mismo: "Eso suena a *perestroika* (reestructuración). Eso suena a *glasnost* (transparencia, translucidez, publicidad)".

Raúl Castro estaba concentrando la vigilancia sobre el MININT, especialmente sobre Tony de la Guardia. A fines de mayo de 1989 se enteró de que, el domingo 28 de dicho mes, el Ministro de Transporte Diocles Torralba iba a ofrecer, en su casa, una comida a la que asistirían varios amigos, entre los cuales estaban el General de División Arnaldo Ochoa, y el General de Brigada Patricio de la Guardia, además de su hermano mellizo Tony de la Guardia, que era yerno de Diocles Torralba, pues estaba casado con la hija de éste, María Elena. También asistirían otros funcionarios del MININT. Diocles Torralba, al igual que Ochoa, había estudiado en la Escuela Militar de Frunze, en la Unión Soviética. Ese domingo, el General Diocles Torralba iba a demostrar a sus amigos la pericia que había alcanzado en el arte culinario, de lo cual presumía. El propio General Diocles Torralba cocinaría la comida. Unos días antes de aquél en el que se celebraría dicha comida, Raúl Castro ordenó a un equipo de expertos en la vigilancia personal que instalara micrófonos en la casa de Torralba, lo que se hizo, no sólo en su interior, sino también en lugares apropiados en su exterior. La comida fue muy animada. Se bebió y también se habló mucho. Aunque no se produjo ninguna conversación subversiva, sí se hicieron críticas al gobierno. En muchas conversaciones se reflejaba un estado de escepticismo y de falta de confianza en el futuro del país.

Al día siguiente, Raúl Castro leyó detenidamente las transcripciones de las conversaciones captadas. En este grupo de oficiales disgustados vio un grupo de oficiales que podían ser infiltrados por los servicios de inteligencia americanos y persuadidos para que pasaran de un estado de frustración general a peligrosas acciones concretas que podrían llegar a la rebelión abierta. Los oficiales de alta graduación no debían criticar al gobierno, sino, todo lo contrario, ser sus más firmes defensores, pensaba Raúl Castro. Estaba decidido a tomar medidas de disciplina fuertes, rigurosas y ejemplares.

Detención de Ochoa

Raúl Castro tenía que resolver el problema de Ochoa antes de un mes, pues para esa fecha se había anunciado que se le conferiría el mando del Ejército del Oeste, además del mando del Ejército del Centro, que él ya tenía. El lunes 29 de mayo de 1989, Raúl Castro lo citó a una reunión en su despacho. Allí tenía tres expedientes cada uno de los cuales contenía documentos relacionados con una serie de acusaciones. El primero se refería a las acusaciones formuladas por una joven llamada Patricia de la Cruz, que era hija de una pianista del cabaré Tropicana, y que acusaba a los Generales Arnaldo Ochoa y Patricio de la Guardia de forzarla a realizar actos sexuales. Esta era una acusación "fea", pero no de las más importantes. El segundo expediente se refería a acusaciones relacionadas con negocios ilícitos realizados por el General Ochoa en Angola. Y el tercero contenía las transcripciones de las conversaciones grabadas en la comida ofrecida en la casa de Diocles Torralba. En esta reunión Raúl Castro prefirió estar acompañado por los Generales Abelardo Colomé Ibarra y Ulises Rosales del Toro. Esta reunión se ha reseñado de diversas formas. Lo cierto es que Raúl Castro acusó a Ochoa de traición, y le dijo que se había decidido no nombrarlo jefe del Ejército del Oeste.

Raúl Castro temía que Ochoa desertara y se escapara de Cuba, y ordenó que fuera vigilado permanentemente durante las veinticuatro horas del día. Desde ese momento Ochoa supo que las cosas iban muy mal y le pidió a Raúl que le permitiera hablar a solas con él. Raúl lo citó para la mañana del viernes 2 de junio. La entrevista se celebró a solas. Ochoa le dio explicaciones sobre cada una de las operaciones comerciales realizadas y el destino del dinero percibido. Aparentemente Raúl aceptó sus explicaciones y ambos se despidieron en buenos términos. No obstante, Ochoa notó que continuaban siguiéndolo a dondequiera que iba. Además, se enteró de que el General Cintra Frías, que lo había sucedido en Angola, había sido convocado por Fidel Castro para que asistiera a futuras reuniones al respecto. El viernes 9 de junio Ochoa fue citado para que se presentara en la oficina de Raúl Castro en el MINFAR. La reunión fue violenta. Raúl Castro lo acusó abiertamente de traidor. Ochoa se indignó y montó en cólera. Sobre las palabras exactas que se intercambiaron existen las versiones más diversas. La reunión terminó cuando Raúl Castro ordenó que se lo llevaran preso.

A partir de este instante, dos personas actuaron con suma coordinación y precisión: Fidel y Raúl Castro. La voz cantante la llevaría uno solo: Fidel. Ochoa sería acusado de crímenes contra la moral y de corrupción. Tony de la Guardia sería acusado de esos mismos crímenes. Ambas causas se acumularían y en ellas se incluiría a todos los que resultaran acusados. Además, el procedimiento serviría como un contundente instrumento que demostraría a la opinión pública mundial hasta qué punto Cuba era un firme defensor de la humanidad contra el tráfico de estupefacientes. Por otro lado, el Ministerio del Interior sería limpiado de arriba a abajo.

El sábado 10 de junio fue un día muy raro para Ochoa. Ya había pasado la primera noche en detención. Ahora, de pronto, a las diez de la mañana, le comunican que le han dado permiso para pasar el fin de semana en el centro de que dispone el MINFAR en Topes de Collantes, provincia de Las Villas, para las vacaciones de sus miembros. Le permitieron llevar a una persona y Ochoa escogió a Michelle, su concubina nicaragüense. El lunes 12 de junio, a las ocho y media de la mañana, Arnaldo Ochoa y Michelle regresaron a La Habana. Ochoa no sabía qué hacer. ¿Debía reportar a Raúl Castro? ¿Podía regresar a su casa, o ir a otra parte? Pidió al chofer que lo llevara a la casa de Patricio de la Guardia.

Cucusa, la mujer de Patricio, le dijo que éste y Tony estaban en la oficina de Amado Padrón, muy cerca de allí. Ochoa fue a la oficina de Padrón, donde encontró a los hermanos De la Guardia. Como a las nueve de la mañana, los cuatro oficiales tomaron el auto de Tony de la Guardia, se dirigieron al pequeño puerto, a las afueras de Jaimanitas, donde tienen su base los Guardafronteras, y comenzaron a caminar en dirección a los muelles. Entre los barcos allí amarrados estaba una lancha rápida que el Ministerio del Interior había confiscado a contrabandistas unas semanas antes. Tony de la Guardia tenía un juego de llaves de esa lancha. Después de conversar unos momentos en el muelle, frente a la lancha, Tony de la Guardia invitó a sus amigos a montar en ella, se sentó en el puesto de mando de la misma, arrancó el motor y pidió a Amado Padrón que soltara las amarras de la embarcación al muelle. En ese momento, por un altavoz cercano se oyó un mensaje de alerta señalando la presencia de cuatro sospechosos que habían abordado un barco. Inmediatamente, Tony de la Guardia tomó el radioteléfono de la embarcación, se identificó y aclaró que había venido a echarle un vistazo a un barco que él mismo había entregado personalmente al General de Brigada Pascual Martínez Gil, y que no tenían el propósito de ir a ninguna parte. Pocos minutos después, los cuatro oficiales regresaban a La Habana. Su última oportunidad de escapar había sido bloqueada y, lo que era peor, había sido prevista.

Ese lunes 12 de junio era importante para los mellizos De la Guardia, pues a las doce de la noche comenzaría el día del aniversario de su nacimiento. Patricio y su esposa Cucusa sabían que la situación no era prometedora, pero nada perdían si seguían el viejo proverbio de "a mal tiempo buena cara". Esa noche tenían preparada una buena comida, a la que asistirían sus amigos. Tony vendría seguramente y, a las doce de la noche se brindaría y se les felicitaría por el cumpleaños. Durante el día, Cucusa había llamado varias veces a casa de Tony para recordarle que tenía que venir a la comida, pero no había podido comunicarse con él. Inclusive, había llamado a Michelle, la joven amante de Ochoa, y ésta le había dicho que Arnaldo había sido convocado para una reunión urgente a las ocho de la noche en el MINFAR.

Ya eran las ocho de la noche. Muchos de los invitados habían llegado, pero aún no Tony. Al poco rato sonó el teléfono. Era María Elena, la esposa de Tony, que llamaba para avisar que Tony había sido citado para una reunión en el MININT, y que todavía no había regresado. A los pocos minutos volvió a sonar el teléfono. Esta vez quien llamaba era la madre de los hermanos De la Guardia, y lo hacía para avisarle a Patricio que debía presentarse lo antes posible en el MININT. Patricio comprendió enseguida. Todo había terminado. Se despidió de su esposa y de los invitados, prometió regresar lo más pronto posible, y partió hacia el Ministerio del Interior. Ese mismo día fue arrestado Arnaldo Ochoa. Dos días después fueron arrestados Tony y Patricio de la Guardia y, subsiguientemente, todos los demás acusados.

Ochoa ante el Tribunal de Honor

Con respecto a esta forma adoptada para el inicio de lo que sería la Causa No. 1 de 1989 debe señalarse en primer lugar que el único de los acusados en la mencionada causa que debía comparecer ante el Tribunal de Honor de las Fuerzas Armadas Revolucionarias, o Tribunal de Honor Militar, era el General Arnaldo Ochoa. El plan de Fidel comenzaba por una demostración de poder en la cual, estarían, de una parte, como acusador principal, su hermano Raúl, los cuarenta y siete Generales o Almirantes de mayor graduación del país, los cuales se servirían de testigos designados únicamente por el gobierno, y de documentos establecidos por órganos y funcionarios del gobierno y, de otra parte, no todos los acusados, sino uno solo, Arnaldo Ochoa. Debe señalarse como una particularidad extremadamente importante de ese procedimiento que en el mismo no se imputaría ningún delito al acusado, sino, únicamente, cuestiones de honor, por lo cual (según este injusto, ilegal, aberrante y dictatorial argumento) ¡el acusado no tendría derecho a ser defendido por un abogado! Este razonamiento es absurdo. La necesidad de la presencia del abogado defensor es tanto más necesaria cuanto mayor sea el valor del bien que es objeto del procedimiento judicial. ¿Hay algo más valioso que el honor? No. Ergo, nunca es más necesaria la presencia del abogado defensor que cuando el objeto de un procedimiento judicial es el honor de una persona, en este caso, el honor del acusado, Arnaldo Ochoa.

Privar al acusado de un abogado defensor significaba que se le podrían retirar todos sus honores, medallas y condecoraciones, entre ellas el título de "Héroe Nacional", sin que tuviera derecho a ser defendido por un abogado ante ese tribunal. Entonces, después de haberse dictado una sentencia contra la cual no cabía recurso alguno, un hombre indefenso, pisoteado en su honor, ya está, de hecho, condenado en la Causa No. 1 de 1989, que se le siguió. Ese contundente golpe inicial estaba dirigido no sólo a Ochoa, sino también, como una seria advertencia, a toda la *nomenklatura* del aparato militar de la dictadura.

La parte dispositiva de la sentencia del
Tribunal de Honor Militar declaraba que dicho Tribunal

"RESUELVE

1) Proponer al Ministro de las FAR que eleve al Consejo de Estado:

    a) La solicitud de que sean retirados el Título Honorífico de Héroe de la República de Cuba y demás órdenes, medallas y condecoraciones conferidas.

    b) Que solicite al Presidente del Consejo de Estado y de Gobierno y Comandante en Jefe, la privación del grado de general de división y su expulsión deshonrosa de las FAR.

    c) Ponerlo a disposición del Tribunal Militar Especial, de acuerdo con lo establecido en el artículo 5 de la Ley de los Tribunales Militares para que sea juzgado por su alta traición a la patria, y que sobre él recaiga todo el peso de la ley, en correspondencia con la extrema seriedad de sus delitos.

2) Recomendar a los organismos políticos y a la Asamblea nacional, dada la gravedad de los hechos, su expulsión del Partido y por lo tanto de su Comité Central, así como privarlo de su condición de diputado de la Asamblea Nacional."

Juicio ante el Tribunal Militar Especial

El domingo 25 de junio de 1989 comenzó el juicio oral sumarísimo correspondiente a la Causa No. 1 de 1989. El Tribunal Militar Especial estaba presidido por el General de División Ramón Espinosa. Los otros dos miembros del tribunal eran Fabián Escalante Font y Julio Casas Regueiro, que también eran Generales de División. Como representante del Ministerio Fiscal actuó el General de Brigada Juan Escalona Reguera. Como defensores de los acusados actuaron, como abogados de oficio, otros militares de menor graduación. Los acusados eran: Arnaldo Ochoa Sánchez, Jorge Martínez Valdés, Antonio Rodríguez Estupiñán, Antonio de la Guardia Font, Amado Padrón Trujillo, Antonio Sánchez Lima, Leonel Estévez Soto, José Luis Pineda Bermúdez, Eduardo Díaz Izquierdo, Alexis Lago Arocha, Gabriel Prendes Gómez, Miguel Ruiz Poo, Rosa María Abierno Gobín y Patricio de la Guardia Font.

Fidel y Raúl Castro habían estudiado y discutido durante varios días la forma en que se iba a desarrollar "el proceso de Ochoa", especialmente cómo se iba a proceder después de que Ochoa hubiera pasado por la máquina de trituración moral que fue el Tribunal de Honor. Uno de los puntos más discutidos y analizados fue el de si se debía incoar una sola causa y acumular en ella todos los delitos, o dos causas, una contra Ochoa y sus colaboradores inmediatos y otra contra Tony de la Guardia y todos los acusados que, dentro de la nebulosa del Ministerio del Interior y el Departamento de Moneda Convertible, habían protagonizado las distintas operaciones de tráfico de drogas. Fidel y Raúl Castro consideraron que acumular todos los hechos delictivos en una sola causa era mucho más eficaz, pues facilitaría la implicación de Ochoa en muchas actividades en las que no había participado. Además,

Fidel y Raúl Castro no perdían de vista que "el proceso de Ochoa" no era un fin, sino un medio para hacer una limpieza general, empezando por el Ministerio del Interior. Por otra parte, Fidel Castro se daba cuenta de los peligros que para su supervivencia representaba lo que estaba sucediendo en el mundo en aquellos momentos. Gorbachov estaba tratando de introducir una nueva forma de gobierno en el que se prestaría más atención a los estados federados. Los generosos presupuestos soviéticos de los que se beneficiaba Cuba serían severamente restringidos. En esos días de crisis que Castro preveía, tendría que tener garantizada al máximo la cohesión de su aparato militar. Una sola causa, voluminosa, terminada por un castigo ejemplar, la consideraba indispensable. Además, la limpieza no terminaría en el Departamento MC. Sería mucho más grande. Había que terminar de limpiar el MININT y muchos otros ministerios más, sobre todo el de Transporte, ocupado por Diocles Torralba, el suegro de Tony de la Guardia.

En el juicio hubo muchas contradicciones en las declaraciones de los acusados y en las de algunos testigos, pero el Fiscal no tuvo gran dificultad para probar los hechos relacionados con el tráfico de drogas. Los hechos delictivos imputados en este juicio podían dividirse en dos grupos: los relacionados con Arnaldo Ochoa y los relacionados con Tony de la Guardia y el Departamento MC. Los hechos relacionados con Ochoa eran esencialmente los cometidos por el Capitán Jorge Martínez Valdés, que había logrado establecer contacto con el principal narcotraficante colombiano en aquella época, Pablo Escobar, y otros delitos de menor importancia como el constituido por la adquisición de algunos bienes personales y otras operaciones en el mercado negro angoleño, cuyo producto se aplicaba en parte para el mantenimiento de la tropa, aunque, en una menor proporción, Ochoa lo reservaba para sí. En cambio, las operaciones de tráfico de drogas relacionadas con las operaciones del Departamento MC eran enteramente destinadas al enriquecimiento personal mediante este comercio ilícito. En su informe final, el Fiscal Escalona Reguera solicitó la pena de muerte para siete acusados: Arnaldo Ochoa Sánchez, Antonio de la Guardia Font, Jorge Martínez Valdés, Amado Trujillo Padrón, Antonio Sánchez Lima, Alexis Lago Arocha y Eduardo Díaz Izquierdo, aclarando que no solicitaba esta pena para Patricio de la Guardia Font porque su conducta delictiva no estaba relacionada con el tráfico de drogas, que era el hecho más grave. Solicitó treinta años de privación de libertad para los acusados Patricio de la Guardia Font y Rosa María Abierno Gobín; veinticinco años de privación de libertad para Gabriel Prendes Gómez, Leonel Estévez Soto, Manuel Ruiz Poo y Luis Pineda Bermúdez; y quince años de privación de libertad para Antonio Rodríguez Estupiñán. El Fiscal solicitó también otras sanciones accesorias. Tras los informes de los abogados defensores nombrados de oficio, el juicio quedó concluso para sentencia. El viernes 7 de julio de 1989, el Tribunal Militar Especial dictó sentencia, en la que fueron condenados:

- a la pena capital los acusados Arnaldo Ochoa Sánchez, Antonio de la Guardia Font, Jorge Martínez Valdés y Amado Padrón Trujillo;

- a la pena de treinta años de privación de libertad los acusados Patricio de la Guardia Font, Antonio Sánchez Lima, Eduardo Díaz Izquierdo, Alexis Lago Arocha, Miguel Ruiz Poo y Rosa María Abierno Gobín;

- a la pena de veinticinco años de privación de libertad los acusados Luis Pineda Bermúdez, Gabriel Prendes Gómez y Leonel Estévez Soto;

- y a la pena de diez años de privación de libertad el acusado Antonio Rodríguez Estupiñán.

Ratificación de la sentencia por el Consejo de Estado

Esta sentencia fue objeto de un recurso de casación de oficio ante la Sala de lo Militar del Tribunal Supremo Popular, la cual, por sentencia del 8 de julio de 1989, declaró sin lugar el recurso interpuesto.

El domingo 9 de julio de 1989, a las tres de la tarde, los veintinueve miembros del Consejo de Estado se reunieron en el Palacio de Convenciones para tomar acuerdo sobre la ratificación de la sentencia dictada por el Tribunal Militar Especial, tal como había sido mantenida por la Sala de lo Militar del mencionado Tribunal Supremo Popular. El Consejo de Estado fue presidido por el Comandante en Jefe Fidel Castro Ruz.

Con relación a este acto, que fue presidido e íntegramente dirigido por Fidel Castro, y cuyas actas probablemente hayan sido revisadas aún con más cuidado por el propio Castro, nos permitimos hacer dos observaciones. En lo que respecta a los hechos por los cuales se radicó la Causa No. 1 de 1989 siempre, hasta entonces, se había hablado delitos de traición a la patria, corrupción y tráfico de drogas. Ahora, en esta reunión del Consejo, al hacerse alusión a la Causa No. 1 se habla por primera vez de que esta causa está radicada "por los delitos de *actos hostiles contra un Estado extranjero*, tráfico de drogas tóxicas y abuso del cargo". En efecto, en el libro "Vindicación de Cuba", editado por EDITORA POLÍTICA en 1989, en La Habana, en su página 336, aparecen las siguientes palabras iniciales de Fidel Castro, por las cuales da comienzo a esa sesión del Consejo de Estado:

> "Compañeros: El Consejo de Estado, dando cumplimiento a lo dispuesto en el artículo 483 de la Ley de Procedimiento Penal Militar, va a conocer de la sentencia dictada por el Tribunal Especial Militar, con fecha 7 de los corrientes, en la Causa No. 1 de 1989, por los delitos de actos hostiles contra un Estado extranjero, tráfico de drogas tóxicas y abuso del cargo, en la que se sancionó con la pena de muerte ... ".

Esta fue seguramente una de las revisiones que se introdujeron para asegurarse de que la acusación de actos hostiles contra un Estado extranjero figurara claramente desde el principio, lo cual no había ocurrido. Más adelante trataremos este punto, que es importantísimo desde la perspectiva del Derecho Penal y del Derecho Procesal Penal. Dicho sea de paso, el mencionado libro "Vindicación de Cuba" fue retirado de la circulación en Cuba poco después de haberse publicado, ya que las múltiples revisiones y maquillajes de los textos fueron insuficientes para ocultar la parcialidad, la injusticia y la ilegalidad de todo el proceso.

Con relación a esta reunión del Consejo de Estado deben señalarse dos aspectos muy interesantes. El primero es la serie de medidas extraordinarias que tomó Fidel Castro para garantizar que ninguno de los veintisiete miembros que componían el Consejo de Estado faltara a esta reunión. No se aceptó excusa alguna para dejar de asistir a la reunión. Un miembro del Consejo de Estado tan importante como Juan Almeida Bosque, que formaba parte de la Presidencia del Comité Central del Partido Comunista, y otro miembro del Consejo de Estado, Roberto Robaina, Primer Secretario de la Juventud Comunista de Cuba, que al día siguiente iban a partir hacia Pyongyang (Corea del Norte) en una misión oficial, fueron obligados, por orden expresa de Fidel Castro, a suspender el viaje y a asistir a la reunión del Consejo de Estado. De la misma manera, el Ministro de Educación José Ramón Fernández, tuvo que renunciar a un viaje oficial a Argentina con la finalidad de asistir a la toma de posesión del Presidente Ménem. El segundo aspecto a que aludimos es una verdadera monstruosidad jurídica. Las mismas palabras iniciales de Castro a que nos referimos anteriormente y que aparecen en el libro "Vindicación de Cuba" antes mencionado, continuaron de la manera siguiente:

> "El compañero Secretario irá nombrando a los miembros del Consejo de Estado para que emitan su opinión y voten".

Seguramente, al leer estas palabras con las que el presidente del Consejo de Estado abrió la sesión, algunos de los lectores se frotarán los ojos y volverán a leerlas. Pensarán que tiene que haberse producido un error de imprenta, o que el autor se equivocó. No es posible que se inicie un acto en el que se va a tratar sobre la ratificación de una sentencia en la que se han impuesto cuatro condenas a muerte y que el presidente de la reunión ordene que cada uno de los participantes, individualmente, sin una previa exposición, o al menos una lectura, de lo que se va a tratar, exprese su opinión sobre un caso que no se ha tratado en esa reunión, y que vote. La finalidad del proceso de Ochoa era precisamente esa. Cada miembro del Consejo de Estado debía solidarizarse con las penas impuestas en esa causa, especialmente con la pena de muerte impuesta a cuatro de los acusados, sobre todo la impuesta a Ochoa. No en balde, el libro "Vindicación de Cuba" fue retirado de la circulación en Cuba.

Ilegalidad de las condenas a muerte en el juicio de Ochoa

Desde mucho antes de las operaciones de tráfico de drogas, que comenzaron en el año 1987, las autoridades cubanas, y en particular los Guardafronteras habían capturado decenas de traficantes de drogas y les habían confiscado cantidades considerables de marihuana y cocaína, así como de otras drogas tóxicas, estupefacientes y sustancias psicotrópicas, y los tribunales les habían impuesto las sanciones previstas en las leyes aplicables a los delitos comunes. En el caso de Ochoa se quería hacer un gran escarmiento y se imputó a los acusados los delitos de corrupción y traición a la patria. Nunca, en el curso de la tramitación de esta causa, se había mencionado y mucho menos imputado a los acusados el delito de realizar actos hostiles contra un estado extranjero.

En la preparación de la acusación por el representante del Ministerio Fiscal, General de Brigada Juan Escalona Reguera, que era abogado (y quizás el propio Fidel Castro, que también lo era) se dio cuenta de que, aunque en Cuba podrían hacer libremente lo que más agradara al Comandante en Jefe, en el plano internacional tenían que obrar con más cuidado, porque en el presente caso no existía ningún fundamento jurídico para una sentencia de pena de muerte. En el Código Penal se consideraba como el delito merecedor de las penas más severas la traición a la patria, pero a Ochoa, y mucho menos a los otros acusados, no podía imputársele, y mucho menos probársele, el delito de traición a la patria, porque el móvil había sido el ánimo de lucro y la intención de obtener beneficios personales.

Fue por primera vez en el interrogatorio de los acusados cuando el Fiscal Escalona Reguera comenzó a hablar de *actos hostiles a otros países*, en algunas ocasiones. Escalona, sacó a relucir este punto con suma habilidad. Él conocía muy bien el artículo 110 apartado 2 del Código Penal Militar y sabía que su texto era el único sostén sobre el que podía basarse una condena a la pena de muerte. Dicho texto legal expresa:

> "Si, como consecuencia de los hechos previstos en el apartado anterior resultan las medidas de represalia contra Cuba, o las vejaciones o represalias contra sus ciudadanos, o la alteración de las relaciones diplomáticas, o la guerra, la sanción es de privación de libertad de diez a veinte años o *muerte*."

Desde una perspectiva exclusivamente jurídico-penal hay que reconocer que el Fiscal Escalona Reguera demostró una gran competencia. Escalona nunca mencionó una "medida de represalia contra Cuba", ni mucho menos "una alteración de las relaciones diplomáticas", ni una "guerra", como acciones causadas por los hechos delictivos imputados a los acusados, puesto que ninguno de esos actos se realizaron. En esa situación, Escalona echó mano a lo único que estaba a su alcance, a las "vejaciones", pero no mencionó ni una sola vejación concreta recibida por Cuba, o por un ciudadano cubano, sino que se refirió en general, sólo en el interrogatorio de algunos acusados, a las "miles de vejaciones sufridas por los ciudadanos cubanos". Con eso violó una regla esencial del Derecho Procesal Penal. Los hechos delictivos que se imputan a un acusado tienen que ser concretos y definidos. La imputación de hechos delictivos en forma indefinida, como por ejemplo, "se robó todo lo que encontró", "mató a mucha gente", "le dijo hasta del mal que iba a morir" no son imputaciones válidas de los delitos de robo (o hurto), homicidio, o injuria. La imputación de delitos en esa forma indefinida no es válida. Jurídicamente es inexistente.

Además, y esto es fundamental en el Derecho Procesal Criminal, la imputación de los delitos a los acusados debe realizarla el Fiscal antes del comienzo del juicio oral, es decir, en sus conclusiones provisionales, las cuales, a la terminación del juicio oral, podrán ser elevadas a definitivas o modificadas. En sus conclusiones provisionales, el Fiscal Escalona nunca mencionó el delito de *actos hostiles contra un Estado extranjero*. Nunca imputó ese delito a los acusados. Fue sólo dentro del juicio, en el interrogatorio de algunos acusados, cuando mencionó por primera vez ese delito. El delito de *actos hostiles contra un Estado extranjero* nunca fue imputado válidamente por el Fiscal Escalona. Por lo tanto, una condena por un delito que no ha sido imputado válidamente a un acusado es ilegal.

Aparte de esto, suponiendo que el Fiscal Escalona hubiera imputado en sus conclusiones provisionales el delito de *actos hostiles contra un Estado extranjero* (lo cual, como hemos visto, no lo hizo), los hechos, en la forma en fueron expuestos en el propio informe del Fiscal, no pueden ser sancionados con la pena de muerte. En efecto, puesto que los hechos que se le imputaron a Ochoa y a los otros tres acusados que fueron condenados a muerte no tuvieron por resultado una medida de represalia contra Cuba, ni una vejación o represalia contra un ciudadano cubano, ni una alteración de las relaciones diplomáticas, ni una guerra, los hechos imputados no constituyen el delito tipificado en el artículo 110 apartado 2 del Código Penal Militar. Por lo tanto, la condena a muerte de los acusados Arnaldo Ochoa, Antonio de la Guardia, Jorge Martínez y Amado Padrón es ilegal, inclusive en el sistema jurídico penal existente en Cuba cuando se dictó la sentencia.

Que en el proceso de Ochoa nunca se habló de *actos hostiles a otros países*, hasta que Escalona sacó a relucir ese aspecto por primera vez durante los interrogatorios a algunos acusados, salta a la vista, como lo demuestra el hecho de que en el apartado c) de la Parte Dispositiva de la sentencia de Tribunal de Honor se dispone que Ochoa sea juzgado por *su alta traición a la patria*, pero no dice que deba ser juzgado por el delito de *realizar actos hostiles a otros países*, a que se refiere el artículo 110 apartado 2 del Código Penal Militar. Para comodidad del lector, se reproduce aquí dicho apartado c) de la Parte Dispositiva de la sentencia del Tribunal de Honor antes citada:

> "c) Ponerlo a disposición del Tribunal Militar Especial, de acuerdo con lo establecido en el artículo 5 de la Ley de los Tribunales Militares *para que sea juzgado por su alta traición a la patria*, y que sobre él recaiga todo el peso de la ley, en correspondencia con la extrema seriedad de sus delitos."

En ningún lugar de la parte dispositiva de la sentencia dictada por el Tribunal de Honor se expresa que Ochoa deba ser juzgado por el delito de *actos hostiles a otros países*. Por lo tanto, la condena a la pena de muerte impuesta a Arnaldo Ochoa Sánchez y, con tanta más razón, las impuestas a Antonio de la Guardia Font, Jorge Martínez Valdés y Amado Padrón Trujillo, son ilegales.

No obstante, las penas de muerte fueron ejecutadas el miércoles 12 de julio de 1989.

Motivación de las condenas a muerte

Esta es una cuestión muy compleja en la cual las relaciones de amistad, confianza y reconocimiento que existían entre los hermanos Castro y Arnaldo Ochoa se fueron degradando poco a poco. En el curso del año 1987, Ochoa comprendió que una victoria militar definitiva contra las tropas de UNITA, que tenían su base en Namibia y estaban apoyadas por África del Sur, no era posible. Ochoa estaba bien informado. Mantenía excelentes relaciones de amistad con altos funcionarios y oficiales soviéticos, lo que se le facilitaba porque hablaba fluidamente el idioma ruso desde que estudió en la Academia Militar de Frunze. Sabía que tarde o temprano los rusos y los americanos se sentarían en una mesa para discutir sobre la retirada de las tropas cubanas de Angola y de las tropas sudafricanas de Namibia. Esto fue lo que sucedió, tras una visita de Gorbachov a Washington en diciembre de ese año. La situación de los cubanos en Angola no era ni buena, ni mala. Oficialmente tenían una magnífica posición; prácticamente, los asuntos importantes de Angola se resolvían en la Embajada cubana en Luanda. Sin embargo, la situación, de los cubanos ante los ojos del pueblo angoleño no tenía nada de envidiable. Angola ya había conseguido la independencia y sus habitantes lo que querían entonces era la paz. Muchos veían en los cubanos un obstáculo para la paz y no estaban motivados para luchar en los campos contra los guerrilleros de UNITA, y mucho menos contra las bien equipadas y entrenadas tropas de África del Sur. Fidel Castro, en cambio, soñaba con una victoria aplastante y definitiva, que, materialmente, no era posible.

Eso dio lugar a divergencias entre los hermanos Castro y el General Arnaldo Ochoa. La mayor parte de las veces Ochoa no cumplía totalmente las órdenes recibidas (y, a veces, ni siquiera parcialmente). Estas divergencias comenzaron a producirse desde que, en noviembre de 1987, Fidel y Raúl lo enviaron a Angola, como su mejor General, para que se hiciera cargo de la defensa de ese país, que, un mes antes, había sufrido una desastrosa derrota cuando las tropas angoleñas, a cuyo mando se encontraba el General soviético Chagnovich, habían tenido que retirarse, en desorden, a Cuito Canavale, un pueblo en la región central de Angola. En relación con la defensa de Cuito Canavale, las divergencias entre los hermanos Castro y Arnaldo Ochoa fueron monumentales, y demasiado frecuentes. Los mensajes del MINFAR recibidos por Ochoa eran cada vez más ásperos. La defensa de Cuito Canavale terminó con un resultado favorable a los cubanos, pero había llegado lo que Ochoa había previsto: la hora de terminar la guerra.

El 22 de diciembre de 1988, Estados Unidos, la Unión Soviética, África del Sur y Cuba firmaron, en la ciudad de Nueva York, un acuerdo sobre Angola, en el que se reconoció la independencia de Namibia. Las tropas sudafricanas tendrían que retirarse de Namibia, y las cubanas tendrían que evacuar Angola. A la reunión de Nueva York, Castro envió nueve Generales, pero no a Ochoa. Ese fue el primer signo de que Ochoa había caído en desgracia.

Había también otros problemas que no estaban relacionados con las nociones estratégicas y tácticas sobre la defensa de Cuito Canavale. Estos otros problemas tenían dos aspectos. Uno era de carácter general o, más bien, político. Este problema afectaba más a Fidel que a Raúl Castro. Fidel sabía las excelentes relaciones que mantenía Ochoa con los generales y altos funcionarios soviéticos y preveía, no tanto que la Unión Soviética desapareciera, como ocurrió, sino que se transformara en una federación que distribuyera más uniformemente la riqueza entre los países federados, frenara o atenuara los movimientos políticos en los países no alineados y restringiera la ayuda económica a Cuba. Si esto sucedía, un hombre como Ochoa, que había recibido el título de Héroe Nacional en 1980 y se había convertido en un combatiente internacionalista conocido, por las relaciones que tenía en la Unión Soviética, era peligroso. El problema con Raúl Castro era más personal. Podría casi decirse que tenía mucho de físico. Arnaldo Ochoa era un hombre de alta estatura, comparable a la de Fidel, mientras que Raúl era un hombre de relativamente baja estatura.

Las divergencias surgidas en relación con la defensa de Cuito Canavale habían contribuido a enemistarlo con Ochoa. Una cosa que le disgustaba sobremanera era algo que solía ocurrir cuando Ochoa se encontraba en La Habana y venían a Cuba, de visita, militares soviéticos de alto grado. Éstos, naturalmente, primero iban a saludar al Ministro de las Fuerzas Armadas Revolucionarias, pero, después de cumplida esta formalidad, visitaban frecuentemente la casa de Ochoa y asistían a comidas y fiestas que éste les ofrecía. Para Raúl, eso era insoportable. La enemistad entre ambos hombres continuó aumentando. Nació un odio profundo de Raúl Castro hacia Arnaldo Ochoa. Ya sabemos lo que pasó después.

Caso de Abrantes

El Ministro del Interior, General de División José Abrantes, no había sido mencionado, ni mucho menos incluido en la Causa No. 1 de 1989. Como se ha dicho antes, aparte de ser un hombre de la absoluta confianza de Fidel Castro, tenía con éste una estrecha relación de amistad. Era de los pocos amigos de Fidel Castro que lo tuteaban en reuniones en las que otros amigos personales de Castro no se atrevían a tratarlo de "tú", y se dirigían a él como Comandante en Jefe, o Presidente. No obstante, el destino del General de División José Abrantes estaba sellado, o muy comprometido, pues se encontraba en la mirilla de Raúl Castro. En el enfrentamiento entre el MINFAR y el MININT, el primero había ganado.

Para comerciar con drogas tóxicas no era necesario que las trajeran de Colombia. En Cuba había cantidades bastante grandes de drogas, que eran incautadas a narcotraficantes por los barcos y fuerzas guardafronteras. Esas drogas se distribuían a los hospitales y otros centros, para usos legales. Corría el rumor de que, en ciertas ocasiones, agentes del Ministerio del Interior vendían parte de esas drogas, en cantidades relativamente pequeñas, a traficantes que las introducían en otros países que no fueran Estados Unidos, con lo que se evitaba que la DEA los atrapara y determinara que las drogas provenían de Cuba. Esto puede haber ocurrido, o no, pero lo que sí es cierto es que, de acuerdo con las informaciones y los antecedentes sobre los que trabajaban las autoridades americanas, drogas procedentes de Cuba habían sido introducidas en Estados Unidos, y el jefe de esas operaciones era el Sr. José Abrantes, Ministro del Interior de Cuba.

Es difícil, por no decir imposible, suponer que Abrantes no supiera nada de las operaciones de tráfico de drogas que estaba realizando Tony de la Guardia. Es más lógico pensar que Abrantes estaba al corriente de todo lo que pasaba en su ministerio, especialmente en el Departamento MC, y que él se mantenía desconectado de la realización material de esas operaciones. No obstante, es cierto que en el juicio oral de la Causa No. 1 de 1989, Tony de la Guardia no implicó a Abrantes en ninguna de la veintena de operaciones de tráfico de drogas que se realizaron entre los años 1987 y 1989. Este es uno de esos puntos que nunca podrá determinarse con precisión. Una versión muy difundida entre los cubanos que se oponen a la dictadura castrista es que Tony de la Guardia fue visitado en la prisión por un oficial del régimen, a quién él conocía, y que le habló en los siguientes términos: "El Comandante no gana nada con que tú pierdas tu vida. Sólo quiere que todos cooperemos a salvar el nombre de Cuba. Tú lo has comprendido. Has comenzado bien. Tú puedes acusarte a ti mismo y a todos los que estén por debajo de ti, y puedes hacerlo dando todos los detalles que, a tu juicio, puedan contribuir a limpiar el nombre de Cuba. Por el contrario, nunca deberás mencionar, directa ni indirectamente, a nadie que esté por encima de ti. En primer lugar, porque eso es inútil. Todo lo que tú puedas decir sobre eso, el Comandante lo sabe. Si te mantienes en la línea correcta, como todos esperamos, tu vida no corre peligro".

Tony de la Guardia se mantuvo en esa línea. No obstante, perdió su vida.

A fines de julio de 1989, José Abrantes y tres antiguos funcionarios del MININT fueron arrestados. Abrantes fue acusado de negligencia o corrupción y de tolerancia de comportamiento corrupto. En esos días ya no era Ministro del Interior. Había sido reemplazado por el General de División Colomé Ibarra, hombre de la entera confianza de Raúl Castro. Se acusaba principalmente a Abrantes de no haber cumplido con su deber cuando, en febrero de 1989, había sido informado de las actividades de Tony de la Guardia relacionadas con el tráfico de drogas. Abrantes fue condenado a veinte años de prisión. Varios funcionarios del Ministerio del Interior, entre ellos militares de alta graduación, fueron condenados a largas penas de prisión; otros fueron descendidos de grado y obligados a aceptar el retiro.

La limpieza, como se ha dicho antes, se extendió a otros Ministerios. El Ministro de Transporte, General Diocles Torralba, suegro de Tony de la Guardia, fue arrestado, juzgado y condenado a veinte años de prisión. También fueron "limpiados" los Ministerios de Cultura, Agricultura y Obras Públicas, así como otros organismos como el Instituto de Turismo y el Instituto de la Industria Cinematográfica.

En enero de 1991, el antiguo Ministro del Interior y General de División José Abrantes, de cincuenta y ocho años de edad, se encontraba recluido en la cárcel de Guanajay, a unos cuarenta kilómetros al sudoeste de La Habana, donde cumplía la pena de veinte años de prisión que se le había impuesto. El lunes 21 de ese mes, Abrantes advirtió a sus guardianes que no se sentía bien y, dos horas después, sufrió un ataque cardíaco como consecuencia del cual perdió el conocimiento y cayó al suelo en su celda. En ese momento, el director de la prisión estaba ausente y los guardianes habían recibido órdenes estrictas de no abrir las celdas bajo ninguna circunstancia. Los presos en las celdas cercanas llamaron a los guardianes y como éstos se negaban a abrir la celda y prestar auxilio a Abrantes, comenzaron a golpear fuertemente los barrotes. Aproximadamente media hora después llegó el director de la cárcel, ordenó que abrieran la celda, sacaran al preso, y lo transportaran al hospital más cercano, para lo cual ofreció su propio automóvil. Abrantes respiraba todavía. Unos guardianes lo colocaron sobre una camilla y lo depusieron junto al automóvil del director. Cuando lo levantaron y trataron de acomodarlo sobre el asiento trasero se dieron cuenta de que el preso había fallecido. Así desapareció la última o, al menos, una de las pocas personas que sabía si Fidel y Raúl Castro tenían o no conocimiento de las operaciones de tráfico de drogas que estaba realizando el Departamento MC bajo la dirección de Tony de la Guardia.

A fines de diciembre de 1990, otro importante testigo de las operaciones de tráfico de drogas realizadas a través del territorio cubano, Reinaldo Ruiz, falleció en Estados Unidos. Estaba cumpliendo una pena de 17 años de prisión impuesta por un tribunal de Miami. En un pacto con la Fiscalía se había declarado culpable, con miras a obtener una sentencia benigna. Le impusieron una larga pena de privación de libertad. Colette lo había abandonado y se había mudado para Los Angeles. Reinaldo había estado muy mal de salud durante los últimos cinco o seis años. Estaba muy deprimido. Se sentía abandonado y traicionado. Su corazón no resistió más.

Decenio de 1990

En este decenio se produjeron hechos que culminaron en la desaparición de la Unión Soviética y causaron una profunda transformación en las relaciones internacionales.

Fin del comunismo en Polonia

El cambio de decenio de los años ochenta a noventa fue una época muy propicia para que el pueblo de Cuba se liberara de la dictadura castrista. Oscuros nubarrones estaban cubriendo completamente el horizonte de Castro. En Europa, tres polacos, que ocupaban posiciones totalmente diferentes y sin la menor coordinación entre sí, habían logrado asestarle el primer gran golpe al comunismo internacional. Estos tres polacos eran un electricista, líder obrero en los muelles de Gdansk, llamado Lech Walesa, un sacerdote católico llamado Karol Jósef Wojtyla, que en su ascenso en la jerarquía eclesiástica había alcanzado la posición de Cardenal, después la de Arzobispo de Cracovia y, en 1978, había sido elegido Papa de la Iglesia Católica Romana, con el nombre de Juan Pablo II, y un General del Ejército, Wojciech Jaruzelski, quien intervino en sentido opuesto, es decir, con el objeto de defender el sistema comunista; a principios de 1981. Jaruzelski, que ocupaba el cargo de Ministro de Defensa, fue nombrado, en respuesta a presiones ejercidas por la Unión Soviética, Primer Ministro de la República Popular de Polonia. La forma en que estos tres hombres actuaron, cada uno en defensa de los intereses que representaba, produjo como resultado la liberación de Polonia del yugo soviético. A fines del decenio se celebraron unas elecciones legislativas que permitieron poner punto final al comunismo en Polonia. En 1999 Polonia entró a formar parte de la OTAN y en 2004 de la Unión Europea.

Caída del Muro de Berlín

El bloque soviético estaba en un franco período de debilitamiento. Su situación económica empeoraba visiblemente. En Berlín muchos habían perdido la vida tratando de pasar a Berlín Occidental para alcanzar la libertad. El gobierno de un país del bloque soviético, Hungría, tomó una medida que, se puede decir sin temor a estar muy lejos de la verdad, contribuyó más visiblemente que toda otra a la caída del Muro de Berlín: redujo considerablemente las restricciones impuestas para atravesar la frontera que la separa de Austria, su vecino país. Desde antes de que tomara esta medida, Hungría estaba siendo prácticamente invadida por una enorme cantidad de alemanes del este, que esperaban obtener visas para pasar a Austria. El 23 de agosto de 1989, Hungría suprimió totalmente las restricciones y concedió visa de turista a todo ciudadano de la República Democrática Alemana que la solicitara, lo que le permitía atravesar libremente de Hungría a Austria, es decir, escapar de "la cortina de hierro". Pronto comenzó el éxodo. En septiembre de 1989 casi 15 000 alemanes de la RDA con visas de turista atravesaron la frontera entre Hungría y Austria. Eso dio lugar a una serie de manifestaciones en toda la RDA. El jefe del gobierno de la RDA era Erich Honecker, un hombre ya de cierta edad, quien, en ocasiones anteriores había utilizado la mano dura. Honecker se dio cuenta de que la situación, dado el estado a que había llegado, requería una mano aún más dura que la suya, como era la de Egon Krenz. En aquella época, en la República Democrática Alemana, Egon Krenz era un verdadero "espantapájaros", a quien todos temían. Era un hombre enérgico, que había sido jefe de la Juventud Comunista. El 18 de octubre Honecker renunció y recomendó que en su lugar se nombrara a Egon Krenz.

En la República Democrática Alemana sucedió entonces algo muy interesante: las manifestaciones arreciaron y, a principios de noviembre de 1989, más de un millón de alemanes del este se congregaron en la (plaza) *Alexander Platz*, en Berlín Oriental. Por otra parte, Egon Krenz comenzó a hacer concesiones mucho más amplias que las que había hecho Erich Honecker: permitió inclusive que los alemanes del este salieran también por la frontera con Checoslovaquia.

Este proceso continuó a gran velocidad. En resumen, el 9 de noviembre de 1989, los alemanes de Berlín Oriental acometieron el Muro de Berlín, forzaron la entrada en Berlín Occidental y desde ese día comenzó otro proceso: la reunificación de Alemania.

Desaparición de la Unión Soviética

En la Unión Soviética, la crisis política existente se aceleró cuando Hungría suprimió las restricciones establecidas para que los alemanes del este pasaran a Austria a través de su frontera con ese país. Los países bálticos no querían formar parte de la nueva federación preconizada por Gorbachov, y exigían su independencia. La grave crisis económica por la que atravesaba la Unión Soviética era la causa principal de la situación de inestabilidad que se extendía por su vasto territorio. A mediados de agosto de 1991, unos dirigentes y militares soviéticos aprovecharon la circunstancia de que Gorbachov estaba de vacaciones en Crimea, para detenerlo y realizar un golpe de estado. El golpe fracasó cuando los dirigentes que se encontraban en Moscú, encabezados por Boris Yeltsin, se opusieron enérgicamente al golpe.

Gorbachov regresó a Moscú, pero su fuerza política había menguado; en cambio, la de Yeltsin había aumentado considerablemente. Para resumir los cambios sustanciales experimentados por la estructura de la Unión Soviética nos limitaremos a señalar que, cuando terminó el año 1991, en lo que antes era la Unión Soviética había sucedido lo siguiente:

- Se había creado un nuevo país que se llamaba Comunidad de Estados Independientes[85], a la que pertenecían todas las repúblicas que formaban parte de la Unión Soviética, con excepción de Georgia y tres países bálticos.
- Los países miembros de la Comunidad de Estados Independientes (CEI) aceptaban que Rusia fuera la sucesora de la Unión Soviética en todo lo concerniente a las relaciones de la CEI con las Naciones Unidas.
- El Presidente de Rusia era Boris Yeltsin.
- Las Naciones Unidas habían entregado al Presidente de Rusia el documento oficial en que constaba que Rusia era la sucesora de la Unión Soviética en las relaciones que ésta mantenía con las Naciones Unidas.
- Gorbachov había renunciado los cargos que ejercía en la Unión Soviética.
- La Unión Soviética había sido disuelta.

La desaparición de la Unión Soviética fue un golpe muy duro para Fidel Castro.

---

85 El nombre de este país en ruso es Содружество Независимых Государств, el cual se ha traducido en las Naciones Unidas al inglés por *Commonwealth of Independent States*, al francés por *Communauté d'Etats indépendants*, y al español por Comunidad de Estados Independientes. Su traducción a estos idiomas, y probablemente también a otros, es difícil porque en dichos idiomas no existe una palabra que equivalga exactamente a la palabra rusa Содружество.

Situación de Cuba

La separación de Polonia del bloque soviético y la caída del Muro de Berlín preocuparon sumamente a Castro, pero la desaparición de la Unión Soviética fue un golpe verdaderamente devastador. Ese acontecimiento le hizo ver caer por tierra muchas de las afirmaciones y promesas que había hecho. Se vio obligado a permitir la tenencia de moneda extranjera por los particulares y a abrir Cuba al capital extranjero. Tiene que haber sido muy duro para Fidel Castro, después de todo lo que había proclamado en sus discursos, tener que ofrecer al capital extranjero los negocios más jugosos que surgían en Cuba. Había convertido a Cuba en uno de los países más "rentables"·del mundo para los "tiburones extranjeros".

Haciendo abstracción de las desgracias, calamidades y miserias que Castro ha causado al pueblo cubano, a quienes conocíamos a Fidel Castro desde la época de estudiantes en la Universidad de La Habana a menudo nos vienen a la mente reflexiones a este respecto. Todos sabíamos que Fidel Castro tenía pretensiones de ser un personaje importante y, en muchas ocasiones, cuando nos decía cosas que parecían o eran exageradas, nos reíamos porque pensábamos que él de verdad creía las ideas delirantes con que nos entretenía. Personas como Alfredo ("el Chino") Esquivel[86], que era un uno de sus amigos más íntimos y que mejor lo conocía, tienen que haberse imaginado lo que debe haber representado para Fidel Castro ver cómo Cuba se había convertido en un vergonzoso lupanar donde, por muy poco dinero, los extranjeros iban a buscar jóvenes prostitutas (algunas de las cuales podían ser estudiantes de centros de enseñanza secundaria o universidades), para satisfacer

86 A Alfredo Esquivel, compañero de curso de Fidel Castro en la Universidad de La Habana, se ha hecho referencia en el primer tomo de esta obra. El Chino Esquivel falleció en Miami en 2005.

sus instintos sexuales y toda clase de vicios. No se debe olvidar que una de las medidas que tomó Castro contra la prostitución en La Habana, en los primeros años de la Revolución, fue la de ayudar a esas mujeres a salir de esa profesión, entre otras cosas, facilitando la conversión de muchas de ellas en taxistas. Tampoco se debe olvidar que Fidel Castro había llegado a situarse a la cabeza del grupo de Países No Alineados, con lo cual había alcanzado una posición respetable en el plano internacional, que sólo se atenuó en cierto grado cuando, tras la intervención de la Unión Soviética en Afganistán a fines de 1979, tuvo que apoyar al invasor, como ya antes lo había hecho cuando la Unión Soviética intervino en Hungría en 1956 y en Checoslovaquia en 1968.

Ver cómo su imagen de gobernante se degradaba vertiginosamente hasta el punto reflejado por el estado de descomposición moral a que había llegado el pueblo cubano en general, y la juventud en particular, y saber, en el fondo de su conciencia, que él era el principal responsable de que ocurriera esa desgracia, marcaron, a mi juicio, el punto en el tiempo en el que se inició el resquebrajamiento de su salud.

Fidel Castro siempre había sido un hombre saludable y de una constitución física y una capacidad de trabajo notables. Ya se imaginaba a la cabeza de un movimiento revolucionario triunfante en América Central, América del Sur y el Caribe. Ahora desaparecía la Unión Soviética. ¿De dónde iba a sacar los recursos para alcanzar sus objetivos? No tendría más remedio que traicionar sus propias ideas buscando apoyo en los "tiburones extranjeros". Tenía que halagarlos, rogarles que vinieran a robarse a Cuba, pedazo por pedazo. Poco después fueron apareciendo, gradualmente, sus incoherencias en los discursos, sus faltas de tino y de control en sus actuaciones públicas, en muchas de las cuales se comportaba como si estuviese sometido a los efectos de algún o algunos medicamentos muy fuertes que afectaran, en algunas ocasiones más visiblemente que en otras, centros o partes importantes del cerebro. Pese a la atención médica que recibía, la salud de Castro comenzó a deteriorarse. En un acto celebrado en La Habana en junio de 2001, mientras hablaba frente a los micrófonos, perdió el conocimiento y no cayó al suelo porque algunos de sus acompañantes lograron detener su caída. En otro acto, celebrado en Santa Clara el 20 de octubre de 2004, Castro sufrió una caída cuando, al descender de la tribuna, no se dio cuenta de que, en ese punto, la estructura de la escalinata cambiaba, y debía reducir la longitud de su paso. Sea por una omisión involuntaria y casual, como él explicó, sea porque su estado de salud ya estaba bastante degradado, lo cierto fue que sufrió una aparatosa caída, cuyas imágenes fueron reproducidas en todo el mundo y cuyo resultado fue la fractura de la rótula en ocho pedazos y una fisura en un brazo. Su estado de salud general continuó empeorando. En julio de 2006 hizo crisis. Sobre su estado de salud se mantiene un hermético secreto. Fidel Castro traspasó provisionalmente sus funciones a su hermano Raúl. Se considera que su estado es grave.

Mi carrera de traductor en la UIT

Como ya se ha dicho, después del primer contrato como traductor durante el mes de marzo de 1970, trabajé continuamente en la Unión Internacional de Telecomunicaciones (UIT) desde el primero de julio de ese año hasta fines de 1987. Empecé con el grado de Traductor (P3) y dos o tres años después fui ascendido a Traductor-Revisor (P4). Cuando en septiembre de 1985 llegó la fecha de mi sexagésimo aniversario, la UIT no me aplicó la disposición del retiro del funcionario a los sesenta años, sino que me ofreció una prórroga de año y medio. Cuando se aproximaba el fin de la prórroga, me ofreció una nueva prórroga, igualmente de año y medio, la que también acepté.

En el curso de todos esos años tuve ocasión de trabajar como traductor-revisor en algunas reuniones internacionales de órganos y comisiones de estudio de la UIT que se celebraron no sólo en Ginebra, sino también en distintas partes del mundo. Una de las que recuerdo con más agrado fue la celebrada en los meses de abril y mayo de 1975 por las Comisiones de Estudio XV y Especial D del Comité Consultivo Internacional Telegráfico y Telefónico (CCITT) de la UIT en Kyoto (Japón) a donde llegué tras una escala de dos días en Tokyo. Otra reunión muy interesante fue la celebrada por el pleno del CCITT en Melbourne (Australia) a mediados de los años 1980. Esta reunión, que duró aproximadamente un mes, al igual que la anteriormente mencionada, me permitió dar la vuelta al mundo. En efecto, una vez terminada la reunión en Melbourne (Australia), a donde había volado desde Ginebra, vía Londres, con una escala de dos días en Singapur, para regresar a Ginebra no tomé el camino inverso, es decir, no volé de este a oeste, sino que continué desplazándome hacia el este. Volé a Hawai, donde pasé dos días en la playa de Waikiki. Continué viajando hacia el este e hice escala en San Francisco (California), donde me esperaban mi primo Oscar Montero (hijo de mi primo hermano Pancho Montero) y Wilma, una joven estudiante que actualmente es su esposa. Oscar y Wilma estudiaban en la Universidad de Berkeley y me atendieron de maravilla durante mi corta visita a San Francisco. De allí volé a Miami, donde visité a familiares y amigos. Dos días después retornaba a Ginebra. Había dado la vuelta al mundo.

Fue precisamente en el período de la segunda prórroga en mi cargo de traductor-revisor de la UIT cuando se produjo el conocido desplome del dólar en octubre de 1987. El valor del dólar descendió a un ritmo tan rápido que los principales bancos suizos limitaron provisionalmente, durante dos o tres días, a veinte dólares, la cuantía de los cambios de dólares en francos suizos. La caída del dólar entrañaba un perjuicio económico para los funcionarios internacionales de la categoría P (Profesional) de las organizaciones pertenecientes a la *familia de las Naciones Unidas*, ya que sus sueldos se pagaban en dólares; en cambio, los sueldos de los funcionarios de la categoría G (Servicios Generales) se pagaban (en las organizaciones internacionales con sede en Ginebra) en francos suizos, que era y es una de las monedas más estables del mundo. El riesgo no era sólo la reducción inmediata del sueldo, sino la disminución que sufrirían nuestras pensiones, que se pagaban en dólares, y cuyo montante se calculaba por el promedio de los tres sueldos anuales más altos percibidos en los últimos cinco años. Si no se tomaba ninguna medida y pasaban, por ejemplo, cinco años, cada año saldría, del cálculo de la pensión, un año "gordo", que sería reemplazado por uno "flaco". Si a la hora de tomar los tres sueldos anuales más altos hubiera que tomar uno, dos o tres sueldos "flacos", podría darse el caso de que un funcionario que trabajara durante más tiempo, terminara percibiendo una pensión bastante menor que la que habría obtenido si hubiera trabajado durante menos tiempo.

En esa situación se encontraba un buen número de funcionarios, entre ellos yo. A los que estábamos en ese caso, nos aconsejaron jubilarnos, lo cual hice. Después de jubilado, la UIT continuó confiándome trabajos de traducción, generalmente con ocasión de reuniones que debían celebrar sus distintos órganos y comisiones de estudio. En períodos durante los cuales no trabajaba para la UIT, a veces recibía contratos de la Organización Meteorológica Mundial (OMM), en Ginebra (Suiza), y de la Organización de las Naciones Unidas para el Desarrollo Industrial (ONUDI), en Viena (Austria), como traductor-revisor *freelance*, contratado a nivel internacional.

Reencuentro en Ginebra

En los primeros meses de 1972, un día en que me encontraba trabajando en mi despacho en la UIT sonó el teléfono. La persona que me llamaba se identificó como Orlando Melgares. Me dijo que era cubano, que trabajaba en el palacio de las Naciones Unidas, en Ginebra, y que se había enterado de que yo también era cubano y había comenzado a trabajar recientemente en la UIT. Me propuso reunirnos, para conocernos. Conversamos durante unos minutos. Me invitó a su casa, en Ginebra, donde vivía con su esposa. Anoté su nombre, dirección y sus números de teléfono particular y en las Naciones Unidas y fijamos un día para que fuera a visitarlo. En esa época, Diana y yo vivíamos en Ginebra en la calle Charmilles y teníamos un hijo, Emilio, de apenas tres o cuatro meses. Dada la corta edad de Emilio y, como no conocíamos les personas que nos habían invitado, decidimos que Diana se quedara con Emilio y que la visita la hiciera yo solo.

El día convenido para la visita llegué al apartamento del Sr. Melgares, toqué a la puerta y me abrió un hombre alto, de unos treinta y pico de años, de la raza negra. Nos saludamos, nos sentamos en la sala de su casa y comenzamos a conversar. Así hablamos durante algunos minutos, hasta que mi anfitrión, en una de las pausas de la conversación me dijo: "No sé, pero creo que yo lo conozco a usted de alguna parte; estoy seguro de que lo he visto en algún lugar". Entonces tratamos de encontrar el lugar en que podríamos habernos visto. Le dije que yo era de Santa Clara y que en los veranos solía pasar una temporada en Varadero. Melgares me dijo que él era de Jovellanos (ciudad en la provincia de Matanzas, cercana a Varadero) y tratamos en vano de encontrar algún lugar en el que podríamos habernos encontrado en Varadero. Entonces, mi anfitrión, mirándome fijamente me dijo: "¡Ahora sí creo que sé dónde nos vimos! ¿Usted no estuvo una vez en el Acapulco, en Hamburgo?" Fue entonces que me vino a la memoria aquella agradable noche que pasé en el cabaré-restaurante Acapulco, en Hamburgo, y reconocí a mi interlocutor. Después de haber recorrido una buena parte del mundo, quienes por pura casualidad se habían encontrado una noche en Hamburgo, se encontraron de nuevo, esta vez en Ginebra, gracias a la llamada de Orlando. Rosita vino a reunirse con nosotros en la sala. Así nació una gran amistad. Poco después Orlando y Rosita nos visitaron en nuestro pequeño apartamento en la calle Charmilles. Cuando nació nuestra hija Diana en septiembre de 1973, ellos fueron sus padrinos. Ya en esa época Diana y yo vivíamos en Saint Genis-Pouilly (departamento del Ain, Francia), muy cerca de la frontera suiza, de la ciudad de Ginebra, de la Unión Internacional de Telecomunicaciones, y de Orlando y Rosita.

Mis viajes a Estados Unidos

Desde que comencé a trabajar en la UIT, como funcionario de la categoría profesional, tenía derecho a vacaciones en el país de origen cada dos años, lo que comprendía el pasaje de ida y vuelta para el funcionario, su cónyuge y los hijos menores, más una cantidad por concepto de gastos de viaje. En el Departamento de Personal de la

UIT me aceptaron, a los efectos de las vacaciones en el país de origen, cambiar La Habana (Cuba) por Miami (Florida, Estados Unidos), pero a condición de que dicho cambio comenzara a partir de la segunda vez que pudiera ejercitar el derecho.

En consecuencia, en julio de 1973, ejercité el derecho de vacaciones en el país de origen con Miami como ciudad de destino. El problema de mis visas de entrada en Estados Unidos ya estaba resuelto. Me sentí muy feliz cuando llegué al aeropuerto internacional de Miami. Paré en casa de mi tío Petit en 1911 South West 33 Avenue. Vi a mi tía Clara y a mi prima Julita con toda su familia. Mis amigos me organizaron una abundante y rica barbacoa, acompañada por varias cajas de cervezas y refrescos, en Haulover Beach, donde pasamos unas horas muy agradables.

Fui a Puerto Rico, donde visité a mi prima Clarissa y su esposo Claudio Smith, a mi tía Tomasita y su esposo Ricardo Morey, y a muchos amigos de los cuales sólo citaré uno, Jesús Blanco y su esposa Bertica Esparza y familia.

Este fue mi primer viaje a Miami después mi salida de Cuba. Después de este viaje, cada dos años, es decir, todos los años impares, hice el mismo viaje a Miami como "vacaciones en el país de origen". En los demás viajes, Diana no tuvo que sacrificarse y quedarse en Ginebra, con Emilio en la casa y con Dianita (que nació en septiembre) en el vientre, pues siempre vinimos todos juntos.

Después de jubilado en 1987 hemos continuado viajando a Miami los todos los veranos, aunque nuestros hijos Emilio y Diana han ido creciendo y han aplicado sus prioridades en cuanto al lugar en que han deseado pasar sus vacaciones.

Mi familia

En el orden familiar, tengo la satisfacción de haber contribuido a la educación y el bienestar de mi familia. Mis dos hijos de mi segundo y actual matrimonio, con Diana, terminaron sus estudios universitarios y ejercen sus respectivas profesiones. El mayor, Emilio, nació en Chêne-Bougeries (Suiza), prácticamente un barrio de Ginebra, es ciudadano francés y ejerce su profesión de médico en la ciudad de Tromsø (Noruega), donde trabaja en la especialidad de Reumatología. Su hermana Diana nació en Ambilly (Haute-Savoie, Francia), es francesa y ejerce su profesión de Contador Público en el departamento del Ain (Francia).

De mis tres hijos de mi primer matrimonio, con Rizzeria, dos salieron de Cuba y uno, el menor, Joaquín, se quedó acompañando a su madre, que vivía entonces. Primero salieron la esposa de mi hijo Jorge y el hijo de ambos del mismo nombre; vía Panamá y, poco tiempo después, fueron a vivir a Avilés, provincia de Oviedo, en España, donde fueron atendidos por unos buenos amigos, Oscar Fleites, profesor de Educación Física y Deportes y su esposa "Tita". Mi hijo Jorge, como era Ingeniero Electrónico, tuvo que pasar un tiempo adicional en Cuba, pero por fin llegó a Panamá, donde trabajó cierto tiempo en su especialidad. Después se reunió con su esposa e hijo en Avilés y trabajó en Madrid para una compañía americana hasta que, en noviembre de 1987, mi hijo Jorge, su esposa e hijo recibieron las visas de entrada a Estados Unidos expedidas por el Consulado de Bilbao. Una vez en Miami, siempre trabajando muy duro, mi hijo revalidó su título de Ingeniero Electrónico en la Universidad Internacional de la Florida y estudió temas escogidos de la carrera de Informática (*Computer Science*) en esa misma universidad. Actualmente trabaja en la rama de la Informática, en la especialidad de administración de bases de datos. Su esposa, Irania

Pineda, ha trabajado en el sector bancario desde que llegó a Miami. Poco tiempo después vino al mundo el primer ciudadano americano por nacimiento de la familia Besada, Cynthia, la hija de ambos.

Posteriormente salieron de Cuba mi hija Gloria y sus dos hijas, Gloria Alicia ("Ali") y Lourdes ("Luli"), pero lo hicieron en el orden inverso a éste. La primera en salir fue mi nieta Lourdes; le siguió su hermana Gloria Alicia, que logró terminar sus estudios en Cuba y obtener el título de Licenciado en Cibernética, que es el equivalente de Informática en España y Francia y, por último, salió la madre de ambas, mi hija Gloria, que se había divorciado de su esposo Sandalio Fernández. Las tres se establecieron en Barcelona (España).

Con el tiempo, la familia siguió aumentando y llegaron los bisnietos: el primero fue Alejandro (Alex), hijo de Luli, y la segunda, Lucía, hija de Ali. En el año 2005 salió de Cuba y llegó a Miami mi nieta Laurita, la hija mayor de mi hijo Joaquín. Llegó sin un centavo, pero con muchas ganas de trabajar y prosperar en ese gran país. Yo la vi en Miami en el verano de ese año. ¡Había temporadas en que Laurita tenía tres trabajos! Tomó varios cursos. Se especializó en el cuidado de las personas de edad avanzada. Progresó en su profesión. Actualmente es profesora en esa rama. Compró un buen automóvil. Se casó. El año siguiente nació Marlon, mi tercer bisnieto.

Una de mis preocupaciones ha sido siempre la de mantener el contacto entre los miembros de la familia. En diciembre de 1984, mi esposa Diana viajó a Cuba con nuestros dos hijos, Emilio y Diana, para que mi madre y otros miembros de la familia, así como la madre y la familia de Diana, los conocieran. Estuvieron en Cuba dos semanas. Mamá aprovechó la ocasión para bautizar a Emilio, de quien fue la madrina. El padrino fue Eugenio, el hermano de Diana residente en Miami.

Yo no había visto a mi madre desde que abandoné el país en 1967 y, en el verano de 1985, fui con mi hijo Emilio a Cuba, donde estuvimos también dos semanas. La mayor parte del tiempo la pasamos en Santa Clara, con mi madre. Visité la Universidad, a donde me llevó Robledo, antiguo amigo y distinguido profesor de la Universidad Central Marta Abreu de las Villas, quien no sólo me hizo visitar los edificios de la Universidad, sino que me paseó en un *jeep* por los terrenos que forman parte de la Escuela de Agronomía.

Una visita que hice en Santa Clara y que no podré olvidar fue la del padre de Guimbarda, un joven de Santa Clara del que fui muy amigo y compañero en los deportes de pesca submarina y judo. Guimbarda era un joven, tornero de profesión. Era mulato. Tenía más de seis pies de estatura y una constitución física excepcional. Su espalda era ancha y fuerte, su cintura era estrecha, como la de un niño. No tenía una gota de grasa. Guimbarda y yo, así como otros pescadores submarinos de Santa Clara, como Héctor Rojas, el "Gallego" Merino, el "Colorao", Santiaguito Cabada, Roberto Flores, y otros, nos manteníamos en contacto y muchas veces nos reuníamos para salir a pescar. Estando en Europa, un día me enteré de que Guimbarda había muerto. Cuando sus compañeros lo encontraron, yacía boca abajo sobre el fondo del mar. La profundidad no era mucha: apenas unas tres o cuatro brazas. No se sabe lo que le pasó.

La visita al padre de Guimbarda fue conmovedora. Él sabía la amistad que me unía a su hijo. Recuerdo que me dijo: "Besada, yo sabía que la pesca submarina era un deporte en el que había peligro, pero también sabía que, cuando salía con usted, mi hijo estaba protegido. Siempre he creído que si usted hubiera estado con él ese día, no habría pasado lo que pasó". Muchas veces he pensado lo que pudo haberle sucedido a Guimbarda ese día. No apareció enredado con la cuerda de su escopeta de caza submarina. Como experiencia personal yo había tenido una muy parecida: un día, en una zambullida a unas seis o siete brazas, se me perforó el tímpano de un oído. En ese caso, se pierde el sentido de la dirección y es muy difícil nadar en línea recta, pues, con un tímpano perforado, cuando se nada ascendiendo desde el fondo hacia la superficie, se tiene tendencia a nadar en espiral. En ese caso hay que tratar de nadar hacia el lugar donde se vea más claridad, verificando constantemente que se está nadando hacia el lugar en que se ve la mayor claridad, y no confiar en que se está nadando en línea recta. Naturalmente, aunque no es indispensable, se debe comenzar por abrir el cinto con las placas de plomo que generalmente utiliza el pescador submarino para compensar el empuje del agua hacia la superficie. Esto se hace fácilmente mediante una simple acción sobre la hebilla especial de este tipo de cintos.

También fuimos a Varadero donde visitamos a mi hijo Joaquín y a Rizzeria.

En esa época Cuba comenzó a facilitar las visitas de cubanos a familiares residentes en el extranjero. En los años que siguieron, en varias ocasiones invité a mi madre y a mi hijo Joaquín a venir a visitarnos en Francia. Ya vivíamos en nuestra casa actual, en Segny (departamento del Ain), cerca de la frontera suiza, y de Ginebra. Después de que mi hermano Benito se jubiló, lo invité también en varias ocasiones a que viniera a visitarnos en Segny. Asimismo, Diana invitó a su madre, Margot, a visitarnos. Una de las veces que nos visitó, aprovechó para operarse de las cataratas. La operación fue tan exitosa que Margot, sin espejuelos, ensartaba rápidamente un hilo a través del ojo de una pequeña aguja. Su hija, Diana, sin espejuelos no podía insertarlo y, con espejuelos, le costaba mucho trabajo. También nos visitaron mi hija Gloria y su hija "Ali" en una época en que ya preparaban su salida definitiva de Cuba.

Perspectivas de Cuba y peligros para el continente americano

La situación de Cuba y en particular la del pueblo cubano en los primeros años del nuevo siglo son lamentables. El país es gobernado por una dictadura comunista totalitaria en la que el ser humano, como individuo, no tiene asignada otra función que la de contribuir a perpetuar el régimen. Cuba es un país secuestrado. A un país secuestrado le sucede lo mismo que a una persona secuestrada. El secuestrador determina lo que el secuestrado debe hacer y decir. Lo hace aparecer como una víctima del "imperialismo" (palabra que, para la dictadura castrista, significa Estados Unidos de América). Le inculca que tiene que defenderse del imperialismo. Le infunde el odio a Estados Unidos. Ha pasado mucho tiempo. El pueblo cubano sabe muy bien quién es el responsable del estado de miseria material y espiritual en que vive, pero está atemorizado por los medios que emplea esa dictadura totalitaria para sojuzgarlo.

Es desolador observar cómo se está tratando de introducir en América Latina la ideología-marxista leninista a través de Cuba, que, entre todos los países de esta parte del mundo, era uno de aquellos en los que el americano era visto con más simpatía y mejor tratado. En el caso de Cuba ha ocurrido algo parecido a lo que sucedió a fines del siglo XIX y principios del siglo XX en Europa. La ideología comunista empezó a desarrollarse sobre la base expuesta por Karl Marx en su obra *Das Kapital* (El Capital). Uno de los principios en que se basaban las teorías de Marx era que, en la sociedad capitalista, debido al proceso de industrialización, el número de proletarios aumentaba constantemente, mientras que el número de burgueses, en virtud del proceso de concentración, se reducía. El resultado de estos procesos se iría acumulando con el transcurso del tiempo. Cada vez el número de proletarios sería mayor, porque los burgueses más débiles se empobrecerían cada vez más e irían a engrosar las filas de los proletarios. Como consecuencia de estos procesos repetitivos llegaría el momento en que, de una manera "natural", el proletariado tomaría el poder y se implantaría la dictadura del proletariado. En aquella época había en Europa dos países que se encontraban en pleno desarrollo industrial, Inglaterra y Alemania. Sin embargo, el comunismo comenzó en Rusia, un país en el que no existía el proletariado en la forma descrita por Marx y era uno de los países más alejados del modelo descrito en El Capital. Las dos derrotas militares sufridas por el Zar en la guerra ruso-japonesa de 1904 y en la Primera Guerra Mundial, en 1917, prepararon el terreno.

El comunismo entró en América Latina por el país que había mantenido las mejores relaciones con Estados Unidos. Tradicionalmente, los cubanos siempre habíamos agradecido a Estados Unidos su intervención para que pudiéramos lograr la independencia de nuestro país, al igual que lo habían hecho las otras repúblicas latinoamericanas. En Cuba no había resentimiento contra los americanos; éstos eran bien tratados, lo cual no ocurría en algunos países de nuestro hemisferio. No obstante, el comunismo hizo su entrada en este hemisferio a través de Cuba.

El mal causado por el castrocomunismo al pueblo cubano ha sido muy grande: familias separadas, personas forzadas a emigrar, cuando vivían una vida tranquila y feliz en su patria. Son innumerables los cubanos que han perdido la vida por causa de la dictadura castrista, muchos luchando con las armas en el Escambray y en otras partes de Cuba, otros en los numerosos casos de naufragio de embarcaciones de todo tipo abordadas para trasladarse a la tierra de la libertad. Muchos otros han muerto atormentados por el dolor de no haber podido ver de nuevo su patria libre. La situación en Cuba es insoportable. No se ha producido una sublevación general por las brutales medidas de represión aplicadas por la dictadura. Tiene que ser muy doloroso para un cubano ver que lo poco que se construye en su país es para ponerlo al servicio del turista que llega con un puñado de dólares, de euros, o de cualquier moneda que constituya o sea convertible en divisa.

También han sufrido mucho los cubanos que, en ciertas ocasiones, han tenido que cumplir tareas que les ha impuesto la Revolución. En la época de las campañas militares cubanas en África, jóvenes soldados que regresaban después de haber combatido y vivido en África, presentaban lo que entonces se conocía en Cuba por "una enfermedad rara", pero que, como se supo después, era el síndrome de inmunodeficiencia adquirida (SIDA). Esos enfermos no eran admitidos en los hospitales, sino recluidos en sus propias casas, o en las de sus familiares. En aquella época, el SIDA no se conocía, o apenas se conocía, y no había tratamiento contra esa enfermedad. Los enfermos de SIDA, sencillamente, se dejaban morir. Después de muertos, venían a la casa empleados de sanidad y hacían una desinfección general. Sobre estos detalles nada se publicaba ni se informaba.

Peligro que representa el castrocomunismo para el continente americano

Para comprender la magnitud de este peligro es preciso comenzar por situar debidamente el tema en el contexto político del continente americano. Cuba es un país armado hasta los dientes por una potencia extranjera, la Unión Soviética, que ha dejado de existir. Cuando se planteó la crisis de los misiles en octubre de 1962, el Presidente Kennedy se dirigió únicamente a la Unión Soviética, y el problema fue resuelto mediante negociaciones entabladas exclusivamente entre esas dos potencias, Estados Unidos y la Unión Soviética, en la forma que se ha expuesto en esta obra. Actualmente la Unión Soviética no existe. La Comunidad de Estados Independientes (CEI), de la cual forma parte Rusia como su miembro más importante, no es la sucesora universal de la Unión Soviética, sino, solamente, su sucesora en lo que respecta a las relaciones de la Comunidad de Estados Independientes con las Naciones Unidas y, en tal carácter, es un miembro permanente del Consejo de Seguridad de la Naciones Unidas.

Cuando la crisis de los misiles fue resuelta mediante el convenio suscrito entre el Presidente Kennedy y el Ministro-presidente Jrushchov en octubre de 1962, la Unión Soviética desmanteló y retiró sus instalaciones nucleares, para lo cual no tuvo que contar en lo absoluto con Castro. En ese convenio, Estados Unidos se comprometió a no invadir a Cuba. Puesto que en la negociación, que duró varios días, ambas partes expresaron en múltiples ocasiones el propósito de garantizar la paz, el espíritu del convenio reflejaba la voluntad de ambas partes de garantizar la paz. Ahora bien, dado que la dictadura castrista existente en Cuba continúa, dentro del marco de una lucha contra el imperialismo, realizando actividades dirigidas abierta y exclusivamente contra Estados Unidos, éste país no está obligado a respetar el convenio suscrito entre Kennedy y Jrushchov, *con tanto más razón, cuanto que Rusia, que es la sucesora de la Unión Soviética en lo que respecta a las relaciones con las Naciones Unidas, ha abandonado la ideología comunista y ha adoptado el sistema capitalista.*

Estados Unidos no está obligado a contemplar cómo un dictador que no ha consultado a su pueblo durante casi medio siglo, pues no se ha sometido jamás a una elección, se esfuerza en corromper al resto de América Latina, donde todos los países tienen que consultar al pueblo periódicamente y prestar oído a una oposición que señala sus posibles errores y exige su corrección. Nunca antes, en la historia del mundo, un hemisferio completo ha tenido una necesidad tan grande de mantenerse unido. La semilla de la división está siendo sembrada en el hemisferio americano, en el nuevo mundo. La semilla de la división tiene un solo propósito: debilitar el hemisferio americano para que pueda ser conquistado por fuerzas e ideologías extrañas, extranjeras, y peligrosas para la humanidad. Esa situación es absolutamente intolerable.

Para la subsistencia del hemisferio occidental es esencial que éste se mantenga unido y que no se tolere, de ninguna forma, ni bajo ningún concepto, que se inserte una cuña que lo divida en dos partes que lleguen a ser enemigas. Esa cuña, que tiene por finalidad dividir un hemisferio y promover el odio y la enemistad entre sus dos grandes partes, el norte y el sur, es actualmente la dictadura castrocomunista que tiene secuestrado al pueblo de Cuba, y lo utiliza como un instrumento de corrupción de la América Latina, y de división y desestabilización del hemisferio occidental.

El régimen castrista tiene por finalidad la destrucción de Estados Unidos de América, que es el defensor del hemisferio americano. El continente americano, el hemisferio occidental completo, tiene que mantenerse alerta, vigilante, despertar, abrir los ojos, y no dejarse engañar.

La semilla de la división del continente americano hay que extirparla. No queda más remedio. Esta semilla ha echado raíces profundas. Sus tentáculos, extendidos principalmente hacia

América Latina, son muy peligrosos. Tienen mucha fuerza. Veamos algunos ejemplos.

Secuestro del hermano del Secretario General de la Organización de Estados Americanos

César Gaviria Trujillo, que había sido Presidente de Colombia de 1990 a 1994, fue elegido poco después Secretario General de la Organización de Estados Americanos, función que ocupaba cuando, el 12 de abril de 1996, un grupo de hombres armados, que pretendían pertenecer a una organización revolucionaria, secuestraron a su hermano Juan Carlos en los alrededores de la ciudad de Pereira, en Colombia. Dicho grupo amenazaba con matar al rehén secuestrado si no se cumplían las dos condiciones siguientes:

1. renuncia del Presidente Ernesto Samper, cargo que sería asumido por el conocido escritor colombiano Gabriel García Márquez, y;

2. ruptura de las relaciones diplomáticas con Estados Unidos.

Todo este asunto se desarrollaba en un contexto muy tenso, en el cual el Congreso de ese país acusaba al Presidente Samper de haber financiado su campaña electoral con fondos provenientes del tráfico de drogas, y se llegó hasta a especificar las conexiones de éste con los hermanos Rodríguez Orejuela, poderosos *barones* del narcotráfico.

Este fue un escándalo de marca mayor, que se conoció por el Proceso 8000. Llegó al extremo de que el Departamento de Estado americano negó la visa de entrada a Estados Unidos al Presidente Samper.

Volviendo al tema principal de la narración, el Secretario General de la Organización de Estados Americanos, ex Presidente de Colombia César Gaviria, ante un asunto tan grave en el orden personal, se orientó rápidamente y pidió ayuda al presidente cubano, Fidel Castro, para lo cual le envió como emisario a un diplomático que le había servido como Embajador, Ricardo Santamaría. Fidel Castro le prometió ayudarlo y confió las primeras diligencias de esa tarea a José Arbesu, importante miembro del Partido Comunista cubano y un verdadero especialista en movimientos subversivos en América Latina. Arbesu acometió eficazmente la tarea encomendada y, a principios de junio, informó a César Gaviria que podía garantizarle una cosa: su hermano no estaba en poder de ningún grupo guerrillero conocido en Colombia.

Con estos datos, la policía colombiana realizó investigaciones, como resultado de las cuales descubrió que el jefe del grupo que secuestró a Juan Carlos Gaviria, y que utilizaba como nombre de guerra "Comandante Bochica", era en realidad Hugo Antonio Toro Restrepo, que en aquellos días estaba detenido en una cárcel de Bogotá. Al conocerse esta circunstancia, dicho detenido fue trasladado inmediatamente a La Modelo, centro penitenciario de mayor seguridad. En La Modelo se produjo una situación muy curiosa. Varios prisioneros, narcotraficantes pertenecientes a los carteles de Cali y Medellín, lograron averiguar que ese nuevo detenido que ahora tenían como compañero era la misma persona que, bajo el nombre de "Comandante Bochica", había secuestrado a Juan Carlos Gaviria. Dichos narcotraficantes consideraban que ese secuestro y la eventual ejecución del rehén los perjudicarían en sus respectivos procedimientos judiciales y en las posibilidades de mejorar su situación, y lo obligaron a que confesara ser el autor del secuestro. "Bochica" aceptó confesar, pero a condición de que Fidel Castro se lo pidiera. Los mencionados narcotraficantes se pusieron en contacto con José Arbesu. Se dice que Fidel Castro, en La Habana, en presencia de Ricardo Santamaría, el emisario de Cesar Gaviria, escribió unas líneas en una hoja de papel. El 11 de junio, José Arbesu, provisto de esta nota, se personó en La Modelo y se entrevistó personalmente con Hugo Antonio Toro Restrepo, el supuesto "Comandante Bochica". La entrevista duró tres horas. El secuestrador pidió la protección del gobierno cubano para él y los miembros de su grupo, y dio inmediatamente la orden de poner en libertad al rehén.

Al día siguiente, 12 de junio de 1996, en el aeropuerto de la ciudad de Pereira se celebraba una amistosa reunión de despedida. A juzgar por la conducta de las personas que estaban allí reunidas, nadie hubiera podido imaginarse lo que estaba pasando. Los secuestradores se despedían de su rehén. Estaban contentos. No habían tenido que matar a un ser humano. Juan Carlos Gaviria, lo estaba aún más. Los secuestradores no lo habían matado cuando era rehén. Ahora, después de despedirse cortésmente de sus antiguos captores, volvió la espalda y partió, como un hombre libre que era. Los otros se quedaron en el aeropuerto. Todos éstos tenían en el bolsillo un billete de avión de ida con destino a La Habana[87].

87 Entre el 12 de abril y el 12 de junio de 1996 transcurrieron apenas dos meses. A ese lapso hay que descontarle el tiempo que tardó el grupo revolucionario en averiguar quién había hecho prisionero al rehén. Aunque los casos son muy diferentes, sería interesante saber si Fidel Castro tiene todavía influencia suficiente para obtener la liberación de la antigua senadora y candidata a la Presidencia de Colombia, Ingrid Betancourt, que se encuentra presa como rehén por la guerrilla de las Fuerzas Armadas Revolucionarias de Colombia (FARC) desde hace más de cinco años y, en caso afirmativo, si está dispuesto a utilizarla.

Toma de rehenes en la Embajada japonesa en Lima

El 17 de diciembre de 1996, un comando del Movimiento Revolucionario Tupac Amaru (MRTA), al mando de Néstor Cerpa Cartolini, un dirigente obrero miembro de esta organización, penetró en la Embajada japonesa en Lima (Perú), así como en la residencia del Embajador. Ese día la Embajada japonesa, y en particular la residencia del Embajador, estaban repletas de diplomáticos y funcionarios de alto grado que asistían a una fiesta que se celebraba en honor del emperador Akihito. El comando del MRTA secuestró a varios centenares de personas. Casi inmediatamente comenzó a liberar rehenes, lo que se efectuó durante varios días, al cabo de los cuales quedaron retenidos setenta y dos. Entre éstos se encontraban el Embajador de Japón, Morihisa Aoki, el Embajador de Bolivia, Jorge Gumucio, el Ministro de Relaciones Exteriores peruano, Francisco Tudela, y el propio hermano del Presidente Fujimori, Pedro Fujimori. El comando guerrillero exigía la liberación de cuatrocientos cuarenta miembros del MRTA, que estaban guardando prisión, entre los cuales se encontraba Nancy Gilvonio, la esposa de Néstor Cerpa.

Comenzaron las negociaciones. El Presidente Fujimori se mantenía firme. El 31 de diciembre, el comando permitió la entrada a un grupo de periodistas. Así transcurrió el mes de enero sin que se hicieran progresos apreciables. A mediados de febrero ambas partes permitieron que una "Comisión de Garantes" interviniera en las negociaciones, las cuales tampoco condujeron a resultados apreciables. Se estaba produciendo un espectáculo insólito. Una embajada, cuyos terrenos, edificios e instalaciones están definidos por el Derecho Internacional como partes integrantes del territorio nacional del país extranjero en cuestión (en este caso Japón), en la cual se encontraban dos Embajadores, el de Japón y el de Bolivia, y un hermano del presidente del país en que se encontraba la embajada de marras, estaba ocupada por un comando formado por catorce guerrilleros, las declaraciones de cuyo jefe, Néstor Cerpa tenían por caja de resonancia el resto del mundo y, en particular, la América Latina. ¡Y esta situación ya duraba más de dos meses!

Las negociaciones fueron muy largas y accidentadas. En ellas intervinieron muchos personajes conocidos, de los cuales uno de los más conspicuos y asiduos era el Sr. Pedro Díaz, Embajador de Cuba en Perú.

El Presidente de Perú, Alberto Fujimori, que, por cierto, era de origen japonés y recibía presiones de todas partes, se decidió a hablar personalmente con Fidel Castro para precisar la forma de la ayuda que podría recibir del mismo. El 3 de marzo de 1997, el avión que lo transportaba, después de hacer una escala en República Dominicana, aterrizó en el aeropuerto de La Habana, donde, al final de la escalerilla para el descenso de los pasajeros, fue recibido por el propio Fidel Castro. Para tratar de *ocultar el sol* (es decir, el objeto real de la visita) *con un dedo*, Fujimori depositó una ofrenda floral a los pies de una estatua del apóstol José Martí, antes de pasar a discutir con Castro el problema de la ocupación de la Embajada japonesa y la forma en que éste podría ayudarle a solucionarlo.

Fidel Castro le propuso una solución. Lo autorizó a ofrecerle a Néstor Cerpa Cartolini y al grupo de guerrilleros la posibilidad de salir con vida de esa acción, que ya había durado bastante. Castro concedería al grupo de guerrilleros asilo político en Cuba por tiempo indefinido. Los asilados podrían permanecer en Cuba o trasladarse a otro país que les permitiera la entrada. Castro y Fujimori conversaron durante más de tres horas. Ambos consideraron que lo más probable era que Néstor Cerpa y sus guerrilleros aceptaran el asilo ofrecido por La Habana. Se cuenta que, en esta entrevista, celebrada en el despacho de Castro en el Consejo de Estado, Fujimori le preguntó a Castro, qué podría hacer si Cerpa no aceptara la oferta o, por cualquier causa, no se llegara a un acuerdo, y que Castro le respondió: "Alberto, ahora me estás poniendo en una posición difícil, pero conocida desde hace muchos siglos: como hizo Poncio Pilatos, me lavo las manos".

Las dudas de Fujimori en cuanto a la aceptación de la oferta de asilo en La Habana se materializaron. Néstor Cerpa redujo sus exigencias iniciales, que eran la liberación de cuatrocientos cuarenta miembros del MRTA que guardaban prisión, pero no se llegó a un acuerdo. El 22 de abril de 1997, o sea, 126 días después de haber sido ocupada la Embajada japonesa, Fujimori ordenó su asalto.

Las fuerzas gubernamentales sorprendieron por completo a los guerrilleros. La operación empezó como a las tres y media de la tarde y duró menos de 45 minutos. Soldados especializados en esas tareas subieron al techo de la residencia del Embajador, donde estaban encerrados los prisioneros, mientras que otras fuerzas se aproximaron y atacaron por otros lugares, empleando medios sumamente eficaces. Se sintieron unas explosiones y los soldados penetraron en el interior del edificio. Ninguno de los catorce guerrilleros salió con vida de la operación de rescate. De los setenta y dos rehenes, setenta y uno fueron rescatados y uno resultó muerto. Hubo varios heridos, uno de los cuales fue el Ministro de Relaciones Exteriores peruano, Francisco Tudela.

A pesar de que todos los guerrilleros fueron eliminados, la mayor parte de ellos después de haber sido capturados, la opinión pública mundial calificó la operación de rescate como exitosa o, al menos, plausible.

Indefensión del pueblo cubano

El pueblo de Cuba se encuentra en un estado de total indefensión. El aparato opresivo y represivo de Fidel Castro no puede ser derrotado por el pueblo cubano por sí solo. El pueblo cubano está completamente a merced del régimen castrista, porque éste es una dictadura totalitaria, que no vacila en imponer las más largas penas de privación de libertad al ciudadano que no comete otro delito que el de expresar su opinión, y que, sin el menor escrúpulo, utiliza la pena de muerte como un medio usual de intimidación.

Como pueblo, no tuvimos la suficiente madurez para prever lo que se urdió desde los primeros días del triunfo de la Revolución, probablemente desde antes. El pueblo de Cuba fue primeramente, engañado y, después, traicionado. Esta gran traición ha costado muchas vidas y mucho sufrimiento, y seguirá costándolos hasta que llegue el día feliz en que termine esta funesta situación, y nuestra patria recupere la libertad. El destino de Cuba fue diferente del de Granada, cuando esta pequeña isla antillana cayó en las garras de un gobierno comunista apoyado por Castro. Granada tuvo la suerte de que una mujer, el Primer Ministro de la vecina isla de Dominica, quien, como ya sabemos, asimismo presidía en aquella época la Organización de Estados Orientales del Caribe, informara detallada e insistentemente al gobierno del Presidente Reagan, y éste, reconociendo el peligro que ello entrañaba para la seguridad de la región del Caribe y del hemisferio occidental en general, ordenó la invasión de Granada. Cuba no tuvo esa suerte.

Castro ha organizado muy inteligentemente su lucha por la desestabilización de Estados Unidos. Cuando mantenía múltiples movimientos guerrilleros en América Latina, no permitió que se crearan en México, y mucho menos en las zonas fronterizas con Estados Unidos, movimientos guerrilleros similares a los que operaban en América Central y América del Sur. Las guerrillas eran mantenidas en América Central y América del Sur. Castro se ha cuidado mucho de dar publicidad a sus relaciones con musulmanes fundamentalistas y, más aún, de proporcionarles entrenamiento militar, como conocidamente ha hechos con otras facciones, organizaciones o movimientos guerrilleros. Castro también se ha cuidado mucho de evitar todo incidente fronterizo entre las tropas americanas que custodian la Base Naval de Guantánamo y los soldados cubanos. Un disparo escapado accidentalmente a un soldado cubano de guardia en la frontera con la Base Naval de Guantánamo es un delito gravísimo y el soldado que lo cometa es sancionado severamente.

Cuando, tras la desaparición de la Unión Soviética, Castro decretó el "período especial", la moral de las fuerzas armadas cubanas y de los seguidores de Castro era extremadamente baja y muchos creían que la dictadura se desplomaría rápida e irremediablemente. En Miami y otras ciudades americanas con importantes concentraciones de cubanos, la caída de la dictadura en un futuro muy próximo se daba por segura. Un bombardeo profiláctico para destruir previamente los aviones de Castro, una presencia continua en el cielo cubano de los aviones americanos durante dos o tres días y un desembarco bien organizado, hubieran producido un desplome inmediato de la dictadura castrista. Esta vez sí que la inmensa mayoría de la población hubiera salido a la calle, no para apoyar la dictadura, sino para ayudar a los libertadores.

Cuando algo como esto ocurra y el pueblo cubano recupere su libertad, no se necesitarán otras armas que los puños, las uñas y los dientes de los cubanos para impedir que los comunistas traten de apoderarse del poder. Desgraciadamente, esto todavía no ha ocurrido. ¡Pero ocurrirá!

Provocación de un enfrentamiento norte-sur en el hemisferio occidental

El método de Fidel Castro para destruir la nación más poderosa del mundo es el mismo seguido para la conquista del poder en Cuba: primero el engaño, para ganarse el apoyo del pueblo; después la traición, para esclavizar al pueblo. No debe olvidarse que muchos de aquellos jóvenes barbudos que luchaban en la Sierra Maestra llevaban colgados del cuello crucifijos, algunos de ellos de higuereta, confeccionados artesanalmente, y que nunca, durante la fase de la lucha armada contra la dictadura de Batista, Fidel Castro, ni Raúl, ni ningún otro comandante, les prohibieron portar ese símbolo de su creencia religiosa. Poco después del triunfo de la Revolución, las cosas cambiaron. Un crucifijo colgado del cuello de un hombre joven se consideraba un símbolo de oposición a la Revolución. Una vez consolidado en el poder, Castro pasó a la segunda etapa: la traición a la Revolución, el profundo viraje hacia el totalitarismo comunista, la entrega de la patria a la ideología marxista. Muchos patriotas murieron en el intento de rescatar la patria. Otros sufrieron largas penas de prisión. Todo eso no ha sido suficiente para liberar a Cuba de la dictadura totalitaria castrocomunista; como tampoco bastaron muchos años de lucha en la manigua para librarnos del yugo español por nuestras propias fuerzas.

Estados Unidos cometió el error de subestimar a Castro. Le ha dejado que proyecte su sombra sobre América Latina. Esta sombra ha sido tan tenebrosa, que ha llegado a afectar seriamente la visión de muchos dirigentes y políticos de esa región. Cuando empezó a hacerse evidente que Castro pretendía introducir el comunismo en

Cuba, algunos dirigentes y políticos latinoamericanos, aunque no tenían nada de comunistas, pensaban que podrían sacarle provecho a la existencia en América Latina de un gobierno comunista como el de Fidel Castro. Eso les permitiría negociar con los Estados Unidos desde una mejor posición, utilizando más o menos el siguiente argumento: "Ya ves lo que te ha pasado con Cuba. Si no me concedes tales y tales beneficios, podría pasarte en mi país lo mismo que te pasó en Cuba". Este fue el primer tipo de apoyo tácito indirecto que Castro recibió de gobernantes latinoamericanos. Si hubiera sido posible analizar a cualquiera de esos gobernantes para determinar exactamente cuáles eran sus verdaderos pensamientos e ideas a este respecto, examinándolo íntegramente, como en un laboratorio, o todavía mejor, virándolo al revés, como si fuera un guante, para escudriñar en lo más íntimo de sus entrañas, no se hallaría ni una gota de comunismo. En cambio, sí se descubriría una buena dosis de la falsa idea de que, para negociar con Estados Unidos desde una posición más ventajosa, convenía que Fidel Castro se mantuviera allí, en Cuba, bien cerca de Estados Unidos, cuánto más cerca, mejor. El resultado de tal análisis practicado sobre un chantajista no hubiera sido muy diferente.

Esta situación me recuerda un antiguo cuento que escuché de mi padre en mi niñez. Un viejo médico que vivía en una pequeña aldea tenía un hijo que estudiaba medicina. El joven terminó su carrera y comenzó a ejercer en la misma consulta de su padre. Un día llegó a la consulta un antiguo cliente del viejo médico, que deseaba ser tratado por éste. El joven médico le informó que su padre no se encontraba en el pueblo ese día, pero que él también era médico y podía atenderlo. El paciente, aunque se sintió defraudado, aceptó que el joven médico lo examinara. Sufría de un dolor de oído que se le presentaba cada cierto tiempo, para el cual el viejo médico tenía un remedio muy eficaz que suprimía el dolor y le permitía vivir felizmente durante varios meses. El joven médico trató al paciente, quien salió plenamente satisfecho. Esa noche, cuando regresó el viejo médico, su hijo le contó el caso del paciente con el dolor de oído. Le explicó que éste era causado por una pulguita; que le había costado trabajo encontrarla porque se escondía en un rinconcito, pero que, con una pinza, y actuando con mucho cuidado, había logrado capturarla y extraerla. El viejo médico escuchó atentamente la reseña de la proeza de su hijo. Cuando éste terminó su relato, le dijo: "Te felicito. Vas a ser un gran médico. Pero quiero que sepas una cosa: gran parte de tu carrera de médico se la debes a esa pulguita".

En el caso de la isla de Granada, el médico joven que trató al paciente no fue el viejo médico del pueblo, que veía la pulguita y, por razones particulares, no la extraía, sino Ronald Reagan, quien, como sabemos, extirpó a los castristas de Granada. Esa extirpación permitió a Estados Unidos de América, como nación, continuar con firmeza la lucha contra el comunismo internacional en este arduo período de la Guerra Fría, como veremos más adelante.

Repercusión de la invasión de Granada en la recuperación de la confianza de la nación americana, la destrucción del Muro de Berlín y la desaparición de la Unión Soviética

La derrota infligida a Castro en Granada fue sumamente importante para la recuperación de la confianza del pueblo americano en sus instituciones y en los valores que forman la base de la civilización a que se aspira en el hemisferio occidental.

Debe recordarse que a fines de 1979 la Organización del Tratado del Atlántico del Norte (OTAN) había acordado instalar en el territorio de la República Federal de Alemania unos cien misiles balísticos de alcance intermedio Pershing II dotados de cargas nucleares, con el fin de hacer frente a numerosos misiles SS-20 (y también de otros tipos) soviéticos, instalados en Europa Oriental desde mediados del decenio de los 1970. La instalación de los misiles Pershing II en la República Federal de Alemania no era tan fácil como podría pensarse ahora, un cuarto de siglo después. La República Federal de Alemania se había convertido en una de las naciones de mayor poderío industrial en el mundo y, aunque pertenecía a la OTAN, debido a su posición geográfica estaba empeñada en asegurar la distensión en sus relaciones con la República Democrática Alemana y la Unión Soviética.

Los primeros misiles Pershing II llegaron a la RFA a fines de 1983, o sea, pocos meses después de la invasión de Granada. Aún así, dentro de la RFA, no fue fácil vencer la fuerte oposición a la instalación de los misiles Pershing II orquestada por un potente movimiento pacifista. En definitiva, el Canciller Helmut Kohl y Ronald Reagan lograron instalar los misiles nucleares en el territorio de la RFA. La instalación de estos misiles, junto con la profunda crisis económica que atravesaba la Unión Soviética, contribuyó en gran medida a la desaparición, como tal, de esta potencia mundial. Como se sabe, Ronald Reagan visitó Berlín Occidental en 1987, se acercó al Muro de Berlín y pronunció una frase que ha sido recogida por la historia: "Señor Gorbachov, derribe este muro" (*Mister Gorbachov, tear down this wall*). Los comunistas en todo el mundo reaccionaron en la forma que consideraron más eficaz: se mofaron de la escena y del actor. La mofa duró hasta la noche del jueves 9 de noviembre de 1989 al viernes 10. Después de esa noche, la escena cambió: ¡miles de alemanes orientales acometieron el muro, lo traspasaron y, poco después, armados de picos, mandarrias y martillos, comenzaron a destruirlo!

Un cambio en Cuba

Un cambio político en Cuba tiene que producirse forzosamente; sin embargo, es imposible predecir cuándo, en qué sentido, cómo, hasta qué punto, y otras particularidades, muchas de las cuales son sumamente importantes. El pueblo cubano está formado por dos grandes ramas: una, la más grande, que comprende aproximadamente el noventa por ciento de la población, vive en Cuba. Con excepción de los beneficiarios del régimen, que no carecen de nada, los cubanos viven en condiciones infrahumanas, sometidos a un riguroso régimen de racionamiento de los alimentos y privados de los más elementales derechos individuales. Sus cárceles encierran a miles de presos políticos. El otro grupo es el formado por los refugiados, exilados o emigrantes de Cuba, de los cuales la gran mayoría vive en Estados Unidos, y otros en distintas partes del mundo, inclusive en los parajes más recónditos. Los cubanos residentes en la Florida están concentrados mayormente en los condados de Dade y Broward, y sobre todo, en la Ciudad de Miami, la cual, después de las primeras olas de inmigrantes cubanos, se ha convertido en una verdadera puerta de comunicación entre Estados Unidos y América Latina y está llamada a ser una de las ciudades más importantes de Estados Unidos.

Un cambio político en Cuba en estos momentos que está viviendo el mundo es de vital importancia para el futuro de toda la América, especialmente el de Estados Unidos. Ni el hemisferio occidental, ni el resto del mundo puede explicarse cómo es posible que un gobierno de este hemisferio y, puede decirse sin alejarse mucho de la verdad, una sola persona de ese gobierno, haya podido lograr que una potencia mundial como la Unión Soviética introdujera en Cuba, a 150 km, de Estados Unidos, misiles balísticos de alcance intermedio capaces de alcanzar casi todas ciudades importantes del continente americano, y cómo es posible que ese gobierno y esa persona estén todavía en el poder después de transcurrido casi medio siglo. El Ministro-presidente de la Unión Soviética que se prestó a realizar ese atentado contra la seguridad del hemisferio occidental y, en consecuencia, del mundo entero, fue destituido de su cargo poco después de aquella actuación. En el caso de Cuba, ¿cómo ha sido posible que ese mismo gobierno y esa misma persona haya trasladado a África un ejército de más de 40 000 hombres y que ese ejército se haya paseado por diversos países de ese continente, así como por Yemen del Sur y Siria en Asia, armado hasta los dientes con equipo soviético, combatiendo en muchos casos a fuerzas nativas, sin haber sido parado en seco? Eso ha sido tolerado por Estados Unidos y también por la Organización de Estados Americanos.

¿Cómo es posible que un país grande, y respetado en el mundo por los valores que sostiene y defiende, sobre todo en lo que respecta a los derechos humanos y la democracia, haya permitido que un dictador rapaz de gloria mal habida, haciendo ostentación de sus armas soviéticas, intimide a los demás países latinoamericanos? ¿Qué pasaría en el hemisferio occidental si, un día, el castrocomunismo se apoderara de un país grande, por ejemplo, de Brasil (que, en extensión, es el quinto país del mundo) y, este enorme país, junto con algunos otros países de la América Latina, sc uniera a Cuba en la "lucha contra el imperialismo", es decir contra Estados Unidos, que es el único país del hemisferio con fuerza suficiente para defenderlo de otras fuerzas que, si alguna vez

88 En su intervención en la 61ª Asamblea General de las Naciones Unidas celebrada en Nueva York a fines de septiembre de 2006, el Presidente de Venezuela Hugo Chávez, refiriéndose a la intervención del Presidente de Estados Unidos George Bush en la sesión inaugural, expresó que su presencia había dejado olor a azufre en la sala y, mientras se persignaba, lo calificó de "el diablo". También lo calificó con epítetos igualmente injuriosos.

triunfaran, podrían causar desastrosas convulsiones en la humanidad?

No se puede comprender que un país como Estados Unidos, a la cabeza de una coalición mucho menos numerosa que la que intervino en la Primera Guerra del Golfo, se haya lanzado a una operación, como la invasión de Irak, cuyas consecuencias eran muy difíciles de prever, sin haber resuelto previamente el problema de una base comunista subversiva totalitaria, perenne, consolidada militarmente, que preconiza la destrucción del imperialismo, vocablo por el que, repetimos, Castro designa un solo país: Estados Unidos de América.

Estados Unidos tiene que darse cuenta de que, mientras a 150 km de su costa exista una dictadura totalitaria comunista como la que rige actualmente en Cuba, nadie lo podrá tomar en serio cuando diga que quiere crear, en el Medio Oriente, una zona democrática de la cual emanarán las ideas y los principios democráticos en los que deberá inspirarse todo el Medio Oriente.

Los pueblos del Medio Oriente se dirán: "Si permites que pisoteen la democracia a 150 kilómetros de tu casa en el país en el que eras más querido, porque lo ayudaste a liberarse del yugo español, y que apenas ha vivido como tal durante cincuenta años, ¿cómo puedes pretender que te creamos que eres capaz de defenderla en esta otra parte del mundo en que existen países con una historia de muchos siglos?

Como dicen los franceses: "*Soyons sérieux!*" (Traducción literal: ¡Seamos serios! Traducción libre: ¡Hay que llamar al pan, pan, y al vino, vino!)

¿Cómo es posible aceptar que el Presidente de Venezuela, Hugo Chávez, quien, siguiendo los pasos de Fidel Castro, pretende perennizarse en el poder, injurie públicamente, como lo hizo en una reciente reunión de la Organización de las Naciones Unidas, al Presidente de Estados Unidos, a quien calificó de "el diablo"[88], y que eso no haya sido condenado enérgicamente por la Organización de Estados Americanos e, inclusive, objeto de una respuesta apropiada por parte de Estados Unidos?

La asociación entre Castro y Chávez es sumamente peligrosa para la estabilidad del hemisferio americano, especialmente por una razón: Chávez constituye para Castro un instrumento muy útil, que le permite la comunicación con el mundo musulmán, al que pertenecen muchos países que, como Venezuela, son productores de petróleo. Chávez mantenía excelentes relaciones con Saddam Hussein y actualmente las mantiene con Irán, país musulmán que está empeñado en desarrollar su industria nuclear, a pesar de que es uno de los países firmantes del Tratado de No Proliferación Nuclear de fines del decenio de 1960. Irán está desarrollando su capacidad nuclear y se niega a ser inspeccionado por la Organización Internacional de Energía Atómica con sede en Viena, en tanto que los países occidentales sospechan que dicho país pretende construir secretamente armas nucleares. El problema se complica porque existen al menos tres países, India, Israel y Pakistán, que poseen armas nucleares sin estar autorizados en el tratado de no proliferación, el cual rehusaron firmar. En cambio, Irán sí lo firmó, y puede exigírsele que lo cumpla.

Castro, aunque mantiene relaciones con altos dirigentes de países musulmanes, ha tenido la prudencia de tratar de que no se le pueda acusar de ayudar a los musulmanes fundamentalistas, y de mantenerse aparentemente alejado de ellos. En cambio, Chávez, con el pretexto del petróleo, conversa frecuentemente con dirigentes musulmanes, sin que esto despierte sospechas de conexiones con organizaciones fundamentalistas. Esta asociación entre Castro y Chávez, en el hemisferio occidental, puede compararse con el llamado, por George W. Bush, "Eje del Mal", que inicialmente comprendía a Irak, Irán y Corea del Norte, y al que se han añadido otros tres países: Cuba, Libia y Siria. La asociación de Castro y Chávez es muy peligrosa, y podría evolucionar negativamente.

Un cambio en virtud del cual el comienzo de la reconstrucción de Cuba empezase por la erradicación de la semilla sembrada por Castro en ese país, garantizaría su éxito. Por el contrario, un cambio como el experimentado en la Unión Soviética, en los países del Pacto de Varsovia, o en Europa Oriental, en general, donde las antiguas estructuras, componendas y triquiñuelas solamente se enquistaron, pasaron a un estado de hibernación por más o menos tiempo, para después resurgir y retomar el poder, con el mismo desprecio por el pueblo, sería un fracaso rotundo.

BIBLIOGRAFÍA

Abel, Elie: Die Kubakrise. *13 Tage vor dem 3. Weltkrieg*

Aguirre Rencurrell, Rafael A.: Amanecer

Bethel, Paul D.: Cuba y los Estados Unidos

Dausá, José Enrique, Luchas y combates por Cuba

Díaz-Balart, Rafael: Intrahistoria. Una lucha sin tregua

Duque Miyar, Evelio, Mis Memorias

Escobar Ramírez, Abel, Memorias del Horror.
Los pueblos cautivos del Escambray. Testimonios

González, Luis y Sánchez Salazar, Gustavo,
Che Guevara en Bolivia

Grubbe, Peter: *Im Schatten des Kubaners*

Lazo, Mario: Daga en el Corazón

Masó, Calixto C.: Historia de Cuba

Montaner, Carlos Alberto: Cuba Hoy

Oppenheimer, Andrés: *Castro's Final Hour*

Portell Vilá, Herminio: Nueva Historia de la República de Cuba

Reagan, Ronald: Una Vida Americana. Memorias

Ros, Enrique: La Revolución de 1933

Ros, Enrique: Fidel Castro y el Gatillo Alegre

Ros, Enrique: El Clandestinaje y la Lucha Armada contra Castro

Ruiz, Leovigildo: Diario de una Traición

Smith, Earl E. T.: El Cuarto Piso

Szulc, Tad: Fidel: *A critical portrait*

Wyden, Peter: Bay of Pigs

ÍNDICE ALFABÉTICO

ABREVIATURAS

CEI, Comunidad de Estados Independientes

CIA (*Central Intelligence Agency*), Agencia Central de Inteligencia

DEA (*Drugs Enforcement Administration*) Administración para la Aplicación de las Disposiciones sobre Drogas

DENI, Departamento Nacional de Investigaciones

DER, Directorio Estudiantil Revolucionario

ETR, Escuelas de Instrucción Revolucionaria

FAR, Fuerzas Armadas Revolucionarias

FBI (*Federal Bureau of Investigation*), Oficina Federal de Investigación

FNLA, Frente Nacional para la Libertad de Angola

KGB, Комитет Государственной Безопастности (transliteración: *Komitet Gosudarstvennoy Bezopasnosti*; traducción: Comité de Seguridad del Estado)

LCB, Lucha Contra Bandidos

MNR, Movimiento Nacional Revolucionario

MPLA, Movimiento Popular para la Libertad de Angola

MPNA, Movimiento de Países No Alineados

MRTA, Movimiento Revolucionario Tupac Amaru

OEA, Organización de Estados Americanos

OECS (*Organization of Eastern Caribbean States*), Organización de Estados del Caribe Oriental

ORI, Organizaciones Revolucionarias Integradas

OTAN, Organización del Tratado del Atlántico del Norte

OTASE, Organización del Tratado de Asia del Sudeste

PSP, Partido Socialista Popular

RFA, República Federal de Alemania

SAC (*Strategic Air Command*), Comandancia Estratégica de la Fuerza Aérea

SAM (*surface to air missiles*), Misiles (de tipo) superficie a aire

SIM, Servicio de Inteligencia Militar

SWAPO (*South West Africa People's Organization*, Organización Popular del África Sudoccidental

TASS, Agencia Telegráfica de la Unión Soviética

UNEAC, Unión Nacional de Escritores y Aristas Cubanos

UNITA, Unión Nacional para la Independencia Total de Angola

URSS, Unión de Repúblicas Socialistas Soviéticas